21世纪高等教育给水排水工程系列规划教材

水文学与水文地质学

杨 维 张 戈 张 平 编
主 审 周玉文

机械工业出版社

本书系根据给排水科学与工程（给水排水工程）专业与环境工程专业的教学计划与教学大纲要求而编写的。

本书共两篇。第1篇水文学，系统地介绍了河川与径流、水文统计基本原理、河流水情、降水与暴雨强度公式、小流域暴雨洪峰流量的计算等内容。第2篇水文地质学，介绍了地质基本知识、地下水的基本知识、地下水的水质、地下水的渗流运动、不同空隙性地下水的分布特征、地下水资源勘察与评价等内容。为了便于读者学习和掌握本专业的英语术语，各章结束时附有中英文对照的"本章小结"。

本书不仅可作为给排水科学与工程（给水排水工程）专业和环境工程专业教学的教材，还可供从事水资源规划与管理、水利工程、水文地质、工程地质及地质勘察等专业的技术人员使用。

本书配有电子课件，免费提供给选用本书的授课教师，需要者请登录机械工业出版社教育服务网（www.cmpedu.com）注册下载，或根据书末的"信息反馈表"索取。

图书在版编目（CIP）数据

水文学与水文地质学/杨维,张戈,张平编.—北京:机械工业出版社，2008.5(2025.8 重印)

21 世纪高等教育给水排水工程系列规划教材

ISBN 978-7-111-23937-6

Ⅰ.水… Ⅱ.①杨… ②张… ③张… Ⅲ.①水文学-高等学校-教材②水文地质-高等学校-教材 Ⅳ.P33 P641

中国版本图书馆 CIP 数据核字（2008）第 051757 号

机械工业出版社(北京市百万庄大街 22 号 邮政编码 100037)
责任编辑:刘 涛 版式设计:霍永明 责任校对:陈延翔
封面设计:王伟光 责任印制:单爱军
保定市中画美凯印刷有限公司印刷
2025 年 8 月第 1 版第 18 次印刷
169mm×239mm·24.5 印张·470 千字
标准书号:ISBN 978-7-111-23937-6
定价:59.00 元

电话服务 网络服务

客服电话：010-88361066　机 工 官 网：www.cmpbook.com
　　　　　 010-88379833　机 工 官 博：weibo.com/cmp1952
　　　　　 010-68326294　金 书 网：www.golden-book.com
封底无防伪标均为盗版　机工教育服务网：www.cmpedu.com

前　　言

随着给排水科学与工程（给水排水工程）专业和环境工程专业教学内容的改革与整合，原设置的"水文学"与"水文地质学"两门专业基础课程已合并为一门课程——"水文学与水文地质学"。依据本课程的教学性质与任务，编写本书遵循的原则是：教材内容切合专业需要，加强学科的基础知识和基本技能内容，注重知识整合，努力反映现代科学技术的新成果。

本书分为两篇，第1篇水文学，第2篇水文地质学。为便于学习和复习，每章结束时附有中英文对照的"本章小结"，同时还附有包括思考题与计算题在内的复习题。

第1篇水文学分为5章，主要内容包括水文学基本知识、水文统计基本原理与方法、河川径流情势特征值分析与计算、小流域暴雨洪峰流量的计算。第2篇水文地质学分为8章，主要内容包括地质基本知识、地下水基本知识、地下水的物理性质和化学成分、地下水的渗流运动、不同空隙性地下水的分布特征、地下水资源勘察与评价以及地下水污染与防治。

本书由沈阳建筑大学杨维、辽宁师范大学张戈、沈阳大学张平编写。第1章由张戈编写，第2、3、4章由杨维编写，第5章由杨维和张戈编写；第6、7、8、9章由张戈编写，第10、11、12章由张平编写，第13章由杨维和张平编写。全书由杨维统稿，英文翻译由杨维完成，田廷山校对。本书由北京工业大学周玉文教授主审。在教材编写过程中，参考并引用了有关院校编写的教材及生产科研单位等的技术资料，编者特此致谢。

敬请读者对本书存在的缺点和错误提出批评与指正。

编　者

目　　录

第 2 篇　水文地质学

第 1 篇

水 文 学

第 1 章

绪　　论

1.1　水文学研究内容

1.1.1　水文学及其研究内容

1. 水文学

早期的水文学主要是对自然界中的水现象进行描述。随着科学的发展，水文学已经成为一个学科体系，即水文科学。不同的国家、不同的部门对水文学的定义也不尽相同。国际水文科学协会（IAHS）对水文学的目标和任务的定义是："研究地球上水文循环和大陆上各种水，如地表水和地下水，雪和冰川及其物理的、化学的和生物学的变化过程；各类形态的水与气候及其他物理的和地理的因素间的关系，以及它们之间的相互作用；研究侵蚀和泥沙同水文循环的关系；检验在水资源管理和利用中的水文问题；以及在人类活动影响下水的变化。"《中国大百科全书》中定义为："水文科学是地球上水的起源、存在、分布、循环、运动等变化规律和运用这些规律为人类服务的知识体系，水圈同大气圈、岩石圈和生物圈等自然圈层的关系也是水文科学的研究领域。"美国国家研究院水科学技术局与其他国家一些部门也有各自的定义。概括起来，水文学是研究自然界中各种水体的形成、分布、循环和与环境相互作用规律的一门科学。应用水文学原理解决工程问题、环境问题和水资源问题，水文学在现代社会的发展中正在发挥着愈来愈显著的作用。

2. 水文学研究内容

水文学研究自然界中水体形成、时空分布、循环和与环境相互作用的关系，为人类防治洪涝灾害，合理开发利用水资源，提供科学依据。从给水排水工程和环境工程的角度来看，随着水资源开发利用的规模日益扩大，人类活动对水环境的影响明显增强，大规模的人类活动干扰了自然界的水循环过程，改变着各个水体的性质。水情预测与水灾防治，水资源的合理开发利用与保护，都是实施经济社会可持续发展的重要支撑条件。因此，水资源的开发利用和人类活动对水环境的影响研究，已成为现代水文学研究的重要内容。

本书主要介绍水文学众多研究领域中与给水排水工程和环境工程专业相关的部分内容，包括河川径流、水文测验、水文分析的统计方法、河川径流情势特征分析和暴雨资料整理与暴雨公式推求，以及小流域暴雨洪峰流量计算等内容，这些也是工程水文学研究的基本内容。

自然界的水总是以一定的水体形态存在的，如江河、湖泊、海洋、地下水等。这些水体均通过蒸发、水汽输送、降水、地面和地下径流等水文要素紧密联系、相互转化而不断更新，并渗透到地球的各个自然圈层，形成了一个庞大的水循环动态系统。在这个动态系统中，河川径流是水循环的主要环节，也是本专业学习水文学的主要研究对象。

1.1.2　水文学分类

作为基础科学，水文学是地球科学的一个组成部分。因为水循环使水圈、大气圈和岩石圈紧密联系，故水文学与地球科学体系中的大气科学、地质学、自然地理学的关系非常密切。水文学开始主要研究陆地表面的河流、湖泊、沼泽、冰川等，以后扩展到地下水、大气中的水和海洋中的水。传统的水文学是按研究的水体对象进行分支学科划分的。随着研究范围的扩大，研究方法的变化，其分支学科也在逐渐增加。因此，水文学的分类与分支学科的形成及其发展过程是紧密相连的。由于分类的依据不同，水文学的分支学科的数量和名称不完全相同。按照理论研究和工程应用，把水文学分为理论水文学（又称水文学原理）和应用水文学两大类。水文学分类大多是在应用水文学基础上进一步划分的。常见分类方法和分类结果如表 1-1 所示。

表 1-1　水文学分类

分类依据	分类与分支学科
研究方法	动力水文学、系统水文学、计算水文学、水文统计学、随机水文学、地理水文学、同位素水文学、数字水文学等
研究对象	河流水文学、湖泊水文学、沼泽水文学、冰川水文学、河口海岸水文学、水文气象学、地下水文学、海洋水文学和水资源学等
应用范围	工程水文学、农业水文学、土壤水文学、森林水文学、城市水文学、生态水文学等
工作方式	水文测验学、水文调查学、水文实验学
研究地域	区域水文学、全球尺度水文学（大尺度水文学）
研究时段	古水文学、现代水文学

1.2 水资源、水文循环与水量平衡

1.2.1 水资源概念

水是地球上分布最广泛的物质之一，它以气态、液态和固态三种形式存在于大气圈、水圈、生物圈和岩石圈中。人们对水资源的认识包含了不同方面的理解。一种观点认为，世界上一切水体，包括海洋、河流、湖泊、沼泽、冰川、土壤水、地下水及大气中的水分，都是人类宝贵的财富，都是水资源。只是限于当前的经济技术条件，对含盐量较高的海水和分布在南北两极的冰川，大规模开发利用还有许多困难。这种对水资源的理解通常归为广义水资源的范畴。

相对于广义水资源的概念，狭义的水资源则仅指在一定时期内，能被人类直接或间接开发利用的那一部分动态水体。这种开发利用，不仅在技术上可行、经济上合理，而且对生态环境造成的影响也是可接受的。这种水资源主要指河流、湖泊、地下水和土壤水等淡水，以及个别地方的微咸水。这几种淡水资源合起来只占全球总水量的 0.32% 左右，约为 1065 万 km^3，是水资源研究的重点。目前为人们普遍接受的水资源一般概念，是指全球水量中可为人类生存、发展所利用的水量，主要是指逐年可以得到更新的那部分淡水量。最能反映水资源数量和特征的是年降水量和河流的年径流量。年径流量不仅包含降水时产生的地表水，而且还包括地下水的补给。所以，世界各国通常采用多年平均径流量来表示水资源量。

1.2.2 水文循环

地球作为一个由岩石圈、水圈、大气圈和生物圈构成的巨大系统，水在这个系统中起着重要的作用。由于水圈的存在和水的作用，才使得地球各圈层之间的相互关系变得十分密切。水文循环则是这种密切关系的具体标志之一。水文循环现象如图 1-1 所示。自然界的水在太阳能和大气运动的驱动下，不断地从水面（江、河、湖、海等）、陆面（土壤、岩石等）和植物的茎叶面，通过蒸发或散发，以水汽的形式进入大气圈。在适当的条件下，大气圈中的水汽可以凝结成水滴。当凝结的水滴达到能克服空气阻力时，就在地球引力的作用下，以降水的形式降落到地球表面。到达地球表面的降水，一部分在分子力、毛细管力和重力的作用下，通过地面渗入地下；一部分则形成地面径流，主要在重力作用下流入江、河、湖泊，再汇入海洋；还有一部分通过蒸发和散发重新逸散到大气圈。渗入地下的那部分水，或者成为土壤水，再经由蒸发和散发逸散到大气圈，或者以地下水形式排入江、河、湖泊，再汇入海洋。水的这种既无明确的"开端"，也

无明确的"终了"的永无休止的循环运动过程称为水文循环，又称水分循环或简称水循环。水分由海洋输送到大陆又回到海洋的循环称为大循环或外循环；水分在陆地内部或海洋内部的循环称为小循环或内循环。为区别这两种小循环，将前者叫做陆地小循环，而将后者叫做海洋小循环。

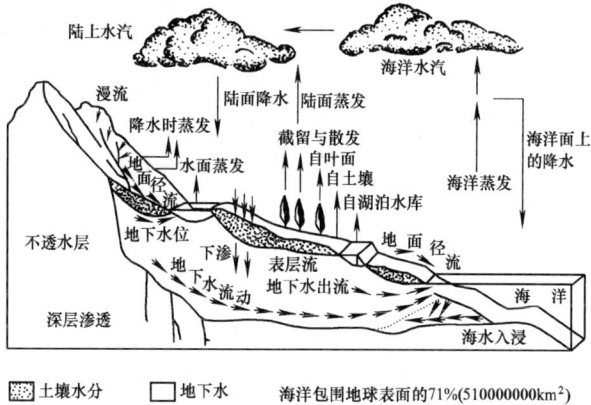

图 1-1 水文循环现象

自然界水文循环的存在，不仅是水资源和水能资源可再生的根本原因，也是地球上生命不息、万代延续下去的重要原因之一。由于太阳能在地球上空间分布不均匀，时间上也有变化，因此，主要由太阳能驱动的水文循环导致了地球上降水量和蒸发量的时空分布不均匀，使得地球上有湿润地区和干旱地区的区别，有多水季节和少水季节、多水年和少水年的区别，是导致地球上发生洪、涝、旱灾害的根本原因，也是地球上具有千姿百态自然景观的重要条件之一。

水文循环是自然界众多物质循环中最重要的物质循环。如果自然界不存在水文循环，则许多物质的循环，例如碳循环、磷循环等是不可能发生的。河湖中的水位涨落，冰情变化，冰川进退等水文循环中的具体表现形式称为水文现象。水文循环在各种自然因素和人类活动的影响下，时空分布变化上具有下列特点：

（1）水循环永无止境　任何一种水文现象的发生，都是全球水文现象整体中的一部分和永无止境的水循环过程中的短暂表现。也就是说，一个地区发生洪水和干旱，往往与其他地区水文现象的异常变化有联系；今天的水文现象是昨天水文现象的延续，而明天的水文现象则是在今天的基础上向前发展的结果。任何水文现象在空间上或时间上总是存在一定的因果关系的。

（2）水文现象在时间变化上既具有周期性又具有随机性　水文现象的周期性，分别有以多年、年、月、日为单位的周期，例如河流、湖泊一般每年均有一个汛期与一个枯季，同时河湖还存在着连续丰水年与连续枯水年相交替的多年周期。海洋和潮汐河口的水位则既存在以日或半日为周期的涨落潮的变化，还存在以半月为周期的大小潮的变化等。以冰雪融水为水源的河流受制于气温的日周期变化，其水文现象也具有日周期的变化规律。形成上述周期变化的原因主要是地球公转及自转，地球和月球的相对运动，以及太阳黑子的周期性运动所导致的昼夜、四季交替的影响所致。虽然河流每年均会出现汛期或枯水期，但是每年汛期和枯水期出现的时间、水量和过程通常是不会完全重复的，即每年汛期出现的时间和量值具有随机性。这是因为影响水文现象的因素众多，各因素本身在时间上也在不断地变化，并且相互作用、相互制约所致。因此，在时间上，水文现象的周期性既是必然的，又是偶然的；有确定性的一面，又有随机性的一面。

（3）水文现象在地区分布上既具有相似性又具有特殊性 任何水文现象无论在时间或空间上均同时存在确定性和不确定性这两方面的性质。不同的流域，如果所处的自然地理条件相似，水文现象也就具有一定程度的相似性。例如，我国南方湿润地区的河流，水量充沛，年内分配较均匀，含沙量较少，而北方干旱地区的河流则水量不足，年内分配不均匀，含沙量大。地带相似性反映水文现象在空间变化上存在确定性的一面。有时不同流域虽然处在相似的地理位置，但由于各流域的地质和地形等非地带性下垫面条件的差异，水文现象就会有很大的差异，表现出特殊性的一面。例如，同一气候带，山区河流与平原河流、岩溶区与非岩溶区，其水文现象就有很大的差别。这种局部性变化的特殊性，反映了水文现象在空间变化上的不确定性一面。

1.2.3 全球水量平衡方程

1. 水量平衡原理

在自然界水循环过程中，任意区域在一定时段内，输入水量与输出水量之差等于该区域的蓄水变化量，即为水量平衡原理。该原理表示出水循环中各要素的数量关系，是进行区域水资源量计算时必须遵循的基本原理。

2. 全球水量平衡方程

全球水量平衡方程系由海洋和陆地水量平衡联合组成，其中：

（1）海洋水量平衡方程 如以全球海洋为研究对象，则任意时段内的水量平衡方程为

$$X_海 + Y - E_海 = \Delta S_海 \tag{1-1}$$

多年平均状态下 $\Delta S_海 \to 0$，所以上式改写为

$$\bar{X}_海 + \bar{Y} - \bar{E}_海 = 0 \tag{1-2}$$

式中，$X_海$、Y、$E_海$、$\Delta S_海$ 分别为海洋上任意时段的降水量、入海径流量、蒸发量及海洋蓄水变化量；$\bar{X}_海$、$\bar{Y}$、$\bar{E}_海$ 分别为海洋上多年平均降水量、平均入海径流量与平均蒸发量。

由式（1-2）可知，在多年平均状态下，整个海洋的降水量加上入海径流量

与海面水蒸发量处于动态平衡状态。

（2）陆地水量平衡方程 多年平均情况下，整个陆地系统的水量平衡方程为

$$\overline{X}_{陆} - \overline{E}_{陆} = \overline{Y} \tag{1-3}$$

或

$$\frac{\overline{Y}}{\overline{X}_{陆}} + \frac{\overline{E}_{陆}}{\overline{X}_{陆}} = 1 \tag{1-4}$$

式中，$\overline{X}_{陆}$、$\overline{E}_{陆}$、$\overline{Y}$ 分别为陆地上多年平均降水量、平均蒸发量和平均径流量。

$\frac{\overline{Y}}{\overline{X}} = \alpha$ 称为径流系数，$\frac{\overline{E}}{\overline{X}} = \beta$ 称为蒸发系数，二者均为无量纲的量，且二者之和等于 1。表 1-2 列出了我国主要流域多年平均情况的水量平衡计算结果，同时可以了解我国的降水分布概况。表中 α 最大值为 0.63，最小值为 0.16，而 β 最大值为 0.84，最小值为 0.37。总之，在干旱地区，α 值很小，β 值很大，水分丰沛地区则相反。

表 1-2 我国主要流域多年平均水量平衡计算结果

项 目		内陆河	外 流 河										全国
			黑龙江	辽河	海滦河	黄河	淮河	长江	浙闽台诸河	珠江	西南诸河	额尔齐斯河	
多年均值	年降水量/mm	153.9	495.5	551.0	559.8	464.4	859.6	1070.5	1758.1	1544.3	1097.7	394.5	648.4
	年径流量/mm	32.0	129.1	141.1	90.5	83.2	231.0	526.0	1066.3	806.9	687.5	189.6	284.1
	年蒸发量/mm	121.9	366.4	409.9	469.3	381.2	628.6	544.5	691.8	737.4	410.2	204.9	364.3
	α 值	0.21	0.26	0.26	0.16	0.18	0.27	0.50	0.61	0.52	0.63	0.48	0.44
	β 值	0.79	0.74	0.74	0.84	0.82	0.73	0.50	0.39	0.48	0.37	0.52	0.56
流域面积/×10^4km²		332.17	90.342	34.521	31.816	79.471	32.921	180.85	23.980	58.064	85.141	5.273	954.5322

（3）全球水量平衡方程 将海洋水量平衡方程式（1-2）与陆地水量平衡方程式（1-3）组合一起，就构成全球水量平衡方程式，有

$$\overline{X}_{海} + \overline{X}_{陆} = \overline{E}_{海} + \overline{E}_{陆} \tag{1-5}$$

式（1-5）说明海洋和陆地的多年平均降水量等于海洋和陆上多年平均蒸发量，即

$$\overline{X}_{全球} = \overline{E}_{全球} \tag{1-6}$$

1.3 水文学研究方法

水文学研究是建立在实测资料基础上的。而研究水文规律所需的实测资料，通常是通过水文调查、水文测验和水文实验等途径获得的。人们已经充分认识到

水文循环是自然界各种水体的存在条件和相互联系的纽带，是水的各种运动、变化形式的总和，是水文科学研究的核心问题，在水文循环过程中，水文现象所表现出的特点决定了水文学研究的特点和方法。

通过对所获取的实际水文资料的整理和对水体时空分布和运动变化的信息分析，得出水文现象的基本特性的综合分析结论，这是水文学研究的基本方法，具体方法主要包括成因分析法、数理统计法和地理综合法。传统水文学中的成因分析法以物理学原理为基础，研究水文现象的形成、演变过程，揭示水文现象的本质与成因，其与各因素之间的内在联系，以及其定性和定量的关系，通常是建立某种形式的确定性模型。数理统计法是以概率理论为基础，对实测资料进行数理统计分析，求得水文现象特征值的统计规律，或对主要水文现象与其影响因素之间进行相关分析，求出其经验关系。地理综合法是按照水文现象地带性规律和非地带性的地域差异，用各种水文等值线图表示水文特征的分布规律，或建立地区经验公式，以揭示地区水文特征。

水文学研究的特点是通过已经获得的通常是十几年，最多仅有百余年的短暂实测系列的水文资料，并结合水文调查资料，把各种水文现象作为一个整体，结合大气圈、岩石圈、生物圈及人类活动对它的影响，通过水文过程和水文规律的研究，预测或预估水文情势的未来状况。

1.4 水文学与给水排水工程专业、环境工程专业的关系

水资源的紧缺已逐步成为经济社会发展的制约因素。加强水资源形成变化规律和水资源合理开发利用及节水技术的研究，成为刻不容缓的研究任务。研究水文学的目的，是深入认识与广泛运用水文规律，为国民经济建设服务，为给水排水工程的规划、设计、施工及管理提供正确的水文资料及分析成果，以利充分开发与合理利用水资源，减免水害，充分发挥工程效益。

1.4.1 与给水排水工程专业关系

就给水工程而言，水源包括了地表水和地下水。采用地表水为水源时，河川径流量直接体现了水资源量，需要对河川径流的径流年际变化及年内分配等水文情况进行分析。要考虑水量变化及其取用条件，需要了解水源的水位、泥沙及冰凌的变化情况；当地表水水量不足时，要考虑径流调节的工程措施等。在排水工程中，市政排水主要包括城镇雨水排放、泄洪及城镇生活污废水排泄的设计计算等内容。例如：雨水、污水的排泄口位置、规模，市政防洪工程的设计等，都需要进行水文资料的收集、分析与计算，推求暴雨、洪水的变化情况和设计特征值。

近年来，城市雨水利用成为水文学和给水排水工程研究的热点。在水资源日益紧缺的情况下，如何充分利用宝贵的雨水资源为城市供水服务，涉及到水文学、水文地质学、给水排水工程技术，以及市政工程、地下工程诸多方面。可见，水文学所阐述的各种水文现象，包括水文循环、河川径流及城市降雨径流的概念和特点等内容，是给水排水工程专业必备的基础知识。因此，水文学与给水排水工程有着密切的关系，学好水文学对系统掌握给水排水工程专业知识具有重要意义。

1.4.2 与环境工程专业关系

水环境问题主要表现在水体污染、水资源的缺乏和局部地区的时段洪水泛滥等方面，所有这些都会对河川径流产生影响。一定数量的河川径流量是维持良好自然环境的基础。在环境污染问题中，处于河川径流状态的水环境首当其冲，它是最先也是最易被污染的，也是人们直接看得到和接触得到的。如某一河流的全部或一段受到严重污染，某一湖泊水质不断恶化，说的都是处于水循环关键环节的河川径流中的水体。当河道径流量不足，水环境容量减少，排入河流中的污废水水体直接表现就是河川径流部分水的理化和生物特性恶化，也使河川径流中水的状态和空间分布发生剧烈的变化，污染了的水体与周围的环境不断作用，会引发进一步的环境问题，破坏了作为资源的水的价值，最终导致生态环境的恶化。因此，利用环境工程方法和技术手段使河川径流处于稳定的状态，维持正常的河川径流量，保持水与环境的和谐，维持生态环境稳定，就要求环境工程专业人员必须具备水文学的相关知识，熟悉河川径流的基本规律和特性，掌握分析水文情势的基本方法。

1.5 水文学简史与近年发展方向

1.5.1 水文学简史

人类在生存和生产实践中，特别是在与水旱灾害作斗争的过程中，对经常遇到的各种水文现象进行探索，在不断认识和积累经验的基础上，吸取了其他基础学科的新思想、新方法，经历了一个由萌芽到成熟、由定性到定量、由经验到理论的历史发展过程，逐渐形成了水文科学。其发展历程大致可以分为如下几个阶段。

1. 水文知识的萌芽阶段（1400 年以前）

世界上最早的水位观测出现在中国和埃及。古埃及在公元前 3500 多年前即开始观测尼罗河水位，至今还保留着两千两百多年前的水尺。我国两千多年前建成的都江堰，至今仍在发挥着巨大的作用。大禹治水已"随山刊木"（即立木于河中）以观测水位。隋代的石刻水则，宋代的水碑，明代的"乘沙量水器"等的相继出现，表明古代水文观测不断进步。《吕氏春秋》《水经注》等古代著作中，系统记载了我国各大河流的源流、水情，并记载着水文循环的初步概念及其他水文知识。自远古至约 14 世纪末，这个阶段为水文现象定性描述阶段，其特点是：水文知识的萌芽产生，开始了原始观测，对水文现象进行定性描述，初步形成经验积累。

2. 水文科学基础形成阶段（1400—1900 年）

自 15 世纪初至约 19 世纪末，为水文学体系形成阶段。欧洲文艺复兴及产业革命后，自然科学及技术科学迅速发展，一系列水文观测仪器的发明，为水文现象的实地观测、定量研究和科学实验提供了条件，大量的水利工程建设要求解决各种设计中的计算问题，水文学基本理论和方法逐步发展和完善。1424 年，中国和朝鲜先后开始统一制作和使用标准测雨器。以后自记雨量计（1663，C. 雷恩等）、蒸发器（1687，E. 哈雷）、流速仪（1870，T. C. 埃利斯）等仪器相继发明。这段时期内，P·佩罗的水量平衡概念（1674）、谢才公式（1775）、道尔顿蒸发公式（1802）、达西定律（1856）等理论和公式相继出现。本阶段特点是水文现象由概念性描述进入定量的表达，水文理论逐渐形成。

3. 应用水文学发展阶段（1900—1950 年）

自 20 世纪初至 50 年代，经过两次世界大战的破坏，各国经济恢复与发展，防洪、航运、发电、工农业需水等向水文学提出了大量的新课题，以工程水文学为主的应用水文学相应诞生。P-Ⅲ频率曲线分析方法、维伯尔的经验频率计算公式，以及谢尔曼的单位过程线理论等产汇流理论、计算公式和方法相继出现，大大改进了水文计算和水文预报的方法，提高了成果的精度。随着工程水文学的发展，农业水文学、森林水文学、城市水文学也相应兴起。1949 年《应用水文学》（R. K. 林斯雷等）、《应用水文学原理》（D. 姜斯登等）等专著出版，它们总结了这一时期的成就，使水文学开始直接为生产和生活服务。本阶段特点是有许多应用水文学著作出版，水文观测理论体系进一步完善，水文学进入成熟阶段。

4. 现代水文学发展阶段（1950 年—至今）

20 世纪 50 年代开始，科学技术进入新的发展时期，进入现代水文学阶段。随着计算机技术的发展，遥感遥测技术的引用，重点开展水资源及人类活动水文效应的研究，分支学科不断派生，一些新理论和边缘学科的渗透，研究方法趋向综合。如：雷达测雨、中子散射法测土壤含水、放射性示踪测流、同位素测沙、卫星遥感传送资料等现代技术的引用，使人们能获得使用通常方法无法取得的水文信息；拥有现代化设备的实验室，使人们有可能对水文现象的物理过程了解得更深透；水文模拟、水文随机分析和系统分析方法，使人们研究水文现象的能力

显著增大；电子计算机的应用，更使水文测验、水文研究的自动化成为可能。陆
地资源卫星及遥感图像的应用，水文网站的迅速发展，为现代化水文研究提供了
良好的基础。随着社会生产规模空前扩大，生活与生产用水不断增多，环境污染
趋向严重，水资源的紧张，水文学不仅是为自然水体运动变化的研究或工程设计
提供资料数据，还要为水资源评价与优化利用提供依据，研究工作既有水量、水
质内容，也包括洪水、枯水方面，不仅研究一条河流、一个流域的水文特性，还
要研究跨流域、跨地区的水资源综合调度利用中的水文问题。当前水文科学与其
他科学之间的边缘学科正在兴起，并不断产生新的分支学科。本阶段水文学的特
点表现为它的社会属性日益明显，成为具有自然科学、技术科学和社会科学特性
的一门综合性科学。

1.5.2　水文学近年发展方向

20 世纪 70 年代以前，水文学理论的发展主要借助于水文实验的诸多成果。
随着科学技术的发展以及计算机技术的普及，使人们能获得过去难以获得的区域
性水文资料，也获得了使用常规方法无法取得的水文信息。原来一些借助于物理
模型来研究的水文学问题，开始转向主要使用数学模型来求解，数值分析与模拟
成为趋势。在设计洪水计算理论与方法、联机实时洪水预报技术与方法、流域水
文模型等方面均取得了丰硕成果。如美国的 Sancramento 模型、日本的水箱
（TANK）模型、我国的新安江模型和陕北模型等。

近 20 多年来，波及许多国家和地区的水危机和洪涝灾害，与全球气候变化
异常以及大气、海洋、陆地相互作用过程有关，引起了水文学家广泛的关注。伊
格尔森（Eagleson）于 1986 年提出了全球尺度水文学的概念。太阳辐射在地球
上的再分布是气候变化的主要因素，而水在这种再分布中起着关键性的作用，因
为蒸发、大气中水汽的输送和降水过程都与太阳辐射紧密相关，即伴随着全球气
候变化，大气中水汽的输送和降水过程也在变化，这就是全球尺度水文学或大尺
度水文学研究的基本问题。目前，全球尺度水文学的研究已初见端倪，已在大气
相互作用理论的野外试验，以及应用遥感技术探索地表水文过程空间变异性等方
面开展了研究，并取得了进展。一些学者认为，全球尺度水文学的研究对当前和
今后水文学的发展具有重要意义。水文学研究由过去的地区、国家的独立研究向
国家间的全球合作发展。随着新理论、新方法的引进和渗透，水文学相继出现许
多新的研究方向、分支学科和边缘学科。如系统水文学、随机水文学、计算水文
学、模糊水文水资源学、遥感水文学、同位素水文学、环境水文学等。

本 章 小 结

【本章内容】

（1）水文学研究内容　本节介绍了水文学的定义、研究对象、内容、分类。水文学是研究自然界中水体形成、分布、循环和与环境相互作用规律的一门科学。应用水文学原理可以解决工程设计问题、环境规划和水资源管理问题。按照不同的分类依据，可以对水文学进行分类。河川径流是自然界水循环的主要环节，也是水文学的主要研究对象。

（2）水资源、水文循环与水量平衡　水资源是指能被人类直接或间接利用的水体，是可为人类生存和发展所利用的水量。水循环可分为大循环和小循环。对于水循环过程中表现出来的各种现象（降水、蒸发、入渗和径流）进行了阐述，然后介绍了水量平衡原理及全球水量平衡方程。

（3）水文学的研究方法　首先介绍水文学的研究是建立在水文调查、水文观测和水文实验基础之上的，主要研究方法有成因分析法、数理统计法和地理综合法。数理统计法是目前应用较多的方法，地理综合法则主要通过建立地区性经验公式来求解水文问题。然后介绍了水文学研究方法的一些特点。

（4）与环境工程专业、给水排水工程专业的关系　河川径流是地球上最宝贵的资源之一，也是最重要的环境要素，它几乎影响到环境的每个方面，反映了水文学与环境工程专业的关系。与给水排水工程专业的关系，一是地表水资源的供水意义，二是运用水文资料及分析成果为给水排水工程的规划、设计、施工服务，包括城镇雨水排放、泄洪和城市雨水利用等方面。

（5）水文学简史与近年发展方向　本节前面介绍了水文学的发展简史，可以分为4个大的阶段。后面介绍了近20年来，全球气候异常变化引起许多国家和地区的水危机和洪涝灾害，水文学也进入了新的发展时期，科学研究方向朝着设计洪水理论研究、联机实时水文预报、流域水文模型研究、遥感遥测与全球尺度水文学方向发展。

【学习基本要求】

通过绪论的学习，清楚水文学的定义、研究对象、内容和学科分类，理解水文学的研究方法、水资源和水文循环的概念，掌握建立水量平衡方程的基本原理，了解水文学与环境工程、给水排水工程专业的关系，了解水文学发展概况及发展趋势。

Chapter 1 Introduction of Hydrology

【Chapter Content】

1. Study content

Hydrology mainly describes the rules of the formation, distribution and cycle of the natural waters and their interrelations with the environment. Its principles are applied for solving practical problems, including the engineering designs, environmental planning and water resources management etc. Hydrology may be categorized according to the different classifying basis. The research object of hydrology is the river-runoff that is a principal link in the process of the natural water cycle.

2. Water resources, hydrologic cycle and balance

Water resources are the water that can be directly or indirectly utilized by humans in order to survive and develop. The hydrological cycle can be divided into long cycle and short cycle as well, where the hydrologic phenomena appear in forms of the precipitation, evapotrnspiration, infiltration and runoff. The principle and the global equation of water equilibrium are involved.

3. Study methods

The research of hydrology is on the basis of the investigations, observations and experiments. The methods mainly include the genetic analysis, mathematical statistics and geographical synthesis, in which the mathematical statistical method is more widely used at present and the regional empirical formulas are derived by the geographical synthetic method to settle the related problems. The features above the methods are explained.

4. Relations between hydrology and environmental engineering and water-supply & sewerage engineering

River runoff, as one of the most precious resources on the earth, is one of the most essential environmental elements and has a great effect on every respects of environment, from which the close relationship between hydrology and environmental engineering is indicated. The relations to municipal engineering can be explained by two aspects: (1) surface-waters being one of important water sources, (2) the hydrologic data and analytical results being used for the planning, design and construction of water-supply and sewerage engineering, such as the storm drainage of towns, the flood discharge and rainwater reutilization in urban areas and so on.

5. History and trend of hydrology

The development process of hydrology is briefly divided into four stages. In the last 20 years, it has entered into a new development period with the abnormal change of the global climates resulting in the water crises and flood damages in many countries and regions. The trends are the theoretical research of the design flood, the on-line real-time hydrologic forecast, the basin hydrologic model, the remote sensing and telemetering, and the global scale hydrology.

【Learning Requirements】

Through the study, you should clarify the definitions, the study object and content, and the classification of hydrology, understand the research methods of hydrology and the concepts of hydrology cycle and water resources, grasp the principle of hydrologic balance, know the relationship of hydrology with municipal engineering and environmental engineering, the general history and main tends of hydrology.

复 习 题

1-1 简述水文学的概念及分类。

1-2 分析说明水文循环的基本过程。

1-3 试论述水文循环的作用与效应。

1-4 简述水资源概念。

1-5 举例说明主要的水文现象有哪些。

1-6 水文学研究方法包括哪几种?

1-7 解释水量平衡的概念以及研究水量平衡的意义。

1-8 从水循环的角度,阐述多年平均情况下建立起来的陆地水量平衡方程和全球水量平衡方程的意义。

第 2 章

水文学基本知识

2.1 河流与流域

河流是指由雨水、冰川或者地下径流在地球引力作用下汇集,经常(或周期性)地沿着它本身所营造的连续延伸的凹地流动的水流。汇集地表和地下径流的区域称之为流域。流域内的河流以其所具有的动能,冲蚀河床,搬运泥沙,改变着流域内的地貌,同时流域的自然地理特征影响着径流的形成与变化。认识河流与流域的基本特征,可以使水文情势的分析与计算更加符合流域与河流的实际情况。

2.1.1 河流基本特征

1. 河流长度

自河源沿主河道至河口的长度称为河流的长度(简称河长)。在适当比例尺的地形图上,沿着河道的深泓线用曲线仪可量得。深泓线是河槽中沿流向各最大水深点的连线,也称为溪线,也是一般的航线。

2. 河流的弯曲系数

河流的弯曲系数(φ)等于河流长度(L)与河源到河口之间的直线距离($L_\perp$)之比。即

$$\varphi = \frac{L}{L_\perp} \tag{2-1}$$

据此也可求出任意河段的弯曲系数。φ 值表示河流在平面上的弯曲程度。一般平原区的 φ 值比山区的大,下游的比上游的大。

3. 河槽特征

(1)河流的断面 河谷是指排泄河川径流的连续凹地,河槽是指被水流占据的河谷底部。与水流方向相垂直的断面称为河流横断面,包括水位线在内的横断

面称为过水断面。枯水期水流所占据的河槽称为基本河槽（或称为主槽），只有汛期洪水泛滥所及部位称为洪水河槽。根据横断面形状不同，可分为单式与复式两类。发育有河漫滩、台地的横断面称为复式断面，否则称为单式断面（图 2-1）。沿着河流中泓线所剖的断面为河流的纵断面。该断面可显示河底的纵坡降和落差分布，是推求水流特性和估算水能蕴藏量的主要依据。

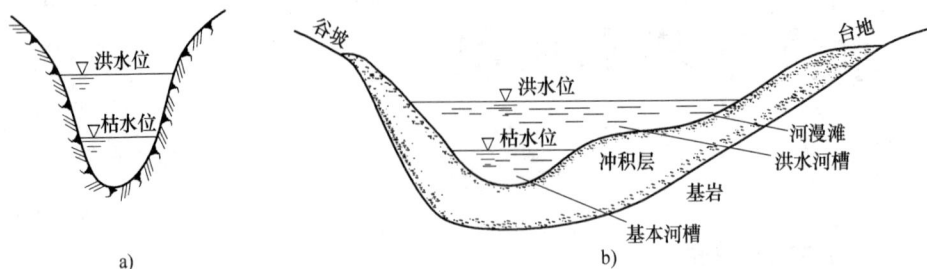

图 2-1　河流横断面图

a) 单式断面　b) 复式断面

（2）河流平面形态　平原河道的平面形态常见蜿蜒性的河道，即呈"蛇曲"形态。由于在河流横断面上存在水面横比降，使水流在向下游运动过程中，水体内产生一种横向环流，这种横向环流与纵向水流相结合，形成河流中常见的螺旋流。在河道弯曲的地方，这种螺旋流冲刷凹岸，使其形成深槽，使凸岸淤积，形成浅滩，直接影响着水源取水口位置的选择（图 2-2）。两反向河湾之间的河段水深相对较浅，称之为浅槽。深槽与浅槽相互交替出现，表现出河床深度的分布与河流平面形态的密切关系。

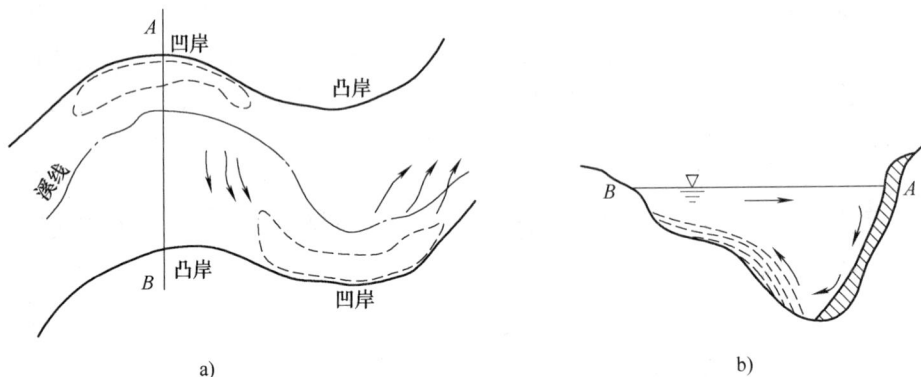

图 2-2　蜿蜒性河道

a) 平面图　b) A-B 断面图

4. 河流纵比降

河流的纵比降（J）（简称比降）又称为坡度，是指任意河段首尾两端的高

程差与其长度之比, 即为该河段的纵比降。当河段纵断面近于直线时, 可按下式
计算

$$J = \frac{Z_1 - Z_2}{L} \tag{2-2}$$

式中, J 为河底或水面的纵比降 (% 或‰); Z_1, Z_2 分别为河段上、下断面河底
或水面高程 (m); L 为河段长度 (m)。

当河道纵断面呈折线 (图 2-3), 各段的纵比降不一致时, 可利用下式求其
平均纵比降

$$J = \frac{(Z_0 + Z_1)l_1 + (Z_1 + Z_2)l_2 + \cdots + (Z_{n-1} + Z_n)l_n - 2Z_0L}{L^2} \tag{2-3}$$

式中, Z_0, $\cdots Z_n$ 为自下游到上游沿程各转折点 (亦称为特征点) 的高程 (m);
l_1, $\cdots l_n$ 为相邻两点间的距离 (m); L 为河段全长 (m)。

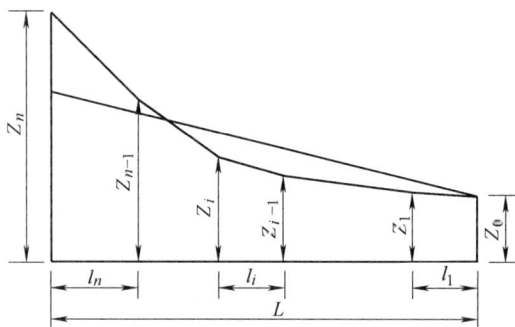

图 2-3　河道平均纵比降计算示意图

5. 河流分段

一条河流按照河段不同的特征, 沿水流方向可划分为河源、上游、中游、下
游和河口 5 段。

河源是河流的发源地, 可以是冰川、泉水、沼泽或湖泊。

上游是直接与河源连接, 位于山区河谷中的一段河流, 其特征是纵剖面坡降
很大, 水流速度大, 动能大, 以向下侵蚀作用为主, 河谷窄, 两岸呈 "V" 形峡
谷地形, 单式横断面, 河流中常有急滩与瀑布, 只有枯水期, 粗大的颗粒才能沉
积下来, 通常没有细颗粒的覆盖层。

在河流中游地段, 河段坡度减缓, 流速减慢, 水量增加, 随着河曲的发展,
下蚀作用减弱, 侧向侵蚀作用加强, 河床内横向环流冲刷凹岸, 使粗大的颗粒被
搬运到凸岸沉积下来, 河槽变宽, 河床较稳定, 两岸呈 "U" 形河谷地形, 可以
出现复式横断面。在洪水期, 河漫滩被淹没, 沉积一些细粒物质, 形成了河漫滩
下粗上细的二元结构。

在河流下游地区, 由于地势开阔平坦, 坡度缓, 水流比较舒缓, 流速一般小

于3m/s，产生大量堆积而形成冲积平原，如我国华北平原、长江中下游平原、东北松辽平原等都是大河中下游形成的广阔冲积平原。由于下游容易产生泥沙淤积，浅滩、沙洲众多，弯曲系数 φ 值大，"蛇曲"发育，河槽宽，复式断面。

河口是河流的终点，是河流注入海洋或内陆湖泊的地区，这一河段因断面骤增，流速骤减，而淤积大量的泥沙，形成多岔道的三角洲和沙洲。有些内流河消失在沙漠中，没有河口。

2.1.2 流域基本特征

1. 分水线与流域

（1）分水线　流域的周界称为分水线，通常由流域四周山脉的脊线组成。对较小的流域，若无山岭，地形上的脊线也可构成分水线。所以，流域的分水线可以根据地形图勾绘出来。于是，相邻两流域的降水以分水线为界流入不同的流域。例如，降落在秦岭以南的降水流入长江流域，而降落在秦岭以北的降水流入黄河流域。河流接纳地面水和地下水，同地面分水线一样，地下水也有分水线。

一般来说，由地下水等水位线图勾画出的地下分水线和地面分水线大体一致，但有时受流域水文地质条件和地貌特征的影响，二者也可能不一致，如图2-4所示，A、B两河地面分水线位于中间的山顶，地面的起伏与含水层隔水底板起伏不一致，地面分水线与地下分水线就不重合；分水线两侧河流高度不同，地上分水线与地下分水线也可能不重合。

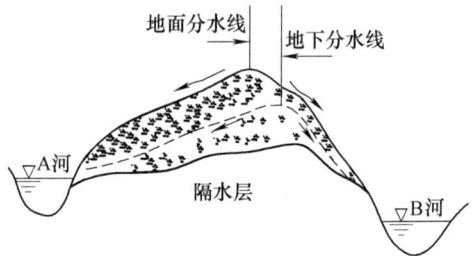

图2-4　分水线

（2）流域　流域是指汇集地面径流和地下径流的区域，是相对河流的某一断面而言。图2-5中河口处 a 断面控制着此流域的整个集水区域；b 断面控制的流域，则是 b 断面以上的地面与地下集水区，它们产生的径流由 b 断面流出。在给水工程和环境工程中，往往需要的就是取水构筑物和环境监测所在断面以上的那部分集水区域所产生的径流。图2-6所示为辽河上游英金河流域和水系的平面图。

当流域的地面分水线与地下分水线相重合，则地面和地下集水区域也相重合，相邻的流域不发生水量交换，此种流域称为闭合流域。由于地质构造等原

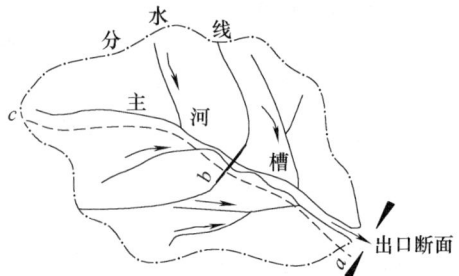

图2-5　流域平面图

因，当地面分水线与地下分水线并不完全重合，此时邻近两个流域会发生水量交换，此种流域称为非闭合流域（图2-4）。实际上，很少有严格意义上的闭合流域。一般大、中流域，非闭合流域产生的两相邻流域的水量交换量要比流域总水量小得多，故常常当作闭合流域来处理。对于小流域，或者岩溶地区的流域，因交换的水量占流域总水量的比重很大，此时若把地面汇水区域看作流域，则将会造成很大的误差，因此水文计算时应加以注意，必须通过地质、水文地质的调查，来确定因流域非闭合而造成的水量差异。

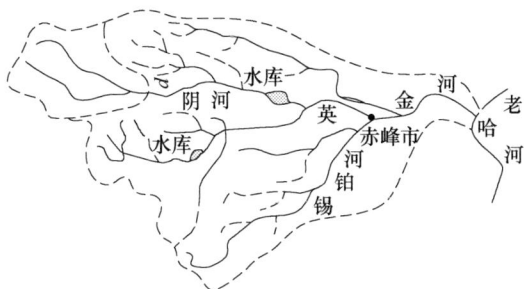

图 2-6　辽河上游英金河流域平面图

2. 流域的几何要素

（1）流域面积　分水线所包围的面积称为流域面积（F），或集水面积，单位为 km^2。一般情况下，流域的面积指的是地面集水区的面积。通常在适当比例尺的地形图上确定出流域分水线，然后用求积仪量出它所包围的面积。流域面积是重要特征资料，应查明所依据地形图的测绘时间，必要时应进行复核。

流域面积的大小对河流水质的影响表现为：流域面积小的河流，因自然条件各异，流域之间河流水质差异较大；随着流域面积增大，流域内各支流汇合，常使得流域之间河流水质的差异变小。世界最大河流的水质差异幅度最小。此现象称为河流水质的"流域面积效应"。

（2）流域长度与平均宽度　流域的长度就是指流域的轴长。以流域出口为中心作若干个同心圆，各同心圆与流域分水线相交处绘出割线，各割线中点的连线的长度就是流域长度（l），单位为 km。流域面积与流域长度的比值就是流域的平均宽度（B），单位为 km。

（3）流域形状系数　流域形状系数（k）等于流域的平均宽度与流域长度之比。即

$$k = \frac{B}{l} = \frac{F}{l^2} \tag{2-4}$$

k 值在一定程度上反映了流域的平面形状，扇形流域的 k 较之狭长形流域的 k 值要大。

（4）河网密度　流域内诸多的大小河流构成脉络相同的系统称为河系（或河网、水系），其中将汇集的水流注入海洋或内陆湖泊的河流称为干流，直接汇入干流的河流称为干流的一级支流，直接汇入一级支流的河流称为干流的二级支流，依此类推（图2-5）。通常水系用干流的名称来称呼它，如黄河水系等；若研究某一支流或某一地区的问题时，也可以用该地区水系的名称来称呼它，如渭河水系等。

河网密度（D）是指流域内干流、支流的总长度（$\sum L$）与流域面积（F）之比值。即

$$D = \frac{\sum L}{F} \tag{2-5}$$

D 表示一个流域河网的疏密程度，单位为 km/km^2，它可综合反映该流域的自然地理条件。

3. 流域自然地理特征

流域的自然地理特征包括气象、地理位置、地形、植被覆盖、土壤、地质构造、沼泽与湖泊等。这些特征与流域内河系的形成过程以及径流的变化规律紧密相联。因此，当研究河川径流的动态时，需要对流域自然地理特征进行研究。

2.2　降水与下渗

降水是水循环过程中最基本的环节，是河川径流的来源。大气中的水分以各种形式降落到地面，称之为降水。所以，降水有多种形式，包括雨、雪、冰、雹、露、霜、霰等。我国大部分地区属于季风区，夏季风从太平洋和印度洋带来暖湿的气团，使降雨成为主要的降水形式。北方地区在冬季则以降雪为主。从形成河川径流角度来说，以雨和雪补给为主，而下渗是降水形成河川径流过程中的主要损失量。

2.2.1　降水

1. 降水要素与降水量观测

降水有三要素，包括降水量、降水历时和降水强度。降水量（h）是指一定时段内降落在某一面积上的总水量，单位以 mm 计；降水历时（t）即降水所经历的时间，单位可以年、月、日、时计；所以，某一降水量必须同时指明历时和区域。单位时间的降水量称为降雨强度（i），简称雨强，以 mm/min 或 mm/h 计。根据雨强对降水分级，常用的分级标准如表2-1所示。

表 2-1 降雨强度分级

等 级	12h 降水量/mm	24h 降水量/mm
小雨	0.2 ~ 5.0	< 10
中雨	5 ~ 15	10 ~ 25
大雨	15 ~ 30	25 ~ 50
暴雨	30 ~ 70	50 ~ 100
大暴雨	70 ~ 140	100 ~ 200
特大暴雨	> 140	> 200

观测降雨量的仪器有雨量器（图 2-7）和自记雨量计（图 2-8）两类。使用雨量器测降雨量一般采用定时分段观测制，即把一天 24h 分成若干个时段，以北京标准时间 8 时作为日分界点。用雨量器收集到的降雨量在室内用特制的量杯量定。自记雨量计有各种形式，它们能连续自动地在专用的自记雨量计记录纸上记录降雨过程，据此记录整理出降雨的起止时间、雨量大小和雨强的变化过程，是推求暴雨强度公式的重要原始资料。降雪量用溶化后的雪水深度表示。

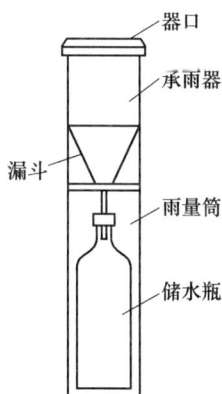

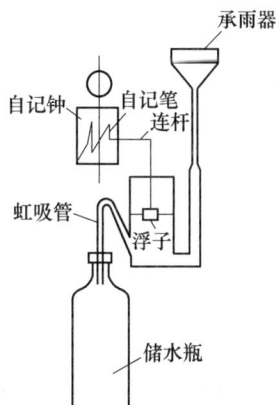

图 2-7 雨量器示意图 图 2-8 虹吸式自记雨量计结构示意图

2. 降水特征的表示方法

依据降水观测资料，可以整理出常用的降水过程线、降水累积曲线和等雨量线来反映降水的空间分布与时间变化规律。

（1）降水累积曲线 表示自降水开始到某时刻 t 为止的这一时段内的总降水量（图 2-9），即纵坐标表示累积降水量 h，横坐标表示历时 t，该曲线上每个时段的平均坡度是各时段内的平均降雨强度，则

$$I = \Delta h / \Delta t \tag{2-6}$$

当 $\Delta t \rightarrow 0$，可得瞬时雨强 i，即

$$i = \mathrm{d}h/\mathrm{d}t \qquad (2\text{-}7)$$

（2）降水过程线 以一定时间段为横坐标，以各时段平均雨量为纵坐标，所绘制的线图即为降水过程线，它表示降水量随时间的变化过程。一般用直方图表示（图2-9）。

（3）等雨量线 等雨量线也称之为降雨量等值线，它综合反映了一定时段内降水量的空间分布。即在地形图上将各雨量站相同起讫时间内的时段雨量标注在相应的地理位置上，根据直线内插原理并考虑地形对降雨的影响，勾绘出的等值线，如图2-10所示。

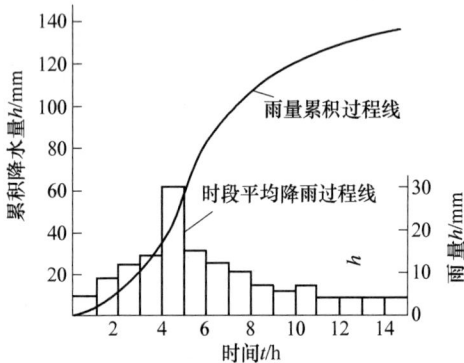

图2-9 某雨量站一次降雨过程

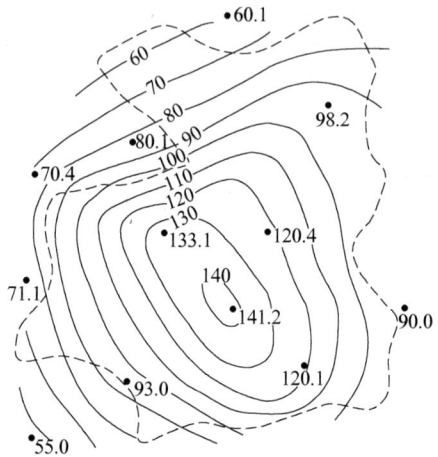

图2-10 等雨量线图

3. 流域平均降水量

在地理及其各种影响因素对复杂的气候条件作用下，一次降雨笼罩的范围内各点雨量、强度和持续时间是不同的，即表现出降水的不均匀性。而雨量站所观测的降水记录，仅代表该站小范围的降水情况，称之为点雨量。实际工程设计通常需要掌握一个流域或地区在一定时段内的平均降水量，即面雨量。依据国内各地逐年实际降水量的观测资料，已经绘制出我国多年平均最大日雨量等值线图和多年平均年降水量等值线图等。

计算流域平均降水量的方法有距离反比加权平均法、修正距离平方反比法、梯度距离平方反比法、降雨—高程线性回归法和地理统计法等多种，可查阅相关书籍；常用的方法有算术平均法、等雨量线法和泰森多边形法等3种。

（1）算术平均法 将所研究的流域内各雨量站同时期的降水量 h_i 相加，再除以站数 n，得出的算术平均值为该流域的平均降水量 $\bar{h}$。即

$$\bar{h} = \frac{h_1 + h_2 + \cdots + h_n}{n} = \frac{1}{n}\sum_{i=1}^{n} h_i \qquad (2\text{-}8)$$

此法计算简单，适合于地形起伏不大、雨量站稠密并分布较为均匀的流域。

（2）等雨量线法　如图 2-10 所示，用求积仪量出流域面积 F 和各相邻等雨量线之间的面积 f_i，再根据相邻等雨量线的数值 h_i，按下式计算流域平均降水量 $\bar{h}$。即

$$\bar{h} = \frac{1}{F}\sum_{i=1}^{n}\left(\frac{h_i + h_{i+1}}{2}\right)f_i \qquad (2\text{-}9)$$

此法考虑地形的变化绘制等雨量线，计算精度较高。但要有足够数量的雨量站且代表性好，故在实际应用中受到一定限制。

（3）泰森多边形法　泰森多边形法又称最近距离法，是降雨空间插值和计算流域面雨量时最常用的方法，如图 2-11 所示。此法是将相邻雨量站用直线连接而形成若干个三角形，而后对各连线作垂直平分线，连接这些垂线的交点，得到若干个多边形，各个多边形内均各有一个雨量站，则以该多边形面

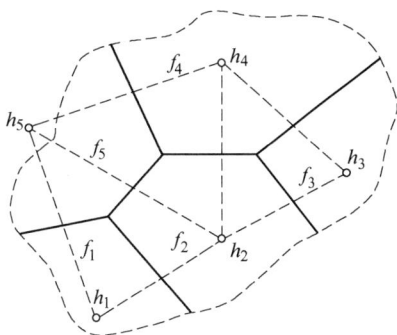

图 2-11　泰森多边形法示意图

积 f_i 作为该雨量站所控制的面积。于是，某时段的流域平均降水量，按下式加权求得

$$\bar{h} = \frac{f_1 h_1 + f_2 h_2 + \cdots + f_n h_n}{f_1 + f_2 + \cdots + f_n} = \frac{1}{F}\sum_{i=1}^{n} f_i h_i \qquad (2\text{-}10)$$

式中，F 为全流域面积；h_1，h_2，$\cdots$，h_n 为各多边形内雨量站的该时段降水量，n 为雨量站站数。

此法适用于雨量站分布不均匀的流域。其缺点是将各雨量站所控制的面积在不同的降水过程中视为固定不变，而实际降水情况不是这样的。

2.2.2　下渗

下渗是指水从地表渗入土壤和地下水的运动过程。对于产生地面径流来讲，下渗是一次降雨的主要损失量，而对于地下水和需水植物来讲，则是一种补给水源。

降水最初阶段，受土粒的分子力作用，首先水被土粒吸附成薄膜水，然后在水的表面张力作用下形成毛细水，继而在重力作用下部分下渗水可到达地下水面（详见 8.1.2 节）。下渗量的大小一般用下渗率或称为下渗强度（f）表示，即单位时间内下渗的水量，常用单位 mm/h。供水充分情况下的下渗率被称为下渗力

或下渗容量。图 2-12 所示为地面沙土的下渗能力曲线（亦称为下渗曲线）。这是一条 f 由大变小的过程线，初期下渗率 f_0 与土质和土壤初始含水量有关；随着下渗量不断增加，下渗完全靠重力作用而发生时，f 逐步呈现先快后慢的递减趋势，最后趋于一个相对稳定的数值，此时的下渗率称之为稳渗率 (f_c)，该值的大小仅与土质有关。下渗曲线随时间增加而衰减的规律常用 R. E. 霍顿经验公式表示

$$f = f_c + (f_0 - f_c)\,e^{at} \tag{2-11}$$

式中，f 为 t 时刻的下渗能力；a 为递减系数；其他符号同前。

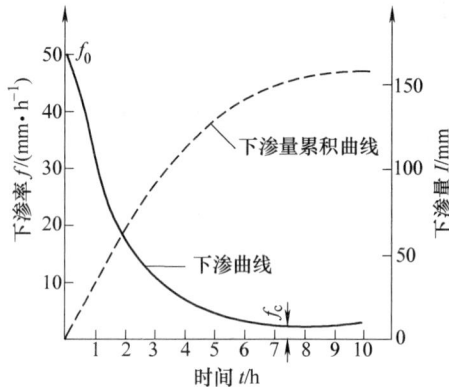

图 2-12　下渗曲线与下渗量累积曲线

当供水不充分时，下渗率将小于下渗能力。实际一次降雨过程中，往往会出现降雨强度小于、大于或等于下渗能力的各种下渗情况，只有当降雨强度超过或等于同时刻的下渗能力时，水分才按下渗能力曲线所示的规律下渗。

表示下渗量在降雨过程中变化的另一种曲线叫做下渗量累积曲线。该曲线表示自降雨开始至某一时刻 t 为止的时段内总下渗量（mm），它随时间而递增。下渗曲线和下渗量累积曲线二者之间存在着积分与微分的关系，即 t 时段内的下渗曲线下面所包围的面积表示该时段内的下渗量，而下渗量累积曲线上的任一点的切线斜率表示该时刻的下渗率。

观测 f 的方法有注水型和人工降雨等方法，其中注水型方法采用同心环下渗仪测定 f 值，就是把两个同心而无底的钢环打入地面约 10cm，同时在内环和内外环之间加水，内外环的水深相等且保持不变，加水的速率代表该处的下渗率。内环为测量的下渗面积，而两环之间加水是为防止内环下渗的水分向旁侧渗透。根据不同时刻观测到的下渗率，即可绘制下渗曲线。

尽管通过实验可测定出 f_0 和 f_c 值，但是流域各处的下渗率随着土壤、植被和地质条件等的不同有着较大的差异，为反映实际情况，常常用实测的降雨径流资料来反推平均下渗率。

2.3　河川径流

河川径流是流域自然地理环境中最为活跃的因素，是水循环过程中一个重要的环节，是水量平衡的基本要素。了解和认识河川径流形成机理，对于供水工程、环境保护以及防洪、航运、发电等工程设施都是十分必要的。

2.3.1　河川径流及其表示方法

1. 河川径流

流域上的降水，由地面和地下汇入河网，并沿着河槽流动的水流称为河川径流。我国河流以降雨径流为主，融雪径流只是在西部高山及高纬度地区河流的局部地段发生，故这里仅介绍前者。

在河川径流中，来自地面部分的称为地面径流，来自地下部分的称为地下径流（亦称为基流，详见第 2 篇），水流中夹带的泥沙（包括河水靠其所具有的动能挟带着呈悬浮态的悬移质泥沙和沿河底滚动的推移质泥沙）称为固体径流或泥沙径流，水流中携带的粒径小于 10^{-5} mm 的微粒物质称为溶解质径流。

河流中的泥沙和溶解质对水质和区域生态环境有影响，其中泥沙的冲淤变化不仅制约着河道变迁，而且对取水构筑物、桥涵工程、水电工程及港口建设等亦有影响，例如给水工程设计中要考虑取水构筑物进水口因泥沙产生的淤积问题。河流的泥沙大部分来自流域内被侵蚀的岩石风化物和土壤。由于岩石组成和气候的差异，泥沙组成与性质常有较大差异。不同地区其数量在 10t/（km^2·a）至 10000t/（km^2·a）之间变化。根据有关研究，我国黄河的最大含沙量为 42%，其支流的含沙量高达 78%。泥沙对水质的重要性主要表现为：无论是悬浮于河水中的泥沙，还是沉积于河底的泥沙，与水介质和生物体介质一样，都是水生态系统的基本结构单元；泥沙颗粒所含矿物质是某些水生生物的食物来源。泥沙对水质的影响主要表现为：泥沙同时制约着水体混浊度和透明度这两项重要的水质参数；泥沙颗粒的巨大比表面积和可能含有大量活性官能团，是水体中溶解质的主要载体，决定着溶解质在水环境中的迁移、转化、归宿和生物效应。例如河流中的重金属，在沉淀、吸附、表面络合、分配等多种物理化学机理作用下，易于由水相转入颗粒物相，使河流中的重金属主要以颗粒状态存在。通常河流悬浮颗粒物中的重金属含量比水中的要高 3~4 个数量级及以上。因此，评价河流水环境质量时，不能忽视对水体中泥沙物质的研究。

2. 河川径流量的表示方法

（1）流量　流量（Q）是指单位时间内通过河流某一过水断面的水量，常用单位为 m^3/s。流量可分为瞬时流量、日平均流量、月平均流量、年平均流量和多年平均流量。流量随时间变化过程，可用流量过程线表示。

（2）径流总量 径流总量（W）是指在一定时段内通过河流某一过水断面的总水量，常用单位为 m^3 或 $10^8 m^3$。径流总量等于计算时段总秒数 T 乘以该时段的平均流量。即

$$W = QT \tag{2-12}$$

（3）径流深度 将计算时段内的径流总量均匀地平铺在控制断面以上整个流域面积 F（km^2）上，所得平均水层深度即为径流深度 Y，常用单位为 mm。其计算公式为

$$Y = \frac{1}{1000} \frac{W}{F} \tag{2-13}$$

（4）径流模数 单位流域面积 F（km^2）上平均产生的流量，即为径流模数 M，常用单位为 L/（$s \cdot km^2$）。计算公式为

$$M = \frac{1000Q}{F} \tag{2-14}$$

（5）径流系数 流域上，同一时段的径流深度与降雨量之比值即为径流系数（α），无量纲。即

$$\alpha = \frac{Y}{X} \tag{2-15}$$

$\alpha < 1$，它的多年平均值是一个稳定的数值，具有一定的区域性。

在上述 5 种表示河川径流量的数值之间，存在着一定的相互转换关系。

2.3.2 河川径流形成过程及其影响因素

1. 径流形成过程

在流域中，从降雨到达地面至水流从流域出口断面流出的整个物理过程称之为径流形成过程。通常可将其划分为相互联系的产流过程和汇流过程。根据不同的产流特点，常将错综复杂的产流现象概括为两种产流方式，即超渗产流和蓄满产流。蓄满产流（亦称为饱和产流或超蓄产流）是指当包气带未饱和时不产生地面径流，仅当包气带饱和之后降雨就全部成为地面径流。这种情况多发生在雨量丰沛、包气带较薄且地面下渗率很大的区域。而超渗产流（亦称为非饱和产流）是指当降雨强度大于下渗强度时就开始产生地面径流。这种情况多发生在干旱、包气带较厚且地面下渗能力小的区域。降雨强度是影响产流的主要因素。下面以超渗产流的产流方式来分析一次降雨形成径流的过程。

（1）产流过程和初期损失 降雨开始到产生地面径流之前，除少量雨水直接降落到河水面上外，绝大部分雨水都降落到植物枝叶和地面上，消耗于植物截留、填洼、蒸发和下渗而损失掉，即为降雨的初期损失。其中被植被的枝叶截留的雨水，雨停以后很快被蒸发了；填洼的水量一部分下渗，一部分雨后以水面蒸

发的形式返回大气；雨期的蒸发量，由于此时空气湿度大，这部分损失量很小；降落到地面上的雨水，首先湿润表土，然后通过表土中的孔隙下渗。下渗是一次降雨的主要损失量。渗入雨水的后继下渗结果是一部分在土壤孔隙中流动成为壤中流（亦叫做表层流），一部分透过包气带到达地下水面，成为地下径流。下渗使得包气带含水量逐渐增加，经过一段时间表土的下渗能力减弱，当降雨强度大于下渗强度的时候就形成了超渗雨。超渗的雨水积于地面，流入洼地，即为填洼损失量；直到植物截留、蒸发、下渗和填洼的需水量都得到满足，多余的水开始形成坡面上的细小水流，坡地漫流即行开始。可见，一次降雨所形成的地表径流量等于降雨量扣除上述损失量，故其径流量也被称为净雨量。我们把降雨扣除损失形成净雨的过程称为产流过程。如图 2-13 所示，产流前的损失称为初期损失（I_0），简称初损；初损历时为 t_1。

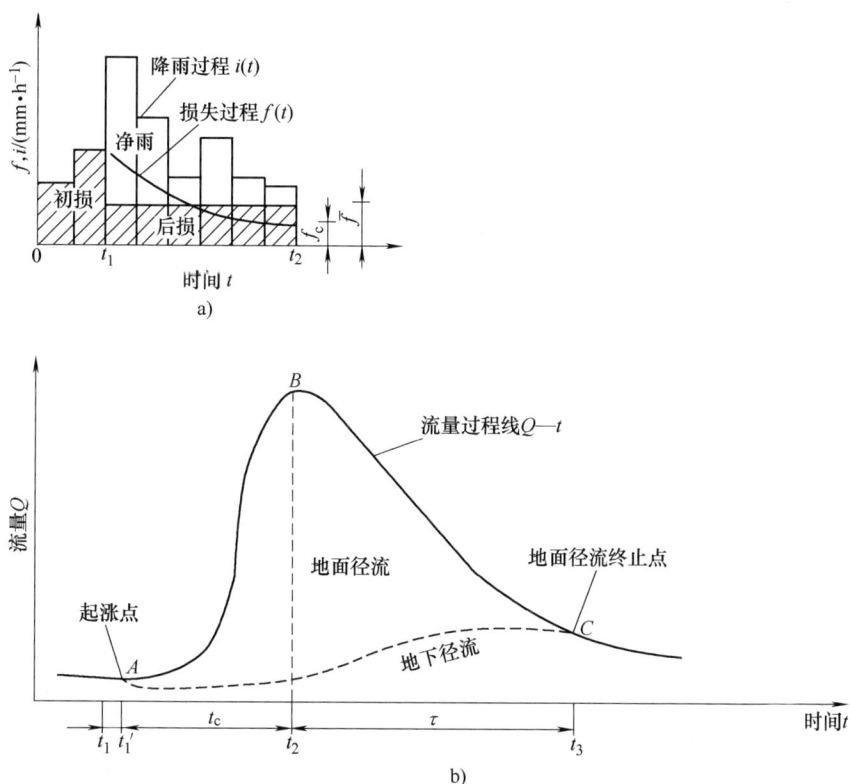

图 2-13　流域降雨—净雨—径流关系示意图

（2）汇流过程和后期损失　净雨从它产生的地点向河网汇集至流域出口断面，这一完整的过程称为流域汇流。流域汇流可大致分为坡地汇流和河槽汇流（或称之为河网汇流）。

坡地汇流的时间各处不是一致的，它首先在流域内隔水性好的地面和陡峻的坡面处开始，然后逐渐扩大到全流域。当坡面水流填满大小坑洼，注入小沟、溪涧，继而流入河槽的时候，就进入了河槽汇流过程。汇入河槽的水流，沿着河槽纵向流动，在流动过程中，沿途又不断地汇集各干、支流的来水，以及地下径流和从侧坡土壤孔隙流出的壤中流，最后从流域出口流出，这是径流形成的最终环节。对于较大的流域，河网汇流时间长，径流调蓄能力强，在降雨和坡地漫流终止后，它们产生的径流还会延续很长一段时间进行汇流。

在产生净雨后的汇流过程中，仍存在降雨损失，称其为后期损失（图2-13a），简称后损。后期损失主要是下渗损失，其下渗率是一个由大到小而趋于稳定的数值 f_c，常将此时段的下渗率视为一个常数，称为平均下渗率（$\bar{f}$），若 t_c 表示后损历时，那么后损量为（$\bar{f}t_c$）。一次降雨扣除损失量之后的总净雨深 h（mm）为

$$h = H - I_0 - \bar{f}t_c \qquad (2\text{-}16)$$

式中，H 为一次降雨的总水量（mm）；I_0 为初期损失量（mm）；$\bar{f}$ 为后期损失的平均下渗率（mm/h）；t_c 为净雨历时（h），$t_c = t_2 - t_1$。

综上所述可知，降雨、产流和汇流是从降雨开始到水流流出流域出口断面所经历的全过程，它们在时间上并无截然的分界，而是交错进行的。应当指出的是：就目前水文科学研究水平，要准确地划分出地面径流、壤中流和地下径流是非常困难的。所以实用的方法是将总径流过程分割为地面径流和地下径流。对于净雨，相对应地分割为地面净雨和地下净雨。一般将壤中流计入到地表径流中，壤中流净雨也就随之计入地面净雨中。应该明确的是：净雨和它所形成的径流在数量上是相等的，然而，二者的过程完全不同，径流的来源是净雨，净雨的汇流结果是径流；当降雨停止时，净雨随之停止，而径流要延续很长时间。

为说明一次降雨在流域出口断面 a（图2-5）处形成的径流过程，现以一场暴雨为例，如图2-13所示。初期的降雨都消耗于损失，尚未产生地面径流。当 $t = t_1$ 时，就强度而言，地表下渗率等于降雨强度，地面应开始产生由净雨形成的径流。但此时由于尚未满足地表土层的总吸水量，所以实际产生径流的时刻稍滞后至 t_1' 时刻。此后，流域面积上普遍开始产生径流，主河槽不断汇集沿途的径流和净雨，同时发生的损失量主要为后期的下渗量，最终流经出口断面，形成图2-13b中的地面径流过程。当此次暴雨强度逐渐减弱至稳渗率时，地面净雨消失，即为净雨终止时刻 t_2。但河槽汇流过程并未停止，它包括净雨由坡面汇入河网，直到全部经流域出口断面 a 流出的整个过程，其延续时间比净雨历时 t_c 和坡地漫流历时都要长得多，一直到 t_3 时刻为止，由这次暴雨产生的洪水过程才算终止。从 t_2 至 t_3 这段时间称为流域最大汇流时间，用 τ 表示，也就是流域最远点的净雨流到出口断面 a 所用的时间。通过基流分割，就是将此次暴雨形

成的地面径流和地下径流进行分割，其结果表明由于河流接受了地下径流的补给，出口断面 a 处的起涨点 A 低于地面径流终止点 C。因此，流域上的净雨总量就是流域出口断面的径流总量。

2. 河川径流影响因素

流域的各种自然地理因素，不同程度地影响着径流形成和变化，主要影响因素可概括为以下 7 项：

(1) 气象条件 气象条件包括降雨、蒸发、温度、湿度、风等，其中以降雨和蒸发最为重要，直接影响着流域内的径流量与损失量。降雨是径流的源泉，蒸发对一次降雨过程的作用不大，而平时流域内的地面水分主要消耗于蒸发。温度、湿度和风是通过影响蒸发和降雨而间接影响径流的。

(2) 地理位置和地形 地理位置以流域所处的经度和纬度来表示。它间接说明流域的气候和地理环境，与内陆水分的小循环强弱以及径流过程相关。

地形包括流域地表的平均高程、坡度、切割深度等。地形对径流的汇流速度和停滞过程起着决定作用。地表切割深，地势陡，汇流过程中流速大，时间短，洪水量大，径流过程急促。所以，山区河流的径流变化较之平原地区要强烈。

(3) 地表植被覆盖 植物茎叶对降雨有截留作用，使得地面的粗糙度增大，坡地漫流的速度减缓，雨水下渗量增加，覆盖在地面上的落叶和杂草可减少水分蒸发。总之，可以起到蓄水、保水和保土等作用，削减洪峰流量，增加枯水径流，使径流随时间的变化趋于均匀。

(4) 面积和形状 流域面积愈大，径流的调节能力愈强；流域形状系数 k 值愈小，则径流过程愈平缓，汇流时间愈长。

(5) 土壤地质 土壤地质直接影响入渗量的大小，继而影响对地下水的补给量。透水性好的土壤与岩石，有利于降雨渗入地下，减少地面径流，汇流过程就较平缓；透水性差的土壤与岩石，不利于降雨渗入地下，使降雨所产生的地面径流比例加大，汇流过程就较急促。岩溶地区的径流过程具有自身的独特性。

(6) 湖泊与沼泽 湖沼能调蓄洪水径流，使径流的年内分配较均匀，所以对径流起调节作用。同时，湖沼通过对气象因素，尤其是对蒸发的影响而影响径流量的大小，这一点在干旱地区表现得更为显著。

(7) 人类活动因素 兴修水利、水电工程、大面积灌溉和排水、水土保持措施、土地利用方式的改变和城市化与工业化等活动，都直接或间接地影响着径流及其过程，同时产生不同的水文效应和环境效应。

例如，城市化带来了人口密度和建筑物密度增大，这在一定程度上改变了城市地区的局部气候条件，从而影响到降水条件和径流形成条件。较之乡村地区，城市化使得暴雨次数、总量和平均雨强增大，地表不透水面积增加，降水渗入量减少，地表径流量增大而其汇流时间缩短，导致城市排水系统负荷加重，洪峰流量增大，城市发生洪灾的几率增加，这就要求社会增加额外的支出用来提高工程设计标准，对现有的工程加以改进。另一方面，城市径流中污染物组分及浓度随着城市化程度而发生变化。径流中的污染物主要来源于降水、土地表面和下水道系统。降水对径流污染物的贡献主要是指降水淋洗空气污染物的部分，可由大气中污染物浓度来估算。地表污染物含量受大气降尘、交通、土地利用和人口密度等因素的影响，径流对这类污染物的冲洗过程与其性质（可溶性和非可溶性）、地表透水性有关。不透水地面上的可溶性污染物首先被冲走，非可溶性污染物在地面径流的流速达到相当大时也可产生运移，它们都被带入下水道系统，再通过管网排入受纳水体。因此，对于城市径流水质的控制，可以采取渗滤措施和滞洪措施，具体包括多孔路面、渗滤带、渗滤沟、渗滤池、滞洪池等，尽可能增加受污染降水的下渗量，通过土层达到对其进行净化的目的，去除污染物的效率往往超过80%。另外，这类设施中生长着的植物对污染物同样具有降解作用。需要指出的是：渗滤径流最终要汇入地下水中，所以不仅在地下水水源附近采用此类措施时要慎重，而且要考虑地下水位的埋藏深度。

在上述各影响因素中，除了气象条件以外，统称为流域的下垫面因素。下垫面因素影响着降雨径流的调蓄作用、对降雨损失量扣除的多少和对净雨进行时空的再分配。

2.4　水文测验与信息采集

系统地收集和整理水文资料的全部技术过程称为水文测验。水文测验的基本场所是水文测站。测站一般布设有基线、水准点和各种断面，包括基本水尺断面、流速仪测流断面、浮标测流断面和比降水尺断面等。基本水尺断面上设立基本水尺，用来进行经常性的水位观测；测流断面一般与基本水尺断面重合，且与断面平均流向垂直。测站内的基线通常与测流断面垂直，起点位于测流断面线上，长度视河宽 B 而定，一般取 $0.6B$。基线的用途是推求测深（或测速、测沙）垂线在断面上的位置。水准点分为基本水准点和校核水准点，均应设在基岩或稳定的桩柱上，前者是测定测站各种高程的基本依据，后者则经常用来校核水尺零点高程。

单个测站观测到的水文要素信息仅代表了站址处的水文情况。而流域上的水文情况需要在一些适当点布站观测，这些站点在地理位置上呈网状分布，就构成了水文站网。水文站网必须以科学性、合理性、最优化为原则进行合理布局。我国于1956年开始统一规划布站，经过多次调整，已形成合理的布局。河流水文测站负责对河流指定地点的水位、流量、泥沙、水化学、冰凌等项目进行观测及其有关资料的分析工作。本节主要阐述对河流水位、流量与泥沙等水文要素的测验要点。

2.4.1　水位观测

水位是河流最基本的要素，是反映水流变化的最显著标志，是给水、排水、防汛、航运、灌溉等工程建筑物设计中不可缺少的水文资料。

河流某时刻在某断面的自由水面相对于某一基面的高程，称为该时刻此断面的水位（H），单位以 m 计。基面是计算水位的起始面，我国规定统一采用青岛附近的黄海平均海水面作为标准基面。在使用水位系列资料时，其水位所依据的基面必须统一，否则要加以换算。

观读水位的设备常用水尺和自记水位计两类。水尺分为直立式、倾斜式、矮桩式和悬锤式等，可根据设立水尺地点的实际条件选择适宜的形式。直立水尺构造简单，观测方便，采用最为普遍，其水尺刻度的起点与某一基面的垂直距离叫做水尺零点高程，预先可测定。观测某点水位时，即有

$$水位 = 水尺零点高程 + 水尺读数$$

自记水位计种类较多，主要有超声波型、电传型、遥测型等，它们可以数字或图像的形式连续记录水位变化过程。

河流的水位观测次数，视水位变化情势，以能测得完整的水位变化过程，且满足日平均水位计算和发布水情预报的要求为原则。根据所测得的瞬时水位计算日平均水位、月平均水位和年平均水位，整理出年和月最高、最低水位等特征水位值，刊于水文年鉴并存入水文数据库，供相关部门查用。

日平均水位（H_d）的计算方法有两种：①一日内水位变化平缓，或起伏大但等时距观测，采用算数平均法；②一日内水位变幅较大，观测次数多但观测时距不等，采用面积包围法，即将该日从零时起至 24 时的水位过程线与横轴所包围的面积除以 24h，即得日平均水位。

2.4.2　流量测验

由水力学可知，河流某断面的流量等于该断面面积与断面平均流速之乘积，所以流量测验包括过水断面测量、流速测量与流量计算三部分。

1. 断面测量

河道水道断面扩展至历年最高水位以上 0.5～1.0m 的断面称为大断面。所以大断面面积分为水上、水下两部分。水上部分面积采用水准仪测量的方法进行。水下部分面积测量亦称为水道断面测量，具体步骤如下：

1）河底高程测量。在断面上选定测深垂线，用施测时的水位减去水深即得，其垂线数目根据河的宽度和深度确定，测深工具包括超声波、测杆、测锤等。

2）起点距测量。起点距是指各测深垂线与河岸上起点桩水平距离（参见图

2-15 中的 b_1、b_3），其测量方法有多种。中小河流在断面上可架设断面索，直接读出起点距；大河上常用经纬仪或六分仪测量。如用经纬仪测量，在基线另一端（起点桩是一端）架设此仪器，可测出测深垂线与基线之间的夹角，基线长度是已知的，即可算出起点距。目前最先进的是用 GPS（全球定位系统）定位法。

3）绘制过水断面。

2. 流速测量与流量计算

流速仪是利用水流冲击转子的作用而产生旋转的原理制成，我国主要采用旋杯式和旋桨式流速仪（图 2-14）。测速时，将流速仪悬于施测点，记下仪器的总转数 N 和测速历时 T（s），其转子的转数 N 与测点流速 v（m/s）的关系为

$$v = k \frac{N}{T} + C \tag{2-17}$$

式中，k、C 分别为仪器检定常数和摩阻系数；要求 $T \geq 100\mathrm{s}$，以消除流速脉动的影响。

由于过水断面上各点的流速分布不均匀，因此流量测验基本过程为由点到线，再由线到面。根据水文测验规范，在所施测的断面上沿断面线选定测速垂线和每条垂线上的测点，每条垂线上可以选定 1、2、3 或 5 点，则分别称之为一点、两点、三点或五点法。现以三点法为例（图 2-15），介绍其具体测量步骤如下：

1）在断面上选定测速垂线 n 条，各垂线上选定的 3 个测点分别位于水面以下 $0.2H$、$0.6H$ 和 $0.8H$（H 为水深）；

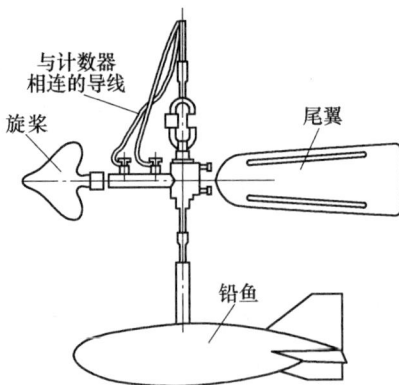

图 2-14 Ls25-1 旋桨式流速仪

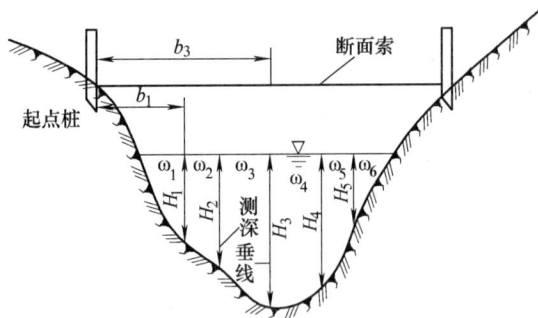

图 2-15 断面测量与流量计算示意图

2）用流速仪测各点流速（$v_{0.2}$，$v_{0.6}$ 和 $v_{0.8}$），取算术平均值来计算各垂线平均流速 $v_{\mathrm{m}i}$，（$i = 1, 2, \cdots, n$）；

3）以测速垂线为界，计算部分面积 ω_j，$(j=1,2,\cdots,n+1)$；

4）计算 ω_j 上的平均流速 v_j，岸边部分为

$$v_1 = \alpha v_{m1} \qquad v_{n+1} = \alpha v_{mn} \qquad (2\text{-}18)$$

α 为岸边流速系数，取值查阅水文测验手册；中间部分为

$$v_j = \frac{1}{2}(v_{mi} + v_{mi+1}) \qquad (2\text{-}19)$$

5）计算断面流量

$$Q = \sum_{j=1}^{n+1} q_j = \sum_{j=1}^{n+1} v_j f_j \qquad (2\text{-}20)$$

2.4.3　水位与流量关系曲线

根据上述的水位、流量测验工作可知，流量测验工作量大，各测站一年内实测的次数有限，通常得不到流量随时间连续的变化过程。而水位过程易于观测，同时考虑到河流水文测站基本水尺断面处的水位与通过该断面的流量关系密切，有规律可循，因而可根据全年水位变幅内的各级水位测得一定测次的流量资料，以水位为纵坐标、流量为横坐标，绘制二者关系曲线，并对其进行分析。这是水位与流量关系资料整编工作的主要内容。在整编后的水位流量关系曲线上，不仅可以依据高、低水位查得对应的高、低流量，还可以依据日平均水位查得日平均流量等。

1. 水位—流量关系曲线的分析

（1）稳定的水位—流量关系　当测流段的河床稳定且测站控制良好时，绘制出来的水位—流量关系曲线表现为同一水位只有一个相应的流量，或者说为一条单一的曲线，二者即为稳定关系。通常在绘制水位—流量关系曲线的同一张图上，绘出水位—面积、水位—流速关系曲线（图 2-16 中的实线部分），作为分析与延长水位—流量关系的辅助依据。稳定的水位—流量关系一般发生在河床稳定、河道坡度较大、河段顺直的山区河流。

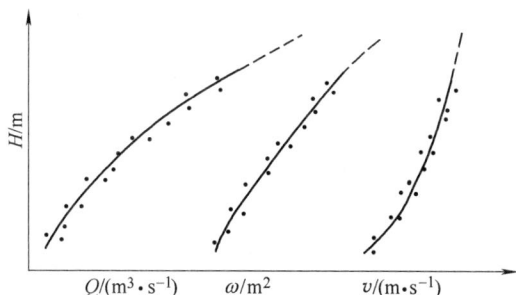

图 2-16　水位—流量、水位—面积、水位—流速关系曲线

（2）不稳定的水位—流量关系　若绘制出来的水位—流量关系不是单一曲线，即同一水位下有若干个相应的流量，二者即为不稳定的关系。如图 2-17 所示，河床冲淤变化使水位、流量呈不稳定关系。若冲淤时段有规律，可分别确定不同时段稳定的水位—流量关系曲线。如图 2-18 所示，洪水涨落变化也会使水位—流量关系呈不稳定，此时可按涨与落的过程定线。这样将不稳定变化的水位—流量关系曲线处理成不同时段稳定的水位—流量关系曲线，然后由水位推求流量。反之亦然。这种不稳定的水位—流量关系常出现在河流的中下游。

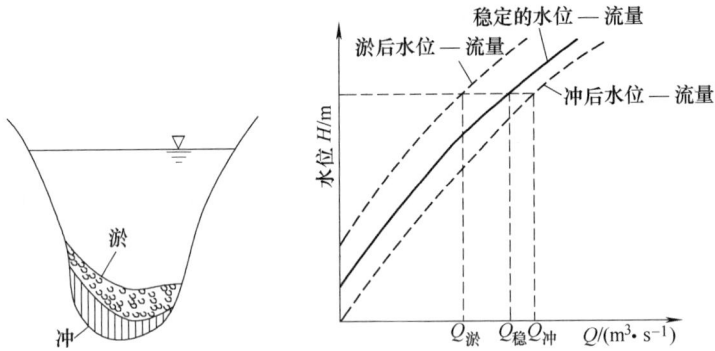

图 2-17　受冲淤影响的水位—流量关系曲线

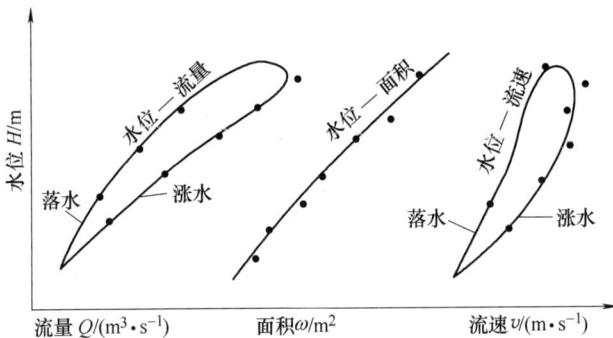

图 2-18　受洪水涨落影响的水位—流量关系曲线

2. 水位—流量关系曲线的延长

对水文站基本水尺断面处获得的水位—流量关系曲线进行延长，这是有实际工程意义的。由于高水历时短、流速大，枯水时水浅、流速小，流量施测的次数在这种情况下就很少。而工程设计中却往往要用到水位—流量曲线的高水与低水部分。例如，在给水与排水工程设计过程中，需要把设计用的最大流量和最小流量转换为相应的设计最高水位和最低水位，或者将历史调查获得的洪水位与枯水位转换为相应的流量。这就需要用适当的方法对曲线两端进行延长。一般情况，要求高水部分延长不应超过当年实测流量所占水位变幅的 30%，低水部分延长不应超过 10%。

（1）高水延长

1）水位—面积、水位—流速关系曲线法。此种方法适于河床没有严重冲淤变化的断面。具体步骤包括：首先依据实测大断面资料绘制水位—面积曲线；然后绘制实测的水位—流速关系曲线，并将该曲线作高水延长。其具体方法有两种：一种是在已知水力坡度（J）、河床糙率（n）和水力半径（R）的条件下，用水力学中的曼宁公式计算高水断面的平均流速。即

$$v = \frac{1}{n} J^{1/2} R^{2/3} \tag{2-21}$$

另一种方法是，鉴于高水部分的水位—流速关系曲线通常是与纵坐标趋于平行的直线，或者说此时的流速变化不大，故可徒手顺势延长（图 2-16 中的虚线部分）；最后已知高水断面的平均流速，依据 $Q = \omega v$ 即可延长高水时的水位—流量关系曲线。

2）断面特征法。在水文测站没有实测的 J、n 的情况下，设过水断面的面积为 ω，则

$$Q = \omega v = \omega C \sqrt{RJ} = C \sqrt{J} \omega \sqrt{R}$$

在流量不同的条件下，考虑到高水部分的 $C \sqrt{J}$ 差别不大，可视为常数，令 $k = C \sqrt{J}$，则

$$Q = k \omega \sqrt{R} \tag{2-22}$$

此时，高水部分的流量仅与表征过水断面特征的参数 ω 和 R 有关，依据式（2-22）进行的高水延长就称之为断面特征法（亦称之为史蒂文斯法）。对于河面较宽、河段顺直、水深不很大且没有漫滩的河段来说，式（2-22）中的 R 可用平均水深来代替。具体步骤如下：

首先依据实测流量和大断面资料，绘制 $H—Q$、$Q—\omega \sqrt{R}$ 和 $H—\omega \sqrt{R}$ 三条关系线（图 2-19 中的实线部分）；然后将 $H—\omega \sqrt{R}$ 绘制高水位区，再将 $Q—\omega \sqrt{R}$ 作高水延长（图 2-19 中的虚线部分）；欲求与某一高水位 H_1 相对应的流量 Q_1，先据 H_1 从 $H—\omega \sqrt{R}$ 关系曲线上查出对应的 $\omega \sqrt{R}$ 值，再从延长的 $Q—\omega \sqrt{R}$ 曲线上查出对应的 Q_1，于是就可以将 $H—Q$ 关系曲线延长至高水位。

（2）低水延长　对水位—流量关系曲线作低水延长时，通常以断流水位（H_0）为控制点，将实测部分的水位流量曲线延长至此点。断流水位就是流量等于零时所对应的水位。推求断流水位的方法包括以下两种：

1）根据测站纵横断面资料确定。若测站下游有浅滩或石梁，以其顶部高程作为断流水位；若测站下游很长距离内河底平坦，取其基本水尺断面河底最低点高程作为断流水位。此种方法较为可靠。

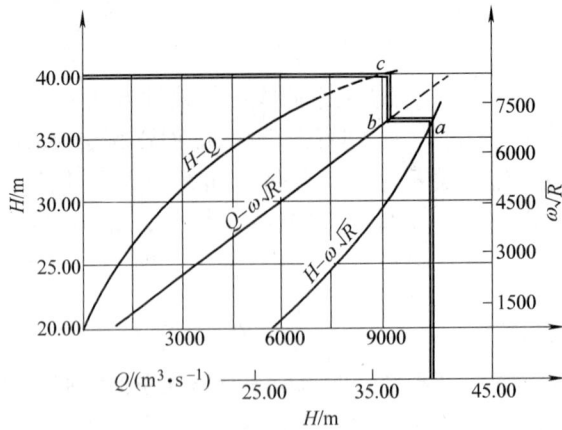

图 2-19 断面特征法延长水位—流量关系曲线

2）分析法。若没有测站纵横断面实际资料，但断面形状齐整，延长部分的水位变幅内河宽无显著变化，且无分流、浅滩等现象，可采用此分析法确定 H_0。此时，假定水位—流量关系曲线的低水部分的方程式为

$$Q = K(H - H_0)^n \qquad (2-23)$$

式中，H_0 为断流水位；K、n 分别为指定的系数与指数。

于是，在水位—流量曲线的低水弯曲部分，顺序取 a、b、c 三点，其各自的水位与流量分别是 H_a、H_b、H_c 与 Q_a、Q_b、Q_c，且满足关系式 $Q_b^2 = Q_a Q_c$，据式（2-23），有

$$K^2(II_b - H_0)^{2n} = K^2(H_a - H_0)^n(H_c - H_0)^n$$

解得断流水位

$$H_0 = \frac{H_a H_c - H_b^2}{H_a + H_c - 2H_b} \qquad (2-24)$$

值得提及的是，实际工程需要的是设计断面处（如取水口处）的水位—流量关系曲线，而在这些断面往往缺乏实测资料，所以还需要用邻近水文站整编出来的水位—流量关系曲线推求设计断面的水位—流量关系曲线，供工程设计时应用。

2.4.4　泥沙测验

泥沙测验就是固体径流测验。按泥沙在河流中的运动形式，分为悬移质泥沙（简称悬沙）测验和推移质泥沙（简称底沙）测验。底沙数量一般远较悬沙数量要少，但也是参与河道冲淤变化的重要组成部分。

1. 悬移质泥沙测验与计算

河流中的悬沙量常用含沙量和悬移质输沙率两个指标定量说明。含沙量

（ρ）是指单位体积浑水所含泥沙的重量，单位为 kg/m³。输沙率（Q_s）是指单位时间通过河流某断面的悬沙重量，单位为 kg/s。二者的关系为

$$Q_s = Q \times \rho \tag{2-25}$$

式中，Q 为断面平均流量（m³/s）；ρ 为断面平均含沙量（kg/m³）。

Q_s 测验是通过断面上含沙量和流量的测验来推求的。由于断面上各点流速不同，所具有的动能不同，因此含沙量亦不同。通常 Q_s 测验与流量测验配合进行。仍以三点法（参见水文测验规范）为例，Q_s 测验的具体步骤包括：

1）在断面上选定测沙垂线 n 条及各垂线上的测点 3 个。

2）从各测点取水样。常用的采样器有横式采样器（图 2-20）和瓶式采样器，含沙量较大时可使用同位素含沙量计，测得各点含沙量（$\rho_{0.2}$，$\rho_{0.6}$，$\rho_{0.8}$）。用流速加权计算各垂线平均含沙量 ρ_{mi}（$i = 1, 2, \cdots, n$），则

$$\rho_{mi} = \frac{1}{3v_{mi}}(\rho_{0.2}v_{0.2} + \rho_{0.6}v_{0.6} + \rho_{0.8}v_{0.8}) \tag{2-26}$$

3）计算断面输沙率。即

$$Q_s = \rho_{m1}q_1 + \frac{\rho_{m1} + \rho_{m2}}{2}q_2 + \cdots + \frac{\rho_{mn-1} + \rho_{mn}}{2}q_n + \rho_{mn}q_{n+1} \tag{2-27}$$

式中的符号意义同前。

2. 推移质泥沙测验与计算

河流中的底沙量常用推移质输沙率（Q_b）来定量说明。它是指单位时间通过测流断面的底沙重量，单位为 kg/s。Q_b 测验与 Q_s 测验和流量测验配合进行。Q_b 测验步骤为：

1）在断面上选定测底沙垂线 n 条，在每条测线上用采样器（图 2-21）在河底的一定宽度内采集一定时段内通过的底沙，即为基本输沙率

$$q_{bi} = \frac{100W_i}{t_i b_k} \tag{2-28}$$

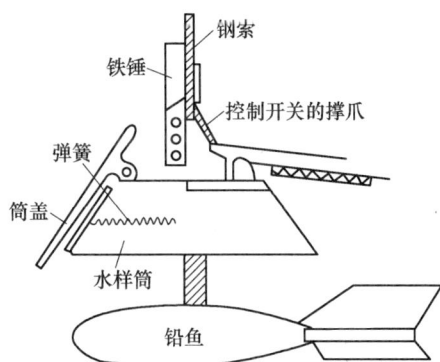

图 2-20　横式采样器

式中，q_{bi} 为第 i 条测线的单宽推移质输沙率 [g/（s·m）]，$i = 1, 2, \cdots, n$；W_i 为第 i 条测线的底沙样重量（g）；t_i 为第 i 条测线取样历时（s）；b_k 为采样器进口宽度（cm）。

2）断面推移质输沙率的计算公式为

$$Q_b = \frac{k}{2000}\left[q_{b1}l_1 + (q_{b1} + q_{b2})l_2 + \cdots + (q_{bn-1} + q_{bn})l_n + q_{bn}l_{n+1}\right] \tag{2-29}$$

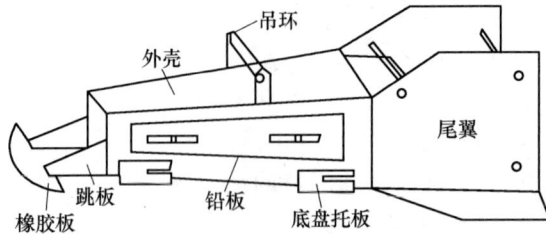

图 2-21   黄河 59 型推移质采样器

式中，l_2，l_3，…，l_{n-1} 为各取样垂线间的间距（m）；l_1，l_n 为两端取样垂线至推移质运动边界的距离（m）；k 为修正系数。

由于底沙取样时将采样器放置于河底，使得正在运行的底沙水力条件发生了变化，即河水流受阻，进入器内的流速发生变化，故用 k 值来修正。推移质采样器根据采集的推移质粒径不同，分为沙质和卵石两类。沙质推移质采样器适用于平原区河流，如国产黄河 59 型（图 2-21）和长江大型推移质采样器；卵石推移质采样器适用于施测 1.0～30cm 粒径的砂石，主要有软底式和硬底式两种网式采样器。

在某个时期，若已知某河段通过其上下断面的悬移质输沙率和推移质输沙率的变化过程，即可知道该时期此河段的冲淤状况。

2.4.5   冰情测验

冰情测验工作主要在我国秦岭—淮河以北的河流进行，包括目测和冰厚、冰流量等测量。通过冰情测验，可以获得河流冰情特征值，包括初冰、流冰花、封冻、开河、流冰和终冰的日期，最大冰厚、冰花厚及其发生日期，流冰花的疏密度、流冰花总量和最大冰花流量，流冰的疏密度、流冰总量和最大冰流量、最大流冰块的尺寸和冰速，不同开河形式的出现几率，冰塞、冰坝发生的时间地点和规模等，从而掌握冰情的变化情势，预防因冬季结冰、春季解冻对取水构筑物造成损害，为取水工程提供设计所需的冰情资料。

2.4.6   水文信息采集

水文信息采集的主要手段是水文测验。这种定位测验由于受到时间与空间的限制，往往不能满足实际工程需要。通过水文调查、水文遥测、水文年鉴等途径采集水文信息，可以使水文资料更加完整而系统，这些信息也是进行水文分析计算时必不可少的依据。

1. 水文调查

水文调查的目的是调查水文测站及其他必要地点的水文特征值，包括特大洪水流量、暴雨量和最小枯水量。调查和考证的方式除了搜集有关流域的水文、气象资料，查阅历史文献以外，还要到现场实地询问当地的老居民。根据当地严重旱情、无雨天数、河水水深以及枯竭断流的情况调查，来估算当时的最小水量和最低水位。特大暴雨的调查，一般通过将当时的雨势与近期发生的某次大暴雨相比，得出定性的结论；或依据当时地面池塘积水、露天水缸等器皿承接雨水的程度，来估算暴雨量。通过指认沿河各次历史洪水痕迹、发生时间、洪水来源及涨落过程等，然后测量河段的断面、洪痕高程，可运用水位—流量关系曲线法推求各次历史洪水流量，并经过系统分析和反复比较，排列出各次洪水在调查期中的序位。我国许多水文部门对历史洪水进行过大规模的系统调查，并已编辑成册，供工程技术人员在设计洪水计算时参考。古洪水是指洪水发生的时间早于现代系统水文测验和历史（调查）洪水的古代洪水，可以追溯到地质年代称之为全新世（参见第 2 篇）发生的洪水。近年来，有关古洪水的研究成果的收集也是水文调查的内容之一。

2. 水文遥测

水文遥测是指遥感技术在水文科学领域的应用。其特点是可以大范围、快速、周期性地探测地球上各种水文现象及其变化。近 20 多年来，水文遥测已成为收集水文信息的一种重要手段，尤其在流域特征调查、水资源调查、水质监测、洪涝灾害监测、河口湖泊水库泥沙淤积监测等方面的应用更为显著。

3. 水文年鉴

水文年鉴是指由国家水文站网按全国统一规定对观测的数据进行处理后，由主管部门分流域和水系每年刊布一次的水文资料。1986 年起，陆续实行用计算机存储，建立水文数据库，供用户查阅。水文年鉴内容包括测站分布图，水文站说明表与位置图，各测站的水位、流量、水温、泥沙、冰凌、水化学、地下水、降水量、蒸发量等系统资料。

4. 水文手册和水文图集

水文年鉴仅刊布水文测站的资料，而水文手册、水文图集和水资源评价报告等是各地区水文部门在分析研究和综合历年地区性水文资料的基础上编制出来的，包括适合于某地区的各种水文特征值统计表、等值线图、经验公式、经验系数、关系曲线及计算方法等。利用水文手册和水文图集，可以计算资料缺乏或无资料地区的水文特征值。

本 章 小 结

【本章内容】

主要叙述了与工程规划和设计相关的水文学基础知识。

（1）河流与流域　河流是本门课程研究的对象，流域是汇集地表和地下径流的区域。本章介绍了河流基本特征，包括河长、弯曲系数、河槽特征、河流纵比降和河流分段。流域分水线就是其周界线。流域的几何要素包括流域面积、长度与平均宽度、形状系数和河网密度。

（2）降水与下渗　降水是河川径流的来源，而下渗是降水形成河川径流过程中的主要损失量。本章就降水量、下渗量的观测与计算方法等进行了阐述。降水三要素包括降水量、降水历时和降水强度。降水特征表现为流域上的不均匀性。下渗是指水从地表渗入土壤和地下水的运动过程。表示下渗量在降雨过程中变化的曲线有下渗曲线与下渗量累积曲线。

（3）河川径流　流域上的降水，由地面和地下汇入河网，并沿着河槽流动的水流称为河川径流。河川径流分为地面径流、地下径流、固体径流（包括悬移质泥沙和推移质泥沙）和溶解质径流。流量、径流总量、径流深度、径流模数和径流系数是表示河川径流量的5个值。在分析径流形成时，涉及到的基本概念有产流与汇流、初期损失与后期损失、净雨量等。在此基础上，分析了河川径流形成过程及其影响因素，包括气象条件、地理位置和地形、流域面积和形状、地表植被覆盖、土壤与地质、湖泊与沼泽以及人类活动因素等。

（4）水文测验与信息采集　水文测验与信息采集是后续水文分析计算的基础。水文测验主要介绍了河流水位、流量和泥沙等水文要素测验，水位与流量关系曲线延长与应用；水文资料收集的途径有实地水文调查，利用水文手册、水文图集和水文年鉴。

【学习基本要求】

通过本章学习，了解河流、流域的有关概念，明确河川径流形成过程及其影响因素，熟悉河川水文资料的基本观测方法，掌握延长水位与流量关系曲线方法和河川径流量的表示方法。

Chapter 2　Basic Knowledge of Hydrology

【Chapter Content】

The hydrological elementary knowledge related to engineering planning and design is discussed in this chapter.

1. River and Watershed

River is the object of study for this course, and a basin is an area that collects surface runoff and subsurface runoff. This section introduces the rudimentary characteristics of a river, including its length, curve coefficient, riverbed features, and longitudinal slope and subsections from source to mouth. A divide line is the peripheric boundary of a basin. The geometric elements of a watershed are the area, length and average width, shape coefficient and density of river-net.

2. Precipitation and infiltration

Precipitation and infiltration are the major source and loss with respect to producing runoff, respectively. Methods of observing and calculating them are discussed. For a precipitation, the volume, duration and intensity are three key elements, and the nonuniformity is its distribution feature. The movement process in which water enters into soil and groundwater from the earth's surface is termed infiltration. The infiltration amount is expressed by both infiltration capacity curve and accumulating curve.

3. River runoff

River runoff is the precipitation of a basin that enters into the river-net by subsurface and surface runoff and flows along the riverbed, in which solid runoff (i. e. suspended load and bottom load) and dissolved solid yield are involved. The magnitudes of river-runoff are expressed as discharge, total volume, depth, modulus, and coefficient, respectively. To analyze the river-runoff course from a rainfall, some concepts are introduced, e. g. the production and confluence of a runoff, the early loss and later loss, and the net-rainfall. The main factors of influencing a runoff are the meteorological elements, geographical position and terrain, area and shape of a basin, vegetation cover, soil properties and geological conditions, lakes and swamps, and human activities.

4. Hydrologic survey and Data collection

It is the foundation of subsequent hydrological analysis and calculation. How to survey and calculate river-stage, rate of flow and solid runoff, and prolong and use a stage-discharge curve (also referred to as the rating curve) are described. *In-situ* investigation, and consulting hydrological handbooks, atlas and yearbooks are mainly ways of collecting hydrological data.

[General Learning Requirements]

The relevant concepts of a river and basin should be understood, the course of forming river-runoff and its impact factors made clear, and the methods used to observe hydrological elements known well. The expressions of runoff and the methods extending the rating curve have a good grasp.

复　习　题

2-1　简述河流各段的水流冲淤特征。

2-2　什么叫流域？如何在地形图上勾画并计算河流某一断面以上的流域面积？

2-3　何谓降水三要素？降水特征的表示方法有哪几种？如何计算流域平均降水量？

2-4　降雨过程中的下渗率就是下渗能力，这句话对否？为什么？

2-5　净雨与径流有何异同？

2-6　初期损失与后期损失对径流的形成有什么影响？

2-7　城市化对径流形成过程和河流水质有哪些影响？

2-8　固体径流对水质有何影响？

2-9　简述流量测验的步骤。

2-10　含沙量与输沙率有何异同？

2-11　表2-2给出了某河流各河段特征点的水面高程及其间距，试求各河段的水面比降和整条河的平均比降。

表2-2　河段比降计算基础数据

河段序号（河源至河口）	各河段上、下特征点水位/m	特征点间距/km
I	92.4 ~ 61.8	176
II	61.8 ~ 32.7	243
III	32.7 ~ 13.6	274
IV	13.6 ~ 2.8	159
V	2.8 ~ 0.0	47

2-12　某条河工程所在断面以上的流域面积为$471km^2$，年径流模数为$18.4L/（s·km^2）$，其年径流量、径流深度和径流总量分别为多少？

2-13　某流域各雨量站某场降雨量如图2-22与表2-3所示。试用算术平均法、泰森多边形法分别推求此流域的平均降雨量。

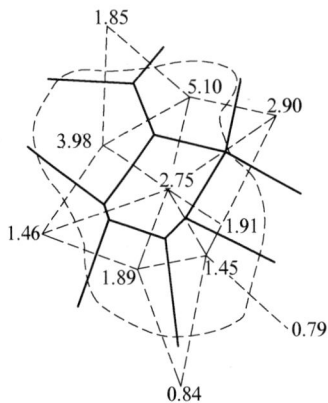

图2-22　题2-13图

表2-3　题2-13参数表

降雨量 /cm	有效面积 /km²
1.85	6.8
3.98	110
5.10	99
2.75	113
1.46	21
1.89	89
1.45	80
1.91	77

2-14　某测站已测得的水位、流量成果如表2-4所示。试求：①各测次的平均流速；②用

水位—面积、水位—流速关系曲线法延长水位—流量关系曲线，求水位为 330.60m 的流量。

表 2-4　实测流量成果

水位 H/m	322.1	322.4	323.4	322.7	324.1	328.4	326.5	327.7	325.2	326.0	330.6
流量 Q/（$m^3 \cdot s^{-1}$）	51.5	80.0	238	114	397	1820	1090	1510	681	892	
断面面积/m^2	53.7	62.9	143	90.0	224	674	459	591	328	417	879.0
平均流速 v/（$m \cdot s^{-1}$）											

第 3 章
水文统计基本原理与方法

3.1 水文统计基本概念

3.1.1 水文统计

水文现象由于受到多种因素的影响，在其发生、发展和演变过程中，既有必然性的一面，也有随机性的一面。对于水文现象的必然性规律，可以通过成因分析和地理综合分析，建立描述这种规律的数学物理方程模型，以求解相应的问题。例如，通过研究流域暴雨量和暴雨损失量的分析，并以水量平衡原理为依据，可建立地区降雨径流模型，确定其径流量。

水文现象的随机性是在各种水文现象发生的时间和数值上表现出来的，而概率论与数理统计是研究随机现象的数学工具。例如，河流的任一断面的年径流量数值每年都有差异，表征为一种随机性。但是长期观测的结果说明其多年平均值是一个很稳定的数值，而且年径流量的极大值或极小值出现的机会都较小，相比之下，中等大小的年径流量出现的机会较大。这些规律性需要用大量的水文资料统计出来。通常在工程水文计算中，将数理统计改称为水文统计。

水文统计分析的任务就是以实测水文系列资料为样本，应用数理统计方法，对未来可能发生的水文情势作出概率预估（且考虑抽样误差），确定合理的工程设计值，以满足工程设计和运行决策的需要。

水文统计对水文资料的要求包括资料的可靠性、一致性与代表性。

1. 资料的可靠性

水文统计分析以实测水文资料为依据，应用错误的资料就不能获得准确的结果。水文统计分析中通常使用相关部门整编后正式刊布的资料，一般可以直接应用，但应对原始资料进行复核，对水文测验精度和整编成果作出判断，如问题较大，应进行定量修改，或估计其可能偏大、偏小的程度，以便在频率分析时予以考虑，保证分析成果可靠。

2. 资料的一致性

资料的一致性是指同一系列的水文资料属于同一类型、同一条件下产生的。例如，暴雨和融雪两种不同成因的洪水不可收入同一系列，基准面不同的水位不能收入同一系列，瞬时流量与日平均流量不能收入同一系列等。

3. 资料的代表性

水文统计分析的目的是利用过去已有的水文资料来推求未来可能出现的水文情势，因此资料的实测系列越长，代表性就越好。

3.1.2　事件与随机变量

事件是指在一定组合条件下，在试验结果中所有可能出现或可能不出现的事情。事件可以是数量性质的，也可以是属性性质的。事件分为必然事件、不可能事件和随机事件。随机事件是指在一定组合条件下，可能发生也可能不发生的事情。

水文现象属于随机事件，在水文统计分析中，我们通常利用事件的数量性质。例如，河道中每年枯水期出现的最小流量的数值，每年汛期出现的最高水位的数值等。

随机变量是随机事件的数量化表征。随机事件的每次试验结果可以用一个变量 X 的数值来表示，称为随机变量。水文现象中的随机变量往往是指某种水文特征值，例如某水文测站的最大洪峰流量，某流域的年降雨量等，对它们的实测、调查就相当于进行随机试验。通常将随机变量分为两类，即离散型随机变量和连续型随机变量。离散型随机变量只能以一定的概率在区间内取得某些间断值，例如车辆噪声超标的汽车台数，每次打靶的环数等；连续型随机变量以一定的概率在区间内可取得任何值，例如监测河流某段面的 pH 值、水位或流量等。水文现象大多属于连续型随机变量。

3.1.3　总体、个体与样本

在统计学中，将随机变量所能取值的全体称为总体。总体中的一个单体称作个体。总体是所有个体的集合。例如要研究某河流断面一年内水中氨氮日污染水平，则该年中每日氨氮平均值是一个个体，而一年中所有氨氮日均值组成总体。此例的总体所包含的个体是有限的，这种总体称为有限总体。总体也可以是无限的，例如水文现象的总体是以时间过程来表示的，它包括过去、现在和将来的全部情况，其总体是无限的。当然，总体和个体的内涵会随着研究问题的改变而改变。

从总体中随机抽取一部分个体称为总体的一个样本。样本中所含个体的数目称为样本的容量（或样本的大小）。由于样本是总体的一部分，样本的特征在一定程度上可代表总体特征，所以对总体规律的认识可通过研究样本的规律来认识，这也是统计学中重要的研究内容。用样本来推求总体必然存在抽样误差。所以，在水文统计中，以实测水文系列资料为样本，分析不同数值出现的频率，来推估其总体规律性，就要进行抽样误差的计算。

3.1.4　概率与频率

1. 概率

为了比较随机事件在客观上出现的可能性大小，用概率这个数值标准来表示。设在试验中所有可能出现的结果总数为 n，某事件 A 出现的结果数为 k，那么出现事件 A 的概率有

$$P(A) = \frac{k}{n} \tag{3-1}$$

则有必然事件 $P(A) = 1$，不可能事件 $P(A) = 0$，随机事件 $0 < P(A) < 1$。概率的基本性质可以概括为：$0 \leq P(A) \leq 1$。

在概率论中，式（3-1）除了要求所有的事件出现是等可能的，还要求试验可能结果总数是有限的，即 n 不等于无穷大，并且事先是已知的，即为古典概率。

2. 频率

设事件 A 在 n 次试验中出现了 k 次，则称

$$W(A) = \frac{k}{n} \tag{3-2}$$

为事件 A 在 n 次试验中出现的频率（也称为统计概率）。

当试验的次数 n 不大时，事件的频率很不稳定；当试验次数足够大的时候，事件的频率与概率之差可达到任意小的程度，即

$$\lim_{n \to \infty} | W(A) - P(A) | \to 0 \tag{3-3}$$

此式已为概率论中的大数定理所严格证明，也为大量的试验所验证。水文现象的试验（测验）可能结果总数是无限的，其概率是未知的，但是可通过多次试验积累的资料，用式（3-2）计算出的频率来推知概率，其依据就是式（3-3）。总之，概率是理论值，频率是经验值，随着对水文现象的测验次数增多，频率值趋近于概率值。

3.1.5　随机变量概率分布

随机变量的取值与其概率一一对应，将这种对应关系称为随机变量的概率分布。对于连续型随机变量而言，由于它的所有可能取值完全充满某一区间，取得

某一个别值的概率趋近于零，且在水文统计分析中，研究个别取值的概率意义不大，注重研究的是某个区间值的概率。下面我们举例说明连续型随机变量概率分布的概念。

某雨量站有 62 年的年降雨资料，将其以 200mm 为级差从大到小排列，按表 3-1 所列各项逐次进行统计计算。

表 3-1　某雨量站年雨量分组频率计算表

年雨量/mm 组距 $\Delta x = 200$	频数/年		频率（%）		组内平均频率密度 $\Delta p/\Delta x$ （10^{-4}）
	组内 m_i	累积 $\sum m_i$	组内 Δp	累积 P	
2099 ~ 1900	1	1	1.6	1.6	0.80
1899 ~ 1700	2	3	3.2	4.8	1.60
1699 ~ 1500	3	6	4.8	9.6	2.40
1499 ~ 1300	7	13	11.3	20.9	5.65
1299 ~ 1100	13	26	21.0	41.9	10.50
1099 ~ 900	18	44	29.1	71.0	14.55
899 ~ 700	15	59	24.2	95.2	12.10
699 ~ 500	2	61	3.2	98.4	1.60
499 ~ 300	1	62	1.6	100.0	0.80
总计	62	—	100.0	—	

现以各组年降雨量下限为纵坐标，以组内平均频率密度 $\dfrac{\Delta p}{\Delta x}$ 为横坐标，绘制成频率密度直方图（图 3-1a），图内各个长方形面积表示各组频率，所有长方形面积之和等于 1。当分组组距 Δx 无限缩小时，引入符号 $f(x)$，有

$$\lim_{\Delta x \to 0} \frac{\Delta p}{\Delta x} = \frac{\mathrm{d}p}{\mathrm{d}x} = f(x) \tag{3-4}$$

函数 $f(x)$ 刻划了密度的性质，所以称之为频率密度函数。此时，频率密度直方图就会变成一条光滑的连续曲线，称之为频率密度曲线。该曲线一般呈铃形，表现为沿纵轴 x 数值的中间区段频率密度大，而上下两端逐渐减小。

仍以表中各组年降雨量下限为纵坐标，但横坐标为累积频率 $P(X \geq x_i)$，绘制出累积频率直方图，如图 3-1b 所示。同样，将分组组距 Δx 无限缩小，累积频率直方图就会变成一条光滑的连续曲线，称之为频率分布曲线，该曲线一般呈 S 形。

对式（3-4）中的概率密度积分，得

$$P(X \geq x_i) = F(x_i) = \int_{x_i}^{\infty} f(x)\,\mathrm{d}x \tag{3-5}$$

上式说明概率分布函数 $F(x_i)$ 表示随机变量 $X \geq x_i$ 的概率，即 $P(X \geq x_i)$，是

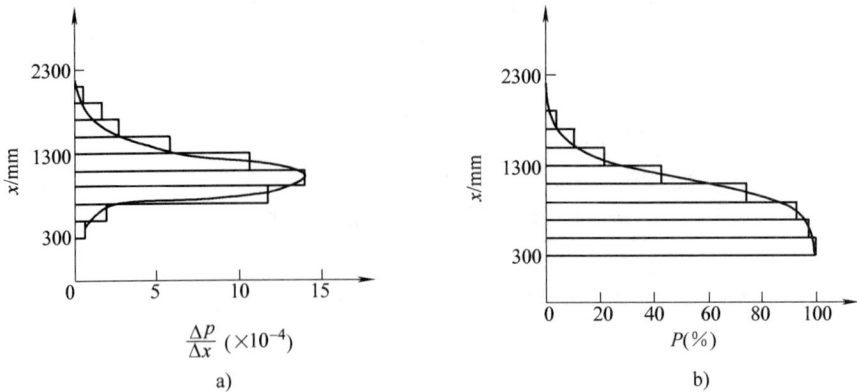

图 3-1　某雨量站年降水量频率密度曲线和频率分布曲线

a）频率密度曲线　b）频率分布曲线

对概率密度函数 $f(x)$ 在 $X \geqslant x_i$ 区间上的积分。图 3-2 给出了概率密度函数与概率分布函数的关系。在水文统计中，将概率分布函数 $F(x_i)$ 称为累积频率 $P(X \geqslant x_i)$，概率分布曲线称为累积频率曲线。

水文统计上习惯研究随机变量 X 大于等于某 x_i 值的发生概率，即 $P(X \geqslant x_i)$，而数学上则研究随机变量 X 小于某 x_i 值的发生概率，即 $P(X < x_i)$，但是二者是可以相互转换的，有

$$P(X \geqslant x_i) = 1 - P(X < x_i) \tag{3-6}$$

本书遵从水文学的习惯。

3.1.6　累积频率与重现期

1. 累积频率

水文统计学上的累积频率也可理解为等量值和超量值累积出现的次数（m）与总观测次数（n）之比值，以百分数或小数表示，有

$$P(X \geqslant x_i) = \frac{m}{n} \times 100\% \tag{3-7}$$

依据此定义，由图 3-2b 可知，同一随机变量系列内，各个随机变量都有着相应的一个累积频率，且随机变量的大小与累积频率成反比。当然，在不同的样本系列中，同一累积频率对应的随机变量大小是不同的。由于实际工程的规划与设计问题并不需要知道等于某一特征值的频率是多少，而需要知道大于或等于某一特征值的频率是多少，指的就是累积频率。工程上习惯将累积频率简称为频率，本书沿用此习惯术语。

由于选取样本系列的方法不同，累积频率分为年频率与次频率。若每年取一个代表值组成样本系列，统计所得的累积频数以年为单位，相应的累积频率称为

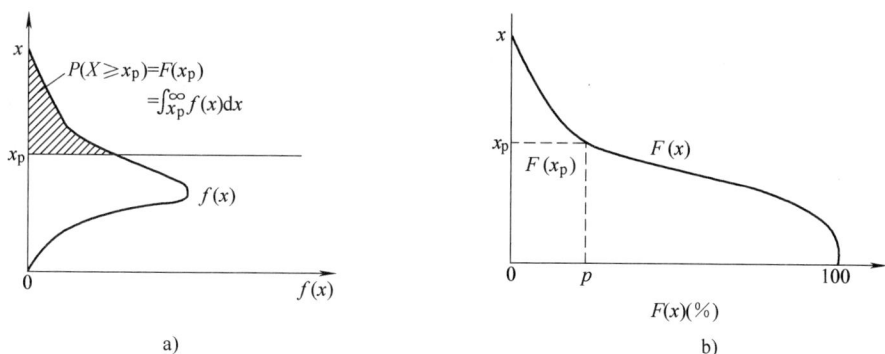

图 3-2　随机变量的概率密度函数与分布函数

a) 概率密度函数　b) 概率分布函数

年频率；若每年取多个代表值组成样本系列，统计所得的累积频数以次为单位，相应的累积频率称为次频率。

2. 重现期

频率这个词是数理统计术语，较为抽象。为便于理解，实际工程上常将重现期与频率并用。所谓重现期，是指在长时期内随机事件重复出现的平均间隔时间，称为多少年出现一次，又称为多少年一遇。根据所研究问题的性质不同，频率与重现期的关系有以下两种表示法：

1) 研究洪峰流量、洪水位、暴雨等最大值问题时，一般设计频率 $P < 50\%$，有

$$T(x \geqslant x_i) = \frac{1}{P(x \geqslant x_i)} \qquad (3-8)$$

例如，某洪峰流量 Q_i 的频率为 $P(Q \geqslant Q_i) = 1\%$，那么此洪峰流量的重现期 $T = \frac{1}{0.01} = 100$ 年，则称平均 100 年出现一次大于或等于该洪峰流量 Q_i 的事件，或称为百年一遇。所谓百年一遇，不可以认为恰好每隔 100 年一定会遇上一次，而是指在相当长的时间里平均 100 年出现一次。

2) 研究枯水流量、枯水位等最小值问题时，为了保证灌溉、发电、给水等用水需要，一般设计频率 $P > 50\%$，此时工程上将 P 称之为设计保证率，有

$$T(x < x_i) = \frac{1}{P(x < x_i)} = \frac{1}{1 - P(x \geqslant x_i)} \qquad (3-9)$$

例如，某枯水位 H_i 的频率为 $P(H \geqslant H_i) = 95\%$，那么此枯水位的重现期 $T = \frac{1}{1 - 0.95} = 20$ 年，则称平均 20 年中有一年的水位低于该枯水位 H_i，或称为二十年一遇，其余几年的水位等于或大于此枯水位，说明平均有 95% 的可靠性。

3.1.7　设计频率标准

实际工程规划设计所要求的水文特征值的设计标准，如洪水设计、枯水设计

等标准的确定，将涉及到社会、环境、经济、技术、安全与风险等各方面问题。由于水文现象具有显著的地区性与随机性的特征，使得无法用具体的某一水文特征数值作为实际工程规划与设计的标准。例如，流域下垫面因素相似的南方与北方两条河流，会因为气象因素存在着显著差异而使得河川径流量相差悬殊，若以南方此条河流的水文特征值作为设计标准，必然会出现北方河流用巨资修建的工程没有用；反之，若以北方此条河流的水文特征值作为设计标准，必然会出现南方河流上修建的工程遭遇经常性破坏而不能正常运行。因此，各国根据自己的国情和各类工程特点，权衡各种因素如工程在国民经济中的地位、工程规模以及工程失事后果等，在不同行业的设计规范中以各种水文特征值的设计频率（或重现期）作为工程设计标准，以供工程设计规划中查用。

在实际工程规划与设计过程中，根据当地实测水文系列，运用水文频率分析法，通过计算求出对应于设计频率标准的水文特征值，以此数值作为工程规划与设计的依据。作为示例，有关工程的部分设计频率标准列于表 3-2 中。

表 3-2　设计频率标准示例

工 程 类 别		设计标准	规范名称及代号
地表水取水构筑物设计最高水位重现期 T/a		100	室外给水设计规范 GB 50013—2006
公路桥涵设计洪水频率 P（%）	高速公路特大桥	1/300	公路工程技术标准 JTGB01—2003
	二级一般公路大、中桥	1	
铁路桥涵设计洪水频率 P（%）	Ⅰ、Ⅱ级铁路桥梁	1	铁路桥涵设计基本规范 TB 10002.1—2005
	Ⅰ、Ⅱ级铁路涵洞	2	
以地表水为水源的城市设计枯水流量保证率 P（%）		90～97	室外给水设计规范 GB 50013—2006
水电站设计保证率（电力系统中水电容量比重＜25%） P（%）		80～90	水利水电工程动能设计规范 DL/T 5015—1996
雨水管渠设计重现期 T（a）	一般地区，干道	0.5～3	室外排水设计规范 GB 50014—2006
	重要地区，干道	2～5	

3.2　统计参数与抽样误差

3.2.1　统计参数

水文资料组成的随机变量系列无论样本的容量有多大，也得不到总体。所以，水文统计分析中使用的统计参数就是样本的统计参数，我们用其估算总体的统计参数。常用的统计参数包括均值、均方差、变差系数和偏态系数等。

统计参数的估算存在着无偏估计值和有偏估计值之分。若 $\hat{\theta}$ 为未知参数 θ 的估计量，且 $E(\hat{\theta}) = \theta$，则称 $\hat{\theta}$ 为 θ 的无偏估计量；否则称为有偏估计量。对于有偏估计量，大量样本平均的结果都不等于总体的相应参数，需要进行修正，以得到对总体的无偏估计值公式。

1. 均值

设一个水文实测系列值 x_1，x_2，x_3，…，x_{n-1}，x_n，其总项数为 n，均值为

$$\bar{x} = \frac{x_1 + x_2 + \cdots + x_n}{n} = \frac{1}{n} \sum_{i=1}^{n} x_i \tag{3-10}$$

数理统计学已证明，样本的均值是总体的无偏估计值，所以上式适用于总体和样本。应当指出，对于一个具体的样本，其均值并不一定等于总体的数学期望；仅在有相当多个容量相同的样本时，其均值的平均数可望等于相应的数学期望。

均值表示系列数值的水平，是系列数值的分布中心。利用均值可以说明各种水文特征值的空间分布情况，绘制出各种等值线图，如多年平均年降水量等值线图、多年平均最大 24 小时暴雨量等值线图等。利用均值也可以推求设计频率的水文特征值。

若令
$$K_i = \frac{x_i}{\bar{x}}$$

称 K_i 为模比系数，可用 K_i 表示一个新系列。根据平均数的性质，有

$$\sum_{i=1}^{n} K_i = n ; \sum_{i=1}^{n} (K_i - 1) = 0 ; \bar{K} = 1 \tag{3-11}$$

2. 均方差和变差系数

（1）均方差（σ）

总体的均方差
$$\sigma = \sqrt{\frac{\sum_{i=1}^{n} (x_i - \bar{x})^2}{n}} \tag{3-12}$$

均方差为有偏估计值，经修正，可得到样本对总体的无偏估计值公式

$$\sigma_{样} = \sqrt{\frac{\sum (x_i - \bar{x})^2}{n-1}} \tag{3-13}$$

均方差说明的是水文实测系列中各个随机变量离均差的平均情况。均方差越大，说明系列数值在均值两旁的分布越分散，系列数值的变化幅度就大；反之亦然。因此，均方差反映了系列的绝对离散程度。当系列的均值相同而均方差不同的时候，可以用其比较离散程度。

（2）变差系数（C_v）　对于两个不同的水文系列数值，若它们的均值不同、均方差相同，或者均值、均方差都不同，此时用均方差来比较它们的离散程度就不合适了。这时从相对的观点来比较两系列的数值离散程度，需要引入一无量纲

的量，即以均方差与均值之比作为衡量系列相对离散程度的参数，称为变差系数，其计算公式为

对于总体 $\qquad C_{\mathrm{v}} = \dfrac{\sigma}{\bar{x}} = \dfrac{1}{\bar{x}} \sqrt{\dfrac{\displaystyle\sum_{i=1}^{n} (x_i - \bar{x})^2}{n}} = \sqrt{\dfrac{\displaystyle\sum_{i=1}^{n} (K_i - 1)^2}{n}}$ (3-14)

变差系数为有偏估计值，经修正，可得到样本对总体的无偏估计值公式

$$C_{\mathrm{v样}} = \dfrac{\sigma}{\bar{x}} = \dfrac{1}{\bar{x}} \sqrt{\dfrac{\displaystyle\sum_{i=1}^{n} (x_i - \bar{x})^2}{n-1}} = \sqrt{\dfrac{\displaystyle\sum_{i=1}^{n} (K_i - 1)^2}{n-1}}$$ (3-15)

可以说 C_{v} 值表示的是系列数值的相对离散程度。各种水文现象的 C_{v} 值，也可以用等值线图表示其在空间分布的情况。我国年降雨量和年径流量的 C_{v} 值分布有一定的规律，总体上 C_{v} 值是南方小，北方大；沿海小，内陆大；平原小，山区大。

【例 3-1】 甲地区的年雨量分布，其均值为 1200mm，均方差为 360mm；乙地区的年雨量分布，其均值为 800mm，均方差为 320mm。试比较两个系列的离散程度。

【解】 据式 (3-15)，有 $C_{\mathrm{v甲}} = 0.3$ $\quad C_{\mathrm{v乙}} = 0.4$

说明甲地区年雨量构成的系列值，离散程度相对小。

3. 偏态系数 (C_{s}，亦称为偏差系数)

变差系数反映系列的离散特征，但它不能反映系列在均值两边的对称特征。在水文统计中，用一无因次的数，即偏态系数，用来说明这种以均值为中心的随机变量分布是否对称的特征，其计算公式为

对于总体 $\qquad C_{\mathrm{s}} = \dfrac{\displaystyle\sum_{i=1}^{n} (x_i - \bar{x})^3}{n\sigma^3} = \dfrac{\displaystyle\sum_{i=1}^{n} (K_i - 1)^3}{nC_{\mathrm{v}}^3}$ (3-16)

偏态系数为有偏估计值，经修正，可得到样本对总体的无偏估计值公式

$$C_{\mathrm{s样}} = \dfrac{\displaystyle\sum_{i=1}^{n} (x_i - \bar{x})^3}{(n-3)\sigma^3} = \dfrac{\displaystyle\sum_{i=1}^{n} (K_i - 1)^3}{(n-3)C_{\mathrm{v}}^3}$$ (3-17)

由式 (3-16)、式 (3-17) 可知，为保留离差的正负情况，式中引用了离差的三次方。$C_{\mathrm{s}} = 0$ 时，说明系列数值中的正离差和负离差相等，此系列为对称系列，称为正态分布；$C_{\mathrm{s}} > 0$ 时，说明系列数值中的正离差占优势，称为正偏；$C_{\mathrm{s}} < 0$ 时，说明系列数值中的负离差占优势，称为负偏。

在数理统计学中，随机变量 x 对原点离差的 k 次幂的数学期望 $E(x^k)$，称为随机变量 x 的 k 阶原点矩。随机变量 x 对中心分布 $E(x)$ 离差的 k 次幂的数学期

望 $E\{[x-E(x)]^k\}$，则称为随机变量 x 的 k 阶中心矩。据此，上述常用的统计参数均值 $\bar{x}$ 可称为一阶原点矩，C_v 可称为二阶中心矩，C_s 可称为三阶中心矩；式（3-10）、式（3-15）和式（3-17）也被称为矩法公式。

3.2.2　抽样误差

计算总体的统计参数，需要已知总体的概率分布。由于水文系列的总体是无限的，不可能得到其真正意义上的总体分布，我们只能用样本的统计参数估算总体的统计参数，因而存在一定的误差。这种误差是由于从总体中随机抽取样本与总体有差异而引起的，故称之为抽样误差。

对某一特定的样本而言，该样本统计参数的抽样误差无法准确地求得，我们只能在概率意义下作出某种估计。样本的统计参数抽样误差与其抽样分布密切相关，所以其误差的大小可用表示抽样分布离散程度的均方差 $\sigma_{\bar{x}}$，σ_σ，σ_{C_v}，σ_{C_s} 等指标度量。为了着重说明度量的是抽样误差，将其分别称为样本的平均值均方误 $\sigma_{\bar{x}}$、样本的均方差值均方误 $\sigma_{\bar{x}}$、样本的变差系数均方误 σ_{C_v} 和样本的偏态系数均方误 σ_{C_s}。

依据数理统计的理论，可推导出各参数的均方误的计算公式，此类公式与总体的分布有关。水文统计分析中视总体为皮尔逊Ⅲ型分布（详见本章 3.4 节）时，样本参数的均方误公式有

绝对误差

$$\left.\begin{array}{l}\sigma_{\bar{x}}=\dfrac{\sigma}{\sqrt{n}}\\[3mm]\sigma_\sigma=\dfrac{\sigma}{\sqrt{2n}}\sqrt{1+\dfrac{3}{4}C_s^2}\\[3mm]\sigma_{C_v}=\dfrac{C_v}{\sqrt{2n}}\sqrt{1+2C_v^2+\dfrac{3}{4}C_s^2-2C_vC_s}\\[3mm]\sigma_{C_s}=\sqrt{\dfrac{6}{n}\left(1+\dfrac{3}{2}C_s^2+\dfrac{5}{16}C_s^4\right)}\end{array}\right\}\qquad(3\text{-}18)$$

相对误差

$$\left.\begin{array}{l}\sigma'_{\bar{x}}=\dfrac{C_v}{\sqrt{n}}\times100\%\\[3mm]\sigma'_\sigma=\dfrac{1}{\sqrt{2n}}\sqrt{1+\dfrac{3}{4}C_s^2}\times100\%\\[3mm]\sigma'_{C_v}=\dfrac{1}{\sqrt{2n}}\sqrt{1+2C_v^2+\dfrac{3}{4}C_s^2-2C_vC_s}\times100\%\\[3mm]\sigma'_{C_s}=\dfrac{1}{C_s}\sqrt{\dfrac{6}{n}\left(1+\dfrac{3}{2}C_s^2+\dfrac{5}{16}C_s^4\right)}\times100\%\end{array}\right\}\qquad(3\text{-}19)$$

抽样误差的分布可近似看作为正态分布，其概率密度函数有

$$f(x) = \frac{1}{\sigma\sqrt{2\pi}}e^{-\frac{(x-\bar{x})^2}{2\sigma^2}} \quad (-\infty < x < +\infty) \tag{3-20}$$

由正态分布的性质可知，若取横坐标表示误差，某一抽样误差落在零误差两侧各一个均方误范围内的概率为68.3%（图3-3a）；若取横坐标表示均值，均值的抽样误差分布见图3-3b，也可表示为

$$P(\bar{x}_{\text{总}} - \sigma_{\bar{x}} \leqslant \bar{x} \leqslant \bar{x}_{\text{总}} + \sigma_{\bar{x}}) = 68.3\% \tag{3-21}$$

即用随机样本的均值作为总体 $\bar{x}_{\text{总}}$ 估计值，抽样误差不超过 $\pm\sigma_{\bar{x}}$ 的可能性只有68.3%。

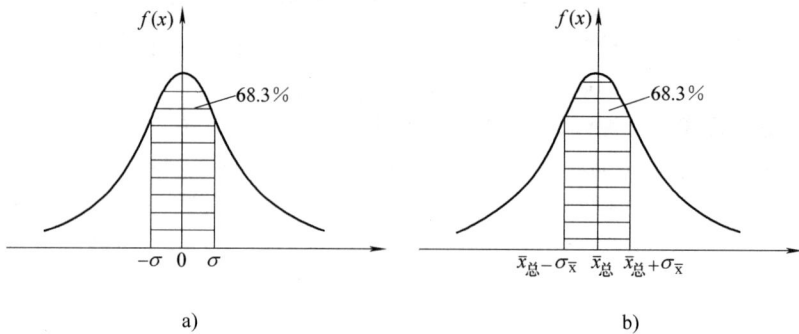

图3-3　正态分布概率密度曲线

a）抽样误差分布　b）$\bar{x}$ 抽样误差分布

由式（3-18）、式（3-19）可知，统计参数的均方误差与样本容量 n 成反比，容量越大，抽样误差越小。表3-3列出了 $C_s = 2C_v$ 时，取不同 C_v 和 n 值时的均方误差。分析表中的计算结果可知，$\bar{x}$ 与 C_v 误差较小，而 C_s 的误差特大，当 $n = 100$ 时，C_s 的误差还在40% ~126%之间；$n = 10$ 时，C_s 的误差高达126%以上。

水文实测资料一般都不长（$n < 100a$），若直接用公式计算偏态系数 C_s，它的抽样误差太大。通常实际工作中，并不计算 C_s，而是按照 C_s 与 C_v 的经验关系，首先给定 C_s 的初始值，然后再作调整。

表3-3　样本统计参数的均方误差　　　　　　　　　　　（%）

误差 参数 n C_v	$\bar{x}$				C_v				C_s			
	100	50	25	10	100	50	25	10	100	50	25	10
0.1	1	1	2	3	7	10	14	22	126	178	252	399
0.3	3	4	6	10	7	10	15	23	51	72	102	162
0.5	5	7	10	16	8	11	16	25	41	58	82	130
0.7	7	10	14	22	9	12	17	27	40	56	80	126
1.0	10	14	20	32	10	14	20	32	42	60	85	134

3.3　经验频率曲线与理论频率曲线

3.3.1　经验频率及其计算公式

1. 经验频率

在水文统计分析中，对于总体是无限的水文实测系列来说，分析样本统计规律时，获得的是样本频率分布，用水文实测系列的频率分布近似替代总体系列的概率分布，即累积频率是根据水文实测系列（样本）计算出来的，所以这种意义上的累积频率常常称之为经验累积频率。工程上习惯省去"累积"二字，简称为经验频率。

2. 经验频率计算公式

采用式（3-7）计算经验频率存在着较大的偏差，尤其是短系列的样本资料。因为 $m=n$ 时，$P=100\%$，即意味着样本的末项就是总体的最小值，样本之外再也不会出现比其更小的数值了，这显然不符合实际情况。于是，数理统计学家提出了很多改进的公式，包括以下三个公式

海森公式 $$P(X \geq x_i) = \frac{m-0.5}{n} \times 100\% \tag{3-22}$$

中值公式 $$P(X \geq x_i) = \frac{m-0.3}{n+0.4} \times 100\% \tag{3-23}$$

维泊尔（Weibell）公式，亦称为数学期望公式

$$P(X \geq x_i) = \frac{m}{n+1} \times 100\% \tag{3-24}$$

式中，P 为大于等于 x_i 的经验频率；m 为水文变量从大至小排列的序号；n 为样本的容量，即观测资料的总项数。

上述的海森公式属于经验公式，其余两公式均可依据数理统计理论推导出来。考虑到式（3-24）比式（3-23）计算起来更简单，理论上有依据，因此我国水文计算规范规定，水文频率计算中都采用数学期望式（3-24）求解经验频率，用以近似估计总体的频率。

3.3.2　经验频率曲线

1. 经验频率曲线

当具有 n 年实测水文资料时，按以下步骤绘制经验频率曲线：

1）将某种水文实测资料不论年序，数值从大到小排列成 x_1，x_2，$\cdots$，x_n，排列的序号也是表示 $x \geq x_i$ 的累计频数 m，确定样本的总项数 n。

2）用式（3-24）计算 $P = \frac{m}{n+1} \times 100\%$。

3）以实测水文变量 x 为纵坐标，以频率 P（%）为横坐标，在坐标纸上绘出经验频率点 (p_1, x_1)，(p_2, x_2)，…，(p_n, x_n)，依据点群趋势目估绘出一条光滑的曲线。

4）若实测水文资料充分，可根据工程指定的设计频率标准 $[P]$，在该曲线上求得所需的水文变量值 $x_{[p]}$。

经验频率曲线可以在普通坐标系中点绘（图3-4a），也可以在专用的海森概率格纸上点绘（图3-4b）。普通坐标中曲线的两端坡度较陡，即上部急剧上升，下部急剧下降；在海森概率格纸上，由于其横坐标是按正态曲线的概率分布分格制成的（附录A），纵坐标可以是均匀分格或对数分格，因此，正态分布曲线绘在这种坐标系中呈直线，非正态分布曲线则表现为两端坡度明显变缓。而曲线的两端是工程设计频率常用的部位，在概率格纸上绘制则有利于可适当地外延曲线。

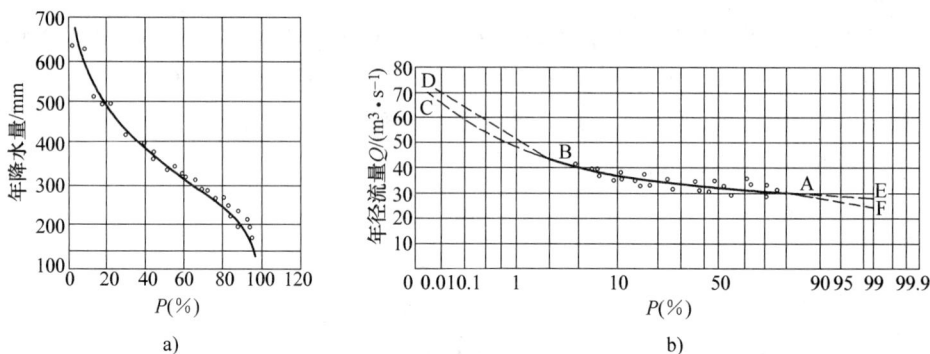

图 3-4 经验频率曲线
a) 普通坐标纸 b) 海森概率格纸

2. 经验频率曲线的延长

若工程设计频率在经验频率范围之内，精度可满足设计要求。然而，水文实测系列不长，所绘出的经验频率曲线位于概率格纸中间部分，水文计算中往往要推求百年一遇、千年一遇，甚至更稀遇频率的水文数据和保证率较高的水文数据，所以必须对经验频率曲线的两端外延。过去徒手在概率格纸上对曲线两端外延是一种方法，但随意性很大，如图3-4b所示，将经验频率曲线 AB 由点 B 外延至 C 或 D 点，或者由点 A 外延至 E 或 F 点都是可能的。为避免曲线外延的这种随意性，人们提出寻求用数学方程表示频率曲线，且该曲线与水文系列随机变量的经验点据相吻合，从而达到延长经验频率曲线的目的，这种频率曲线就称为理论频率曲线。

3.3.3 理论频率曲线

寻求水文频率分布线型，即频率曲线的数学方程——理论频率曲线，一直是水文分析计算中一个研究热点课题。迄今为止，国内外采用的理论线型已有十多种，这些理论线型并不是从水文现象的物理性质方面推导出来的，而是根据经验资料从数学的已知频率函数中选出来的，例如皮尔逊Ⅲ型曲线、对数皮尔逊Ⅲ型曲线、耿贝尔型曲线以及克里茨基—闵凯里曲线等，只要适线效果好，就可以采用。

英国生物学家皮尔逊在统计分析了大量随机现象之后，发现有些随机变量不具有正态分布，最后于1895年提出了13种分布曲线类型。从现有的水文资料来看，其中皮尔逊Ⅲ型曲线比较符合水文随机变量的分布，我国基本上都是采用该理论线型。所以，本书针对皮尔逊Ⅲ型曲线予以阐述。

1. 曲线的数学方程式及其特点

皮尔逊Ⅲ型概率密度曲线（图3-5）的特点是：曲线单峰，只有一个众数 $\hat{x}$；曲线是一条一端有限、另一端无限且以横轴为渐近线的不对称曲线。其概率密度函数为

$$f(x) = y_0 \left(1 + \frac{x}{a}\right)^{\frac{a}{d}} e^{-\frac{x}{d}} \tag{3-25}$$

式中，y_0 为众数值 $\hat{x}$ 处的纵坐标；a 为系列起点到众数值 $\hat{x}$ 的距离；d 为均值 $\bar{x}$ 到众数值 $\hat{x}$ 的距离。

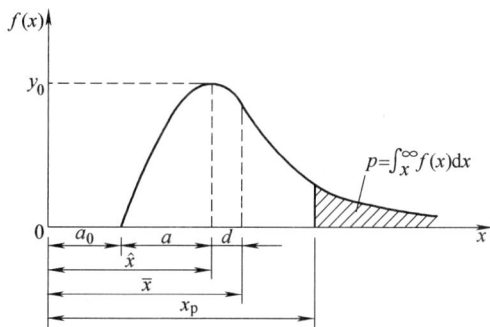

图3-5　皮尔逊Ⅲ型概率密度曲线

经过移轴、参数代换等，可将上式变换为

$$f(x) = \frac{\beta^{\alpha}}{\Gamma(\alpha)}(x - \alpha_0)^{\alpha-1} e^{-\beta(x - a_0)} \tag{3-26}$$

式中，$\alpha = 1 + \dfrac{a}{d}$；$\beta = \dfrac{1}{d}$；$a_0$ 为系列起点到坐标原点的距离，$a_0 = \bar{x} - (a + d)$；$\Gamma(\alpha)$ 为 α 的伽玛函数；e 为自然对数的底。

皮尔逊Ⅲ型曲线方程式（3-25）和式（3-26）中分别含有参数 y_0、d、a 和 α、β、a_0，经过适当的换算，这些参数与用实测系列计算出来的统计参数 $\bar{x}$、C_v、C_s 存在以下关系

$$\left.\begin{array}{l} y_0 = \dfrac{2C_s\left(\dfrac{4}{C_s^2} - 1\right)^{\frac{4}{C_s^2}}}{\bar{x}C_v(4 - C_s^2)\,\Gamma\left(\dfrac{4}{C_s^2}\right)e^{\frac{4}{C_s^2}-1}} \\[3em] a = \dfrac{\bar{x}C_v(4 - C_s^2)}{2C_s} \\[2em] d = \dfrac{\bar{x}C_vC_s}{2} \\[2em] a + d = \dfrac{2\bar{x}C_v}{C_s} \\[2em] \alpha = \dfrac{4}{C_s^2} \\[2em] \beta = \dfrac{2}{\bar{x}C_vC_s} \\[2em] a_0 = \bar{x}\left(1 - \dfrac{2C_v}{C_s}\right) \end{array}\right\} \tag{3-27}$$

据式 (3-26)，若这三个统计参数已知，α、β、a_0 即可确定。

如前所述，在水文分析计算中，需要绘制理论曲线，以求得指定的设计频率 $[P]$ 对应的水文特征值 $x_{[p]}$。皮尔逊Ⅲ型理论频率曲线是通过下列积分来实现的，即

$$P(x \geqslant x_p) = \frac{\beta^\alpha}{\Gamma(\alpha)}\int_{x_p}^{\infty}(x - a_0)^{\alpha-1}e^{-\beta(x-a_0)}\,\mathrm{d}x \tag{3-28}$$

2. 理论频率曲线的绘制

对于一个具体的水文系列数值，统计参数 $\bar{x}$，C_v，C_s 可以计算出来，则 α，β，a_0 就已知了，设水文实测系列值 x_{p_1}，x_{p_2}，$\cdots$，x_{p_n}，由式 (3-28) 就可以计算出对应的 p_1，p_2，$\cdots$，p_n 值，于是以 x 为纵坐标，P 为横坐标，点绘出理论频率曲线即为所求。然而，若多次对式 (3-28) 这样复杂的函数进行积分运算，是一件十分困难而繁琐的事。为此，对式 (3-28) 作积分变量代换，制成可供查阅的数表，就可以方便地计算和绘制理论频率曲线。于是，取随机变量 x 标准化的形式有

$$\Phi = \frac{x - \bar{x}}{\bar{x}C_v} \tag{3-29}$$

水文统计学中称 Φ 值为离均系数，则有

$$x = \bar{x}(C_v\Phi + 1)$$
$$\mathrm{d}x = \bar{x}C_v\mathrm{d}\Phi$$

将 x 和 dx 代入式（3-28），整理后得

$$P(\Phi \geqslant \Phi_p) = \frac{(2/C_s)^\alpha}{\Gamma(\alpha)} \int_{\Phi_p}^\infty \left(\Phi + \frac{2}{C_s}\right)^{\alpha-1} e^{-\frac{2(C_s\Phi+2)}{C_s^2}} d\Phi \qquad (3-30)$$

可见，经过变换式中的被积函数仅含有一个待定的参数 C_s（$\alpha = 4/C_s^2$），而其他两个参数 $\bar{x}$ 和 C_v 都包含在 Φ 值之中。因此，只要给定一个 C_s 值，由式（3-30）就可计算出 P 与 Φ 值，于是给定不同的 C_s 值，就制成了 P 与 Φ 的关系表，即皮尔逊Ⅲ型曲线离均系数 Φ 值表，这一工作已由美国工程师福斯特和前苏联工程师雷布京完成，见附录 B。

在进行水文频率计算时，先据已知的 C_s 值查 Φ 值表，可得出一组 P 与 Φ 的对应值，然后作积分变换式（3-29）的逆变换，即将已知的 $\bar{x}$、C_v 值代入下式，即求出对应于 P 的水文特征值 x_p

$$x_p = \bar{x}(C_v\Phi_p + 1) \qquad (3-31)$$

或 $$K_p = C_v\Phi_p + 1$$

从而由一系列 P 值及其对应的 x_p 值，便可绘制出一条与确定了的统计参数 $\bar{x}$，C_v，C_s 相对应的理论频率曲线。

【例 3-2】 已知某一水文站年最大洪峰流量系列的统计参数为 $\bar{Q} = 1098\text{m}^3/\text{s}$，$C_s = 1.0$，$C_v = 0.5$，试求相应的理论频率曲线及 $P = 1\%$ 的设计洪峰流量 Q_p。

【解】 求解的具体步骤：

1）在已知统计参数的条件下，据 $C_s = 1.0$，查附录 B，得到不同的离均系数 Φ_p 值，列于表 3-4 中。

2）据式（3-30）求得理论曲线的 Q_p 或 K_p 值。

3）据表 3-4 数据，以 P 为横坐标，Q_p（或 K_p）为纵坐标，点绘理论点据 (P, Q_p)，根据理论点据分布趋势，绘制一条光滑的曲线，即为皮尔逊Ⅲ型理论频率曲线。

4）由该曲线求得 $Q_{1\%} = \bar{Q}(1 + C_v\Phi_{1\%}) = 1098 \times (1 + 0.5 \times 3.02)\ \text{m}^3/\text{s} = 2756\text{m}^3/\text{s}$

表 3-4 理论频率曲线计算表

项目 \ P（%）	0.01	0.1	1	5	10	50	75	90	97	99	99.9
Φ_p	5.96	4.53	3.02	1.88	1.34	-0.16	-0.73	-1.13	-1.42	-1.59	-1.79
$\Phi_p C_v$	2.98	2.27	1.51	0.94	0.67	-0.1	-0.37	-0.57	-0.71	-0.8	-0.9
$K_p = \Phi_p C_v + 1$	3.98	3.27	2.51	1.94	1.67	0.92	0.63	0.43	0.29	0.2	0.1
$Q_p = \bar{Q}K_p$	4370	3590	2756	2130	1834	1010	691.7	472.1	318.4	220	110

3.3.4 统计参数对频率曲线形状的影响

频率密度曲线和频率分布曲线完整地描述了随机变量的统计规律，而统计参数中的均值、变差系数和偏态系数分别是随机变量的位置特征参数、离散程度特征参数和对称程度特征参数。若这些参数已知，就可以掌握随机变量分布的主要特征。为了避免参数修正过程中的盲目性，应当清楚这些统计参数对频率密度曲线和频率分布曲线形状的影响。

水文现象大多数呈现出正偏的分布形态（$C_s>0$）。以下讨论当改变某一统计参数时，正偏状态下的统计参数对频率密度曲线和频率分布曲线形状的影响。

1. 均值 $\bar{x}$ 的影响

据式（3-27），$\bar{x}$ 与 y_0 成反比，而与 a_0、$(a+d)$ 成正比，可见随着 $\bar{x}$ 值的增大，概率密度曲线成比例地向右移动，曲线形状随之发生变化（图3-6a）。

据式（3-31），当 C_s 不变时，某一频率下的 Φ_p 值为常量；同时，C_v 一定时，x_p 值仅与 $\bar{x}$ 有关，且与其成正比，表现出 $\bar{x}$ 值不同的理论频率曲线之间无交点的特征（图3-6b）。

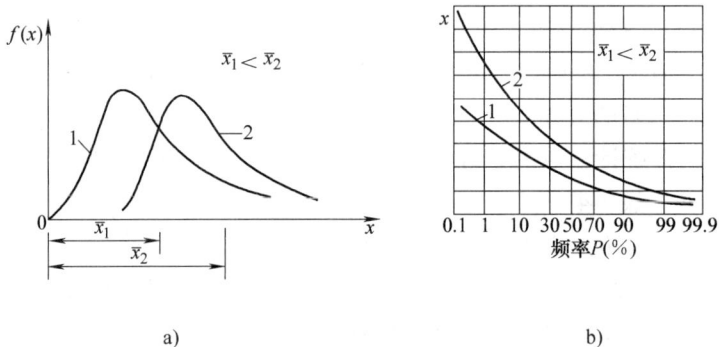

图3-6　均值对频率曲线的影响
a）频率密度曲线　b）理论频率曲线

2. 变差系数 C_v 的影响

由式（3-27）可知，y_0 和 a_0 均与 C_v 成反比，而 $(a+d)$ 与 C_v 成正比。因此，C_v 值的变化对概率密度曲线的影响表现为：随着 C_v 增大，系列数值离散程度加大，曲线的形状变得矮而宽（图3-7a）。

在 C_s 值不变的条件下，为了消除均值的影响，现以模比系数 K 为变量绘制频率分布曲线，如图3-7b所示。据式（3-31）可知，当 $C_v=0$ 时，说明随机变量取值都等于均值，故频率曲线为 $K=1$ 的一条水平线。C_v 越大，说明随机变量相对于均值越离散，频率曲线就越偏离 $K=1$ 这条水平线，从而显示出了随着 C_v 增大，频率曲线这种偏离程度也随之增大，且整条曲线就越陡的规律。

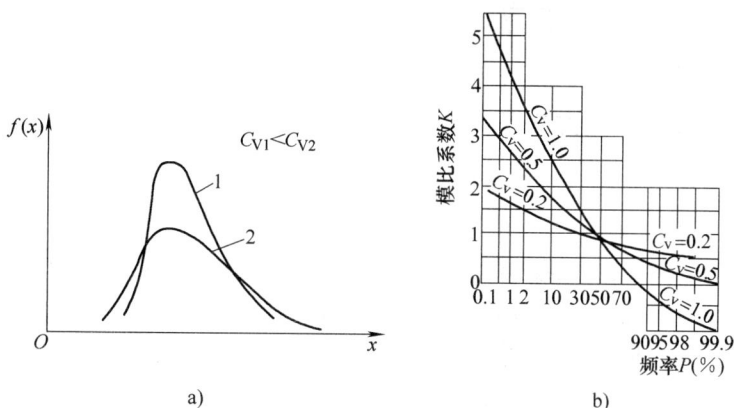

图 3-7　变差系数对频率曲线的影响

a）频率密度曲线　b）理论频率曲线

3. 偏态系数 C_s 的影响

分析式（3-27）中 C_s 与 y_0、a_0 和（$a+d$）的关系可知，y_0 和 a_0 随着 C_s 的增加而增人，而（$a+d$）随着 C_s 的增加而减小，C_s 值的变化对概率密度曲线的影响表现为：随着 C_s 的增加，众数 $\hat{x}$ 的位置向左移，众数左侧曲线变陡，而其右侧曲线急剧下跌，整条曲线形状变得高而窄（图 3-8a）。

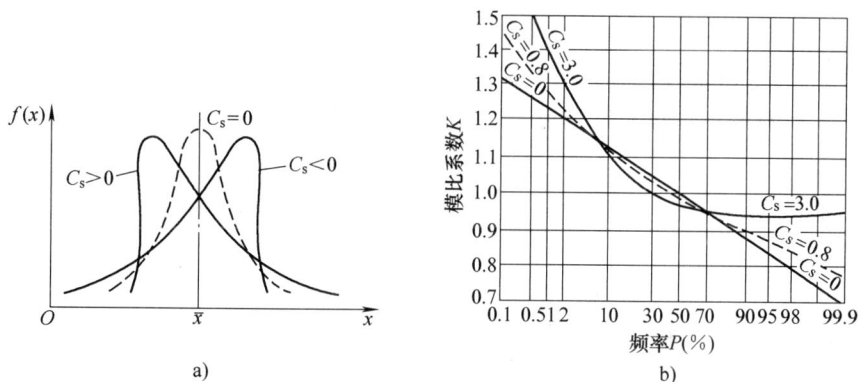

图 3-8　偏态系数对频率曲线的影响

a）频率密度曲线　b）理论频率曲线

同样，在 C_v 值不变的条件下，为了消除均值的影响，仍以模比系数 K 为变量绘制频率分布曲线，如图 3-8b 所示。正偏情况下，C_s 数值越大，均值（即图中 $K=1$）对应的频率越小，曲线的上端变陡，中段曲率变大，下端曲线变平缓；$C_s=0$ 时，频率曲线为一条直线。

3.4 水文频率计算方法

3.4.1 统计参数初估方法

在水文频率分布线型已选定的情况下，据式（3-28）可知，皮尔逊Ⅲ型分布曲线中包含有 $\bar{x}$，C_v，C_s 三个统计参数。为了具体确定出概率分布函数，首先需要计算这些参数。由于无法获得水文现象的总体，就只有用有限的样本观测资料来估算总体分布线型中的参数，即称为参数估计。20 世纪 70 年代以来，诸多学者提出了概率权重矩法、数值积分权函数法、极大似然法和模糊数学法等用于参数的估算。这些方法各有特点，均可单独使用。但是我国水文统计分析计算中，通常采用适线法估算统计参数，用其他方法估算出的参数作为适线法的初估值。本节重点介绍以下五种常用的参数初估方法，包括矩法、经验关系法、三点法、权函数法和概率权重矩法。

1. 矩法

如 3.2.1 节所述，水文频率分析计算中，常将系列的均值、变差系数和偏态系数的无偏估值式（3-10）、式（3-15）和式（3-17）称为矩法公式。用矩法公式计算得到的参数可作为初估参数。从 3.2.2 抽样误差的分析可知，此法的缺点是用式（3-17）计算所获得的偏态系数的抽样误差过大。一般不单独使用此法估算参数。

2. 经验法

鉴于用式（3-17）计算偏态系数的抽样误差过大，可用矩法式（3-10）和式（3-15）估算均值 $\bar{x}$ 和变差系数 C_v，然后再依据 C_s 与 C_v 的经验关系估算 C_s 初值。即

设计暴雨量 $\qquad\qquad\qquad\qquad C_s = 3.5 C_v$

设计最大流量 $\qquad C_v < 0.5$ 时，$C_s =$ （3~4）C_v

$\qquad\qquad\qquad\qquad C_v > 0.5$ 时，$C_s =$ （2~3）C_v

年径流及年降水 $\qquad\qquad\qquad C_s = 2 C_v$

3. 三点法

在选定频率曲线线型和已知其数学方程的条件下，由数学知识知道可以用选点法来求解方程中的未知统计参数。由于包括了三个待定的统计参数，则在理论曲线上需要选三点，建立一个三元一次方程组，即可解得三个参数，作为统计参数的初估值。具体方法如下：

首先目估一条与经验点据最佳的配合线，且假设此线是一条理论频率曲线，在线上选取三点，依据皮尔逊Ⅲ型曲线的性质有

$$\left. \begin{aligned} x_{p_1} &= \bar{x}(C_v \varPhi_{p_1} + 1) \\ x_{p_2} &= \bar{x}(C_v \varPhi_{p_2} + 1) \\ x_{p_3} &= \bar{x}(C_v \varPhi_{p_3} + 1) \end{aligned} \right\} \tag{3-32}$$

所取三点的频率可以分别为：$1\% \sim 50\% \sim 99\%$，或 $3\% \sim 50\% \sim 97\%$，或 $5\% \sim 50\% \sim 95\%$，或 $10\% \sim 50\% \sim 90\%$，或 $2\% \sim 20\% \sim 70\%$，或 $2\% \sim 30\% \sim 80\%$。此三点应在经验频率点据的范围内。解方程组（3-32），经整理可得

$$\bar{x} = \frac{\varPhi_{p_1} x_{p_3} - \varPhi_{p_3} x_{p_1}}{\varPhi_{p_1} - \varPhi_{p_3}} \tag{3-33}$$

$$C_v = \frac{x_{p_1} - x_{p_3}}{\varPhi_{p_1} x_{p_3} - \varPhi_{p_3} x_{p_1}} \tag{3-34}$$

$$\frac{x_{p_1} + x_{p_3} - 2x_{p_2}}{x_{p_1} - x_{p_3}} = \frac{\varPhi_{p_1} + \varPhi_{p_3} - 2\varPhi_{p_2}}{\varPhi_{p_1} - \varPhi_{p_3}} = S \tag{3-35}$$

式（3-35）中的 S 定名为偏度系数。据此式右端可知 S 是 P 和 C_s 的函数，即

$$S = f(C_s, P)$$

当三点选定时，P_1、P_2、P_3 就定了，任意给定一个 C_s 值，查附录 B 离均系数表得 $\varPhi_{p_1}$，$\varPhi_{p_2}$，$\varPhi_{p_3}$，代入式（3-35）右端就可计算 S。于是，事先制成 S 和 C_s 关系表（附录 C）。

在实际计算中，首先据式（3-35）左端计算得 S 值，再据已确定的 P_1、P_2、P_3，查附录 C 偏度系数表，可求得 C_s；由 C_s 查附录 B，得 $\varPhi_{p_1}$，$\varPhi_{p_3}$，代入式（3-32）和式（3-34），求出 $\bar{x}$、C_v 初估值。

4. 权函数法

同样为避免样本容量较小时用矩法初估参数 C_s 误差大的问题，1984 年马秀峰提出用函数法计算皮尔逊Ⅲ型曲线参数 C_s，计算式为

$$\left. \begin{aligned} C_s &= 4\bar{x}C_v \frac{E}{G} \\ E &= \frac{1}{n} \sum_{i=1}^{n} (\bar{x} - x_i)\varphi(x_i) \\ G &= \frac{1}{n} \sum_{i=1}^{n} (\bar{x} - x_i)^2 \varphi(x_i) \\ \varphi(x_i) &= \frac{1}{\sigma\sqrt{2\pi}} \exp\left[-\frac{(x_i - \bar{x})^2}{2\sigma^2} \right] \end{aligned} \right\} \tag{3-36}$$

式中，$\varphi(x_i)$ 为权函数；E、G 分别为一阶和二阶加权中心矩。

由式（3-36）可知，取正态密度函数作为权函数，使估算 C_s 只用到二阶矩；同时，此权函数可增加靠近均值各项的权重，削减远离均值各项的权重，使极值对结果的影响降低，有助于 C_s 精度提高。此外，$\bar{x}$、σ、C_v 仍按矩法估算。

由于上述的权函数法并未对用矩法求 C_v 作改进，于是刘文光于 1990 年提出了数值积分双权函数法。该法引入第二个权重函数来提高变差系数 C_v 的精度，但其计算量较大，可详见《水利水电工程设计洪水计算手册》。

5. 概率权重矩法

概率权重矩法是 1979 年由格林伍德（J. A. Greenwood）等人提出的。此种方法要求分布函数的反函数为显式。但是皮尔逊Ⅲ型分布的反函数满足不了该条件。丁晶、宋德敦等人经过进一步研究，提出了改进的概率权重矩法应用于估算皮尔逊Ⅲ型分布中的参数 $\bar{x}$、C_v、C_s 值。经过严格证明，有下列关系式

$$\left.\begin{array}{l} \bar{x} = M_0 \\[2mm] C_v = H(R)\left(\dfrac{M_1}{M_0} - 0.5\right) \\[2mm] C_s = C_s(R) \\[2mm] R = \dfrac{M_2 - \dfrac{1}{3}M_0}{M_1 - 0.5M_0} \end{array}\right\} \tag{3-37}$$

M_0、M_1、M_2 分别为零阶、一阶和二阶概率权重矩，可由下式估算

$$\left.\begin{array}{l} M_0 = \dfrac{1}{n}\sum\limits_{i=1}^{n} x_i \\[3mm] M_1 = \dfrac{1}{n}\sum\limits_{i=1}^{n} x_i \dfrac{n-i}{n-1} \\[3mm] M_2 = \dfrac{1}{n}\sum\limits_{i=1}^{n} x_i \dfrac{(n-i)(n-i-1)}{(n-1)(n-2)} \end{array}\right\} \tag{3-38}$$

式中，x_i 为由大到小排列的样本序列；n 为样本容量；$H(R)$、$C_s(R)$ 为 R 的两个函数，其关系见表 3-5。

由式（3-37）和式（3-38）可知，此法计算简便，是对矩法的推广。概率权重矩法既利用样本序列各项大小的信息，又利用序位信息；估算概率权重矩时，只需 x 值的一次方，这样就避免了高次方引起的较大误差。

表 3-5　皮尔逊Ⅲ型分布频率权重矩估计参数的 $C_s \sim R \sim H$

C_s	R	H	C_s	R	H	C_s	R	H	C_s	R	H
0.00	1.00000	3.54491	0.72	1.03933	3.60277	1.44	1.07965	3.77967	2.40	1.13282	4.19806
0.02	1.00109	3.54501	0.74	1.04043	3.60603	1.46	1.08078	3.78633	2.45	1.13546	4.22501
0.04	1.00217	3.54509	0.76	1.04154	3.60943	1.48	1.08191	3.79305	2.50	1.13808	4.25240
0.06	1.00326	3.54531	0.78	1.04265	3.61291	1.50	1.08304	3.79988	2.55	1.14067	4.28022

（续）

C_s	R	H	C_s	R	H	C_s	R	H	C_s	R	H
0.08	1.00434	3.54561	0.80	1.04375	3.61644	1.52	1.08417	3.80684	2.60	1.14324	4.30847
0.10	1.00543	3.54601	0.82	1.04487	3.62007	1.54	1.08530	3.81383	2.65	1.14580	4.33714
0.12	1.00652	3.54651	0.84	1.04597	3.62386	1.56	1.08643	3.82092	2.70	1.14832	4.66250
0.14	1.00760	3.54708	0.86	1.04708	3.62768	1.58	1.08756	3.82811	2.75	1.15082	4.39579
0.16	1.00869	3.54773	0.88	1.04819	3.63158	1.60	1.08869	3.83546	2.80	1.15330	4.42571
0.18	1.00978	3.54849	0.90	1.04931	3.63564	1.62	1.08982	3.84279	2.85	1.15576	4.45603
0.20	1.01086	3.54934	0.92	1.05043	3.63976	1.64	1.09094	3.85029	2.90	1.15818	4.48672
0.22	1.01195	3.55028	0.94	1.05154	3.64396	1.66	1.09207	3.85783	2.95	1.16058	4.51779
0.24	1.01304	3.55126	0.96	1.05265	3.64824	1.68	1.09320	3.86550	3.00	1.16296	4.54922
0.26	1.01413	3.55238	0.98	1.05377	3.65266	1.70	1.09433	3.87326	3.05	1.16530	4.54922
0.28	1.01522	3.55359	1.00	1.05489	3.65714	1.72	1.09545	3.88106	3.10	1.16762	4.61318
0.30	1.01630	3.55481	1.02	1.05600	3.66172	1.74	1.09658	3.88897	3.15	1.16991	4.64569
0.32	1.01739	3.55622	1.04	1.05712	3.66643	1.76	1.09771	3.89701	3.20	1.17217	4.67851
0.34	1.01849	3.55776	1.06	1.05824	3.67116	1.78	1.09883	3.90511	3.25	1.17441	4.71171
0.36	1.01958	3.55932	1.08	1.05936	3.67705	1.80	1.09995	3.91332	3.30	1.17661	4.74520
0.38	1.02067	3.56102	1.10	1.06018	3.68100	1.82	1.10107	3.92160	3.35	1.17879	4.77902
0.40	1.02176	3.56265	1.12	1.06161	3.68606	1.84	1.10219	3.92997	3.40	1.18094	4.81314
0.42	1.02285	3.56447	1.14	1.06273	3.69119	1.86	1.10332	3.93841	3.45	1.18306	4.84754
0.44	1.02394	3.56637	1.16	1.06386	3.69643	1.88	1.10443	3.94695	3.50	1.18515	4.88226
0.46	1.02504	3.56841	1.18	1.06498	3.70179	1.90	1.10555	3.95557	3.55	1.18721	4.91727
0.48	1.02613	3.57051	1.20	1.06610	3.70720	1.92	1.10666	3.96429	3.60	1.18925	4.95252
0.50	1.02723	3.57270	1.22	1.06723	3.71275	1.94	1.10778	3.97309	3.65	1.19125	4.98808
0.52	1.02832	3.57497	1.24	1.06836	3.71833	1.96	1.10889	3.98199	3.70	1.19322	5.02392
0.54	1.02942	3.57734	1.26	1.06948	3.72409	1.98	1.11000	3.99094	3.75	1.19517	5.05999
0.56	1.03052	3.57979	1.28	1.07061	3.72983	2.00	1.11111	4.00000	3.80	1.19709	5.09633
0.58	1.03162	3.58235	1.30	1.07174	3.73576	2.05	1.11388	4.02304	3.85	1.19898	5.13291
0.60	1.03271	3.58500	1.32	1.07287	3.74173	2.10	1.11663	4.04650	3.90	1.20084	5.16975
0.62	1.03381	3.58772	1.34	1.07400	3.74784	2.15	1.11937	4.07053	3.95	1.20268	5.20682
0.64	1.03491	3.59055	1.36	1.07513	3.75403	2.20	1.12209	4.09506	4.00	1.20449	5.24412
0.66	1.03602	3.59346	1.38	1.07626	3.76028	2.25	1.12480	4.12012			
0.68	1.03712	3.59647	1.40	1.07739	3.76665	2.30	1.12749	4.14563			
0.70	1.03823	3.59957	1.42	1.07852	3.77311	2.35	1.13017	4.17165			

3.4.2 适线法

适线法又称为配线法，就是依据实测水文资料和维泊尔公式（3-24）绘出经验点据，给它们选配一条拟合理想的理论曲线，以此来确定合适的统计参数 $\bar{x}$、C_v、C_s，将其作为总体参数估计值。在此基础上，推求工程规划设计中所需的某一设计频率对应的特征值 $x_{[p]}$。用上述统计参数估算方法获得的参数，均可作为下面所讲的适线法调参的初值。适线法分为目估适线法（亦常简称为适线法）和优化适线法两种。

应当指出，用适线法获得的成果仍具有抽样误差，目前还难以对其作出准确估算。所以，工程上最终采用的频率分析结果及其相应的统计参数，还要紧密结合流域水文现象的物理成因与地区分布规律进行综合分析。

1. 目估适线法

目估适线法的具体步骤如下：

1）绘制经验点据。将审核过的实测资料由大至小排列，用式（3-24）计算各随机变量的经验频率，点绘于概率格纸上。

2）初估统计参数。可采用经验法或其他方法估算参数 $\bar{x}$、C_v、C_s 的第一次初值。

3）选定理论频率曲线的线型。我国水文计算规范一般选用皮尔逊Ⅲ型曲线。

4）计算理论频率曲线。据 C_s 值，查皮尔逊Ⅲ型曲线离均系数 Φ 值表（附录 B），可得各对应频率 P_i 的 Φ_{p_i} 值，按式 $x_{p_i} = \bar{x}(C_v\Phi_{p_i}+1)$ 列表计算理论频率曲线的纵坐标。

5）目估适线。将理论频率曲线画在已绘有经验频率点据的同一张概率格纸上，若二者相吻合，则统计参数即为对总体的估计值，从图上可查出设计频率的水文特征值；否则，在抽样误差范围内适当调整参数，重新适线。

【例 3-3】 某站有 35 年实测年最大洪峰流量资料见表 3-6，用适线法求设计频率 $P = 1\%$ 的最大流量。

【解】 具体步骤如下：

1）将原始资料［表 3-6 中（1）、（2）列］不论年序按递减顺序排列［表 3-6 中第（4）列］，计算各流量经验频率［表 3-6 第（8）列］，点绘经验频率点据于概率格纸上。

2）由式（3-10）、式（3-15）计算均值 $\bar{Q}$、变差系数 C_v，得

$$\bar{Q} = \frac{1}{n}\sum_{i=1}^{n}Q_i = \frac{295780}{26}\text{m}^3/\text{s} = 11376.15\text{m}^3/\text{s}$$

$$C_v = \sqrt{\frac{\sum_{i=1}^{n}(K_i-1)^2}{n-1}} = \sqrt{\frac{6.21447}{26-1}} \approx 0.50$$

表 3-6　某站最大流量的统计参数及经验频率计算表

年份	最大流量 $Q/(\mathrm{m^3 \cdot s^{-1}})$	序号 m	递减排序 $Q/(\mathrm{m^3 \cdot s^{-1}})$	模比系数 K_i	$K_i - 1$	$(K_i - 1)^2$	经验频率 $p = \dfrac{m}{n+1} \times 100\%$
(1)	(2)	(3)	(4)	(5)	(6)	(7)	(8)
1965	9800	1	27500	2.417	1.417	2.0088	3.704
1966	10900	2	23900	2.101	1.101	1.2119	7.407
1967	15400	3	18600	1.635	0.635	0.4032	11.11
1968	10500	4	17400	1.529	0.53	0.2803	14.81
1969	18600	5	15400	1.353	0.354	0.1251	18.52
1970	11400	6	15200	1.336	0.336	0.1129	22.22
1971	9800	7	12700	1.116	0.116	0.0135	25.93
1972	27500	8	12600	1.108	0.108	0.0115	29.63
1973	7620	9	12100	1.063	0.064	0.0040	33.33
1974	23900	10	12000	1.055	0.055	0.0030	37.04
1975	12100	11	11400	1.002	0.002	4.4E − 06	40.74
1976	12700	12	10900	0.958	− 0.04	0.0017	44.44
1977	12000	13	10500	0.923	− 0.08	0.0059	48.15
1978	17400	14	10500	0.923	− 0.08	0.0059	51.85
1979	8830	15	9800	0.861	− 0.14	0.0192	55.56
1980	12600	16	9800	0.861	− 0.14	0.0192	59.26
1981	4080	17	8830	0.776	− 0.22	0.0501	62.96
1982	10500	18	8500	0.747	− 0.25	0.0639	66.67
1983	15200	19	7940	0.698	− 0.3	0.0912	70.37
1984	4830	20	7620	0.669	− 0.33	0.1090	74.07
1985	7940	21	6770	0.595	− 0.4	0.1639	77.78
1986	6770	22	6010	0.528	− 0.47	0.2225	81.48
1987	6010	23	5800	0.510	− 0.49	0.2402	85.19
1988	5800	24	5100	0.448	− 0.55	0.3043	88.89
1989	8500	25	4830	0.424	− 0.58	0.3311	92.59
1990	5100	26	4080	0.358	− 0.64	0.4113	96.3
总计	295780	—	295780	26.00	0.00	6.2145	—

3）假设 C_s 等于若干倍 C_v，进行适线。实测水文资料为年最大洪峰流量系

列，现取 $C_s = 2C_v$、$C_s = 3C_v$、$C_s = 3.5C_v$ 分别适线，理论频率曲线选配计算见表 3-7，所绘制的曲线见图 3-9 所示。

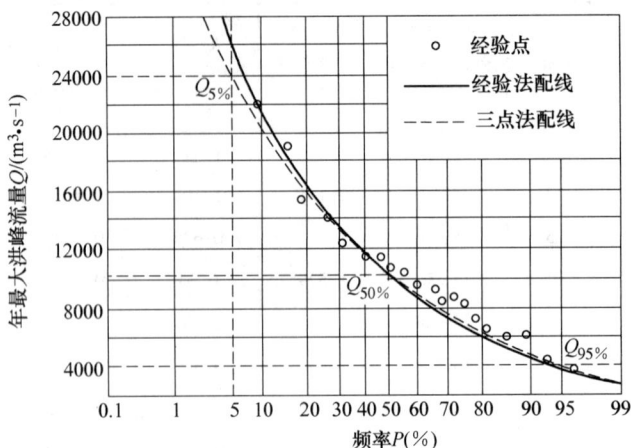

图 3-9 某站最大流量频率曲线

从适线结果来看，$C_s = 3.5C_v$ 的效果较好，拟采用的理论频率曲线的统计参数为

$$\overline{Q} = 11376.15 \text{m}^3/\text{s} \quad C_v = 0.50 \quad C_s = 1.75$$

4）在理论频率曲线上查得设计频率为 1% 的最大流量是 $Q_{1\%} = 31114 \text{ m}^3/\text{s}$。

表 3-7 理论频率曲线选配计算表

频率 P（%）	第一次适线 $\overline{Q}=11376.15$ $C_v=0.50$ $C_s=2C_v=1.0$			第二次适线 $\overline{Q}=11376.15$ $C_v=0.50$ $C_s=3C_v=1.5$			第三次适线 $\overline{Q}=11376.15$ $C_v=0.50$ $C_s=3.5C_v=1.75$		
	Φ_p	K_p	Q_p	Φ_p	K_p	Q_p	Φ_p	K_p	Q_p
0.1	4.53	3.27	37143	5.23	3.62	41125	5.57	3.78	43059
1	3.02	2.51	28554	3.33	2.67	30317	3.47	2.73	31114
5	1.88	1.94	22070	1.95	1.98	22468	1.98	1.99	22639
10	1.34	1.67	18998	1.33	1.67	18941	1.32	1.66	18884
25	0.55	1.28	14505	0.47	1.24	14050	0.43	1.22	13822
50	-0.16	0.92	10466	-0.24	0.88	10011	-0.28	0.86	9783
75	-0.73	0.64	7223.9	-0.73	0.64	7223.9	-0.72	0.64	7281
90	-1.13	0.44	4948.6	-1.02	0.49	5574.3	-0.96	0.52	5916
95	-1.32	0.34	3867.9	-1.13	0.44	4948.6	-1.04	0.48	5461
99	-1.59	0.21	2332.1	-1.26	0.37	4209.2	-1.12	0.44	5006

【例3-4】 仍采用【例3-3】的实测年最大洪峰流量系列资料，在适线法中

运用三点法估算初参,求设计频率 $P = 1\%$ 的最大流量。

【解】　具体步骤如下:

1)同目估适线法。

2)目估配合线。通过经验频率点群,目估一条最佳配合线(图 3-9),在曲线上选定三点,即 $P = 5\% \sim 50\% \sim 95\%$,相应地有 $Q_{5\%} = 24000$, $Q_{50\%} = 10100$, $Q_{95\%} = 4000$ 。

3)初估参数。由式(3-35)的左端项,计算偏度系数 S ,得

$$S = \frac{Q_{5\%} + Q_{95\%} - 2Q_{50\%}}{Q_{5\%} - Q_{95\%}} = \frac{24000 + 4000 - 2 \times 10100}{24000 - 4000} \approx 0.39$$

查附录 C 得 $C_s = 1.39$ 。

由 $C_s = 1.39$,查附录 B 得

$$P = 5\% \quad \Phi_{5\%} = 1.94$$
$$P = 50\% \quad \Phi_{50\%} = -0.22$$
$$P = 95\% \quad \Phi_{95\%} = -1.17$$

由式(3-33)、式(3-34)得

$$\overline{Q} = \frac{Q_{95\%} \Phi_{5\%} - Q_{5\%} \Phi_{95\%}}{\Phi_{5\%} - \Phi_{95\%}}$$

$$= \frac{4000 \times 1.94 - 24000 \times (-1.17)}{1.94 - (-1.17)} \text{m}^3/\text{s} = 11524 \text{m}^3/\text{s}$$

$$C_v = \frac{Q_{5\%} - Q_{95\%}}{Q_{95\%} \Phi_{5\%} - Q_{5\%} \Phi_{95\%}} = \frac{24000 - 4000}{4000 \times 1.94 - 24000 \times (-1.17)} = 0.55$$

4)适线。由以求得的统计参数,查附录 B 可绘制出相应的理论频率曲线,结果显示该曲线头部和尾部均偏离于目估曲线之下,需上调参数 C_s ,选取 $C_s = 1.55$;经再次适线,理论曲线略显头部高而尾部低,需下调参数 C_v ,选取 $C_v = 0.48$,其相应的理论曲线计算结果见表 3-8 和图 3-9。最终确定参数值为 $\overline{Q} = 11524 \text{m}^3/\text{s}$, $C_v = 0.48$, $C_s = 1.55$ 。

5)在理论频率曲线上查得 $Q_{1\%} = 30450 \text{m}^3/\text{s}$ 。

表 3-8　三点法理论频率曲线计算表

项目＼ P (%)	0.1	1	5	10	25	50	75	90	95	99
Φ_P	5.30	3.36	1.96	1.33	0.46	-0.24	-0.73	-1.00	-1.12	-1.23
K_P	3.54	2.61	1.94	1.64	1.22	0.88	0.65	0.52	0.46	0.41
Q_P	41302	30450	22618	19094	14227	10311	7570	6060	5389	4773

2. 优化适线法

优化适线法是在一定的目标函数约束下,求出与经验点据拟合最优的频率曲

线。适线时采用的目标函数主要分为三类：离差平方和、离差绝对值和、相对离差平方和。在此仅简要介绍以离差平方和为目标函数使其达到最小值的优化适线法。

以离差平方和为目标函数使其达到最小值的优化适线法又称为最小二乘估计法，是以使同频率下的经验点据与理论频率曲线纵坐标之差的平方和达到最小值的 θ 作为 θ 的估计值。对于皮尔逊 Ⅲ 型曲线，有下列目标函数

$$S(\theta) = \left\{ \sum_{i=1}^{n} \left[x_i - f(P_i, \theta) \right]^2 \right\}$$

$\hat\theta$ 应满足关系式
$$S(\hat\theta) = \min S(\theta) \qquad\qquad (3\text{-}39)$$

式中，θ 为参数 $(\bar{x}, C_v, C_s)$；$\hat\theta$ 为参数 θ 的最小二乘估计；$f(P_i, \theta)$ 为理论频率曲线纵坐标，可写成 $f(P_i, \theta) = \bar{x}(1 + C_v \Phi_{P_i})$

其他符号意义同前。

欲使 $S(\theta)$ 为最小，由微积分可知下式成立

$$\frac{\partial S}{\partial \theta} = 0 \qquad\qquad (3\text{-}40)$$

在事先给定的精度要求下，可采用优选搜索法、高斯—牛顿迭代法或其他数值方法来求解非线性方程组（3-40），最后可得到所求参数 $\bar{x}, C_v, C_s$。

应当指出，研究结果已表明采用离差平方和最小为目标函数的优化适线法所求得的参数和目估适线法的结果是比较接近的。

3.5　相关分析

3.5.1　概述

两个随机变量 x 和 y 之间的相关程度存在着三种情况：一是完全相关，即对于每一个 x 值，有一个或多个确定的 y 值与之对应，也称之为函数关系；二是零相关，即两变量之间互不影响或互不相关；三是统计相关（或相关关系），即 x 和 y 不像函数关系那样密切，也不像零相关那样毫无关系，若将它们的关系点据绘于坐标纸上，就可发现点据虽然有些散乱，但却有一个明显的趋势，这种趋势能够用某种类型的数学曲线近似地拟合。

就相关关系而言，若研究两个变量之间的关系，称为简相关；若研究三个或三个以上变量之间的关系，称为复相关。依据相关关系的线型，可分为直线相关和曲线相关；依据随机变量之间变化关系，可分为正相关和负相关，正相关是倚变量随自变量的增加（或减少）而增加（或减少），负相关是倚变量随自变量的增加（或减少）而减少（或增加）。

　　水文现象不是孤立变化的，它们之间相互关联、相互制约，如水位与流量，降水与径流，蒸发与气温等，它们之间存在着相关关系。相关分析就是研究两个或两个以上随机变量之间的这种关系。在水文分析计算中，频率计算的任务在于如何利用样本去推估总体，而相关分析的任务是寻求随机变量之间的统计关系，以延展和插补短系列的水文实测资料，提高系列的代表性，增加设计成果的可靠性。

　　因此，相关分析的主要内容包括：①对研究变量作成因分析，判断是否确有物理上的联系；②建立变量间相关的数量关系，即回归方程或相关方程，判断相关的密切程度；③对回归线展延的成果作合理性分析。本节主要介绍水文计算中常用的简相关。

3.5.2　线性简相关

　　1. 直线回归方程

　　设 x_i、y_i 代表两实测系列的对应观测值，共计有 n 对，在检验两变量存在着物理成因的内在联系基础上，将对应值点绘在方格纸上（图 3-10），根据点群的分布趋势配以线型。若点群分布近似于直线，设该直线回归方程可表示为

$$y = a + bx \tag{3-41}$$

　　（1）图解法　当点据分布趋势明显，可采用目估作图的方法绘出一条相关直线，让该条直线通过点群中间及 $(\bar{x}, \bar{y})$ 点，在图上量得直线的斜率为 b，量得纵轴上的截距为 a，从而将式（3-41）中的参数求出，即为图解法。

　　（2）相关分析法　若点据分布较分散，可采用相关分析法确定相关线的方程，即确定参数 a、b。此时，式（3-41）中自变量 x、倚变量 y 为回归线上的值。如图 3-10 所示，当 $x = x_i$ 时，观测点与配合直线在纵轴方向的离差

$$\Delta y_i = y_i - y = y_i - a - bx_i$$

　　若选择一条最佳配合线，其离差 Δy_i 平方和应最小，即使

$$Y = \sum_{i=1}^{n} (\Delta y_i)^2 = \sum_{i=1}^{n} (y_i - a - bx_i)^2 \tag{3-42}$$

为极小值，这种以离差平方和达到最小的条件来选择参数 a、b 的方法称为最小二乘法。

　　由二元函数求极值的方法可知，欲使上式取得最小值，应分别对 a、b 求一阶偏导数，且令其等于零，则

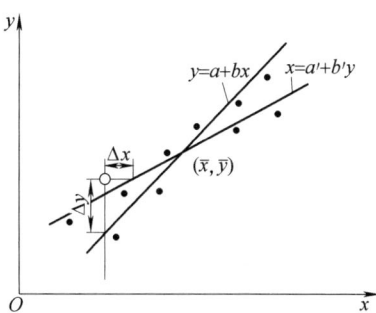

图 3-10　直线相关图

$$\frac{\partial Y}{\partial a} = \frac{\partial \sum_{i=1}^{n} (y_i - a - bx_i)^2}{\partial a} = 0$$

$$\frac{\partial Y}{\partial b} = \frac{\partial \sum_{i=1}^{n} (y_i - a - bx_i)^2}{\partial b} = 0$$

解此方程组, 得

$$b = r \frac{\sigma_y}{\sigma_x} \tag{3-43}$$

$$a = \bar{y} - b\bar{x} = \bar{y} - r \frac{\sigma_y}{\sigma_x} \bar{x} \tag{3-44}$$

$$r = \frac{\sum_{i=1}^{n} (x_i - \bar{x})(y_i - \bar{y})}{\sqrt{\sum_{i=1}^{n} (x_i - \bar{x})^2 \sum_{i=1}^{n} (y_i - \bar{y})^2}} = \frac{\sum_{i=1}^{n} (K_{x_i} - 1)(K_{y_i} - 1)}{\sqrt{\sum_{i=1}^{n} (K_{x_i} - 1)^2 \sum_{i=1}^{n} (K_{y_i} - 1)^2}}$$

$$= \frac{\sum_{i=1}^{n} (K_{x_i} - 1)(K_{y_i} - 1)}{(n-1) C_{v_x} C_{v_y}} \tag{3-45}$$

式中, $\bar{x}$, $\bar{y}$ 分别为实测系列 x、y 的平均值; σ_x, σ_y 分别为实测系列 x、y 的均方差; C_{v_x}, C_{v_y} 分别为实测系列 x、y 的离差系数; r 为实测系列 x、y 的相关系数。

将式 (3-43)、式 (3-44) 代入式 (3-41), 整理后得

$$y - \bar{y} = r \frac{\sigma_y}{\sigma_x}(x - \bar{x}) \tag{3-46}$$

此方程称为 y 倚 x 变回归方程, 所绘制的相关线称为 y 倚 x 变回归线, b 或 $r \frac{\sigma_y}{\sigma_x}$ 称为回归系数, 即为回归线的斜率, a 或 $\bar{y} - r \frac{\sigma_y}{\sigma_x} \bar{x}$ 为回归线在 y 轴的截距。

同理, 可推求出 x 倚 y 变回归方程, 有

$$x - \bar{x} = r \frac{\sigma_x}{\sigma_y}(y - \bar{y}) \tag{3-47}$$

通常, 依据式 (3-46) 和式 (3-47) 绘制的两条回归线不重合, 但存在一个交点 $(\bar{x}, \bar{y})$ (图 3-10)。

2. 回归方程的误差

回归线是两个实测系列对应点据的最佳配合线，它表示了二者间的平均关系，点据并不是都落在回归线上，而是散落于两侧，即回归线上的值与实测点据之间存在离差。所以，应用回归线来展延、插补短系列时，总会有一定的误差。常以标准误差 S_y 表示，亦称其为 y 倚 x 回归线的均方误。对于样本系列有

$$S_y = \sqrt{\frac{\sum_{i=1}^{n}(y_i - y)^2}{n-2}} \qquad (3\text{-}48)$$

式中，$(n-2)$ 称为自由度。可以这样来理解：$n=2$ 时，回归线必通过该两个点；$n=3$ 时，就不能确保回归线一定通过这 3 个点。误差是由于多一个点而引起的，那么 n 个点，误差是由 $(n-2)$ 点引起的。

根据误差理论，回归线的误差一般服从正态分布，则实测点据 y_i 落在回归线两侧 $y \pm S_y$ 范围内的概率为 68.27%，落在回归线两侧 $y \pm 3S_y$ 范围内的概率为 99.7%（图 3-11）。

应指出的是：回归线的均方误 S_y 与随机变量的均方差 σ_y 性质不同，前者是依据实测点据 y_i 与回归线上值 y 之间离差平方和求得，后者是依据 y_i 与系列均值 $\bar{y}$ 的离差平方和求得。依据统计学，可证明二者关系有

$$S_y = \sigma_y \sqrt{1 - r^2} \qquad (3\text{-}49)$$

3. 相关系数及其误差

（1）相关系数　回归线表示两种变量之间的平均关系，而相关系数 r 是定量表示两种变量之间的密切程度。对此可用式（3-49）来说明。

若 $r^2 = 1$，则 $S_y = 0$，表明实测点据 x_i、y_i 均落于回归线上，即变量之间为函数关系。

若 $r^2 = 0$，则 $S_y = \sigma_y$，S_y 达到最大值，表明 y 与 x 无关系，即零相关。

若 $0 < r^2 < 1$，$r^2 \to 1$，S_y 愈小，表明实测点据愈靠近回归线，y 与 x 相关愈密切；$r > 0$ 为正相关，$r < 0$ 为负相关。

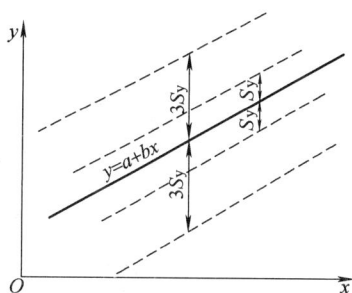

图 3-11　y 倚 x 回归线的
误差范围

在实际应用中，相关系数应该多大，才能使所建立的回归方程有实际意义，这取决于样本容量多少和要求精度。于是，依据这两方面的要求规定了不同的相关系数值，在数理统计上将其称为相关系数的显著性检验。其检验方法是采用数理统计中的假设检验法，由 t 分布转化而得相关系数 r 的分布，在一定概率（或称为显著性水平）条件下，以自由度 $n-2$ 查 t 分布表，得临界值 t_α 代入下式，有

$$r_\alpha = \frac{t_\alpha}{\sqrt{t_\alpha^2 + n - 2}} \tag{3-50}$$

所谓显著性水平，就是指作出显著（认为回归方程有意义）这个结论时，可能发生判断错误的概率；或者可理解为针对一定的样本容量，在以相关系数为随机变量的概率密度曲线上求得的与 r_α 相应的概率。例如，样本容量为 10，显著水平 α 取 0.01 时，相关系数的临界值为 $r_{0.01} = 0.7646$，那么如果根据样本观测值得出的相关系数 $|r| \geq r_\alpha$，则认为显著相关；否则可推断总体不显著相关，并且这种"认为"发生错误的可能性为 1%。从表 3-9 可以看出，在同样的样本容量 n 条件下，α 愈小，检验愈严格，相应要求 r 值就愈大；在同一显著性水平 α 条件下，样本容量 n 愈少，相应要求 r 值亦愈大。

表 3-9   不同样本容量及显著水平下的相关系数的临界值 r_α

$n-2$	α		$n-2$	α	
	0.05	0.01		0.05	0.01
8	0.6319	0.7646	20	0.4227	0.5368
9	0.6021	0.7348	25	0.3809	0.4869
10	0.5760	0.7079	30	0.3494	0.4487
11	0.5529	0.6835	35	0.3246	0.4182
12	0.5324	0.6614	40	0.3044	0.3932
13	0.5139	0.6411	45	0.2875	0.3721
14	0.4973	0.6226	50	0.2732	0.3541
15	0.4821	0.6055	60	0.2500	0.3248
16	0.4683	0.5897	70	0.2919	0.3017
17	0.4555	0.5751	80	0.2172	0.2830
18	0.4438	0.5614	90	0.2050	0.2673
19	0.4329	0.5437	100	0.1946	0.2540

（2）相关系数误差   相关分析中，相关系数不是从物理成因推导出来的，而是从回归直线拟合点据的离差概念推导出来的，是依据样本（即实测系列值）计算得到的，必然存在抽样误差。根据统计理论，计算相关系数的误差（S_r）有下式

$$S_r \approx \frac{1 - r^2}{\sqrt{n}} \tag{3-51}$$

4. 相关分析中的要点

在相关分析中，应该注意以下要点：

1）相关分析的首要条件是应分析论证变量之间在物理成因上确实存在联系，防止伪相关。

2）同期观测资料不能太少，一般要求 $n \geq 12$，以减少抽样误差和提高结果

的可信度。

3）一般要求相关系数 $|r| > 0.8$，且 $S_y < (10\% \sim 15\%)\,\bar{y}$。

4）若对所建立的回归方程作显著性检验，水文统计分析中通常取显著性水平 $\alpha = 0.05$ 或 0.01；

5）回归分析中，短系列为倚变量，长系列为自变量；

6）外延回归线至无实测点控制部分时，要注意考证。

【例3-5】　已知某站有1946—1967年共22年的降雨和径流资料，其中年降雨资料连续，而年径流资料不连续。试用相关分析法插补缺测的年径流资料。

【解】　分析论证的结果已证实表3-10所列出的年降雨量与年径流量之间存在着成因上的联系，对应的观测数据有14对（$n > 12$）。现将短系列待插补的年径流量作为倚变量 y，将长系列年降雨量作为自变量 x，用对应的14对实测值点绘相关图，结果显示出二者为线性回归关系。

列表计算所求线性回归方程式（3-46）中的各参数（表3-10），结果有

$$\bar{x} = \frac{1}{n} \sum_{i=1}^{14} x_i = \frac{9780.5}{14} \text{mm} = 698.61 \text{mm}$$

$$\bar{y} = \frac{1}{n} \sum_{i=1}^{14} y_i = \frac{1250.8}{14} \text{m}^3/\text{s} = 89.34 \text{m}^3/\text{s}$$

表 3-10　某站年降雨量与年径流量实测值及相关计算

序号	年份	年降雨量 x_i/mm	年径流量 y_i/(m³·s⁻¹)	K_{x_i}	K_{y_i}	$K_{x_i} - 1$	$K_{y_i} - 1$	$(K_{x_i} - 1)^2$	$(K_{y_i} - 1)^2$	$(K_{x_i} - 1)$ × $(K_{x_i} - 1)$
1	1946	514.1	62.8	0.74	0.70	-0.26	-0.30	0.0698	0.0882	0.0785
2	1948	602.0	67.8	0.86	0.76	-0.14	-0.24	0.0191	0.0581	0.0333
3	1950	575.6	70.3	0.82	0.79	-0.18	-0.21	0.0310	0.0454	0.0375
4	1952	750.9	87.3	1.07	0.98	0.07	-0.02	0.0056	0.0005	-0.0017
5	1956	845.8	121.7	1.21	1.36	0.21	0.36	0.0444	0.1312	0.0763
6	1957	829.9	110.2	1.19	1.23	0.19	0.23	0.0353	0.0545	0.0439
7	1958	697.9	84.6	1.00	0.95	0.00	-0.05	0.0000	0.0028	0.0000
8	1959	715.4	95.2	1.02	1.07	0.02	0.07	0.0006	0.0043	0.0016
9	1960	667.0	77.5	0.95	0.87	-0.05	-0.13	0.0020	0.0176	0.0060
10	1961	468.1	58.9	0.67	0.66	-0.33	-0.34	0.1089	0.1161	0.1124
11	1962	943.4	132.0	1.35	1.48	0.35	0.48	0.1228	0.2280	0.1673
12	1964	792.2	101.3	1.13	1.13	0.13	0.13	0.0179	0.0179	0.0179
13	1965	874.8	131.4	1.25	1.47	0.25	0.47	0.0636	0.2216	0.1187
14	1967	503.4	49.8	0.72	0.56	-0.28	-0.44	0.0781	0.1959	0.1237
Σ		9780.5	1250.8	14.00	14.00	0.00	0.00	0.5991	1.1823	0.8155
平均		698.61	89.34	—	—	—	—	—	—	—

$$\sigma_x = \bar{x} \sqrt{\frac{\sum_{i=1}^{14} (K_{x_i} - 1)^2}{n - 1}} = 698.61 \times \sqrt{\frac{0.5991}{14 - 1}} = 149.97$$

$$\sigma_y = \bar{y} \sqrt{\frac{\sum_{i=1}^{14} (K_{y_i} - 1)^2}{n - 1}} = 89.34 \times \sqrt{\frac{1.1823}{14 - 1}} = 26.94$$

$$r = \frac{\sum_{i=1}^{14} (K_{x_i} - 1)(K_{y_i} - 1)}{\sqrt{\sum_{i=1}^{14} (K_{x_i} - 1)^2 \sum_{i=1}^{14} (K_{y_i} - 1)^2}} = \frac{0.8155}{\sqrt{0.5991 \times 1.1823}} = 0.969 > 0.8$$

所求年径流与年降雨量的回归方程为

$$y = 0.174x - 32.26$$

利用该回归方程插补缺测的年径流量，结果如表 3-11 所示。

回归线误差　　$S_y = \sigma_y \sqrt{1 - r^2} = 26.94 \times \sqrt{1 - 0.969^2} = 4.74 < 0.1\bar{y}$

相关系数误差　　$S_r = \dfrac{1 - r^2}{\sqrt{n}} = \dfrac{1 - 0.969^2}{\sqrt{14}} = 0.016$

表 3-11　某站年径流量插补成果表

年　份	1947	1949	1951	1953	1954	1955	1963	1966
年降雨量/mm	610.7	564.0	580.6	610.2	550.2	612.1	648.8	705.7
年径流量/ ($m^3 \cdot s^{-1}$)	74.0	65.9	68.76	73.9	63.5	74.2	80.6	90.5

3.5.3　曲线简相关

实际上，某些水文现象之间表现出是一种曲线简相关的关系，如水位与流量等。当遇到这类问题时，可首先根据相关的实测点据分布趋势来选配与之拟合的某种曲线线型，然后对该曲线经过适当的变量代换转化为直线，就可以用前述的直线相关法进行计算。水文统计分析中常用的曲线形式有指数函数和幂函数。

对于幂函数，一般形式有　　　　$y = ax^b$　　　　　　　　　　　　(3-52)

两边取对数，令　　　$Y = \lg y, A = \lg a, X = \lg x$

则有　　　　　　　　　　　$Y = A + bX$　　　　　　　　　　　(3-53)

于是，在双对数坐标中对 X 和 Y 可作直线回归分析。

对于指数函数，一般形式有　　　$y = ae^{bx}$　　　　　　　　　　(3-54)

两边取对数，令　　$Y = \lg y, A = \lg a, B = b \lg e, X = x$

则有　　　　　　　　　　　$Y = A + BX$　　　　　　　　　　　(3-55)

于是，取 Y 为对数纵坐标，X 为普通横坐标，在此半对数坐标中对 X 和 Y 可作直线回归分析。

3.5.4　线性复相关

当影响某种水文现象不可忽视的主要因素是两个或两个以上的时候，就需要采用复相关分析，建立多元回归方程。在实际工程中，线性复相关的计算多用图解法选配相关线，确定回归方程，具体做法参阅有关书籍。若用分析法研究此类问题，由于复相关时的自变量多，样本容量比简相关时的要大，所以工作量大，且较繁杂，往往借助计算机来完成计算。而在复相关分析中，最常用的是一个倚变量、两个自变量的复直线回归分析。

设多元线性回归方程有

$$y = a_0 + a_1 x_1 + a_2 x_2 + \cdots + a_m x_m \tag{3-56}$$

式中，a_0，a_1，a_2，$\cdots a_m$ 为 $m+1$ 个待定的系数。

设 t 时刻，Y 和 $X = [1, x_1, x_2, \cdots, x_m]^T$ 的观测值序列已知，这些数据之间的关系可用由 n 个方程构成的方程组来表示

$$y_t = a_0 + a_1 x_{1t} + a_2 x_{2t} + \cdots + a_m x_{mt} \qquad (t = 1, 2, \cdots, n) \tag{3-57}$$

方程组（3-57）可用矩阵表示为 $Y = XA$ $\tag{3-58}$

式中

$$Y = \begin{bmatrix} y_1 \\ y_2 \\ \vdots \\ y_n \end{bmatrix} \quad X = \begin{bmatrix} 1 & x_{11} & \cdots & x_{m1} \\ 1 & x_{12} & \cdots & x_{m2} \\ \vdots & \vdots & \cdots & \vdots \\ 1 & x_{1n} & \cdots & x_{mn} \end{bmatrix} \quad A = \begin{bmatrix} a_0 \\ a_1 \\ \vdots \\ a_m \end{bmatrix}$$

由于 $n >> m+1$，式（3-58）是一个矛盾方程组，不存在一般意义下的解。若在最优条件下解此方程组，求出最优参数 A，可应用最小二乘法，其原理为在残余误差平方和最小的条件下求解 A。

设估计误差向量 $e = [e_1, e_2, \cdots, e_n]^T$，令　$e = Y - XA$ $\tag{3-59}$

目标函数有 $$D = \sum_{i=1}^{n} e_i^2 = e^T e = \min$$

即

$$D = (Y - XA)^T (Y - XA) = Y^T Y - A^T X^T Y - Y^T X A + A^T X^T X A = \min \tag{3-60}$$

将 D 对 A 求偏导数，并令其等于零，可求出使 D 趋于最小的估计值 A，有

$$\frac{\partial D}{\partial A} = -2X^T Y + 2X^T X A = 0$$

可得 $$A = (X^T X)^{-1} X^T Y \tag{3-61}$$

若 $(X^T X)$ 是非奇异矩阵，解向量 A 就是惟一的。

【例 3-6】　某地区的径流量、降水量和饱和差的同期实测资料列于表 3-12。

试用复直线相关分析法求其回归方程。

【解】 设径流量为 y，降水量为 x_1，饱和差为 x_2，经分析确定 y 为倚变量，x_1、x_2 为自变量，且有

$$y_t = a_0 + a_1 x_{1t} + a_2 x_{2t} \qquad (t = 1,2,\cdots,13)$$

用矩阵形式表示的方程组为 $Y = XA$

其中

$$Y = \begin{bmatrix} 130 \\ 147 \\ 107 \\ 273 \\ 67 \\ 131 \\ 221 \\ 207 \\ 233 \\ 197 \\ 180 \\ 153 \\ 284 \end{bmatrix} \qquad X = \begin{bmatrix} 1 & 512 & 2.43 \\ 1 & 578 & 2.47 \\ 1 & 578 & 3.04 \\ 1 & 724 & 2.00 \\ 1 & 450 & 3.61 \\ 1 & 550 & 2.64 \\ 1 & 565 & 1.92 \\ 1 & 543 & 1.87 \\ 1 & 570 & 1.73 \\ 1 & 545 & 1.85 \\ 1 & 544 & 2.08 \\ 1 & 581 & 2.21 \\ 1 & 713 & 1.84 \end{bmatrix} \qquad A = \begin{bmatrix} a_0 \\ a_1 \\ a_2 \end{bmatrix}$$

因为 $(X^T X) = \begin{bmatrix} 13 & 7453 & 29.69 \\ 7453 & 4337353 & 16775 \\ 29.69 & 16775 & 71.444 \end{bmatrix}$ 即为非奇异矩阵

表 3-12 某地区径流量、降雨量与饱和差资料

序号	1	2	3	4	5	6	7	8	9	10	11	12	13
径流量 y/mm	130	147	107	273	67	131	221	207	233	197	180	153	284
降雨量 x_1/mm	512	578	578	724	450	550	565	543	570	545	544	581	713
饱和差 x_2/mm	2.43	2.47	3.04	2.00	3.61	2.64	1.92	1.87	1.73	1.85	2.08	2.21	1.84

所以据式（3-61），解得 $A = (X^T X)^{-1} X^T Y = \begin{bmatrix} 119.51 \\ 0.40075 \\ -74.449 \end{bmatrix}$

故所求多元线性回归方程为 $y = 119.51 + 0.4x_1 - 74.45x_2$

本 章 小 结

【本章内容】

本章主要讲述了水文统计基本原理与方法。

（1）水文统计基本概念　在水文计算中，数理统计亦称为水文统计。可靠性、一致性与代表性是水文统计分析对水文资料的要求。将概率论与数理统计学中与水文频率分析计算有关的概念作了介绍，包括事件类型与随机变量，总体、个体与样本，概率与频率等。从水文统计的角度阐述随机变量概率分布，即在水文统计中，频率分布函数 $F(x_i)$ 称为累积频率 $P(X \geq x_i)$，频率分布曲线称为累积频率曲线；之后介绍了重现期的概念和工程设计中使用的部分设计频率标准。

（2）统计参数与抽样误差　水文统计分析中使用的统计参数是样本的统计参数，包括平均值、变差系数和偏态系数。所以，这些参数存在着无偏估计值和有偏估计值之分，存在着抽样误差，其中偏态系数的抽样误差最大。本节还给出了计算抽样误差的公式。

（3）经验频率曲线与理论频率曲线　经验频率的计算采用维伯尔公式，经验频率曲线是理论频率曲线定线的依据；理论频率曲线我国一般选用皮尔逊 III 型曲线线型；讲述了如何绘制经验频率曲线和理论频率曲线的方法和要点。由于统计参数反映随机变量分布的主要特征，因此讨论了统计参数对频率曲线形状影响的基本规律。

（4）水文频率计算方法　此节内容是对前述知识点的具体应用。在参数估计方法中，主要讲解了矩法、经验法和三点法等。目估适线法就是依据经验点据，为其选配一条拟合理想的理论曲线，以此来确定合适的统计参数；在此基础上，推求工程规划设计中所需要的某一设计频率对应的特征值 x_p。必须指出，用适线法得到的结果存在着抽样误差，所以，还要紧密结合流域水文现象的物理成因与地区分布规律进行综合分析其合理性。

（5）相关分析　其目的就是延展和插补短系列的水文实测资料，提高系列的代表性，增加设计成果的可靠性。主要讲解了线性简相关，包括运用最小二乘法原理建立直线回归方程和此类回归方程存在的误差；之后介绍了曲线简相关和线性复相关。

【学习基本要求】

从水文统计的角度理解随机变量概率分布，掌握累积频率和重现期的概念，经验频率曲线与理论频率曲线的绘制与应用要点，掌握适线法、统计参数估算及其统计参数对频率曲线形状影响的基本规律，相关分析中的最小二乘法原理和直线回归方程，熟悉设计频率标准、抽样误差及其计算。

Chapter 3 Basic Principles and Methods of Hydrologic Statistics

【Chapter Content】

The basic principles and methods of hydrologic statistics are mainly explained in this chapter.

1. Basic concepts

Mathematical statistics is termed hydrologic statistics in hydrologic analysis. Hydrologic data must meet the requirements of reliability, consistency and representativeness. Some concepts on probability and mathematical statistics, which are concerned with hydrologic statistics, are reviewed here, including the categories of event and random variables, total, individual and sample, and probability and frequency. The probability distribution of random variables is discussed from the hydrologic statistic angle. The function $F(x_i)$ and its curve are also referred to as the accumulation frequency $P(X \geqslant x_i)$ and the accumulation frequency curve, respectively. In addition, we interpret the definition of recurrence interval and the part of design frequency criteria used in engineering designs.

2. Statistical parameters and sampling error

The statistic parameters of samples chiefly include the average ($\bar{x}$), variation coefficient (C_v) and coefficient of skewness (C_s). They are classified as the both of unbiased and biased estimators and have sampling errors, in which the error of C_s is maximum. The formulas estimating errors are given too.

3. Empirical and theoretical frequency curves

Weibull formula is adopted to calculate the empirical frequency (EF, also called the empirical accumulated frequency). The theoretical frequency curve (TFC, also called the theoretical accumulated frequency curve), as which Pearson Type-Ⅲ curve is chosen according to the rules of hydrologic phenomena in our country, should fit with a series of empirical frequency points. The methods and the key points of plotting EF and TF curves are explained. The impacts of the parameters on the curve shapes are discussed since the parameters can control the major features of random variable distributions.

4. Methods of estimating hydrologic frequency

The contents of this section are the application for the former knowledge to a great extent. Some methods are applied to estimating initial parameters, *i. e.* the moment method, the empirical method and the three-point method *etc*. A curve fitting method is to choose TFC that fits with EF points, in which adequate statistical parameters are finally determined. On the basis of the fixed TFC, the value x_p that is corresponding with a certain design frequency is obtained, which is just required to plan and design some engineering projects. The sampling error of the value x_p exists though using the curve fitting method. It is, therefore, very necessary that the reasonableness of the value x_p is analyzed by considering its pattern of the aerial distribution and the physical causes of the hydrological phenomena.

5. Correlation analysis

Extending and interpolating the inconsecutive or short series of samples are the purpose of correlation analysis in order to enhance the sample's representativeness and the reliability of design results. A linear correlation between two variables is mainly explained, with the least-square method used to establish the linearity regression equation. The equation's error is analyzed. The nonlinear correlation of two-variables and the multi-variable linearity correlation are also introduced.

【General Learning Requirements】

By learning this chapter, the following knowledge needs to have a good grasp of (1) some concepts, such as the accumulated frequency and recurrence period etc., (2) the key points of drawing empirical and theoretical frequency curves, (3) the fitting-curve methods, (4) the estimating methods of statistical parameters and the basic rules of the influence of parameters on the TFC shape, (5) the principle of the leastsquare method and the linearity regression equation. In addition, the contents concerned, including the probability distribution of random variables, the design frequency criteria, sampling errors and their estimations, should be known well.

复 习 题

3-1　水文频率分析中的"频率"指的是哪种频率? 为什么?

3-2　简述统计参数 $\bar{x}$、σ、C_v、C_s 在水文频率分析中的物理意义。

3-3　为何要进行相关分析? 相关分析中要注意哪些问题?

3-4　简述目估适线法的具体步骤。

3-5　为什么采用维伯尔公式计算经验累积频率?

3-6　已知甲、乙水文实测系列的统计参数 $C_{v甲} = C_{v乙}$, $C_{s甲} = C_{s乙}$, 而 $\bar{x}_甲 = 3\bar{x}_乙$, 这时两系列同一设计频率标准下的设计值有何关系?

3-7　如图 3-12 所示, 圈点为经验频率点据, 实线为理论频率曲线。适线过程中, 调整什么参数且如何调整才能使得二者相吻合?

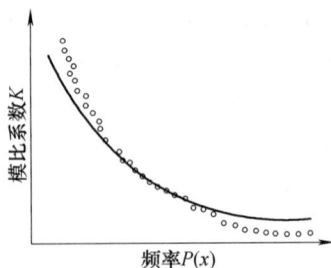

图 3-12 题 3-7 图

3-8 对某河 35 年的年最高洪水位系列用适线法作频率分析，最终确定的统计参数为 $\overline{H}=38.5\text{m}$，$\sigma=8.9\text{m}$，$C_s=4C_v$，试求 $T=20\text{a}$ 的设计洪水位。

3-9 南方某河水文测验获得 1971—1990 年历年最大洪峰流量数据如表 3-13 所示。

表 3-13 某河 1971—1990 年历年最大洪峰流量数据

年份	1971	1972	1973	1974	1975	1976	1977	1978	1979	1980
Q / ($\text{m}^3\cdot\text{s}^{-1}$)	1810	4020	1930	3100	4625	2280	1535	3305	2870	3400
年份	1981	1982	1983	1984	1985	1986	1987	1988	1989	1990
Q / ($\text{m}^3\cdot\text{s}^{-1}$)	2110	3764	2059	1645	3146	4012	3431	3846	1692	2857

试用目估适线法推求百年一遇的洪峰流量。

3-10 甲河 A 站有 15 年实测洪水流量记录，邻近流域乙河的 B 站有 26 年实测洪水流量记录（见表 3-14）。两河相距不远，约 45km，且气象条件和影响河川径流的下垫面因素相近，存在成因上的联系。试利用乙河 B 站资料延展甲河 A 站缺失资料。

表 3-14 题 3-10 有关数据

年份		1943	1944	1945	1946	1947	1948	1949	1950	1951	1952
Q/ ($\text{m}^3\cdot\text{s}^{-1}$)	甲	76	136	97	18	65	32	182	130	21	46
	乙	98	198	154	30	71	44	184	127	27	54
年份		1953	1954	1955	1956	1957	1958	1959	1960	1961	1962
Q/ ($\text{m}^3\cdot\text{s}^{-1}$)	甲	26	53	20	178						
	乙	24	69	36	182	122	67	54	83	109	36
年份		1963	1964	1965	1966	1967	1968	1969			
Q/ ($\text{m}^3\cdot\text{s}^{-1}$)	甲						54				
	乙	62		45	131	184	62	89			

第 4 章

河川径流情势特征值分析与计算

河川径流水文情势特征主要是指河川径流的年际变化与年内分配、洪水和枯水等特征。表达这些河流水文情势变化特征的主要尺度是水情要素，它包括年径流量、年正常径流量、洪水流量与水位、枯水流量与水位等。在以地表水作为取水源的供水工程设计中，年正常径流量和设计年径流量的年内分配决定着可取水量的大小、取水方式及其对环境产生的影响，洪水位的高低影响着岸边式或河床式取水构筑物的顶部高程，枯水位影响着取水构筑物进水口的最低位置和集水井的底部高程，枯水量的大小影响着排入河流的污水量和水环境容量。本章将运用第三章讲述的水文频率分析与计算方法，对未来可能发生的这些水文情势作出概率预估，推求出上述各种水文特征值的设计值，包括设计年径流量、设计年径流量的年内分配、设计洪峰流量与水位和设计枯水流量与水位，以满足工程设计与规划的需要。

4.1 设计年径流的分析与计算

4.1.1 年径流及其特性

1. 年径流量

任何一条河流都存在着一个以年为单位的周期性变化的规律，对此，我们以年为单位进行分析和研究河川径流的这种变化规律。

一个年度内，通过河流某一断面的水量，称为该断面以上流域的年径流量。它可以用径流特征值来表示，包括年平均流量（Q）、年径流深度（Y）、年径流模数（M）和年径流总量（W）。但一个年度的起讫时间不同，通常分为日历年和水文年。我国的水文年鉴中，年径流是按日历年统计的。水文计算中，年径流是按水文年或水利年统计的。水文年是以水文现象的循环作为年径流计算的起讫时间，即从每年的汛期开始到下一年的枯水期结束为止。水利年是以水库供水期末所在月的月末作为划分一年的分界点。

天然河流的水量经常在变化,各年的径流量有大有小,实测各年径流量的平均值称为多年平均径流量。随着统计的实测年径流量系列资料的样本容量 n 增大,多年平均径流量将趋于一个稳定的数值,称其为年正常径流量。

年正常径流量反映了天然情况下河流所蕴藏的水资源量,代表能开发利用的地面水资源的最大程度,是水文计算中的一个重要特征值,是不同地区水资源进行对比时最基本的数据。虽然年正常径流量是一个比较稳定的数值,但应考虑到在大规模人类活动的影响下,如跨流域调水、兴建水库、围湖造田等水利建设,将改变流域下垫面性质,直接影响和改变流域原有的径流形成条件和径流变化过程,在这种情况下,年正常径流量就会发生变化。

2. 年径流特性

影响年径流的气候因素在时间上有多年周期性和年周期性的变化,在地区分布上具有渐变的地带性规律,对实测年径流系列资料进行统计分析的结果表明,年径流变化有以下特性:

(1) 径流过程不重复 年径流是由以年为周期的汛期和枯水期的水量所组成的。但每年汛期和枯水期的起讫时间不一,历时不等,流量大小各异,径流过程变化多端,未呈现出重复性。

(2) 年际间变化大 通常以多年平均径流量为参照,若某一年份的径流量等于或接近此值,称该年为平水年;年径流量较大的年份称作丰水年;年径流量较小的年份称作枯水年。有些河流丰水年的径流量可达平水年的 2 ~ 3 倍,枯水年的径流量有时仅是平水年的 10% ~ 20%。例如淮河蚌埠站多年平均流量为 855m³/s,实测最丰年的径流量是该值的 2.67 倍,实测最枯年的径流量仅占该值的 14%。

(3) 多年变化中有丰水年组和枯水年组交替出现的现象 例如,黄河流经的陕县,1922 ~ 1932 年的连续 11 年为枯水年,1935 ~ 1949 年的连续 15 年为丰水年。

上述年径流量的变化情势往往与工农业用水的需求不相符。我们应根据年径流的变化规律,确定合理的取水方式,以解决年径流的变化与取水量需求之间的矛盾。

4.1.2 设计年径流量

设计年径流量是指相应于某一设计频率的年径流量。而具体的设计频率是根据各用水部门的设计标准来确定的,如城市供水工程的设计频率一般选用90% ~ 97%,农业灌溉工程的设计频率一般选用 75% ~ 95%,水利水电工程一般选用 10%、50% 和 90% 等三个不同水平的频率。

年径流的特性说明了此类水文特征值系列具有随机性质，可应用本书第三章所述的水文统计原理与方法，通过对年径流资料的统计分析，估算出工程所在河流某指定断面符合某一设计频率的年径流量，即为设计年径流量的推算。通过这种计算可掌握河川径流在过去多年间的年际变化统计规律，其结果作为给水工程设计与水环境规划的依据。

由于工程所在断面（即设计断面）具备的径流连续观测资料的年限长短不一，设计年径流量的计算方法也有所不同，分为长期实测资料、短期实测资料和缺乏实测资料三种情况。

1. 具有长期实测资料的设计年径流量分析计算

在水利工程规划阶段，当具有长期实测年径流量资料时，设计年径流量分析计算包括三部分内容，即资料审查、设计年径流量的计算和成果合理性验证。

（1）资料审查　对于年径流量资料的审查内容，除了参阅本书 3.1.1 节所述内容以外，还应从以下方面进一步审查。

1）可靠性审查。由于径流资料是通过测验和整编取得的，因此一般对水位资料、水位流量关系曲线资料和水量平衡资料等应从测验和整编两方面着手审查。检查原始水位数据并分析水位过程线的合理性；检查水位流量关系曲线绘制的正确性和曲线延长方法的合理性；根据水量平衡原理，检查其水量是否平衡。另外，解放前的径流资料质量较差，审查时应特别给予关注。

2）一致性审查。年径流量分析计算应采用天然径流量系列，也可采用径流形成条件基本一致的实测年径流量系列，即要求组成系列的每年资料具有同一成因条件。年径流量系列的一致性是建立在气候因素和下垫面因素稳定性基础之上的，当这些因素发生显著变化时，资料的一致性就遭到破坏。一般认为，气候条件的变化极其缓慢，可视为相对稳定的，下垫面因素却由于人类活动会发生迅速变化。如在设计断面的上游修建水库或引水工程，工程建成后该断面下游站的实测资料一致性就遭到破坏，引用此站径流资料时，必须首先对其进行一致性修正后才可作频率分析。

通常将年径流资料修正到流域被大规模治理前的接近天然状态的水平，这项修正工作称为还原计算。还原计算采用分项调查法。此法以水量平衡原理为依据来确定还原水量 $W_{还原}$，以此修正水文站实测年径流量 $W_{实测}$。径流还原计算分项调查法采用的水量平衡方程式为

$$W_{天然} = W_{实测} + W_{还原} = W_{实测} + (W_{农业} + W_{工业} + W_{生活} \pm W_{调蓄} +$$
$$W_{水保} + W_{蒸发} \pm W_{引水} \pm W_{分洪} + W_{渗漏} + W_{其他}) \tag{4-1}$$

式中，$W_{天然}$、$W_{实测}$ 分别为还原后的天然径流量和实测径流量；$W_{农业}$，$W_{工业}$，$W_{生活}$ 分别为农业灌溉净耗水量、工业净耗水量和生活净耗水量；$W_{调蓄}$ 为蓄水工程的蓄水变量（增加为"＋"，减少为"－"）；$W_{蒸发}$、$W_{渗漏}$ 分别为水面蒸发增

损量和水库渗漏水量；$W_{引水}$ 为跨流域引水量（引出为 " + "，引入为 " – "）；$W_{分洪}$ 为河道分洪水量（分出为 " + "，分入为 " – "）；$W_{水保}$ 为水土保持措施对径流的影响水量；$W_{其他}$ 为包括城市化、地下水开发等对径流的影响水量。

可见，还原水量是对径流量及其过程影响显著的项目进行还原。实际的还原水量组成要依据设计断面的情况取舍上述各项而定，其具体的计算是一个复杂问题，可参考专门文献。对还原计算成果，应从单项指标和分项还原水量，上下游、干支流水量平衡及降雨径流关系等方面检查其合理性。一般来说，只要下垫面条件变化不显著，可以认为径流系列具有一致性。

3）代表性审查。资料代表性这里是指一个由 n 年实测年径流系列组成的样本经验分布 $F_n(x)$（即频率曲线）与总体分布 $F(x)$ 的接近程度。若二者离差越小则越接近，样本对总体的代表性越好，用该样本得出的统计规律推求未来工程运行 k 年的年径流分布 $F_k(x)$ 就越与总体接近。由于总体分布是未知的，因而通常以代表性良好的 N 年参证长系列为依据，来审查和检验相对短系列的代表性。用这种方法审查资料代表性的基础是假定：气候相同且邻近的流域，参证站与本站年径流的时序变化上具有同步性（即同丰或同枯）；参证站长系列比本站短系列有更好的代表性。参证变量可选用年径流资料，也可选用与年径流相关关系密切的雨量资料等。现举例说明。

本站（即设计站）有 1955～1984 年共 30 年的径流系列资料（亦称为设计变量）。为审查资料的代表性，选取邻近流域某参证站，该站具有 1925～1995 年共 71 年径流系列资料（亦称为参证变量）。首先计算参证站 71 年长系列的统计参数均值和离差系数，其次计算参证站短系列 n 年（即与本站同期的 1955～1984 年观测系列）的统计参数，若两者统计参数大致接近，可认为参证站的此 n 年短系列在 N 年长系列中具有代表性，进而推断本站 n 年系列也具有较高的代表性。若通过上述这种长短系列的对比分析，发现 1955～1984 年短系列的代表性不高，应当再选取参证站的该短系列附近时段进行统计参数的计算，如 1950～1979 年，1960～1989 年等时段，譬如检验结果是参证站 1950～1979 年这段系列代表性较好，但同期本站缺少 1950～1954 年这 5 年的实测径流资料，则应将缺测年份的径流资料应用相关分析法进行延展，然后按 1950～1979 年的系列资料推求本站设计年径流量。

（2）设计年径流量的计算　按不同的起讫时间统计水文系列资料，所得到的统计参数（均值、离差系数）是有区别的。在计算设计年径流量时，通常是按水文年构成的年径流量系列资料进行计算的。

推求设计年径流量的具体方法见本书第 3 章，可采用目估适线法，其一般步骤是：首先依据维泊尔公式（3-24）计算经验频率，然后估算实测年径流量系列的统计参数均值 $\bar{Y}$、变差系数 C_v 和偏态系数 C_s；以绘制出的经验频率点据与理论频率曲线相吻合为准则调整统计参数；最后从年径流量频率曲线上求出符合设计频率的各种设计年径流量。

（3）成果合理性验证　成果合理性验证主要是指依据水量平衡原理和地理分布规律，对计算设计年径流量中采用的三个统计参数（$\bar{Y}$，C_v，C_s）进行合理性分析评价。我国各省、区等都编制了本地区的水文手册，为资料审查和成果合理性的验证提供了方便条件。

如前所述，影响年径流的主要因素是气候，气候在地理分布上具有规律性，因而多年平均年径流量 $\bar{Y}$ 和年径流量的变差系数 C_v 也具有地理分布的规律性。于是，我们可依据我国各地的多年平均年径流深等值线图、年径流离差系数 C_v 等值线图来检查其是否符合这种地理分布规律。也可以通过上、下游站的水量是否平衡来分析多年平均年径流量的合理性；通过年径流离差系数 C_v 随着流域面积、湖泊水库和地下水补给量的增大而减小的这种规律性，分析 C_v 的合理性；通过 C_s/C_v 值具有地理上的一定分区性，间接验证 C_s 的合理性。

2. 具有短期实测资料的设计年径流量计算

在实际工作中，常遇到工程所在断面（亦称本站或设计站）仅有短期实测年径流资料的情况。处理这类问题时，首先应用相关分析法插补延长缺测的数据，然后根据展延后的系列资料，用与具有长期实测资料时完全相同的方法来推算设计年径流量。插补延长年数应根据参证站资料条件、插补延长精度和本站系列代表性要求确定。

选取的参证站可以位于设计断面同一条河流的上游或下游，也可位于邻近流域，但必须首先确保参证站的参证变量与设计变量之间在形成径流的各项自然地理因素方面，特别是气候因素方面有成因上的密切联系。其次，选取的参证变量必须具有代表性较好的长期实测年径流系列资料，并且参证变量与设计变量应有一段相当长的同期观测资料。这样，才能建立起参证变量与设计变量之间的相关关系，以便展延插补设计站缺测的年径流资料。年径流量系列的插补延长，根据资料条件可采用下列分析方法：

（1）利用本站水位流量关系展延　当本站年水位资料系列较长，且有一定长度年流量资料时，可通过本站的水位流量关系插补延长。

（2）利用参证站水位或径流关系展延　当上下游或邻近相似流域的参证站具有充分长的实测年径流或水位资料时，且与设计站有一定长度同步系列，可直接建立设计站与参证站相同年份水位或径流之间的相关关系，对本站年径流进行插补延长。实际工作中，多用年径流特征值中的年径流深度 Y 或年径流模数 M 进行相关分析。

（3）利用降雨量资料展延　实际工程中，当不能利用径流资料来展延系列的时候，本站径流资料系列较短而流域内有较长系列雨量资料时，可以利用流域内或邻近地区的降雨资料来展延。在这种情况下，应当注意以下几点：

1）对于湿润地区，如我国多雨的长江流域及南方各省，降雨量与径流量具有较好的同步性，即用流域平均年降雨量作参证变量来展延同期的年径流量系列，一般可获得良好的结果。但是在干旱地区，因蒸发量较大，径流系数小，年径流量与年降雨量之间关系并不密切，就很难利用二者的关系来展延年径流量系列。

2）利用降雨资料展延时，若流域面积大，有多个雨量站，应把求出的流域年降雨量系列作为参证变量；若流域面积较小，且某站的雨量与流域平均降雨量关系密切，可考虑以点雨量资料来展延径流系列。

3）当设计站实测年径流系列过短，或实际工程的规划与设计要求提供逐月径流资料时，可考虑建立月降雨量与月径流量相关关系来展延年径流量系列。但是，由于月降雨与其形成的径流量在时间上不对应，径流滞后于降雨，二者之间相关性差，这时可考虑对其作适当的修正，如月末降水量的全部或部分计入下个月的降雨量等，不要按日历时间机械地划分月降雨量和月径流量，这样可增强二者的相关关系。同时，考虑到枯水期的月径流量通常由地下水补给所得，而与此时少量的降水无关，不可利用此种关系来展延枯水期的月径流量。

采用上述变量之间的相关关系插补延长时，当相关点据散乱或者个别点据明显偏离时，应认真分析原因，必要时可增加参变量，改善相关关系；相关线外延的幅度不宜超过实测变幅的 50%。对插补延长的年径流资料，应从上下游水量、平衡径流模数等方面进行分析检查其合理性。图 4-1 所示为多年平均径流系数小于 0.05 的北方地区某条河流上的某一水文站年径流与年降雨相关关系。图中许多点据偏离平均直线 AB 较大，若把各年汛期降雨量占全年降雨量的比例 d 作为参数，即考虑降水的年内分配，对不同参数值 d 分别定出平均线（图中的实线），如 d=70% 和 d=60%，其相关关系是显著的。

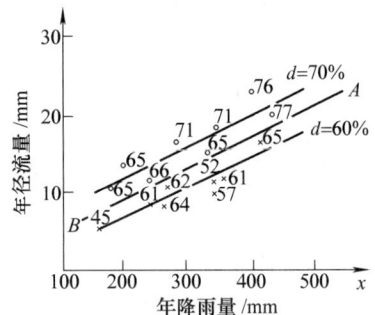

图 4-1　北方某河年降雨径流相关图

3. 缺乏实测资料的设计年径流量计算

在某些流域，往往会遇到只有几年径流资料而无法展延，或完全没有径流资料的情况。在这种缺乏实测径流资料的情况下，设计年径流量的三个统计参数 $\bar{x}$，C_v 和 C_s 只能通过间接方法估算，然后应用公式 $x_p = \bar{x}(C_v \Phi_p + 1)$ 求出设计频率 [P] 所对应的设计年径流量。估算三个统计参数常用的方法有等值线图法和水文比拟法，对于较小的流域，水文比拟法可作为参数等值线图法的参考与补充。

（1）参数等值线图法 在平面图上，将数值相同的点连接起来的线即为等值线。统计参数的等值线是绘制在地形图上的，表示了它们具有地理分布的规律。目前，我国各省（区）编制的水文手册中，提供了本地区的多年平均年径流深或径流模数等值线图、年径流变差系数等值线图，尤其应注意采用经主管部门审批的最新水文图集的相关资料。如图 4-2 所示为某流域多年平均年径流深 $\bar{y}$ 等值线图，图 4-3 所示为某流域年径流变差系数 C_v 等值线图。

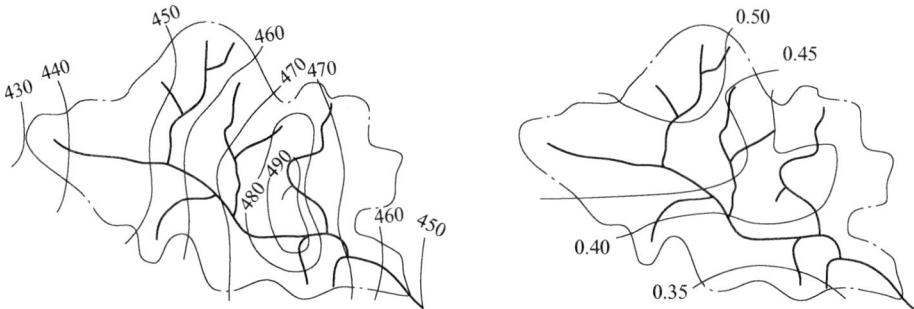

图 4-2 某流域多年平均年径流深 $\bar{y}$ 等值线图　图 4-3 某流域年径流变差系数 C_v 等值线图

1）多年平均年径流量的估算。由于影响闭合流域多年平均年径流量的主要因素是年降水与年蒸发量，它们属于分区性因素，即该特征值随地理坐标的不同而发生连续的变化；但流域下垫面因素（如流域面积、河槽下切深度、湖泊、沼泽等）是非分区性因素，其特征值不随地理坐标而连续变化。对于同时受到分区性和非分区性两种因素影响的多年平均年径流量，为消除非分区性因素的影响，总是以年径流深 Y（mm）或年径流模数 M（L/s·km²）为计量单位绘制等值线图。

对于径流量来讲，任一断面处所测得的径流量不是该处的数值，而是代表该断面以上整个流域所产生的数值，若把多年平均年径流深的数值点绘在该断面处就不对了，而应当点绘在流域内与多年平均年径流深最接近的那一点上。在实际绘制等值线图时，通常的做法是将有径流资料的中等流域多年平均年径流深标记各流域面积的形心处（山区点绘在流域平均高程处），于是根据多个测站的多年平均年径流深，并兼顾到各种自然地理因素（特别是气候与地形），即可绘制出等值线图。

因此，当我们利用等值线图推求无径流资料流域的多年平均年径流深时，应首先在图上勾画出设计断面以上的流域范围，确定该流域的形心。在流域面积较小，流域内等值线分布较均匀的情况下，可依据通过流域形心的等值线确定该流域的多年平均年径流深，或由形心附近的两条等值线，按比例内插求得。若流域面积较大，或等值线分布不均匀时，可用相邻等值线间的面积加权计算流域平均年径流深。即

$$\bar{Y}_{设} = \frac{0.5\ (y_1 + y_2)\ f_1 + 0.5\ (y_2 + y_3)\ f_2 + \cdots + 0.5\ (y_{n-1} + y_n)\ f_{n-1}}{F} \quad (4\text{-}2)$$

式中，$\bar{Y}_{设}$ 为设计站流域多年平均年径流深（mm）；y_i 为等值线所示的多年平均年径流深（mm）；f_j 为流域内相邻等值线间的部分面积（km²）；F 为流域面积（km），$F = \sum\limits_{j=1}^{n} f_j$。

由于等值线图多据中等流域径流资料推算得来的，对于流域面积 $F < 500\text{km}^2$ 的小流域来说，使用参数等值线图时要结合具体情况进行分析论证，适当修正。另外要考虑到小流域内往往河槽下切深度不大，不能获取全部地下水，枯水季节发生断流等，致使其多年平均径流深较同一地区中等流域为小。

2）年径流量离差系数的估算。绘制与使用年径流量离差系数 C_v 等值线图的方法与多年平均径流深等值线图是相似的。但要注意，年径流量 C_v 等值线图的精度较低，尤其是用于小流域时，一般从等值线图上读得的 C_v 数据偏小，必须加以修正。例如，若考虑到小流域与大中流域在年径流量组成上的差异仅仅是缺少深层地下水的补给量，可假设它们的均方差相等，即 $\sigma_{小} = \sigma_{大中} = \sigma$，当已知大中流域年径流量的统计参数 $\bar{Y}_{大中}$ 和 $C_{v大中}$，可用下式修正未知的小流域离差系数 $C_{v小}$ 值

$$C_{v小} = \frac{\bar{Y}_{大中}}{\bar{Y}_{小}} C_{v大中} \quad (4\text{-}3)$$

3）年径流量偏态系数的估算。年径流量偏态系数 C_s 值一般据 C_s / C_v 的比值确定。大多数情况下，常采用 $C_s = 2C_v$。亦可参阅各地水文手册分区给出的 C_s / C_v 比值。

（2）水文比拟法　水文比拟法就是利用水文特征值在地区分布上的相似性，把参证流域的水文资料移置到设计流域，来估算出统计参数的一种方法。很显然，使用此种方法的关键在于所选取的参证流域是否合适。参证流域应具有较长时期的观测资料，其主要影响因素包括气候条件、下垫面因素都应与设计流域极为接近。若条件允许，最好对设计流域的径流进行短期的直接观测，有利于对参数的进一步校核。

1）多年平均年径流量的估算。有两种估算方法：

第一种方法为直接移用。当设计流域与参证流域的气候区一致，降雨量基本相等，且流域面积相差未超过 15% 时，可以直接把参证流域的多年平均径流深 $\bar{Y}_{参}$ 移用过来，即：$\bar{Y}_{设} = \bar{Y}_{参}$。

第二种方法为修正后移用。当设计流域与参证流域的面积或降雨情况有一定差别时，不宜直接移用参证流域的多年平均径流深，通常要对参证流域的多年平

均径流深 $\overline{Y}_{\text{参}}$ 加以修正，即乘以一个考虑不同因素影响时的修正系数 δ_y 后再移用。即

$$\overline{Y}_{\text{设}} = \delta_y \overline{Y}_{\text{参}} \tag{4-4}$$

若考虑面积不同的影响，可假定两流域的径流模数相等，则有

$$\delta_y = \frac{\overline{F}_{\text{设}}}{\overline{F}_{\text{参}}} \tag{4-5}$$

若考虑降雨量不同的影响，可假定两流域的径流系数相等，则有

$$\delta_y = \frac{\overline{x}_{\text{设}}}{\overline{x}_{\text{参}}} \tag{4-6}$$

2）年径流量离差系数的估算。年径流量 C_v 值的估算可直接移用参证流域的相应数值，也可根据两流域特征的不同加以修正。如考虑降雨量差异的影响，采用修正系数 δ_v，可用下式估算设计流域的 $C_{vy\text{设}}$ 值

$$C_{vy\text{设}} = \delta_v C_{vy\text{参}} = \frac{C_{vx\text{设}}}{C_{vx\text{参}}} C_{vy\text{参}} \tag{4-7}$$

式中，$C_{vy\text{参}}$ 为已知参证流域年径流深的变差系数；$C_{vx\text{设}}$、$C_{vx\text{参}}$ 分别为已知设计流域和参证流域年降雨量的变差系数。

3）年径流量偏态系数的估算。年径流量 C_s 值的估算与参数等值线图法估算该值相同，即一般依据 C_s/C_v 的比值确定。实际工作中，常采用 $C_s = 2C_v$。

4.1.3　设计年径流量的年内分配

1. 径流年内分配与径流调节

天然河道中，径流量在一年内的变化过程称为径流的年内分配。我国气候由于受季风的影响，径流年内分配很不均匀（表 4-1），夏丰冬枯，往往因不能满足各用水部门在时间上和数量上对用水的要求而产生矛盾，汛期因洪水泛滥而给人们带来灾难。例如，图 4-4 所示为东北某河流的指定断面 1989 年以季为单位的径流分配过程图，假设用水部门年需水量为一常值 $Q = 12.5\text{m}^3/\text{s}$（实际的需水过程往往不是一个常数），而春季与冬季河道的天然径流分别为 $7\text{m}^3/\text{s}$ 和 $2\text{m}^3/\text{s}$，不能满足年需水量的要求，相比之下夏季与秋季河道的天然径流来水过剩，分别为 $34\text{m}^3/\text{s}$ 和 $23\text{m}^3/\text{s}$，这就需要将夏秋多余水量储存起来，以补冬春水量不足之用。图中阴影部分就是所缺少的水量。因此，人类必须通过兴建某些专门的水利工程（如蓄水池、水库、堤坝等）来调节和改变径流的天然状态，满足水力发电、灌溉、航运、工业与城市供水等多方面的要求，争取最大的经济效益和社会效益，达到兴利除害的目的，这也就是水资源的综合利用。人们将这种控制和调节径流的措施称为径流调节。当然，若径流量的年内分配能够满足用水部

门需水量的要求，就不需要对径流调解。

表4-1　我国主要河流径流量年内分配

名　　称	水 文 站 名	季节分配（%）			
		冬	春	夏	秋
松花江	哈尔滨	6.2	16.9	30	37.9
永定河	官厅	11.7	22.8	43	22.5
黄河	陕县	9.9	15.3	38.1	36.7
淮河	蚌埠	8.0	15.4	51.7	24.9
长江	大通	10.3	21.2	39.1	29.4
珠江	梧州	6.2	18.6	53.5	21.1
澜沧江	景洪	10.7	9.9	45.0	34.4

在实际的给水工程中，从所需要的河川径流资料来讲，对于无调节性能的取水工程，水文计算要求必须提供历年（或代表年）的逐日流量（或水位）过程资料；对于有蓄水池或水库进行径流调解的取水工程，则要求提供历年（或代表年）的逐月（旬）流量（或水位）过程资料，必要时也要求提供逐日流量（或水位）过程资料，以供工程设计之用。

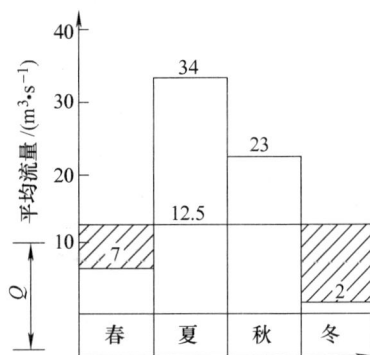

图4-4　年径流过程与径流调节示意图

设计年径流量的年内分配是指符合设计频率的年径流量的年内变化过程。对于径流调节而言，当需水过程已确定的时候，所需要的调节容量就是由径流的年内分配决定的，调节容量由蓄水池或水库提供。通常根据给水工程实际情况可选取90%～95%不同频率的年径流量，求出设计频率标准下的年径流量之后，确定设计年径流量的年内最不利的分配过程，即为给水工程中设计年径流量的年内分配目的所在。

径流年内分配的表示方式有两种（图4-5）。一是流量（或水位）过程线，即一年内径流随时间的变化过程，是表示径流年内分配的主要形式，一般以逐月平均流量（或水位）表示；二是流量（或水位）历时曲线，是表示径流年内分配的特殊形式。

2. 设计年径流量年内分配的推求

（1）设计代表年法　当具有长期径流实测资料的情况下，从实测资料中按一

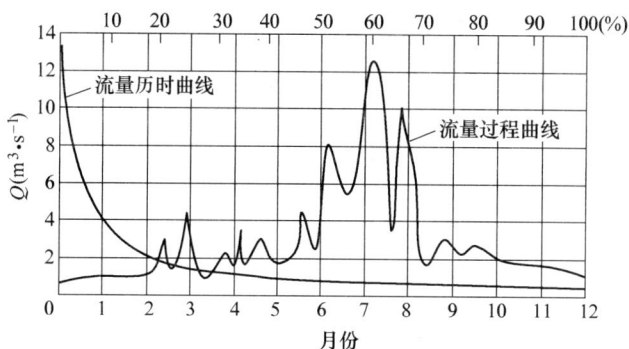

图 4-5 我国东部某水文站 1977 年流量过程线与历时曲线

定原则选择某一年作为代表年，以该年的径流年内分配为模式，对此年内分配模式按一定方法进行缩放，求得设计年径流量的年内分配，即为设计代表年法。

不同的工程选择的代表年是不同的。对于水力发电工程，通常要选丰水、平水、枯水三个代表年；对于城镇给水工程和农业灌溉工程，只选枯水年。其中，给水工程选择代表年应遵循的原则是：①代表年的年径流量与设计年径流量相接近；②对工程不利，即枯水期长、枯水流量小且需水量大、年内分配不均匀。当选定代表年后，求出设计年径流量 Q_p 与代表年径流量 Q_d 的比值 k，称其为缩放比。即

$$k = \frac{Q_p}{Q_d} \tag{4-8}$$

将代表年的逐月流量乘以 k 值，就可推求出设计年径流量的年内分配。

【例 4-1】 根据某水文站 24 年的年径流资料（按水文年），已推求出 $P = 90\%$ 的设计年径流量为 6.70m³/s。试求（1）以月平均流量表示的此设计年径流量的年内分配；（2）在已求出的设计年径流量年内分配情况下，若用水部门的需水量为一常数 5.0m³/s 时需要调节的水量（损失量略去不计）。

【解】 在实测径流资料中，可选出与设计年径流量 $Q_{90\%} = 6.70$m³/s 相近的 1955—1956、1960—1961、1973—1974 这三年作为代表年（见表 4-2），它们的年径流量分别为 7.01、6.80 和 6.99m³/s。在这三个代表年中，按各月流量小于年平均流量的 50% 来计，依次分别为 4 个月、5 个月、6 个月。相比之下，年内分配更不均匀、枯水期较长、枯水流量小的是 1973～1974 年，故选定该水文年度为代表年。

计算缩放比 k $\qquad k = \dfrac{6.70}{6.99} = 0.958$

将代表年的各月平均流量 Q_{di} 乘以缩放比 k，即获得用月平均流量表示的设计年径流量的年内分配 Q_i。即

表 4-2　某站历年实测逐月流量摘录 　　　　　　　　　　　　　　（m³/s）

月份 年度	三	四	五	六	七	八	九	十	十一	十二	一	二	年平均 流量
⋮	⋮												⋮
1955～56	10.9	7.53	18.4	8.01	2.89	6.17	15.6	7.21	1.40	1.29	1.13	3.62	7.01
⋮													⋮
1960～61	14.5	4.00	6.41	15.4	23.0	4.21	8.67	1.37	0.42	0.33	1.02	2.31	6.80
⋮													⋮
1973～74	3.04	8.38	8.17	23.2	0.65	0.04	12.3	7.89	1.09	0.90	1.44	16.8	6.99
⋮	⋮												⋮

$$Q_i = k \times Q_{di} \qquad i = 1, 2\cdots, 12$$

其计算结果见表 4-3。

需要调节水量的计算为

$$V_{调} = [(5 - 2.91) \times 31 + (5 - 0.62) \times 31 + (5 - 0.038) \times 31 + (5 - 1.04) \times 30 +$$
$$(5 - 0.86) \times 31 + (5 - 1.38) \times 31] \times 86400 \text{m}^3$$
$$= 0.617 \ (10^8 \text{m}^3)$$

多余来水量为

$$V_{多} = [(8.03 - 5) \times 30 + (7.83 - 5) \times 31 + (22.22 - 5) \times 30 + (11.8 - 5) \times 30 +$$
$$(7.56 - 5) \times 31 + (16.1 - 5) \times 28] \times 86400 \text{m}^3 = 1.11 \ (10^8 \text{m}^3)$$

弃水量为

$$V_{弃} = V_{多} - V_{调} = 0.493 \ (10^8 \text{m}^3)$$

说明河流来水经过蓄水池或水库调节后，能够满足 5.0m³/s 的用水要求，尚有部分弃水。

表 4-3　设计枯水年的径流年内分配 　　　　　　　　　　　　　　（m³/s）

月 项目	三	四	五	六	七	八	九	十	十一	十二	一	二	年平均 流量
代表年	3.04	8.38	8.17	23.20	0.65	0.04	12.3	7.89	1.09	0.90	1.44	16.8	6.99
设计年	2.91	8.03	7.83	22.22	0.62	0.038	11.8	7.56	1.04	0.86	1.38	16.1	6.70

（2）其他方法　在掌握长期径流实测资料的情况下，推求设计年径流量年内分配方法还可以采用实际代表年法，即从实测年、月径流系列中，选出一个实际的干旱年作为代表年，用其年径流分配过程直接与年用水过程相配合来进行调节计算，求出调节库容，确定工程规模。所选出的年份称之为实际代表年，该年的年、月径流量就是设计年的年、月径流量。用此方法求得的调节库容，不一定符合规定的设计频率标准。通常实际代表年法在小型农业灌溉工程的设计中应用

较多。

在缺乏径流实测资料的情况下，推求设计年径流量年内分配时，一般采用水文比拟法。即首先选择影响径流年内分配条件相似，并具有长期径流实测资料的流域作为参证流域，然后直接移用参证流域相应的年内分配比例（即缩放比）到设计流域，以推求设计站的设计年径流量的年内分配。有条件可经过实地调查考证予以适当修正后再使用。

3. 日流量（或水位）历时曲线的绘制与应用

日流量（或水位）历时曲线是反映径流分配的又一种方式。该曲线将某时段内的日流量（或水位）分组且按递减次序排列，统计各组下限值出现的累计天数占整个时段的百分比，然后，将各组下限值及其相应的百分比点绘于坐标系中，据点群分布趋势绘一条曲线，即为日流量历时曲线。所选取的具体时段要依据实际工程的需要来确定。当不需要考虑各流量出现的时刻，而只研究各流量的持续情况时，可以从该曲线上求得该时段内大于或等于某一径流量值出现的天数占整个时段的百分比，从而确定等于或大于此数值在该时段内出现的天数。若此数值是某用水部门的需水量，则由该曲线可推求出等于或大于此需水量在时段内出现的天数，即不需径流调节的供水有保障的天数。因而，日流量（或水位）历时曲线也被称为流量（或水位）保证率曲线，是工程上常用的曲线。

绘制以年为时段的日流量历时曲线时，若根据某一代表年（如丰水年、平水年、枯水年）的实测日流量（或水位）资料绘制而成，则称为代表年日流量（或水位）历时曲线；若将 n 年的日流量（或水位）资料共计 $365n$ 个数据进行综合统计来绘制该条曲线，则称为综合日流量（或水位）历时曲线。

我们通过下面的例题来说明日流量（或水位）历时曲线的具体绘制步骤。

【例 4-2】　某水文站设计频率 95% 的枯水年日流量实测数据经整理后如表 4-4 所示。试求保证率为 90% 的日流量值和等于或大于该流量在全年出现的天数。

【解】　1）将代表年的日流量分组，统计各组流量出现的天数和 $Q \geqslant Q_i$ 的累计天数。

2）计算大于、等于各组下限流量的累计天数占全年天数的百分比（亦称为保证率），即 $P_t = \dfrac{\sum t}{365} \times 100\%$。

3）以纵坐标为流量，横坐标表示百分比 P_t，将各组下限流量值及其相应的百分比点绘于坐标系中，据点群分布趋势绘一条曲线，即为日流量历时曲线。

4）在横坐标上保证率为 90% 处作垂线，此垂线与曲线相交处的纵坐标即为保证率为 90% 的日流量值（$Q \approx 85 \mathrm{m}^3/\mathrm{s}$）。

5）流量 $Q \geqslant 85 \mathrm{m}^3/\mathrm{s}$ 在全年出现的天数为：365 天 × 0.90 = 328.5 天

表 4-4　某测站 $P=95\%$ 枯水年日流量历时曲线计算表

流量分组/ ($m^3 \cdot s^{-1}$)	历时/d		$P_t = \dfrac{\sum t}{365} \times 100\%$
	t	$\sum t$	
1200 ~ 1100	2	2	0.55
1100 ~ 1000	3	5	1.37
1000 ~ 900	9	14	3.84
900 ~ 800	14	28	7.67
800 ~ 700	21	49	13.42
700 ~ 600	19	68	18.63
600 ~ 500	28	96	26.30
500 ~ 400	93	189	51.78
400 ~ 300	117	306	83.83
300 ~ 50	59	365	100

根据表 4-4 数据所绘制的该日流量历时曲线如图 4-6 所示。

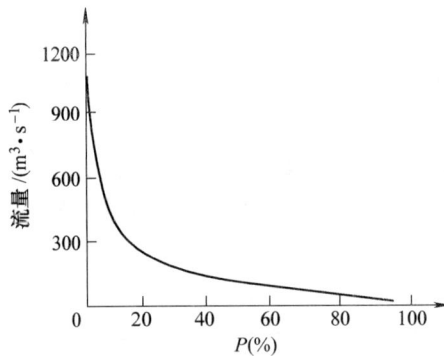

图 4-6　某测站日流量历时曲线

4. 水库及其特征水位

我们研究径流的年内分配就是利用或调节径流的天然状态，解决供与需的矛盾，达到兴利除害的目的。水库是调节河川径流的最常见蓄水工程之一。水库是指在山沟或河流的狭口处建造拦河坝形成的人工湖泊，有时天然湖泊也称为（天然）水库。水库规模通常按库容大小划分（表 4-5）。

表 4-5　水库规模

水库类型	大（1）型	大（2）型	中　型	小（1）型	小（2）型
总库容/（$10^8 m^3$）	>10	10 ~ 1.0	1.0 ~ 0.1	0.1 ~ 0.01	0.01 ~ 0.001

（1）水库调节类型　依据调节径流时期的长短，分为三种类型：

1）日（或周、月）调节。适用于日（周、月）用水不均匀的情况，如城市供水、发电等。这类水库的库容小，相应的蓄水能力较弱。

2）年调节。将丰水期过剩的水蓄存于水库，待同年枯水期之用，亦称为季调节。这类水库库容相对较大，相应的调蓄水能力较强。

3）多年调节。将丰水年多余的水量蓄入水库内，以补足枯水年水量的不足，其调节周期可长达几年。这类水库的库容巨大，对于大江、大河的防汛工作具有十分重要的作用。

（2）水库特性曲线　在河道上筑坝形成水库，一般水库的水位与水库的面积、容积（即库容）成正比，但由于不同库区地形上的差异，即使水位相同，其库容也不同。用来反映水库地形特性的曲线称为水库特性曲线，包括水库水位与面积关系曲线，水库水位与容积关系曲线，分别简称为水库面积曲线和水库容积曲线（图4-7）。一般平原河流水库面积随水位增加而很快增加，面积曲线的坡度较小；山区河流水库则相反，面积曲线的坡度较大。水库特性曲线是实施径流调节时不可缺少的资料。

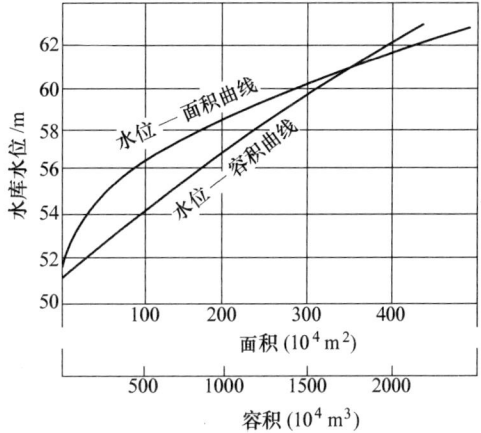

图 4-7　某水库的特性曲线

（3）水库特征水位和相应库容　反映水库工作状态的水位称为特征水位。特征水位及其相对应的库容是由水库正常工作的各种特定要求所决定的（图4-8）。

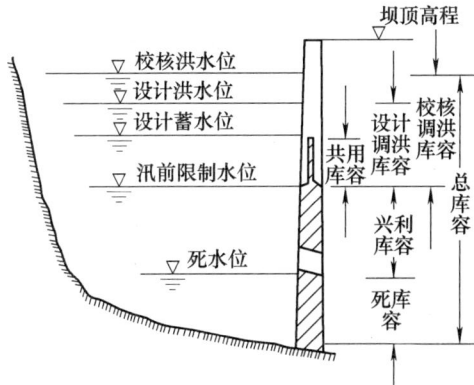

图 4-8　水库特征水位和相应库容

1）死水位和死库容。水库正常运行时，允许水库消落的最低水位，称为死水位；该水位以下的库容称为死库容。设定的死水位应满足取水时必要的水头、航运时最小水深和库区水质达标等要求。死库容可起到沉积泥沙的作用。除非在特殊干旱年份，为了保证紧急供水或发电，临时动用死库容的部分存水，一般情况下是不允许动用的。

2）正常蓄水位和兴利库容。正常蓄水位（或称设计蓄水位）是指水库正常运行情况下，为满足各部门枯水期正常用水，在供水期开始时应蓄到的水位；该水位与死水位之间的库容是水库用于调节径流的库容，称为兴利库容。若水库采用自由式溢洪的无闸门溢洪道，溢洪道的堰顶高程就是正常蓄水位；若水库溢洪道上装有闸门，水库正常蓄水位一般就是闸门关闭时的门顶理论高程，实际的门顶还要高一些。

3）防洪限制水位和共用库容。在汛期洪水未到前允许蓄水的上限水位，称为水库的防洪限制水位或汛前限制水位。通常将防洪限制水位定在正常蓄水位之下，防洪限制水位与正常蓄水位之间的库容称为共同库容，这部分库容在洪水期滞蓄洪水，在供水期为兴利库容，即防洪兴利两用，可减少专门的防洪库容，降低挡水构筑物的高度，节约工程投资。在这种条件下，水库溢洪道上装设闸门是设置共同库容的必要条件。应当指出，设置共同库容必须与水文预报工作相配合，确保汛后水库水位蓄到正常蓄水位而不影响下一年的正常径流调节。

4）设计洪水位和设计调洪库容。当发生设计洪水时，水库为蓄洪而允许达到的最高水位称为设计洪水位，该水位与防洪限制水位之间的库容即是设计调洪库容。

5）校核洪水位和校核调洪库容。当发生校核洪水时，水库达到的最高水位称为校核洪水位。校核洪水位与防洪限制水位之间的库容称为校核调洪库容。校核洪水位加上风浪高与安全超高就是水库坝顶的高程。

有关水库对径流调节量的计算前已述及，对洪水削减量的计算请参阅有关书籍。

4.2 设计洪峰流量（或水位）的分析与计算

4.2.1 概述

1. 设计洪水

当流域内的暴雨、冰雪速融或冰凌阻塞河槽形成冰坝而溃决，都会在短期内使大量径流汇入河槽，河中水位突涨，流量骤增，这种径流称为洪水。当洪水流量超过河槽正常的宣泄能力时，就会导致洪水灾害。流域上每发生一次洪水，在

水文站测流断面上就可测到一条相应的洪
水过程线。图 4-9 所示为一次洪水过程示
意图，图中 A 点是本次洪水起涨点，流量
从该点开始骤增至洪峰点 B，到达 B 点后
流量渐减，最终回落至退水点 C，本次洪
水结束，但径流仍继续。其中，一次洪水
流量最大值即为洪峰流量（Q_m）；涨水历
时（t_1）和退水历时（t_2）之和即为一次
洪水总历时（T）；一次洪水过程用 ABC
曲线表示，即为洪水过程线；图中阴影的
面积是一次洪水的总水量，即为洪水总量

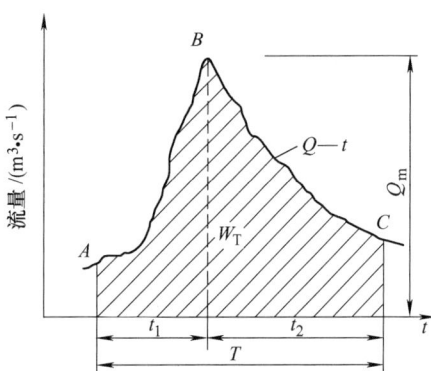

图 4-9　一次洪水过程

（W_T）。通常将洪峰流量、洪水总量和洪水过程线称为洪水三要素。我国的洪水
以暴雨形成的洪水（简称雨洪）为主，其洪水过程常表现出峰高、量大、涨水
急剧而落水较缓的特征。

人类一方面为防止和减少洪涝灾害而修建水利工程和城市防洪工程，如在上
游兴建防洪水库，在中下游开辟蓄洪或滞洪区，开挖疏浚河道、修筑堤防等；一
方面加强"非工程防洪措施"的落实，即强化洪泛区管理，划分洪水威胁区，
控制调整土地利用情况，限制工业、房地产业在这个地区的发展，并建立洪水预
警系统等。为此，在选定各种工程或非工程防洪措施的布设方案以及设计每项防
洪工程的规模尺寸时，以某一标准的洪水作为防御对象，使工程遇到不超过这种
标准的洪水时不会被破坏。工程规划设计中所依据的一定标准的洪水，即为设计
洪水。这种洪水是一种"模式洪水"，不是未来在实际中一定发生的洪水，但它
经过论证在设计区域内是可能发生的洪水。对于具有防洪、发电和灌溉等综合功
能的大、中型水利水电工程，设计洪水的推求包括洪水三要素。然而，市政工程
中所涉及的一般取水工程和防洪工程，如岸边式或河床式取水构筑物的顶部高
程、城市排洪管渠的尺寸、城镇段过境江河的堤防高程等，均取决于洪峰流量的
大小或洪水位的高低。所以，设计洪水时只计算洪峰流量或洪水位就可以满足工
程设计要求。

2. 设计洪水标准与可能最大降水

合理分析计算设计洪水是解决工程规划设计中安全与经济矛盾的一个非常严
峻的任务，而标准的制定至关重要。若将设计标准定得过高，愈是稀遇，设计洪
水过大，工程造价就会增加很多，但工程被洪水破坏的风险会降低，安全性会提
高；反之，若将设计标准定得过低，设计洪水过小，工程造价就会减少很多，但
工程被洪水破坏的风险会上升，安全性随之降低。因此，我国根据国情和各类工
程的特点，权衡众多因素的综合作用，在不同行业的设计规范中规定了相应的设

计洪水频率标准，据此进行设计可满足工程的要求。防洪设计标准分为两类。一类是按防护对象的重要性确定的防洪设计标准，可按《防洪标准》（GB 50201—1994）中的规定选用。表 4-6 所示为摘列的城市防洪标准。

表 4-6　防护对象的防洪标准

工程等级	城镇及工矿企业的重要性	非农业人口（10^4 人）	保护农田/万亩	防洪标准（重现期 a）
I	特别重要	≥150	>500	≥200
II	重要	150～50	500～100	200～100
III	中等	50～20	100～30	100～50
IV	一般	≤20	30～5	50～20

防洪设计标准的另一类是按确保水工建筑物安全性而定的标准，设计标准取决于建筑物的等级。按 GB 50201—1994 规定，依据工程的级别、作用和重要性将水利水电枢纽工程的水工建筑物分为五级。表 4-7 所示水库工程水工建筑物设计所采用的防洪标准分为正常运用和非常运用两种情况。正常运用的洪水标准较低（即出现的概率较大），称为设计标准，相应的洪水称为设计洪水，用其决定建筑工程的设计洪水位和设计洪峰流量等，工程遇到设计洪水时应能保持正常运用。当河流发生比设计洪水更大的洪水时，也需要一个相应的标准，即称之为校核标准，相应的洪水称为校核洪水。发生校核标准的洪水时，允许一些次要建筑物损毁或失效，但主要建筑物仍不能被破坏，这种情况称为"非常运用"情况。所以，校核洪水大于设计洪水。

表 4-7　水库工程水工建筑物的防洪标准（重现期 a）

水工建筑物级别	山区、丘陵区		平原区、滨海区	
	设计洪水	校核洪水 土坝、堆石坝	设计洪水	校核洪水
1	1000～500	可能最大洪水（PFF）或 10000～5000	300～100	2000～1000
2	500～100	5000～2000	100～50	1000～300
3	100～50	2000～1000	50～20	300～100
4	50～30	1000～300	20～10	100～50
5	30～20	300～200	10	50～20

当必须采用非常运用洪水标准时，用可能最大洪水（Probable Maximum Flood，PMF）作为校核洪水。由可能最大降水（Probable Maximum Precipitation，PMP，在我国也称之为可能最大暴雨）形成的洪水称之为可能最大洪水，即对可能最大降水经过产流、汇流分析与计算获得相应的可能最大洪水。可能最

大降水是指在现代气候及地理条件下，设计流域或地区可能发生的最大降水，是降水的上限值，或者说是指一定历时内可能达到而又不被超过的降水。通常采用水文气象方法推算 PMP。形成可能最大降水的主要物理条件一是水汽条件，要有源源不断的水汽供应；二是动力条件，要有强烈而持续的上升运动。用水文气象方法估算可能最大降水的基本原理就是在设计流域或地区上空，寻求可能最大的水汽含量和可能最大的动力作用。通常是将实测的典型暴雨或暴雨模式极大化。典型暴雨是指能够反映设计流域特大暴雨特征并对工程威胁最大的特大暴雨，可将其进一步分为当地暴雨、组合暴雨和移置暴雨三种类型。在设计流域或地区暴雨资料充分的条件下，可从中选出一个时空分布能引起严重后果的当地特大暴雨作为典型暴雨。若当地缺少这类特大暴雨的资料，也可将两场或两场以上的暴雨，依据天气学原理合理地组合起来，作为设计流域典型暴雨。若邻近流域有实测的能引起严重后果的特大暴雨资料，可将其移置过来，加以必要的校正后作为设计流域典型暴雨。暴雨模式是指能反映设计流域或地区特大暴雨主要特征的理论模式。此模式是用含有影响降水的主要物理参数的一个物理方程式来表示，是对暴雨天气系统的三维空间的适度概化。理论模式可概括为两类：一类是上滑模式，即气流沿斜面作上滑运动，适用于地形雨和气旋雨；另一类是对流式，即气流作垂直上升运动，适于对流雨和台风雨。极大化就是把影响降水的主要因子——水汽因子和动力因子加以放大。目前使用的放大方法主要是将物理成因分析方法与统计方法相结合，推求水汽、动力因子的近似物理上限或最大值，并加以可能的组合而放大。这是一种半理论半经验的方法，用得较广。经相关部门审定，我国的《可能最大暴雨等值线图》已绘制出来，可供查阅。

3. 设计洪水计算的基本方法

依据收集与掌握资料情况和工程设计具体要求，设计洪水的计算方法分为以下四种类型：

（1）由流量资料推求设计洪水 应用此方法推求设计洪水时，要求具有长期洪水流量（或洪水位）资料，且应进行历史洪水的调查考证，然后运用频率分析方法计算设计洪水；若此种资料系列较短，经过插补延长后应用频率分析法。在频率分析法中，我国目前多选取皮尔逊Ⅲ型线型，这也是本节主要讲述的方法。

（2）由暴雨资料推求设计洪水 当缺乏实测洪水流量资料而具有长期系列实测雨量资料时，可依据径流形成原理，由设计暴雨推求设计净雨，再由设计净雨推求设计洪水。从市政工程和环境工程专业需要出发，本书仅在第5章讨论小流域由暴雨资料推求设计洪峰流量的方法，有关大中型流域由暴雨资料推求设计洪水的方法可参阅相关书籍。

（3）地区综合经验公式法推求设计洪水 当设计流域（主要是小流域）缺乏

降雨径流资料时，运用地区综合法，通过对气候和下垫面因素相似地区实测与调查的洪水资料进行归纳综合，建立洪峰流量或洪水总量与主要影响因素之间的相关关系。由于这种关系的建立不是基于洪水的物理成因，因而获得的公式称之为经验公式，参见本书5.5节内容。

（4）由可能最大降水（PMP）推求设计洪水　如前所述，由PMP推求出的可能最大洪水也是一种设计洪水。

在设计洪水的实际计算中，上述各种方法相辅相成，有条件时可同时使用这几种方法，相互比较，充分论证，合理选定成果。

4.2.2　洪水资料审查与样本组成

1. 资料审查

（1）可靠性　洪水资料包括实测洪水资料和历史调查洪水资料。对实测资料可靠性的审查重点要放在观测及整编质量较差的年份，对设计洪水计算成果影响较大的大洪水年份，以减少误差和修正错误，提高资料的可靠程度。审查时要注意了解水文测站的变迁，水尺位置、零点高程与水准基面的变动情况，河道冲淤、改道、溃堤等变化情况，以及水位流量关系曲线延长的合理性等。对于历史调查洪水资料的审查主要有：一是调查获得的洪峰流量的可靠性，包括上下游洪水痕迹是否一致和可靠，推算流量时若用水位流量关系曲线外延，应检查外延的合理性，若用水力学方法，应检查所采用的河床糙率、水面比降等是否合理；二是审查发生洪水年份的确定依据是否充分，包括实地勘测和取证，有无当时的气象资料，与实测的大洪水的水位作比较，要有根据地判断在调查考证期中是否还有大洪水被遗漏等。

（2）一致性　洪水资料的一致性是指在设计流域或地区各年形成洪水的产流、汇流条件保持基本不变。所以，与年径流资料的审查方法类似，对洪水资料一致性的审查也要进行还原计算。如对溃堤决口、河流改道等非常情况，应还原到未决口、未改道时的正常情况；对于大型水利工程和大面积水土保持措施的影响，应还原为没有大规模人类活动影响之前的天然状况洪水，保证洪水资料来自同一总体。

（3）代表性　洪水资料的代表性是指该洪水系列资料的统计特征对于总体统计特征的代表程度。而总体概率分布为未知，因此其代表性一般只能通过与其相关的更长的参证系列作比较来加以审查。选取的参证系列可以是本区域较长系列的暴雨资料，暴雨与洪水相关关系较密切，暴雨较大年份往往是洪水较大年份；也可以选取水文条件相似且具有较长观测系列的参证站，将其洪峰流量资料系列视为总体，用与审查年径流资料代表性相类似的方法审查洪水资料的代表性。但是，应注意所掌握的样本系列是否包括适量的丰枯水年，若样本系列处在偏丰水期或偏枯水期，就会使得频率计算成果因偏大而不经济，或因偏小而不安全。同时注意历史洪水考证和古洪水研究成果的收集，将通过文献考证和实地勘测获得的特大洪水、古洪水研究获得的特大洪水与实测洪水系列组合成为一个不连序系列，可增加资料的代表性。其中古洪水是指洪水发生的时间早于现代系统水文测验和历史（调查）洪水的古代洪水，它可以提供距今约11000年的地质历史时期称之为全新世的洪水资料，是洪水计算的新途径。古洪水考证的基本依据是：由于洪水在洪峰时存在短暂的平流时刻，然后逐渐退水，洪峰水位上的漂流物因退水而停留沉积于平流时刻所在的某些洞穴、凹壁、支沟回水末端等处，其后又为崩坍的泥土或沉积物所掩盖，得以长期保存下来，就成为洪水平流沉积物。运用第四纪地质学、年代学和水文学的综合知识，通过野外勘察可获得此种平流沉积物样品并可推求出其所位于的高程（洪水水位），然后，利用放射性同位素技术确定这种沉积物发生的距今年代，利用古洪水的水位和比降推求古洪水流量（推求方法见2.4.3节）。因此，利用古洪水的研究成果可进一步扩展洪水资料长度，提高洪水资料的代表性，为解决频率曲线的外延问题提供依据。

在保证样本的可靠性和一致性前提下，样本容量越大越能代表总体。对于实测洪峰流量资料不足或实测期内有缺测年份，应该设法对其加以插补和延长，以提高其代表性。一般采用以下方法对实测洪峰流量资料进行展延。

1）上、下游测站流量资料移用。当设计断面的上游或下游的测站有较长实测系列而本站缺乏实测资料，且两站控制流域面积相差不超过15%，区间河道无特殊调蓄作用，流域内暴雨分布较均匀时，可按下式修正设计站洪峰流量

$$Q_{m设} = \left(\frac{F_{设}}{F_{参}}\right)^n Q_{m参} \tag{4-9}$$

式中，$Q_{m设}$、$Q_{m参}$分别为设计站和参证站的洪峰流量（m^3/s）；$F_{设}$、$F_{参}$分别为设计站和参证站控制的流域面积（km^2）；n为经验指数，可根据实测或调查的洪水资料分析确定。一般大、中型河流$n = 0.5 \sim 0.7$；$F < 100km^2$的小流域，$n > 0.7$。

当设计站与参证站控制的流域面积相差≤3%时，可将参证站的洪峰流量数值直接移用到设计站。

2）利用本流域暴雨资料展延。流域一般具有较长期的雨量资料。这时可利用洪峰流量缺测年份的最大暴雨资料，通过产流、汇流分析求出流量过程线，再选定洪峰数值；或者通过暴雨径流关系推求洪峰流量。

3）利用峰量关系展延。利用邻近河流测站或同条河的上下游测站与本站同一次洪峰和洪量之间、或洪峰流量之间的相关关系，插补设计站短缺的资料。当同次洪水的峰量相关关系不够密切时，可用洪峰形态（单峰或复峰）、暴雨量、比降等影响因素作为参数，改善其相关关系。如图4-10所示，以区间站5日雨量（x_5）为参数将雨量分为大于200mm、100～200mm和小于100mm三种情况，绘制出了上下游测站洪峰流量（$Q_{m,上}$与$Q_{m,下}$）相关图。

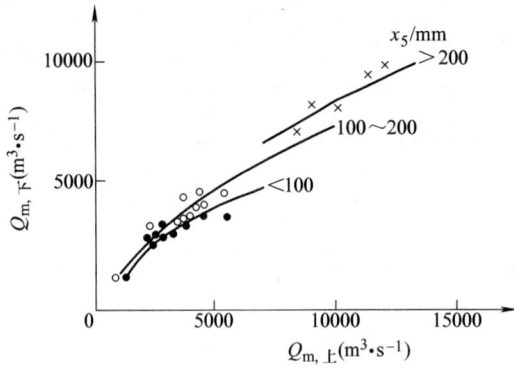

图 4-10 以区间站 5 日雨量为参数的
上下游测站洪峰流量相关图

2. 样本的组成

（1）选样 一年之内常常不止一次发生洪水，而有时某年的次大洪峰流量可能比另一年的最大洪峰流量还要大。所谓选样，是指从历年的全部洪水过程中，选取某些特征值组成频率计算所需的样本系列。对于水工建筑物的洪水计算，要符合独立随机选样的要求，应把同一成因、同一类型（如暴雨洪水、融雪洪水或溃坝洪水等）洪水的特征值放在同一系列。对于洪峰流量，我国规定采用年最大值法选样，即从所掌握的 n 年资料中，每年只选取一个最大的瞬时洪峰流量组成样本系列，这是水文频率分析中最常用的样本系列。

（2）连序样本与不连序样本

1）特大洪水在洪峰流量频率分析中的意义。运用频率计算方法获得的设计洪峰流量的合理性与所用资料系列的代表性密切相关。我国河流的流量资料系列一般不长，运用相关分析法等插补展延过的样本容量也极有限。实际工程要求的设计洪水往往是百年一遇、千年一遇等稀遇洪水。如果仅依据这种短期资料系列推算，难免存在较大的抽样误差。若随着观测年限的增加，会使计算成果出现很大的变化。例如华北某河测站，1955 年进行工程规划时，依据当时 20 年实测洪峰流量资料，求得千年一遇洪峰流量 $Q_{1‰} = 7500 \text{m}^3/\text{s}$，其后的 1956 年发生一次洪水，实测洪峰流量达到 $13100 \text{m}^3/\text{s}$，当将此洪水放入样本即 $n = 21\text{a}$，经计算得 $Q_{1‰} = 25900 \text{m}^3/\text{s}$，约为原计算成果的 3 倍；若再将 1794 年、1853 年、1917 年和 1939 年的历史洪水放入样本，经计算得 $Q_{1‰} = 22600 \text{m}^3/\text{s}$；在此基础上，把后续 1963 年实测洪水放入该样本，经计算得 $Q_{1‰} = 23300 \text{m}^3/\text{s}$，该值与 $22600 \text{m}^3/\text{s}$ 比较仅相差 4%。结果说明将历史洪水考虑进去，把样本资料系列年数增加至调查期的长度，也就相当于展延了系列，所得到的成果就比较稳定，提高了设计洪水的计算质量，这是特大洪水在频率分析中的意义所在。因此，在推求设计洪峰流量或水位时，历史洪水的调查与考证、古洪水的研究成果都是不可缺少的资料收集内容。

2）连序样本与不连序样本。由于历史上发生的一般洪水往往没有文献记载和可供考查的洪痕，只有特大洪水（比一般洪水大得多）才有据可查，包括留有的洪痕、文献记载资料和现场走访，所以经过洪水调查所获得的历史洪水一般就是特大洪水。在推求设计洪峰流量或水位时，所谓的连序样本（或连序系列）是指资料系列是由 n 年实测和插补延长资料构成，若没有特大洪水需要提出来另行处理，将其数值按递减顺序排列，序号是连贯的。若通过历史洪水调查和文献考证后，将实测和调查所得的特大洪水在更长的时期 N 内进行排位，其中存在漏缺项位，序号不连贯，这样的样本称为不连序样本。如图 4-11 所示，把有连续水文实测记录的年份 n 称为实测期，其中 Q_4 是实测期内的特大洪水；经历史调查获得了 4 次特大洪水 Q_1、Q_2、Q_3 和 Q_5，其调查考证年限可以追溯至 N 年，那么在 N 年中，共有 $(n+4)$ 个洪峰流量值，其余为缺测，即 N 年样本为不连序样本。

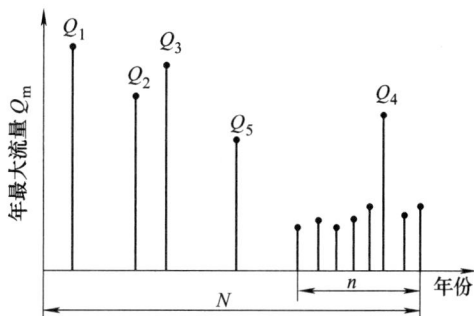

图 4-11　连序系列和不连序系列

4.2.3　设计洪峰流量与水位计算

1. 特大洪水处理

我们对于含有特大值的不连序样本的经验频率和统计参数的计算，应该与连序样本有所不同的，即所谓的特大洪水处理。考虑特大洪水的经验频率计算采用把特大洪水的经验频率与一般洪水的经验频率分别计算方法；考虑特大洪水的统计参数的确定仍采用适线法，而统计参数初值的估算可采用下面所述的方法：

（1）经验频率　设 n 为连续实测期，N 为包括实测期在内的调查考证的年数，在 N 年中共发生 a 次特大洪水，其中有 l 次发生在实测期，$a-l$ 次为历史特大洪水，于是特大洪水由大到小的排位序号为 $M=1, 2, \cdots, a$。对于含有特大值的洪水系列的经验频率计算，我国设计洪水计算规范建议使用以下两种方法：

1）独立样本法。把实测系列与特大值系列看作是从总体中随机抽取的两个独立样本，各项洪水可在各自所在的系列中连序排位，则特大洪水在不连序 N 年系列第 M 项经验频率的计算式为

$$P_M = \frac{M}{N+1} \tag{4-10}$$

式中，N 为首项特大洪水的重现期

$$N = T_2 - T_1 + 1 \tag{4-11}$$

式中，T_1 为调查或考证到的最远年份；T_2 为实测连序系列最近的年份。

其中连序实测 n 年中，一般洪水第 m 项的经验频率仍按数学期望公式计算

$$P_m = \frac{m}{n+1} \tag{4-12}$$

式中，m 为一般洪水在 n 中的排序，$m = l + 1$，$l + 2$，$\cdots$，n。

通常来讲，式（4-10）计算简单，尽管独立样本法将特大洪水与实测一般洪水视为相互独立而在理论上有些不妥，但在特大洪水排序可能有错漏时，相互不影响，这种情况下使用此公式是比较合适的。

2）统一样本法。把实测一般洪水系列和特大值系列共同组成一个不连续系列，将其视为总体的一个样本，实测系列为其组成部分，不连续系列内的各项洪水可在调查考证期 N 内统一排位。在 N 年系列中，特大洪水的经验频率按式（4-10）计算，实测系列中其余的 $(n-l)$ 项为一般洪水，是在总体内小于末位特大值的条件下抽样，即属于条件抽样，其各项的经验频率计算为

$$P_m = P_{Ma} + (1 - P_{Ma}) \frac{m - l}{n - l + 1} \tag{4-13}$$

式中

$$P_{Ma} = \frac{a}{N+1} \tag{4-14}$$

可见，P_{Ma} 是 N 年中末位特大洪水的经验频率，$(1 - P_{Ma})$ 是 N 年中一般洪水（包括空位）的总频率，$\frac{m-l}{n-l+1}$ 是实测期去掉了 l 项后一般洪水在 n 年内排位的频率。用式（4-13）计算经验频率时，由于 N 年内调查特大洪水的个数 a 的变动，以及对历史洪水重现期 N 年考证结果的变动，都将会影响 P_m 的取值。所以，在调查考证期 N 年之中为首的几项历史洪水排序确系无错漏时，用式（4-13）计算更为合理。

综上所述，两种方法计算出的经验频率都是有假设条件的，且计算出来的 P_m 值都存在误差，因而实际工作中，当 n 年实测系列的经验频率为首的几个洪水点据与历史洪水点据相互发生重叠或脱节时，可以改动前面几个点的经验频率，使之与历史洪水相互协调，否则就无需作改动。

（2）统计参数　用适线法推求设计洪峰流量或水位时，首先要用矩法估算统计参数均值和变差系数，而偏态系数常常是依据它与变差系数的经验关系式来估算。由于在不连序系列中加入了历史洪水和实测洪水的特大值，统计参数的计算有别于连序系列。

我们可以假设实测期一般洪水（$(n-l)$ 年）的均值和均方差与 N 年（包

括空位洪水）中一般洪水（$(N-a)$ 年）的均值和均方差相等，即

$$\left.\begin{array}{l} \bar{X}_{N-a} = \bar{X}_{n-l} = \dfrac{1}{n-l}\sum_{i=l+1}^{n}X_i \\[4mm] \sigma_{N-a} = \sigma_{n-l} = \sqrt{\dfrac{\sum_{i=l+1}^{n}(X_i - \bar{X}_N)^2}{n-l}} \end{array}\right\} \tag{4-15}$$

在此基础上来推求统计参数。

1）均值

$$\bar{X}_N = \frac{1}{N}\sum_{k=1}^{N}X_k = \frac{1}{N}\Big(\sum_{j=1}^{a}X_{N_j} + \sum_{i=l+1}^{N-a}X_i\Big)$$

因为

$$\sum_{i=l+1}^{N-a}X_i = (N-a)\bar{X}_{N-a} = (N-a)\bar{X}_{n-l} = \frac{N-a}{n-l}\sum_{i=l+1}^{n}X_i$$

所以

$$\bar{X}_N = \frac{1}{N}\Big(\sum_{j=1}^{a}X_{N_j} + \frac{N-a}{n-l}\sum_{i=l+1}^{n}X_i\Big) \tag{4-16}$$

2）变差系数。推导过程同上，有

$$C_{VN} = \frac{\sigma_N}{\bar{X}_N} = \frac{1}{\bar{X}_N}\Big\{\frac{1}{N-1}\Big[\sum_{j=1}^{a}(X_{N_j} - \bar{X}_N)^2 + \frac{N-a}{n-l}\sum_{i=l+1}^{n}(X_i - \bar{X}_N)^2\Big]\Big\}^{\frac{1}{2}}$$

或

$$C_{VN} = \Big\{\frac{1}{N-1}\Big[\sum_{j=1}^{a}(K_{N_j} - 1)^2 + \frac{N-a}{n-l}\sum_{i=l+1}^{n}(K_i - 1)^2\Big]\Big\}^{\frac{1}{2}} \tag{4-17}$$

式中，X_i、K_i 分别为实测一般洪峰流量（或水位）和模比系数；X_{Nj}，K_{Nj} 分别为特大洪峰流量（或水位）和模比系数；

3）偏态系数。对于设计洪水，C_{sN} 的经验初值有

$C_{vN} > 1.0$　　　$C_{sN} = (2 \sim 3)\ C_{vN}$

$C_{vN} \leqslant 0.5$　　　$C_{sN} = (3 \sim 4)\ C_{vN}$

$1.0 \geqslant C_{vN} > 0.5$　　　$C_{sN} = (2.5 \sim 3.5)\ C_{vN}$

【例4-3】　某河水文测站按年最大值法选样，得 1961—2000 年连续实测最大流量，其流量总和 $\sum_{1}^{40}Q_i = 9700\text{m}^3/\text{s}$，其中 1962 年特大洪峰流量 $Q_{1962} = 1160\text{m}^3/\text{s}$。又经过文献考证与调查获得历史特大洪峰流量有：1867 年为 $Q_{1867} = 1400\text{m}^3/\text{s}$，1903 年为 $Q_{1903} = 2100\text{m}^3/\text{s}$，1927 年为 $Q_{1927} = 1100\text{m}^3/\text{s}$。求解：①各特大值的经验频率；②用式（4-12）和式（4-13）分别计算连序实测资料中次大洪峰流量的经验频率；③此系列的平均值。

【解】　1）按式（4-11）计算不连序系列首项的重现期

$$N = T_2 - T_1 + 1 = 2000 - 1867 + 1 = 134$$

按式（4-10）计算各特大值的经验频率

首项 $\qquad P_{1903} = \dfrac{M}{N+1} = \dfrac{1}{134+1} = 0.74\%$

第二项 $\qquad P_{1867} = \dfrac{M}{N+1} = \dfrac{2}{134+1} = 1.48\%$

第三项 $\qquad P_{1962} = \dfrac{M}{N+1} = \dfrac{3}{134+1} = 2.22\%$

第四项 $\qquad P_{1927} = \dfrac{M}{N+1} = \dfrac{4}{134+1} = 2.96\%$

2）独立样本法。用式（4-12）计算连续实测资料中次大洪峰流量的经验频率

$$P_{\mathrm{m}} = \frac{m}{n+1} = \frac{2}{40+1} = 4.88\%$$

3）统一样本法。用式（4-13）计算连续实测资料中次大洪峰流量的经验频率

$$P_{\mathrm{m}} = \frac{a}{N+1} + \left(1 - \frac{a}{N+1}\right)\frac{m-l}{n-l+1}$$
$$= \frac{4}{134+1} + \left(1 - \frac{4}{134+1}\right) \times \frac{2-1}{40-1+1} = 3.03\%$$

此题运用两种计算方法获得的 P_{m} 值是不同的。

4）平均值

$$\overline{Q}_N = \frac{1}{N}\left(\sum_{j=1}^{a} Q_{N_j} + \frac{N-a}{n-l}\sum_{i=l+1}^{n} Q_i\right) = \frac{1}{134}\left(\sum_{j=1}^{4} Q_{N_j} + \frac{134-4}{40-1}\sum_{i=2}^{40} Q_i\right)$$
$$= \frac{1}{134}\left[2100 + 1400 + 1160 + 1100 + \frac{130}{39} \times (9700 - 1160)\right] \mathrm{m}^3/\mathrm{s}$$
$$= 255.42\mathrm{m}^3/\mathrm{s}$$

2. 推求设计洪峰流量与水位的适线

经过对洪峰流量资料审查和特大洪水的处理，就可以运用适线法推求出指定频率的设计洪峰流量（或水位）。具体计算方法和步骤在第 3 章中已讲述，只不过洪峰流量（或水位）系列常常是不连序样本，应特别注意适线方法与技巧，具体要点包括以下内容：

（1）理论曲线的线型　由于我国大部分地区洪水系列的经验点据与皮尔逊Ⅲ型曲线配合较好，为便于在相同的基础上进行地区综合分析比较，除某些特殊情况以外，一般均选用该曲线作为洪水频率曲线的线型。

（2）适线的一般原则　在线型和经验点据确定后，适线就是试凑统计参数，通过目估使得理论曲线与经验点据呈最佳拟合状态，此时的统计参数即为所求，相应的设计值就可计算出来。适线过程中的一般原则包括：①尽量照顾经验频率点群的整体趋势，使曲线通过点群中心，若实在有困难，可侧重兼顾上部和中部的点据；②由于洪水样本中各个数值的可靠性存在差异，则相应经验频率的精度就存在

差异，配线时要区别对待，即曲线尽量靠近精度较高的点据；③对于历史特大洪水，适线时不可机械地使频率曲线通过这些点据，而是在估计它们误差范围的基础上，在其误差范围内进行调整，取得整体上的较好配合；④适线时应注意统计参数在地区上的变化规律，使之与地区上的变化相协调，否则要分析检查原因。

3. 计算成果合理性检查

水文现象在地区分布上的相似性决定了洪水具有地区性的特点。在上下游站与邻近地区之间，洪峰流量（或水位）系列的参数及各设计值呈现一定的地理分布规律。成果合理性检查就是利用这些统计参数之间的相互关系和地理分布规律对单站单一项目的频率计算成果进行对比分析，以期发现问题和减少因系列过短带来的抽样误差。检查设计站参数及设计值的成果合理性的常用方法主要从水文比拟方面考虑，包括下面内容。在实际工程中，综合下述各种方法进行对比分析的同时，应注重从实际出发，避免仅就水文现象某些不甚严密的规律性而生搬硬套。

（1）与上、下游站及邻近河流洪水的计算成果相比较　若同一河流上下游的气象、地形、地质等条件相似，应呈现洪峰流量的均值从上游到下游递增，大河比小河的要大，而洪峰模数 $\dfrac{Q_{mp}}{F^n}$（n 与流域面积成反比，一般取 $0.15 \sim 1.0$）和 C_v 值则是小流域的较大。若上下游的气象、地形、地质等条件不一致，应根据流域的实际情况，检查分析各统计参数变化规律的合理性。

与暴雨形成条件较为一致的邻近地区河流的洪水分析成果相比较时，常用洪峰流量系列均值与流域面积之间的关系对比分析，有 $\overline{Q}_m = KF^n$，式中 K 为地区参数，由地区实测洪水资料求得；n 为指数，小流域取 $0.80 \sim 0.85$，中等流域取 0.67，大型流域取 0.5。

对于稀遇的设计值，应将其与国内河流大洪水记录进行比较。若千年、万年一遇的洪水小于国内相应流域面积的大洪水记录的下限很多，或超过其上限很多，就需要对计算成果作深入检查与分析。表4-8所示为我国不同流域面积实测最大洪峰流量的记录，以供查用。

表4-8　我国不同流域面积实测最大洪峰流量记录

年份	流域面积/km²	最大流量/（m³·s⁻¹）	河　名	站　　名	所属水系
1972	148	2400	母花沟	贵平	黄河
1896	275	6950	缝河	孤石滩	淮河
1925	343	4400	北港	隶头	敖江
1940	494	4800	左江	那那板	珠江
1958	555	4420	毫清河	垣曲	黄河
1896	658	4470	浠河	英山	长江

（续）

年份	流域面积/km²	最大流量/ (m³·s⁻¹)	河　名	站　　名	所属水系
1972	762	6430	汝河	板桥	淮河
1919	820	8000	湍河	青山	江汉
1931	963	6500	灌河	鲇鱼山	淮河
1922	1930	15400	飞云河	堂口	飞云河
1822	2100	10750	史河	梅山	淮河
1919	3832	10000	白河	鸭河口	汉江
1730	4350	16500	新沭河	大官庄	沂沭河
1853	5781	15800	南河	谷城	汉江
1960	6175	16900	太子河	参窝	辽河
1964	7699	10200	东江	龙川	珠江
1946	8645	18200	窟野河	温家川	黄河
1955	9340	12100	修河	柘林	赣江
1935	14810	29000	澧水	三江口	长江
1794	23400	25000	滹沱河	黄壁庄	海河
1595	31300	29000	富春江	芦茨埠	钱塘江
1867	41400	36000	汉江	安康	汉江

（2）与暴雨频率计算成果相比较　暴雨统计参数与相应洪水统计参数有着一定的关系。一般来讲，设计洪水的径流深度应小于同频率、相应历时的暴雨深。而由于洪水除了受到暴雨影响之外，还受到流域下垫面因素的影响，因而洪水系列的 C_v 值大于暴雨系列的 C_v 值。

4.3 设计枯水流量（或水位）的分析与计算

4.3.1 概述

1. 枯水径流概念

枯水径流是指当地面径流减少，河水主要接受地下水补给时的河川径流。它是河川径流特殊情势的一种。枯水经历的时间为枯水期。枯水期持续时间有时可长达半年。据我国各大江河资料统计显示，枯水期 6 个月径流量占全年径流量的 15% ~ 35%。我国主要靠雨水补给的南方河流，每年冬季雨量很少而经历枯水阶段；以雨雪补给的北方河流，除雨少的冬季为枯水期以外，每年春末夏初的积雪融水由河网排泄后，在夏季雨季到来前，还会经历一次枯水期。一旦流域前期蓄水量耗尽或地下水位降低至不能再补给河流时，就会引起严重干旱，甚至河道断流。河流这种水文情势对实际的大量供水工程和环境保护工程的规划设计提出了更高的要求。

　　枯水径流可以用枯水流量或枯水位来分析。许多情况下，就年径流总量而言是充沛的。然而，汛期洪水径流难以全部利用，城市供水工程、农业灌溉面积、通航的容量与时间、水力发电工程等主要受控于枯水期的河川径流。就供水而言，对于无调节而直接从地表河流取水的工程，其取水口设置的高低和引水流量大小，与设计最低水位和相应最小流量密切相关；而对调解性能较强的水库工程，重点是枯水期或供水期调解的设计径流量；对于水环境容量而言，此时段是最低的，水环境对外界作用的反应是最敏感的。所以，认识和研究枯水径流及其特性实际意义重大。

　　2. 影响枯水径流因素

　　湖泊、洼地和河网是地面上的主要蓄水区域，这些地区洪水期滞蓄的一部分水量，将在洪水过后逐渐流出，成为枯水初期阶段的补给水流。由于枯水期的河水位常低于两岸地下水位，后续河川径流的水量主要受纳地下潜水含水层的补给水量。可见，枯水期的最小流量（或水位）主要与地下水关系密切，此时的气候因素通过自然地理与地质因素，对最小流量间接产生作用。因此，影响枯水径流大小及变化的主要因素是非分区性的自然地理因素，而影响枯水期长短的主要因素则是气候因素中的降水与气温。

　　非分区性的自然地理因素包括水文地质条件、流域面积、河槽下切深度、河网密度等。水文地质条件主要包括区域地质构造，地层岩性及其组合，含水层厚度、补给源等。在一定的水文地质条件下，流域面积愈大，赋存地下水的空间愈大，地下水量也就愈多；河槽下切深度愈深，河网密度愈大，切割到含水层的可能性就愈大，河水与地下水的水力联系就愈密切，获得的补给量就愈大。一般大河的河槽下切深度大，故枯水径流比小河丰沛而稳定，有的小河切割不到含水层，只有包气带中的上层滞水作为枯水径流的补给，故表现出枯水径流很小且变幅大，甚至有时断流的特点。

　　人类进行的水土保持、水库径流调节等活动的同时，削减了地面径流，而增加了对地下水的补给量；而上游引地表水灌溉、过量开采地下水，又会使得下游枯水径流量减少，地下水位降低至河水位以下而致使河水断流。

4.3.2　枯水资料审查与样本组成

　　1. 资料审查

　　枯水流量的实测精度一般比较低，且受人类活动影响较大，因此，在进行枯水径流分析计算之前，更应注重对原始资料的可靠性、一致性和代表性的审查，其方法与对洪水径流和年径流资料的审查相似。通过本站历年的资料比较、上游与下游站的资料比较、与邻近流域站的资料比较来查找和修正存在的问题；调查历史枯水应包括水位、流量及其出现与持续时间，河道变化、干涸断流情况及人类活动对枯水径流的影响等；特枯径流的重现期应根据调查资料，结合历史文献和文物，设计流域和邻近流域长系列枯水径流、降水等资料，综合分析确定；人类活动使工程所在断面枯水径流发生明显变化时，应进行枯水径流的还原，可采用分项调查、上下游枯水径流量相关等方法进行还原计算。

2. 样本组成

对枯水径流分析计算时，一般随着分析时段的缩短，枯水流量受人为影响的程度增大，其系列的不稳定性增加，所以不用年最小瞬时流量（或水位）系列作为分析对象，而是根据工程实际需要取最小日、旬、月等平均枯水流量系列作为样本，如最小 1、3、7、14、30 日平均枯水流量等。通常对于无调节而直接从河流中取水的一级泵站，样本由每年的最小日平均流量组成；对于具有调节性的河流，样本由水库供水期数月的枯水流量组成。

4.3.3　设计枯水流量与水位计算

1. 具有长期资料时设计枯水径流推求

具有长期枯水径流资料的统计时段可根据实际工程的规划设计具体要求来选定。实际工作中，运用频率分析法推求设计枯水流量（或水位），还可以运用历时曲线法推求大于或等于该设计值的持续时间情况。

（1）频率分析法　设计枯水流量（或水位）的分析计算方法与设计年径流、设计洪峰流量的分析计算方法相似，仍采用第 3 章所述的适线法。统计参数均值、变差系数和偏态系数可用 3.5.1 节中所述的方法初估，用适线法调整确定。下面针对一些具体环节存在的差异作必要的说明。

1）频率曲线线型。在 C_s/C_v 比值接近 2 时，仍采用以皮尔逊Ⅲ曲线作为理论线型为主，进行枯水流量的频率计算。经过对枯水径流资料的论证，也可采用其他线型，如皮尔逊Ⅰ型曲线、对数正态分布等，对干旱地区含零资料系列可采用Ⅱ型乘法分布等。

2）经验频率。在枯水径流 n 项连序系列中，按大小次序排列的第 m 项的经验频率 P_m 应按式（4-12）计算。当实测或调查获得特枯水年，经考证确定其重现期后，可仍采用式（4-12）计算经验频率 P_m。

3）含零系列的频率分析。在某些河流，特别是干旱、半干旱地区的中小河流，常出现计算时段（如最小日平均流量）径流量为零的现象，这时其经验频率点据与皮尔逊Ⅲ型曲线不可能有较好的配合，经过配线 C_s 常有可能出现小于 $2C_v$ 的情况，使得依据较大的设计频率（如 $P=97\%$，$P=98\%$ 等）推求出的设计枯水流量有可能会出现小于零的数值，显然是不符合水文现象规律的。实际工作中，采用将小于零的数值当作零值来处理。在用适线法估算含零系列的统计参数时，较为简单的处理办法是其初值用不等于零的数值来计算。有关含零系列的频率分析方法可参阅相关书籍。

4）水位资料的一致性。用频率分析法推求设计枯水位时，在设计断面附近不仅有较长的枯水位观测资料，所取的基面一致，而且要满足该河道变化不大、未受水工建筑物的影响，即注意保证水位资料的一致性。

5）计算成果的合理性分析。用上述方法推求出的设计枯水流量与枯水水位，应与上下游、干支流及邻近流域的计算成果比较分析检查其合理性。

（2）历时分析法　运用频率分析法，可为无调节河流用于城市供水、农业灌溉、河流通航等提供设计枯水流量或设计枯水位，同时可为水环境容量研究提供依据，但不能得到超过或低于设计值可能出现的持续时间。在实际工作中，如设计取水一级泵站、修建引水渠，需要掌握河流来水量在一年中大于或等于设计值有多少天，即有多少天取水能得到保证；同样，航行需要掌握一年中低于最低通航水位的断航历时等。解决这类问题可运用历时曲线法，即日平均流量（或水位）历时曲线（见本章 4.1.3 内容），该曲线是一个实测时段内的经验频率曲线。在枯水研究中，一般将频率为 90%、95% 和 97% 的径流历时值作为河流枯水径流资源的量度。

2. **资料不足时设计枯水径流的推求**

当设计站仅有短期实测系列时，枯水径流系列的插补延长，可采用水位流量关系、上下游或邻近相似流域参证站与设计站的流量相关等方法。对于枯水径流来讲，还应强调所选定的参证流域影响枯水径流的基本因素要与设计流域的相似，且属于同一河流分级，流域面积相差一般应小于 5 倍，山区流域的平均高程差不大于 300m。

根据插补延长后的系列资料，用与具有长期资料时完全相同的方法来推算设计枯水径流。但是，在插补延长的资料长度接近或超过观测资料长度的情况下，枯水径流的变差系数将受到干扰。一般这种插补后的系列求出的变差系数小于实测资料的变差系数，可用下式对其进行修正

$$C_{v设} = b\left(\frac{\overline{Q}_{参}}{\overline{Q}_{设}}\right)C_{v参} \qquad (4\text{-}18)$$

式中，$C_{v设}$、$\overline{Q}_{设}$ 为设计站枯水径流的变差系数和均值；$C_{v参}$、$\overline{Q}_{参}$ 为参证站枯水径流的变差系数和均值；b 为两站枯水径流系数，由同步资料率定。

3. **资料缺乏时设计枯水径流的推求**

资料缺乏地区的设计枯水径流推求，应采用多种方法，主要有参数等值线图法和水文比拟法。对计算成果应综合分析，合理选定。

（1）参数等值线图法　等值线图绘制与应用的前提是分区性因素作用突出。如前所述，对于枯水径流而言，非分区性因素的影响是比较大的，所以，枯水径流等值线图的精度较之年径流等值线图要低，尤其是较小河流，可能有很大误

差。实际使用这类图表时，一定要在设计站附近进行实地枯水调查考证和短期现场施测，并结合流域内的下垫面因素，通过综合分析研究确定最终采用的数值。

同时，应考虑到随着流域面积增加，分区性的气候因素对枯水径流的影响会逐渐显著，因而可绘制出大中型流域的枯水径流等值线图。如浙江等省依据枯水径流模数分布情况，绘制出多年平均年最小流量模数等值线图、C_v 等值线图和 C_s 分区图，据此可求得设计流域年最小流量的统计参数，然后近似推算设计最小流量。

（2）水文比拟法　正确使用水文比拟法的关键是选择合适的参证站。而对枯水径流分析中的参证站，首先要求其具有水文地质分区资料，且水文地质条件与设计站相近，如岩性、地质构造、地形、地下水位埋藏深度、含水层厚度、含水层与河流补排关系、河流切割深度、河网密度等，其次是气象条件，如降水量、蒸发量等。

若在设计站附近存在具有较长枯水观测资料的参证站，一般要在枯水流量稳定的季节，对两站同时进行观测，根据其观测数据推导出两站之间的枯水流量经验系数，再由参证站枯水流量均值推算设计站的均值。若设计站的上、下游均存在参证站时，可利用其枯水流量与流域面积关系推求出设计站的枯水流量均值。对于变差系数 C_v 值，若通过对地区分布规律的分析，该值的变化幅度小于20％，可取上、下游参证站的平均变差系数为设计站所用。对于偏态系数 C_s 值，一般根据参证站已确定的 C_s/C_v 比值移用至设计站。

（3）地区经验公式　可建立枯水流量的地区经验公式。一般是利用枯水流量与流域面积，或枯水流量与流域面积及多年平均降水量之间的关系建立地区经验公式。常见的类型有

$$Q_p = CF^n \tag{4-19}$$

或

$$Q_p = CF^n X^m \tag{4-20}$$

式中，Q_p 为某给定时段某一频率下的枯水流量（m^3/s）；F 为流域面积（km^2）；X 为多年平均降水量（mm）；C、n、m 为地区参数。

4.4 径流情势对河流水质的影响

4.4.1 河流水质与径流情势关系

径流情势主要受流域降水特征和下垫面因素的影响。降水量季节性的差别，使得地球上绝大部分河流的流量都随降水量发生明显的季节变化，于是大多数河流年内往往出现枯水期、平水期和洪水期。相应地，这些不同的水文情势使河水中各种溶质的含量都会发生变化。

枯水期径流量减少，河流水体的环境容量降低，河水受外界污染的风险加大。洪水期径流量骤增，一方面河流水体的环境容量相对提高，另一方面，此时径流的来源较为复杂，河流所受纳的径流包括地表径流、循环于土壤层中的亚地表径流和地下径流等。地表径流含有大量泥沙，径流中颗粒态有机碳含量较高；亚地表径流含有来自土壤中的溶解性有机碳和氮、磷元素；而地下径流含有来自岩石风化作用的主要溶解性离子，包括 Ca^{2+}、Mg^{2+}、Na^+、K^+、HCO_3^-、SO_4^{2-}、Cl^- 和溶解性 SiO_2，因而洪水期河水中的溶质含量就会发生变化。

图 4-12 所示曲线表示了 6 种河流流量与溶质含量的关系。曲线①表示河流中某些溶质的含量随流量的增加而降低。这种情况的出现说明此时的洪水径流量对溶质有着强烈的稀释作用，河水中的主要溶解性离子和 SiO_2 属于此种情况；点源式排入河流的生活污水和工业废水中的溶解性污染物含量亦多为此种情况。

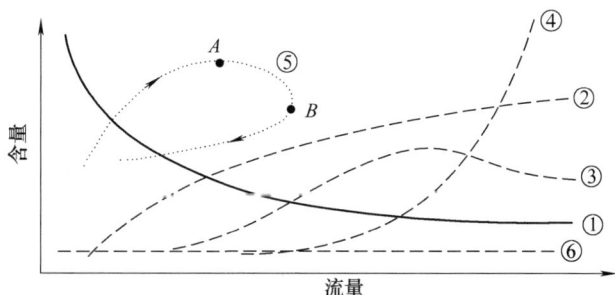

图 4-12 河流径流量与物质浓度关系曲线

曲线②表现出河流中某些溶质含量随流量的增大而增加的变化趋势。这是由于此时亚地表径流带入从土壤中淋滤出的某些溶质（如有机质、氮化物等）流入河流；我国北方为数不少的河流枯水期少水或断流，若此时受纳污水，就会有相当多的污染物蓄积于河床之中，等到下次洪水到来时，这些污染物随着洪流而流向下游，下游河水中的污染物含量也会出现曲线②的情况。此现象可称为"内源污染"，如淮河数次重大污染事件均以这种现象为特征。

曲线③的变化过程表现为某些溶质含量先随流量的增加而增加，后随流量的增加而有所下降，说明某些溶质随着土壤层中的亚地表径流而流入河水，后被增大的河川径流所稀释。

曲线④说明随着流量的增加，河流中的某些物质含量呈指数上升，悬浮颗粒物质含量和被悬浮颗粒物携带的各类污染物的含量会呈现出此种情况。当有某种新因素的加入，所展现的流量—悬浮颗粒含量曲线④可变成为一种复杂的回转式环形含量曲线⑤。

曲线⑥表示可能有一些特殊的来水，以相对不变的流速度汇入河流，使得某些溶质含量不发生变化，或仅有极细微的变化。

实际上，河流水质与径流量关系很复杂。目前在对重要河流或重要河段进行水质监测时，少数发达国家除了按规定时间进行例行的采样分析外，常在丰水期和针对暴雨事件，增加对水样和沉积物样品的采集和分析，以查明各种突发性暴雨径流水文事件对河流水质的影响。

4.4.2　河流水质在空间和时间上的变化

任何一处的河流水质，实际上都是由该点位上游流域所有水源混合与相互作用的结果，这些水源包括大气降水、土壤水、地下水、湿地、灌溉沟渠、运河、小溪、池塘、湖泊、水库、河流等。因此，河流水质在空间上的变化虽然有时可以在较小的范围内发生，如各类污水的汇入、具有特殊水质的支流汇入等，但更多的是在较大范围内表现出来。河流水质的空间变化主要由流域内岩石的差异、生物气候条件的差异和人类活动的差异所引起的。在无人类活动影响或者这种影响不大的流域，河流水质的变化主要由降水、温度等气候和岩石、地形、土壤等地质因素所致。

河流水质随时间不断地发生着变化。由于人为和自然的某些突发事件，可以引发河流水质在很短时间内发生变化，称其为"突发性变化"。然而，河流水质更多地呈现出周期性变化。如白天和黑夜的阳光、温度变化会引起河流水质的日周期变化；一年内河流的丰、枯水期河水流量的差异会引起大部分河流水质呈现年周期变化。在受人类活动影响大的流域，丰水期河水中点源污染物含量常因径流的稀释作用而降低，但此时土壤的侵蚀作用和淋溶作用加强，常使河水中总磷（TP）和硝酸盐氮（$NO_3^- - N$）含量提高；枯水期因径流的稀释作用减弱，河水受点源污染的风险增大。

河流水质的年际变化通常是由年际之间气候和与之有关的水文条件变化所引起的，如丰水年河流的点源污染物含量受到稀释作用的影响而降低，但河水中悬浮颗粒物的平均含量往往高于干旱年份，且与悬浮颗粒物结合的各种物质（如持久性有机物和重金属）含量、总磷和POC含量亦高于干旱年份。现代河流水质的长期变化主要受控于人类活动，因此，与人类对废物的管理和控制能力以及效率有关。

本 章 小 结

【本章内容】

河川径流水文情势特征值主要是指河川径流的年际变化与年内分配、洪水和枯水等特征值。本章主要运用前章的原理与方法，分析与计算此类水文特征值。

（1）设计年径流的分析与计算　在讨论了年径流及其特征的基础上，就所掌握的实测年径流量资料的三种（即具有长期、短期和缺乏资料）情况，分别论述了推求设计年径流量的基本方法；设计年径流量的年内分配常用设计代表年法推求，其年内分配的表示方式一是流量（或水位）过程线，二是流量（或水位）历时曲线；给出了正常年径流量、径流年内分配、径流调节和水库特征水位等概念。

（2）设计洪峰流量（或水位）分析与计算　首先介绍了设计洪水、设计洪水标准与可能最大降水的概念，计算设计洪水所采用的一些基本方法。在用径流资料推求设计洪峰流量与水位时，不可忽视特大洪水处理和计算成果合理性分析的环节。

（3）设计枯水流量（或水位）分析与计算　讨论了影响枯水径流的主要因素和枯水资料的样本组成；就所掌握的实测枯水径流资料的三种（即具有长期、短期和缺乏资料）情况，分别论述了推求设计枯水流量（或水位）的基本方法。

（4）径流情势对河流水质影响　河流水质与径流情势存在着内在的联系，讨论了河流水质空间与时间上的一般变化规律。

【学习基本要求】

熟悉正常年径流量、设计年径流量、设计洪水流量和设计枯水径流量的基本概念，掌握设计年径流量及其年内分配、设计洪峰流量（或水位）、设计枯水流量（或水位）的推算方法，清楚洪水及枯水调查工作和资料收集的内容，径流调节的作用和径流情势对河流水质的影响。

Chapter 4　Analyzing and Estimating Characteristic Values of River-runoff

【Chapter Content】

The hydrologic circumstances of river-runoff events are mainly characterized by the fluctuations, Prineipally including the annual runoff, and its distribution, flood and dry runoff. The values that indicate the hydrologic characteristics are analyzed and calculated by using the principles and methods as mentioned above.

1. Analyzing and estimating the design annual runoff

After introducing the annual runoff and its features, the methods used to estimate the design annual runoff are discussed for the three kinds of annual runoff data available, *i. e.* long-term data, short-term data and lack of data. Its annual distribution is often reckoned by using the method referred to as the design representative year, the result of which is usually shown by either the discharge (or level) hydrograph or the duration curve. The concepts, such as the annual normal flow, annual runoff distribution, runoff regulation and characteristic water-levels of a reservoir, are illustrated.

2. Analysis and estimation of design flood peak / level

The definitions, including the design flood, and its criteria, and possible maximum precipitation (PMP) etc., are described. The main methods of appraising the design flood are discussed by using runoff data. Processing the data of maximum flood and analyzing the reasonableness of the final results should be emphasized.

3. Analyzing and estimating design low flow/level

Firstly, the major factors of impacting low-runoff and the composition of observed data are clarified. Then, the different methods used to reckon the design runoff of dry seasons are interpreted, which is dependent upon the data available.

4. The impact of runoff circumstances on river-water quality

This section discusses the spatial and temporal regular patterns of river-water quality since there is an intrinsic linkage between the river quality and runoff circumstances.

【Learning Requirements】

Some concepts, *e. g.* the normal and design annual runoff, design flood peak and drought flow *etc.* need to be comprehended; the methods of estimating the design values that include the annual runoff and its distribution, flood peak and low runoff, be mastered; the work on investigating and collecting the historical information of flood and drying weather runoff, the function on regulating runoff and the influence of runoff circumstances on river-water quality be understood.

复 习 题

4-1　从哪几方面对径流资料进行审查？举例说明其必要性。

4-2　选择参证站时，应考虑哪些因素？

4-3　简述径流调节工程的实际意义。

4-4　径流年内分配有两种表示方式，各表示什么具体内容？

4-5　防洪设计标准如何分类？

4-6　怎样进行历史洪水与历史枯水调查？其意义何在？

4-7　枯水径流主要影响因素有哪些？

4-8　在对河川径流特征分析与计算过程中，如何运用相关分析法？举例说明。

4-9　在对河川径流特征分析与计算过程中，资料缺乏情况下选用什么方法？举例说明。

4-10　在推求设计年径流、设计洪峰流量（或水位）和设计枯水流量（或水位）时，各自是如何选样的？

4-11　简述水库及其特征水位。

4-12　通过查阅相关资料，简述某一河流水文情势及其对河流水质的影响。

4-13　某工程所在断面控制流域面积 10090km^2，已知设计年径流量 $Q_{95\%}=396$ m^3/s，表 4-9 列出了代表枯水年的年径流量年内分配，据此求出设计年径流量的年内分配。

表 4-9　代表枯水年径流年内分配　　　　　　　　　　　　　　（m^3/s）

月份	1	2	3	4	5	6	7	8	9	10	11	12	均值
流量	124	109	172	200	450	504	851	520	739	442	231	183	377

4-14　某水文站 1956～1987 实测洪峰流量资料如表 4-10 所示，历史洪水调查的结果为：1871 年、1905 年和 1934 年洪峰流量分别是 7390、6870、6200m^3/s。现依据此样本，计算 $P=1\%$ 的设计洪峰流量。

表 4-10　某水文站 1956～1987 实测洪峰流量　　　　　　（m^3/s）

年份	流量	年份	流量	年份	流量	年份	流量
1956	2860	1964	1540	1972	980	1980	1850
1957	3020	1965	860	1973	1490	1981	2440
1958	6400	1966	5900	1974	1490	1982	2730
1959	3230	1967	3130	1975	1370	1983	990
1960	2270	1968	3020	1976	1970	1984	2300
1961	1100	1969	2860	1977	2560	1985	3400
1962	1720	1970	2750	1978	3500	1986	4000
1963	1350	1971	850	1979	2740	1987	3620

第 5 章

5

小流域暴雨洪峰流量的计算

5.1 概述

小流域面积的范围，一般在 $300km^2$ 以下。具体范围大小需要根据计算公式在推求过程中的实际条件来确定。地形平坦时，可以大至 $300 \sim 500km^2$；地形复杂时，有时限制在 $10 \sim 30km^2$ 以内。在城市建设中，排水构筑物主要包括市政排水系统、厂矿排（泄）洪渠道、铁路与公路的桥涵等，所排泄的雨水大部分是在较短时间内降落的，形成的径流量大，属于暴雨性质，都涉及到要求计算一定排水面积上暴雨洪峰流量问题，也就是以小流域暴雨所产生的洪水作为设计标准，水文学上常常作为一个专门的问题进行研究。小流域暴雨洪峰流量计算是水文学应用的重要方面，也是水文学知识综合运用的体现。

小流域设计洪水计算方法与大中流域有所不同，有以下一些特点：①由于小流域面积较小，暴雨分布在一定时段内是相对均匀的，先后强度也是一致的；②小流域面积小，自然地理条件趋于单一，流域内各部分的地貌情况比较接近；③地面上的降水，经植物截留、填洼并达到土壤持水量后入渗率是接近稳定的；④地表汇流、形成洪峰的历时较短，小流域上的小型水利工程对洪水的调节能力一般较小，工程规模主要受洪峰流量控制，因而对设计洪峰流量的要求高于对设计洪水过程的要求；⑤因小流域上修建的工程数量通常很多，而水文站很少，往往缺乏实测流量资料，故实际计算时概化程度较高。

有关小流域设计洪水的计算工作已有 130 多年历史，计算方法在逐步充实和发展。我国各地区对小流域暴雨洪水计算采用的方法有：推理公式法、地区经验公式法、综合单位线法及水文模型方法等。本章介绍推理公式法和地区经验公式法。

用推理公式求小流域设计洪峰流量是世界各地广泛采用的一种方法，它是一种由暴雨资料推求洪峰流量的简化计算方法。英美国家称其为"合理化方法"，前苏联称其为"稳定形式公式"。推理公式法是根据降雨资料推求洪峰流量的最早方法之一，也称半理论半经验公式，着重推求设计洪峰流量。它以暴雨形成洪水的成因分析为基础，考虑影响洪峰流量的主要因素，建立理论模式，并利用实测资料求得公式中的参数，其计算成果具有较好的精度。推理公式法中，本章着重介绍水科院水文所公式。计算小流域暴雨洪峰流量，还可以采用地区经验公式法。此法根据本地区的实测洪水或调查资料，直接建立洪峰流量与有关主要因素之间的相关关系，探求地区暴雨洪水经验性的规律。由于是根据特定地区资料分析的成果，地区性很强，所以称为地区经验公式，使用时有一定的局限性。地区经验公式的特点是公式比较简单，使用方便，大部分省（区）都有本省（区）的经验公式。在具体应用中采用哪一种方法更合适，应根据工程规模与当地条件决定。可以同时使用几种方法计算，通过综合分析比较，最后确定出设计洪峰流量。

在推求小流域的暴雨洪峰流量过程中，首先要建立暴雨强度公式。

5.2　暴雨强度公式

5.2.1　点雨量资料整理

由于小流域所负担的地面排水区域不大，可忽略点雨量与排水区域面雨量存在的差异。所以，在排水设计中，雨量采用以点代面，这就是学会整理点雨量资料的实际工程意义所在。

整理点雨量资料的主要工作内容是：首先，在自记雨量计记录纸上，筛选出每场暴雨进行分析，绘制出它们的暴雨强度—历时关系曲线；在此基础上，整理出暴雨强度 i—降雨历时 t—重现期 T 关系表。

暴雨强度与暴雨历时关系曲线的规律表现为平均暴雨强度 i 随历时 t 的增加而递减，这是推求短历时暴雨强度公式的基础。例如，图 5-1 所示为某一雨量站用自记雨量计记录到的一场暴雨，根据此图可以整理出表 5-1 所示的 i—t 关系计算表，将表 5-1 所列数据分别在普通坐标和双对数坐标中绘制出暴雨强度—历时关系曲线（见图 5-2），即为相应历时内最大平均暴雨强度—历时曲线。

整理点雨量资料的具体步骤如下：

1）根据该站自记雨量计的记录，选出每场暴雨。

2）整理出每场暴雨的暴雨强度 i 与降雨历时 t 关系计算表。一般按降雨历时 5min、10min、15min、20min、30min、45min、60min、90min、120min 进行摘录与统计，集水面积较小时，一般可不计算历时为 90min、120min 的暴雨强度；在一次降雨中，若中途降雨强度低于 0.1mm/min（包括降雨停歇）的持续时间超过 120min 时，分为两场降雨统计。

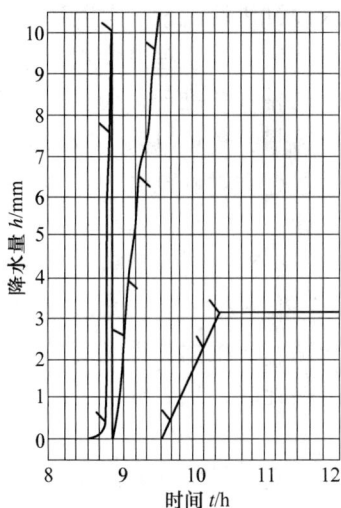

图 5-1 自记雨量计记录

表 5-1 i—t 关系计算表

历时 t/min	雨量 h/mm	雨强 i/ (mm·min^{-1})
5	7.0	1.40
10	9.8	0.98
15	12.1	0.81
20	13.7	0.68
30	16.0	0.53
45	19.1	0.42
60	20.4	0.34
90	22.4	0.25
120	23.1	0.19

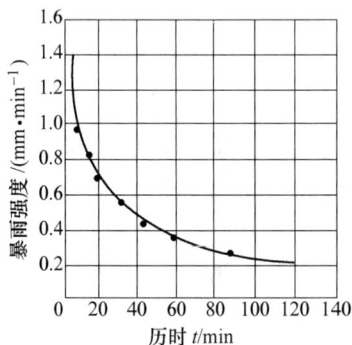

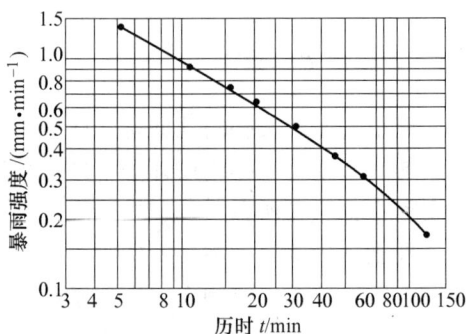

图 5-2 i—t 关系曲线

3) 在历年整理出的各场暴雨 i—t 计算表基础上，整理出 i—t—T 关系表。据自记雨量计记录推求短历时的暴雨强度公式时，通常要求记录年数 $n \geqslant 20a$；若仅有 10 年或略长于 10 年时，自记雨量计的记录要保持连续。整理出 i—t—T 关系表的具体步骤包括：

首先，按不同降雨历时 t，将历年的 i 值不论年序从大到小排列，各历时 i 值的个数 s = （3~5）n ，且要求 s > 40 个（见表 5-2 中第 （1）列）。

其次，对各历时的 i 系列作频率计算，统计等量超量值的累积频数 m，计算出的频率为次频率 $P' = \dfrac{m}{s}$ （%）（见表 5-2 中 （2）、（3）列）。

再次，以历时 t 为参数，据表 5-2 中的 （1）、（3）栏数据，在同一张概率格纸上，以 i 为纵坐标、P' 为横坐标，绘制各历时的 i—P' 曲线，各条曲线不可相交，若出现相交情况时需加以适当调整。

表 5-2　i—t—P' 计算表

$t_1 = 5\min$			$t_2 = 10\min$			…	$t_i = 60\min$			…
i	m	$P'(\%)$	i	m	$P'(\%)$	…	i	m	$P'(\%)$	…
(1)	(2)	(3)	(1)	(2)	(3)	…	(1)	(2)	(3)	…
…	…	…	…	…	…	…	…	…	…	…

　　最后，在横坐标上选定若干个次频率 P'，将其转换为年重现期 T，要求取 T =0.25a, 0.33a, 0.5a, 1a, 2a, 3a, 5a, 10a 等年所对应的不同历时 i 值，制成 i—t—T 关系表，如表 5-3 所示，此表就是依据南方某雨量站实测暴雨资料整理出来的。

表 5-3　i—t—T 关系表

T/a	$t/\min$								
	5	10	15	20	30	45	60	90	120
	$i/mm \cdot \min^{-1}$								
0.25	1.581	1.109	0.886	0.800	0.648	0.500	0.438	0.373	0.245
0.33	1.869	1.428	1.086	0.935	0.763	0.609	0.526	0.438	0.302
0.5	2.155	1.656	1.315	1.074	0.859	0.700	0.650	0.526	0.341
1	2.442	1.856	1.485	1.307	1.074	0.864	0.786	0.652	0.442
2	2.921	2.065	1.761	1.556	1.303	1.045	0.920	0.715	0.546
3	3.128	2.390	1.913	1.735	1.455	1.167	1.008	0.818	0.546
5	3.421	2.591	2.065	1.848	1.578	1.284	1.085	0.894	0.600
10	4.000	2.765	2.335	2.000	1.719	1.438	1.245	1.000	0.688
Σi	21.518	15.860	12.846	11.255	9.399	7.607	6.658	5.416	3.710
$\overline{i}$	2.690	1.983	1.606	1.407	1.175	0.951	0.832	0.677	0.464

　　当设计重现期 $T_{设}$ 大于暴雨资料记录的年限 n 时，前三步骤同上；然后，依据经验点据，用第 3 章已介绍的适线法求出不同历时 t 的暴雨强度 i 和次频率 P' 的理论频率曲线；在该理论曲线上取 T =0.25a, 0.33a, 0.5a, 1a, 2a, 3a, 5a, 10a 等所对应不同历时的 i 值，同样可制成 i—t—T 关系表。

5.2.2　暴雨强度公式

　　采用表 5-3 所列的数据，以重现期 T 为参数，在普通坐标上可绘出不同降雨历时—暴雨强度的关系曲线（图 5-3）。图 5-2 和图 5-3 都显示出 i 随着 t 的增加而递减的规律性。由于此种曲线基本上属于幂函数型，通常用以下公式表示：

　　1）在双对数坐标系中，以 T 为参数，取 t 为横坐标，i 为纵坐标，若 i—t

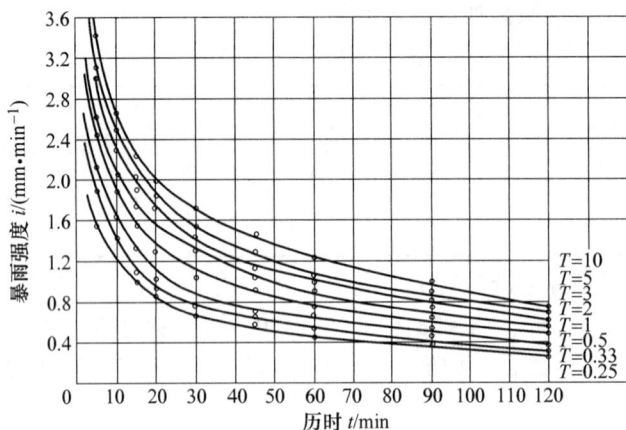

图 5-3 普通坐标中的降雨历时—暴雨强度—重现期关系曲线

呈直线（图 5-4），则

$$i = \frac{A}{t^n} \tag{5-1}$$

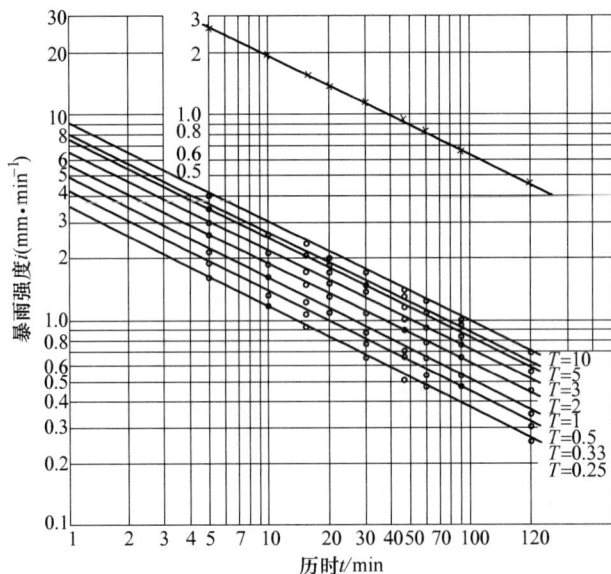

图 5-4 双对数坐标中的降雨历时—暴雨强度—重现期关系曲线

2）在双对数坐标系中，以 T 为参数，取 t 为横坐标，i 为纵坐标，若 i—t 呈曲线，则

$$i = \frac{A}{(t+b)^n} \tag{5-2}$$

比较上面两个公式可知，当式（5-2）中的 $b = 0$ 时，即为式（5-1）。其中

b、n、A 均为地方性暴雨参数。

式中，i 为任意时段 t 内的最大平均暴雨强度（mm/min）；t 为暴雨历时（min）；b 为时间参数；n 为暴雨衰减指数；A 为一次暴雨过程中最大 1h 暴雨的平均强度，亦称为雨力，此值随地区和重现期 T 而变（mm/min 或 mm/h）。

雨力 A 与重现期 T 的关系有下列表达式

$$A = A_1（1 + C\lg T）\tag{5-3}$$

式中，A_1、C 为地方性参数。

在《室外排水设计规范》中，式（5-1）、式（5-2）和式（5-3）被推荐为雨水量计算的标准公式。该规范要求最后将 i（mm/min）换算为 q [L/（s·hm^2）]，便于绘制工程上常用的参数等值线图。

$$q = \frac{167 A_1（1 + C\lg T）}{（t + b）^n}\tag{5-4}$$

式中，q 为设计暴雨强度 L/（s·hm^2）；t 为暴雨历时（min）；T 为设计重现期（a）。

公式中若诸地方性参数 A_1、C、b、n 已知，就可计算暴雨历时为 t、设计重现期 T 的暴雨强度 q。

暴雨强度公式作为城市防洪工程和排水工程设计的基础依据，直接关系到城市基础设施建设的科学性和经济合理性。尽管运用现代计算机技术求解暴雨公式中各参数值已经是轻而易举的事情，但仍需首先掌握推求暴雨强度公式中参数的基本原理与基本方法。

5.2.3　求解暴雨强度公式中参数

5.2.3.1　具有长期自记雨量计资料情况下求解参数

1. 求解公式 $i = \dfrac{A}{t^n}$ 中的参数

（1）基本原理　对式（5-1）两边取对数

$$\lg i = \lg A - n\lg t\tag{5-5}$$

式（5-5）表明在双对数坐标中，$\lg i$—$\lg t$ 呈直线，n 为直线的斜率，A 为 $t = 1$ 时在纵轴上的截距。

据式（5-3）有

$$A = A_1 + A_1 C\lg T = A_1 + B\lg T\tag{5-6}$$

式（5-6）表明在取纵坐标 A 为普通分格，横坐标 T 为对数分格的单对数坐标系中，A—$\lg T$ 呈直线，B 为该直线的斜率，A_1 为 $T = 1$ 时在纵轴上的截距。

利用上述式（5-5）和式（5-6）的直线关系性，依据从历年自记雨量计记录中整理获得的 i—t—T 相互关系的资料（见表 5-3），常用图解法或最小二乘

求解式 (5-1) 和式 (5-6) 中的参数 n、A_1 和 C。

（2）图解法　仍以表 5-3 所列 i—t—T 关系数据为例，求解参数的具体步骤如下（见图 5-4）：

1）绘制 $\bar{i}$—t 参考线。在双对数坐标内，点绘历时相同的各组 i 值的平均值 $\bar{i}$ 与降雨历时 t 关系直线，此条线不具有重现期的意义，只作为参考线。

2）绘制 i—t 关系线。以 T 为参数，在双对数坐标内，点绘 i—t 关系点，共有 9 组数据，对每组点据绘出一条与其呈最佳拟合的直线，且均与参考线相平行。

3）求解参数 n 值。求出相互平行的直线斜率 n，即 $n = 0.52$。

4）求解 A_T 值。当 $t = 1$ 时，即可得到各条直线在纵轴截距 A，有 T—A 关系（见表 5-4）。

表 5-4　T—A 关系

T/a	0.25	0.33	0.5	1	2	3	5	10
$A/$ $(\mathrm{mm \cdot min^{-1}})$	3.62	4.1	4.91	5.75	6.52	7.35	8	9.05

5）绘制 A—$\lg T$ 关系线。取半对数坐标，据上表数值点绘 A—$\lg T$ 直线（见图 5-5）。

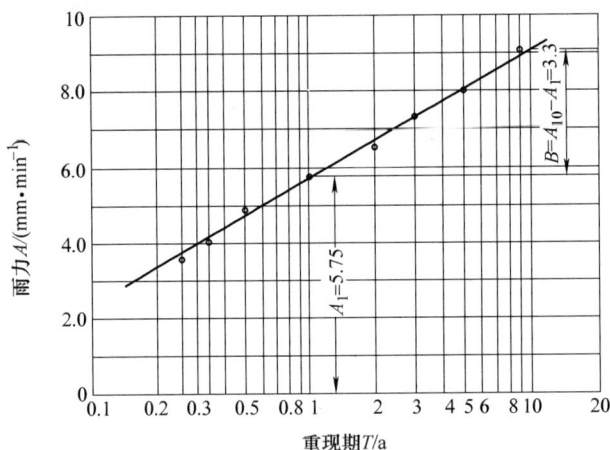

图 5-5　参数 A_1 与 B 图解

6）求解参数 A_1、B、C 值

当 $T = 1\mathrm{a}$ 时，$A = A_1$，即为该直线在纵轴上的截距，得 $A_1 = 5.75\mathrm{mm/min}$。

当 $T = 10\mathrm{a}$ 时，$A_{10} = A_1 + B$ 有 $B = A_{10} - A_1 = （9.05 - 5.75）\mathrm{mm/min} = 3.3\mathrm{mm/min}$

则

$$C = \frac{B}{A_1} = \frac{3.3}{5.75} = 0.57$$

故有 $A = 5.75 \times (1 + 0.57 \lg T)$

所以，由上述图解法求得的该地区暴雨强度公式为

$$i = \frac{5.75 \times (1 + 0.57 \lg T)}{t^{0.52}}$$

图解法简单易行，但因完全由目估定线求参数，个人的经验对计算结果起着一定的作用，因而适用于点据分布趋势明显的情况。当点据分布规律性不强时，可依据最小二乘法原理求公式中的参数。

（3）最小二乘法　仍以表 5-3 所列 i—t—T 关系数据为例，说明运用最小二乘法求解参数的具体步骤。

1）求解 n_T、A 的公式。对某重现期 T 而言，可将 i 与 t 看作为一组实际观测数据，设每组有 m_1 对 (i, t) 值。

设 $\lg i$—$\lg t$ 直线回归方程为

$$\lg I = \lg A - n \lg t$$

取回归线自变量 t 与实际观测值 t 相等，倚变量即为实际观测值 $\lg i$，它并不一定等于回归线上的值 $\lg I$，有

$$\lg i - \lg I = \lg i - (\lg A - n \lg t) \neq 0$$

由最小二乘法原理可知，若使求得参数 A、n 为最佳值，实测值与其相匹配的回归直线之间的误差平方和应为最小，令

$$\sum_1^{m_1} (\lg i - \lg A + n \lg t)^2 = Y$$

则有

$$\frac{\partial Y}{\partial n} = 2 \sum_1^{m_1} (\lg i - \lg A + n \lg t) \lg t = 0$$

由于就某一 T 而言，$\lg A$ 为定值，于是有

$$\sum_1^{m_1} (\lg i \lg t) - \lg A \sum_1^{m_1} \lg t + n \sum_1^{m_1} (\lg t)^2 = 0 \tag{5-7}$$

又有

$$\frac{\partial Y}{\partial \lg A} = -2 \sum_1^{m_1} (\lg i - \lg A + n \lg t) = -2 \left(\sum_1^{m_1} \lg i - m_1 \lg A + n \sum_1^{m_1} t \right) = 0 \tag{5-8}$$

联立式（5-7）、式（5-8），消去 $\lg A$，得

$$n = n_T = \frac{\sum_1^{m_1} \lg i \cdot \sum_1^{m_1} \lg t - m_1 \sum_1^{m_1} (\lg i \cdot \lg t)}{m_1 \sum_1^{m_1} \lg^2 t - \left(\sum_1^{m_1} \lg t \right)^2} \tag{5-9}$$

式（5-9）所得的 n 仅与某一重现期 T 相对应，因而记作 n_T；对于不同的重现期，可得到多个略有差异的 n_T 值。

现以表5-3中 $T=5a$ 时的 $i-t$ 对应值为例，此时 $m_1=9$，依据式（5-9）计算，数据整理见表5-5。

表5-5　n、A 值计算用表

序号	t/min	$\lg t$	$(\lg t)^2$	$i/(mm \cdot min^{-1})$	$\lg i$	$\lg i \times \lg t$
1	5	0.699	0.489	3.421	0.534	0.373
2	10	1.000	1.000	2.591	0.413	0.413
3	15	1.176	1.383	2.065	0.315	0.370
4	20	1.301	1.693	1.848	0.267	0.347
5	30	1.477	2.182	1.578	0.198	0.292
6	45	1.653	2.733	1.284	0.109	0.180
7	60	1.778	3.162	1.085	0.035	0.062
8	90	1.954	3.818	0.894	-0.049	-0.096
9	120	2.079	4.322	0.600	-0.222	-0.462
总计	—	13.117	20.780	—	1.600	1.482

将表5-5中的相应数据代入式（5-9）中，得 $T=5a$ 时的暴雨衰减指数为

$$n_{10} = \frac{1.6 \times 13.117 - 9 \times 1.482}{9 \times 20.780 - (13.117)^2} = 0.511$$

2）求解 n 值。设重现期 T 的总个数为 m_2 个，由式（5-9）得 m_2 个 n_T 值，在一个暴雨公式中，取其平均值 $\bar{n}$ 作为最终的计算值，有

$$\bar{n} = \frac{\sum_1^{m_1} n_T}{m_2} \qquad (5\text{-}10)$$

式（5-8）中的 n 即取此值 $\bar{n}$。

对表5-3中其他不同的重现期 n_T 值同样用式（5-9）求解，依次求得的结果如表5-6所示。

表5-6　n_T 计算结果

T/a	0.25	0.33	0.50	1	2	3	5	10
n_T	0.543	0.552	0.548	0.511	0.510	0.514	0.511	0.508

据式（5-10）得

$$\bar{n} = \frac{1}{8}(0.543 + 0.552 + 0.548 + 0.511 + 0.510 + 0.514 + 0.511 + 0.508) = 0.525$$

3）求解 A 值。据式（5-10）所得到的 $\bar{n}$ 代入式（5-8），即得到与某一重现期对应的 A 值，则

$$\lg A = \frac{1}{m_1}\left(\sum_1^{m_1} \lg i + \bar{n} \sum_1^{m_1} \lg t\right) \qquad (5\text{-}11)$$

将表 5-3 数据代入上式，此时，具体计算式为

$$\lg A = \frac{1}{9}\left(\sum_1^9 \lg i + 0.525 \sum_1^9 \lg t\right)$$

则 m_2 个 T 值可得 m_2 个 A_T 值，其结果列入表 5-7 内：

表 5-7　A_T 计算表

T/a	0.25	0.33	0.50	1	2	3	5	10
$A_T/(\mathrm{mm\cdot min^{-1}})$	3.69	4.44	5.19	6.30	7.34	8.07	8.77	9.81

4）求解参数 A_1、B、C 值。同理，为求解参数 A_1、B、C 值，对式（5-6）运用最小二乘法，可得

$$A_1 = \frac{\sum_1^{m_2}\lg^2 T \cdot \sum_1^{m_2} A - \sum_1^{m_2}\lg T \cdot \sum_1^{m_2} A \cdot \lg T}{m_2 \sum_1^{m_2}\lg^2 T - \left(\sum_1^{m_2} T\right)^2} \tag{5-12}$$

$$B = \frac{\sum_1^{m_2} A - m_2 A_1}{\sum_1^{m_2}\lg T} \tag{5-13}$$

则

$$C = \frac{B}{A_1} \tag{5-14}$$

对表 5-3 所列的相关数据作处理，其结果见表 5-8，然后分别代入式（5-12）、式（5-13）和式（5-14），其计算结果为 $A_1 = 6.19$，$B = 3.736$，$C = 0.60$，于是有

$$A = 6.19 \times (1 + 0.6\lg T)$$

表 5-8　A、B 值计算用表

序号	T/a	$\lg T$	$\lg^2 T$	$A/(\mathrm{mm\cdot min^{-1}})$	$A \cdot \lg T$
1	0.25	−0.6012	0.3625	3.69	−2.2214
2	0.33	−0.4815	0.2318	4.44	−2.1401
3	0.5	−0.3010	0.0906	5.19	−1.5622
4	1	0.0000	0.0000	6.30	0.0000
5	2	0.3010	0.0906	7.34	2.2093
6	3	0.4771	0.2276	8.07	3.8494
7	5	0.6990	0.4889	8.77	6.1302
8	10	1.0000	1.0000	9.81	9.8100
总计		1.0925	2.4920	53.61	16.0753

5）求出暴雨强度公式。总结以上计算，据表 5-3 数据，最终求得某地的暴

雨强度公式为

$$i = \frac{6.19 \times (1 + 0.6\lg T)}{t^{0.525}}$$

将此计算结果与运用图解法计算的结果相比较，由于表 5-3 的点据分布趋势明显，且规律性强，因而两种方法的计算结果比较接近。

2. 求解公式 $i = \dfrac{A}{(t+b)^n}$ 中的参数

（1）基本原理　公式 $i = \dfrac{A}{(t+b)^n}$（$A = A_1 + A_1 C \lg T$）中的参数包括 n、b、A_1 和 C。

对式（5-2）两边取对数

$$\lg i = \lg A - n \lg (t+b) \tag{5-15}$$

式（5-15）表明在双对数坐标中，若 $\lg i$—$\lg (t+b)$ 呈直线，n 为直线的斜率，A 为当 $t+b=1$ 时在纵轴上的截距。问题是在双对数坐标内，当横坐标取 $\lg t$ 的时候，i—t 关系线是呈曲线状的。但是可寻求用一种称之为试摆法的方法，将曲线变为直线，接下来就可以应用与求解式（5-1）相同的方法来求解式（5-2）中的参数。

（2）参数求解　具体求解参数的步骤如下：

1）用试摆法求解参数初值 b_T、n_T 和 A_T。试摆法就是将某一重现期 T 的呈曲线状 i—t 关系线变成直线。具体做法是：对于 $\lg i$—$\lg t$ 曲线，保持其纵坐标 $\lg i$ 不变，而在各个历时 t 上试加某一相同的 b 值，使横坐标 $\lg t$ 变成 $\lg (t+b)$，若各点连线呈直线，该试加的 b 值就是所求得的初值 b_T。

A_T 为此条直线当 $t+b=1$ 时在纵轴上的截距，直线斜率为 n_T，且有

$$n = n_T = \frac{\lg A - \lg i}{\lg (t+b)} \tag{5-16}$$

设重现期 T 总个数为 m_2 个，于是可求得 m_2 个 b_T、n_T 和 A_T 值，从中求出 n 的初次平均 $\bar{n}$ 值，将其代入式（5-2）中，为再次调整 b 值所用。

2）再次调整参数，确定 b 值。将 $\bar{n}$ 代入式（5-2）后，可变形为

$$\frac{1}{i} = \frac{(t+b)^{\bar{n}}}{A} \tag{5-17}$$

两边同开 $\bar{n}$ 次方，有

$$\left(\frac{1}{i}\right)^{\frac{1}{\bar{n}}} = \frac{t}{A^{1/\bar{n}}} + \frac{b}{A^{1/\bar{n}}} \tag{5-18}$$

由此式可知，在普通坐标中，取 $\left(\dfrac{1}{i}\right)^{\frac{1}{\bar{n}}}$ 为纵坐标，t 为横坐标，点绘出的

$\left(\dfrac{1}{i}\right)^{\frac{1}{n}}-t$ 为直线。于是，在经过资料整理已获得的 $i-t-T$ 关系表的基础上，计算 $\left(\dfrac{1}{i}\right)^{\frac{1}{n}}$，可获得 $\left(\dfrac{1}{i}\right)^{\frac{1}{n}}-t-T$ 关系表，据此表数据可绘制 $\left(\dfrac{1}{i}\right)^{\frac{1}{n}}-t$ 关系直线。

对某重现期 T 而言，当 $\left(\dfrac{1}{i}\right)^{\frac{1}{n}}=0$ 时，$b=-t$

T 总个数为 m_2 个，由 $\left(\dfrac{1}{i}\right)^{\frac{1}{n}}-t$ 关系直线可得 m_2 个 b_T 值，其平均值即为所求得的 b 值，有

$$b=\bar{b}=\frac{1}{m_2}\sum_1^{m_2}b_T \tag{5-19}$$

3）求解参数 n、A_1、B、C 值。运用前述的式（5-9）、式（5-10）、式（5-12）、式（5-13）式（5-14），可分别求出 n_T、n、A_1、B、C 值，这些公式中的 t 项改为 $(t+b)$ 代入即可。

由上面介绍的求解暴雨强度公式（5-2）中参数的方法可知，其运算工作量大，步骤繁杂，使之计算速度及其计算精度受到了限制。目前，对于式（5-2）这类非线性求参问题，可用非线性最小二乘估计法，应用计算机编程进行求解。有关详情可查阅相关书籍。

5.2.3.2　缺乏自记雨量计资料情况下求解参数

在无自记雨量计的地区，或自记雨量计记录年限少于 5 年的地区，其暴雨强度公式的推求仍可采用水文比拟法，即参照有长时期自记雨量计记录并且气象条件相似地区的暴雨强度公式，同时依据本地区非自记雨量计记录及气象资料，求出本地区的暴雨强度公式中的参数。以下介绍的两种方法是在缺乏自记雨量计资料情况下常用的推求参数方法。

1. 等值线图法

利用等值线图法求解暴雨公式，就是用 n、A 等值线图求解暴雨公式中的参数。暴雨衰减指数 n 值反映地区暴雨特征，在不同的气候区域内具有不同的数值。雨力 A 值不仅随着重现期而发生变化，还随着区域的不同而变化，重现期 T 越长，A 值也就越大。具体方法如下：

1）在双对数坐标中，若 $i-t$ 呈直线，对于式（5-1）中参数的求解，可查阅各地刊印的《水文手册》。手册中一般都附有暴雨公式参数 A、n 的等值线图。已知工程所在地点，就可以在包含此地点的相应的等值线图上查得 A 和 n 值，其中雨力 A 值与暴雨频率或重现期有关，故常记作 A_p（或 A_T）等值线图。

2）在双对数坐标中，若 i—t 呈曲线形式，在小流域暴雨计算时，根据对大量长期自记雨量计资料的分析结果说明，暴雨衰减指数 n 与降雨历时长段有关，大多数地区的 n 值通常在降雨历时 $t=1\text{h}$ 前后发生变化，于是将 n 值分属长、短两个历时来赋值，即将 i—t 关系曲线转变为 i—t 关系直线。若降雨历时 $t<1\text{h}$，取 $n=n_1$，若降雨历时 $t>1\text{h}$，取 $n=n_2$，计算时所需的 n_1 和 n_2 数值，可查阅各地方编制的 n_1、n_2 等值线图，且一般 $n_2>n_1$。我国水利水电科学研究院水文研究所对全国 8 个城市的较长时期的暴雨实测资料进行了分析研究，结果认为各地可采用统一形式的暴雨强度公式，即式（5-1）。

参数 A_p 值的获取，一是查阅当地绘制的 A_p 等值线图；二是用与 A_p 设计频率相同的年最大 24h 暴雨量（$H_{24,p}$）计算，即

$$A_p = \frac{H_{24,p}}{24^{1-n}} = \frac{K_p \cdot \overline{H}_{24}}{24^{1-n}} \tag{5-20}$$

对式（2-20）推导如下：

设水文样本资料由年最大 24h 暴雨量组成，该样本的均值记作 $\overline{H}_{24}$（据当地多年平均最大 24h 暴雨量等值线图可查阅此值），其模比系数记作 $K_p = \dfrac{H_{24,p}}{\overline{H}_{24}}$，则

$$H_{24,p} = K_p \overline{H}_{24} \tag{5-21}$$

若已知设计频率 P、样本的变差系数 C_v（据当地多年平均最大 24h 暴雨量变差系数等值线图可查阅此值）及经验值 $C_s = 3.5C_v$，又因为 $K_p = 1 + C_v \Phi_p$，查附录 B，即可求出 K_p 值。

又设 24h 的暴雨强度为 i_p，有

$$H_{24,p} = i_p t = \frac{A_p}{t^n} t = A_p t^{1-n} = A_p 24^{1-n}$$

即

$$A_p = \frac{H_{24,p}}{24^{1-n}} \tag{5-22}$$

于是，将式（2-21）代入式（5-22），即得式（5-20）。

2. 最大日降雨量法

我国《室外排水设计规范》推荐的暴雨强度 q $[\text{L}/(\text{s} \cdot \text{hm}^2)]$ 公式为

$$q = \frac{(20+b)^n q_{20}(1 + C\lg T)}{(t+b)^n} \tag{5-23}$$

式中，t 为降雨历时（min）；T 为设计重现期（a）；C、n、b 为地方性参数，可参照邻近有自记雨量计资料且气象条件相似的地区进行推算，或依据实践经验推求；q_{20} 为当 $T=1\text{a}$，$t=20\text{min}$ 时的本地区暴雨强度 $[\text{L}/(\text{s} \cdot \text{hm}^2)]$。

$$q_{20} = \alpha h_d^\beta \tag{5-24}$$

式中，α、β 为地区参数，见表 5-9；h_d 为多年平均最大日降雨量（mm）。

表 5-9　α、β 数值

分　区	范　　围	α	β
I	东北及河北省东北部	4.47	0.294
II	西北地区	7.51	0.627
III	山西、河南、山东北部、河北西北部	3.66	0.867
IV、V	东南沿海、江西、湖南、湖北及广西	16.8	0.525
VI	西南地区	24.8	0.442

采用式（5-24）求解 q_{20} 计算简便，要求的资料简单，仅需有多年平均最大日降雨量一项即可。但是为保证计算结果的可靠性，资料年数不应短于 10a。亦可采用湿度饱和差法求解 q_{20}，具体方法可参见有关书籍。与最大日降雨量法相比，湿度饱和差法求解 q_{20} 计算较繁琐，对所需资料年限也有要求。

5.3　流域汇流分析计算

如前 2.2 节所述，以超渗产流的产流方式分析一次降雨形成径流过程的时候，当降雨强度扣除截留等损失后，其强度大于当时当地的土壤下渗率，而且满足土壤总吸水量的时候才会产生地面径流，因而降雨强度是影响产生地面径流的主要因素。本节的流域汇流分析计算就是将坡地漫流与河槽集流两个相继发生的汇流过程作为一个整体来处理，运用等流时线法把前述的净雨过程推演为出口断面的流量过程，获得最大洪峰流量表达式。

5.3.1　等流时线和出口断面流量推演

净雨从流域上某点至出口断面所经历的时间称为汇流时间。等流时线是指将流域上汇流时间相等点连成的线，即每条线上的各水质点在一定时间 τ 同时到达出流断面。如图 5-6 所示，此流域绘有五条等流时线，分别记为 1、2、3、4 和 5。相邻两条等流时线之间的面积称为等流时面积（或称为共时径流面积），分别记作 ω_1、ω_2、ω_3、ω_4 和 ω_5。各条等流线达到出口断面的汇流时间分别依次 $1\Delta t$、$2\Delta t$、$3\Delta t$、$4\Delta t$ 和 $5\Delta t$。

等流时线需在流域图上绘制，一般根据河道中水流速度，若设定汇流速度为 v，汇流时段长为 $\tau = \Delta t$，则 $\Delta S = v\Delta t$ 即为相邻两条等流时线之间的距离。然后，依据河网分布图，自流域出口断面起沿河道量出河长，且依次

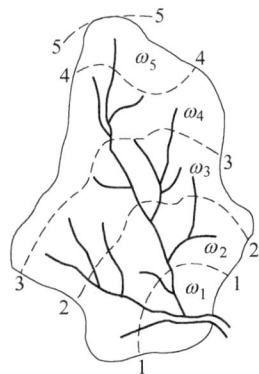

图 5-6　等流时线示意图

标上 $1\Delta t$、$2\Delta t$、$3\Delta t$、$\cdots$等分点，再用曲线连接这些分点就可获得等流时线图。若河道上下游或干支流的汇流速度不同，就要分别采用不同的 v 和 ΔS。另外，由于各支流均有各自的分水岭，等流时线与等流时面积不一定都是连续的。等流时线绘制完成后，可用求积仪分别量出各个等流时面积 ω_1、ω_2、ω_3、$\cdots$。

如图 5-6 所示，设流域出流断面在时刻 t 的流量 Q_t 是由第一块面积 ω_1 上的本时段净雨 h_t，第二块面积 ω_2 上前一时段净雨 h_{t-1}，第三块面积 ω_3 上前二时段净雨 h_{t-2}，$\cdots$合成的，则

$$Q_t = \frac{h_t}{\Delta t}\omega_1 + \frac{h_{t-1}}{\Delta t}\omega_2 + \frac{h_{t-2}}{\Delta t}\omega_3 + \cdots \tag{5-25}$$

应用此公式可推演出出流断面的流量过程线。

5.3.2　不同净雨历时对流量过程和洪峰的影响

流域汇流时间（又称为流域最大汇流时间）是指净雨从流域最远点至其出口断面所经历的时间，或者理解为流域的净雨终止时刻到地面径流终止时刻的时距。下面来分析一下净雨历时 t_c 和流域汇流时间 τ 对流域出口断面流量的影响。

设流域（图 5-6）有一次非均匀降雨，净雨历时分成三个相等的时段，即 $t_c = 3\Delta t$，各时段的净雨量分别依次为 h_1、h_2 和 h_3，流域汇流时间 $\tau = 5\Delta t$，则各时段末在流域出口断面径流出现的时序为

$$\left.\begin{aligned}
Q_1 &= K\frac{h_1}{\Delta t}\omega_1 \\[4pt]
Q_2 &= K\frac{h_2}{\Delta t}\omega_1 + K\frac{h_1}{\Delta t}\omega_2 \\[4pt]
Q_3 &= K\frac{h_3}{\Delta t}\omega_1 + K\frac{h_2}{\Delta t}\omega_2 + K\frac{h_1}{\Delta t}\omega_3 \\[4pt]
Q_4 &= K\frac{h_3}{\Delta t}\omega_2 + K\frac{h_2}{\Delta t}\omega_3 + K\frac{h_1}{\Delta t}\omega_4 \\[4pt]
Q_5 &= K\frac{h_3}{\Delta t}\omega_3 + K\frac{h_2}{\Delta t}\omega_4 + K\frac{h_1}{\Delta t}\omega_5 \\[4pt]
Q_6 &= K\frac{h_3}{\Delta t}\omega_4 + K\frac{h_2}{\Delta t}\omega_5 \\[4pt]
Q_7 &= K\frac{h_3}{\Delta t}\omega_5 \\[4pt]
Q_8 &= 0
\end{aligned}\right\} \tag{5-26}$$

式中，K 为单位换算系数。式（5-26）中的 $\dfrac{h_i}{\Delta t}$（$i = 1$, 2, 3）即为净雨强度。依据上式可以推演出相应的出口断面流量过程线。

依据上式可以推演出相应的出口断面流量过程线。

为讨论问题方便，设流域此次为均匀降雨，且 $h_1 = h_2 = h_3 = h$，分析式（5-26）可以得到如下结论：

1）$t_0 < \tau$ 时，流域出口断面的洪峰流量是由部分面积上的全部净雨形成的，则据式（5-26）有

$$Q_{\mathrm{m}} = Q_4 = K \frac{h}{\Delta t} \sum_{i=2}^{4} \omega_i = Ki \sum_{2}^{4} \omega_i \tag{5-27}$$

即洪峰流量出现在第 4 时段末，由流域最大共时径流面积（ $\sum_{i=2}^{4} \omega_i$ ）上的全部净雨汇集而成的（图5-7），这种情况称为部分汇流造峰。

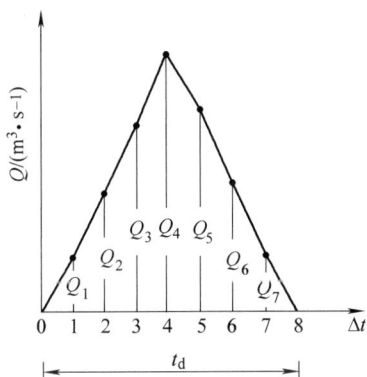

图 5-7　流域出口断面径流过程

2）$t_{\mathrm{c}} = \tau$ 时，洪峰流量是由全部流域面积（F）上的全部净雨构成的，即称为全面汇流造峰，可表示为

$$Q_{\mathrm{m}} = K \frac{h}{\Delta t} F = KiF \tag{5-28}$$

3）$t_{\mathrm{c}} > \tau$ 时，洪峰流量是由全部流域面积（F）上的部分净雨构成的，Q_{m} 值 $t_{\mathrm{c}} = \tau$ 与时求得的洪峰流量相同，但是它多延续了（$t_{\mathrm{c}} - \tau$）的时段。

而对于上述任何一种情况的发生，地面径流总历时 t_{d} 都等于 t_{c} 与 τ 之和。

因此，就暴雨洪水而言，从最不利于工程的角度考虑，依据等流时线原理，以全面汇流造峰的情形考虑，即有流域出口断面最大洪峰流量的公式形式为净雨强度（i）与流域面积（F）之乘积，即式（5-28）的形式。

5.3.3　等流时线法的讨论

（1）河系调蓄问题　按照等流时线的定义，同一个等流时面积内的水量，同时达到出流断面，那么各等流时面积之间不存在水量交换，也就是未考虑河系本

于小流域使用。

（2）净雨量分布问题　由式（5-25）可知，此处的净雨量 h 是全流域时段净雨量，即仅是时间函数而与所处的流域位置无关，没有考虑由于降雨分布不均匀而使净雨量在流域面积上分布不均匀的问题。相对于大中型流域而言，这种处理方法亦更适用于小流域。当然，若将各等流时面积内的平均时段净雨量代入此式，计算精度会显著提高。

（3）流速变化问题　在绘制等流时线时，将等流时线的位置视为不变，即用不随时间地点而变化的平均汇流速度来替代随时随地而变的实际汇流速度，那么求得的径流过程线会出现与地面实测径流过程线不相符的情况。考虑到洪峰最为重要，所取的汇流速度直接关系到洪峰与实测洪峰是否相符。为使二者尽可能接近，处理此问题的通常办法是用实测径流过程对其所取的流速进行校正，即勾绘等流时线时，大体上取常数汇流速度等于高水最大流速的 0.7~0.9 倍。

5.4　暴雨洪峰流量推理公式

5.4.1　基本原理

推理公式法假定流域上降雨与损失均匀，即净雨强度不随时间和空间变化条件下，根据等流时线汇流原理推导出的流域出口断面处最大流量的计算公式，也就是全面汇流时的洪峰流量计算公式。通常使用流域产流强度与流域面积的乘积再乘以一个适当的系数来表示，其基本形式为

$$Q_m = K\gamma F = a\ (i-f)\ F \tag{5-29}$$

式中，Q_m 为洪峰流量；γ 为流域产流强度；i 为平均降雨强度；f 为降雨损失强度；F 为流域面积；K 为单位换算系数；a 为参数，$a = 0.278$。

5.4.2　水科院水文所公式

1. 公式基本形式

1958 年，水利水电科学研究院水文所陈家琦等人经过两年多的研究后提出了推理公式，以后又作了若干改进，是我国设计洪水规范中规定使用的小流域设计洪水计算方法。其主要改进结果是把洪峰流量的形成分为全面汇流和部分汇流两种情况（$t_c < \tau$ 与 $t_c \geqslant \tau$）。式（5-29）中的流域产流强度 γ 用净雨平均强度 $\bar{i}$ 计，在计算时段内产生的净雨视为强度不变的过程，且 $\bar{i}$ 按 τ 时段内最大的平均暴雨强度考虑，用洪峰流量径流系数（Ψ）来扣除暴雨损失量。即

$$Q_m = K\bar{i}F = K\Psi i_\tau F \tag{5-30}$$

i_τ 用式（5-1）表示，水利水电科学研究院水文所推理公式的具体形式为

$$Q_m = 0.278 \Psi \frac{A}{\tau^n} F \qquad (5\text{-}31)$$

式中，洪峰流量 Q_m 以 m³/s 计，设计频率暴雨雨力 A 以 mm/h 计，流域汇流时间 τ 以 h 计，流域面积 F 以 km² 计，洪峰流量径流系数 Ψ 和暴雨强度衰减指数 n 均系量纲为 1 的量，单位换算系数 K 取 0.278。

式（5-31）适用的流域范围：在多雨地区，视地形条件一般为 $300 \sim 500\text{km}^2$ 以下；在干旱地区为 $100 \sim 200\text{km}^2$ 以下，但不能应用于岩溶、泥石流及各种人为措施影响严重的地区。

2. 推理公式中的参数计算

在式（5-31）中，设计频率暴雨雨力 A 和暴雨强度衰减指数 n 可以按前述 5.2 节所述方法获得，其他参数可以按照下面介绍的方法来计算：

（1）流域特征参数 F、L、J 的确定 F 表示出口断面以上的流域面积，L 为流域长度，J 为沿 L 坡地和河槽平均比降。获取方式一般直接由地形图上量测得到，J 值的具体计算采用第 2 章中的式（2-3）计算。

（2）洪峰径流系数 Ψ 值的计算 由于影响因素复杂和地区不同，直接求洪峰流量径流系数 Ψ 值不容易得到满意的结果。目前都采用间接的方法，即用扣除平均损失强度（平均下渗强度）的方法解决。水文所根据暴雨公式 $i = A/t^n$ 的数学性质把设计暴雨强度变化过程概化成图 5-8 的形式，并认为当瞬时暴雨强度 $i = \bar{f}$ 时，是产生与不产生净雨的分界点，由此，可决定最大产流历时 t_c。

因为历时为 t 的暴雨平均强度为

$$i_t = \frac{A}{t^n} = At^{-n} \qquad (5\text{-}32)$$

则时段 t 内的总降雨量

$$H_t = i_t t = At^{1-n} \qquad (5\text{-}33)$$

而历时为 t 的瞬时暴雨强度，可用对上式微分求得

$$i = \frac{\mathrm{d}H_t}{\mathrm{d}t} = \frac{\mathrm{d}}{\mathrm{d}t}(At^{1-n}) = (1-n)At^{-n} = (1-n)i_t$$

参见图 5-8，当 $i = \bar{f}$ 时，$t = t_c$（产流历时），上式成为

$$\bar{f} = (1-n)At^{-n} \qquad (5\text{-}34)$$

将式（5-34）移项后得

$$t_c = \left[(1-n)\frac{A}{\bar{f}} \right]^{\frac{1}{n}} \qquad (5\text{-}35)$$

在图 5-8 中，R_τ 及 R_R 分别表示不同历时情况产生洪峰的总净雨量。

当 $t_c > \tau$ 时，属于全流域面积汇流情况。此时，τ 时段的总降雨量 $H_\tau = A\tau^{1-n}$，而损失量为 $\bar{f}\tau$，于是 τ 时段内的总净雨量 $R_\tau = H_\tau - \bar{f}\tau$，则

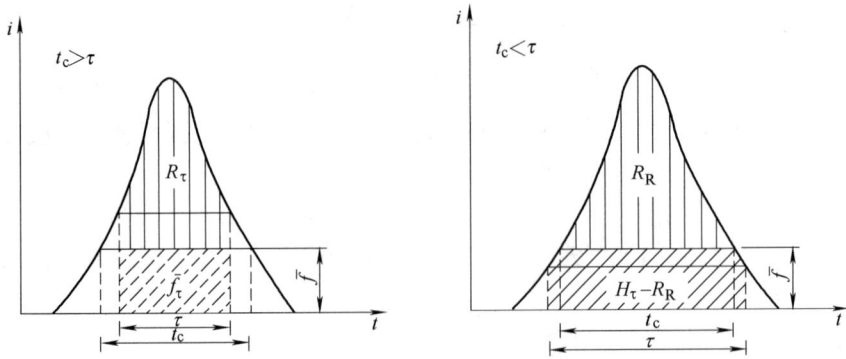

图 5-8 设计暴雨过程及最大产流历时 t_c 示意图

当 $t_c > \tau$ 时，属于全流域面积汇流情况。此时，τ 时段的总降雨量 $H_\tau = A\tau^{1-n}$，而损失量为 $\bar{f}\tau$，于是 τ 时段内的总净雨量 $R_\tau = H_\tau - \bar{f}\tau$，则

$$\Psi = \frac{R_\tau}{H_\tau} = 1 - \frac{\bar{f}}{A}\tau^n \qquad (5\text{-}36)$$

当 $t_c < \tau$ 时，属于部分流域面积汇流情况。此时，τ 时段的总降雨量仍为 H_τ，而损失量则为 $H_\tau - R_R$，其中 R_R 是本次降雨 $t = t_c$ 时所产生的总净雨量，即

$$R_R = H_{t_c} - \bar{f}t_c = (i_{t_c} - \bar{f})\,t_c$$

当 $t = t_c$，$i_t = \bar{f}_{t_c}$，则

$$R_R = [At_c^{-n} - (1-n)\,At_c^{-n}]t_c = nAt_c^{-n}t_c = nAt_c^{1-n} \qquad (5\text{-}37)$$

得

$$\Psi = \frac{R_R}{H_\tau} = n\left(\frac{t_c}{\tau}\right)^{1-n} \qquad (5\text{-}38)$$

式（5-36）及式（5-38）表示径流系数 Ψ 与汇流时间 τ，以及与 n、A、$\bar{f}$ 等的关系，反映了气象、地质与地形等因素的影响，表明了不同自然条件下各流域 Ψ 值随 τ 值的变化规律（图 5-9）。

（3）流域汇流时间 τ 值的计算 式（5-31）中的流域汇流时间 τ，不但与流域最远流程的汇流长度 L 有关，而且与沿流程的水力条件（如流量大小及流域比降等）有关。

由水力学可知

$$\tau = 0.278\frac{L}{V} \qquad (5\text{-}39)$$

又有半经验公式：

$$V = mJ^\sigma Q_m^\lambda \qquad (5\text{-}40)$$

式中，V 为流域平均汇流速度（m/s）；σ、λ 为经验指数；其他各项符号含义同前。σ 和 λ 与出口断面形状有关，若为抛物线形断面，则 $\sigma = 1/3$，$\lambda = 1/3$；若

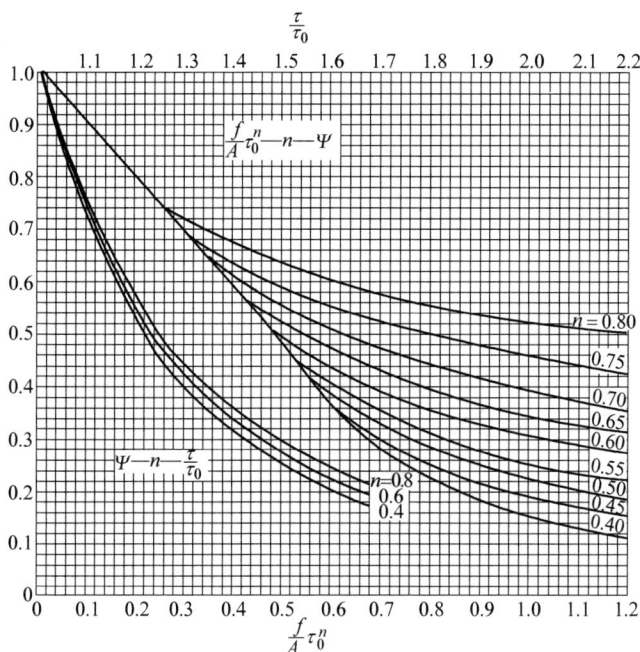

图 5-9　Ψ、τ 曲线图

为矩形断面，则 $\alpha = 1/3$，$\lambda = 2/5$。对于一般山区性河道，都把出口断面近似地概化为三角形，采用 $\sigma = 1/3$，$\lambda = 1/4$，连同式（5-40）一起代入式（5-39）得

$$\tau = \frac{0.278L}{mJ^{1/3}Q_m^{1/4}} \tag{5-41}$$

再将上式代入式（5-31），即联立求解 Q_m 得

$$Q_m = \left[(0.278)^{1-n} \Psi AF \left(\frac{mJ^{1/3}}{L} \right)^n \right]^{\frac{4}{4-n}} \tag{5-42}$$

代入式（5-41）可得

$$\tau = \frac{0.278^{\frac{3}{4-n}}}{\left(\dfrac{mJ^{1/3}}{L} \right)^{\frac{4}{4-n}} (\Psi AF)^{\frac{1}{4-n}}} \tag{5-43}$$

若令

$$\tau_0 = \frac{0.278^{\frac{3}{4-n}}}{\left(\dfrac{mJ^{1/3}}{L} \right)^{\frac{4}{4-n}} (AF)^{\frac{1}{4-n}}} \tag{5-44}$$

则流域汇流时间

$$\tau = \tau_0 \Psi^{\frac{-1}{4-n}} \tag{5-45}$$

显然，当 $\Psi=1$ 时，$\tau=\tau_0$，先求得 τ_0 后才能求得 τ，τ_0 可由式（5-44）求得。

如前所述，Ψ 和 τ 是求解 Q_m 时需要确定的两个未知数，其中 Ψ 还是 τ 的函数，因此可用式（5-45）和式（5-36）、式（5-38）联立求解。

当 $t_c > \tau$ 时
$$\begin{cases} \Psi = \dfrac{R_\tau}{H_\tau} = 1 - \dfrac{\bar{f}}{A}\tau^n \\ \tau = \tau_0 \Psi^{-\frac{1}{4-n}} \end{cases} \tag{5-46a}$$

当 $t_c < \tau$ 时
$$\begin{cases} \Psi = \dfrac{R_R}{H_\tau} = n\left(\dfrac{t_c}{\tau}\right)^{1-n} \\ \tau = \tau_0 \Psi^{-\frac{1}{4-n}} \end{cases} \tag{5-46b}$$

当已知流域地形、土壤和气象资料时，即可用式（5-46a）或式（5-46b）求解 Ψ 和 τ，其中联立方程组（5-46b）可以直接化为将已知量与未知量分开的计算式，即

$$\Psi = \left[n\left(\dfrac{t_c}{\tau_0}\right)^{1-n} \right]^{\frac{4-n}{3}} \tag{5-47}$$

将上式代入式（5-31），即得 $t_c > \tau$ 时的洪峰流量计算式

$$Q_m = 0.278AF \left[\dfrac{nt_c^{1-n}}{\tau_0^{\frac{4-n}{4}}} \right]^{\frac{4}{3}} \tag{5-48}$$

t_c 可按式（5-35）求解。当径流系数 $\Psi=1$ 时的洪峰流量汇流时间 τ_0，一般由式（5-44）计算或根据 AF、$\dfrac{mS^{1/3}}{L}$ 及 n 值由图 5-9 查得。

但联立方程组（5-46a）不能化为已知量与未知量分开的计算式。在实际计算时，由于洪峰流量及汇流时间都是未知量，无法事先直接判别它是属于全面汇流还是部分汇流情况，即不能事先确定应使用方程组（5-46a）还是方程组（5-46b）。因此，水科院水文所将式（5-36）与式（5-38）绘制在同一张计算图 5-9 上，使用时不必事先判明 t_c 与 τ 的大小，而由图 5-10 及图 5-9 直接求出所需的 τ_0、Ψ 和 τ 值。

（4）平均损失强度 $\bar{f}$ 值的计算　平均下渗强度是指产流期间内损失强度的平均值，即为平均下渗率。用式（5-35）求 t_c 和用式（5-36）求 Ψ，都需要先定出损失参数 $\bar{f}$ 值。$\bar{f}$ 不仅与土壤的透水性、前期含水量和地区的植被情况有关，还与降雨的大小及其时程分配的特征有关，且不同地区的数值不同，变化也较大，所以 $\bar{f}$ 值不易确定。一般利用当地暴雨洪水实测资料进行分析。如无实测资料，可通过查有关图表求得。也可以通过推求 $\bar{f}$ 与净雨量的关系来确定 $\bar{f}$ 值。把式（5-35）代入式（5-37）得

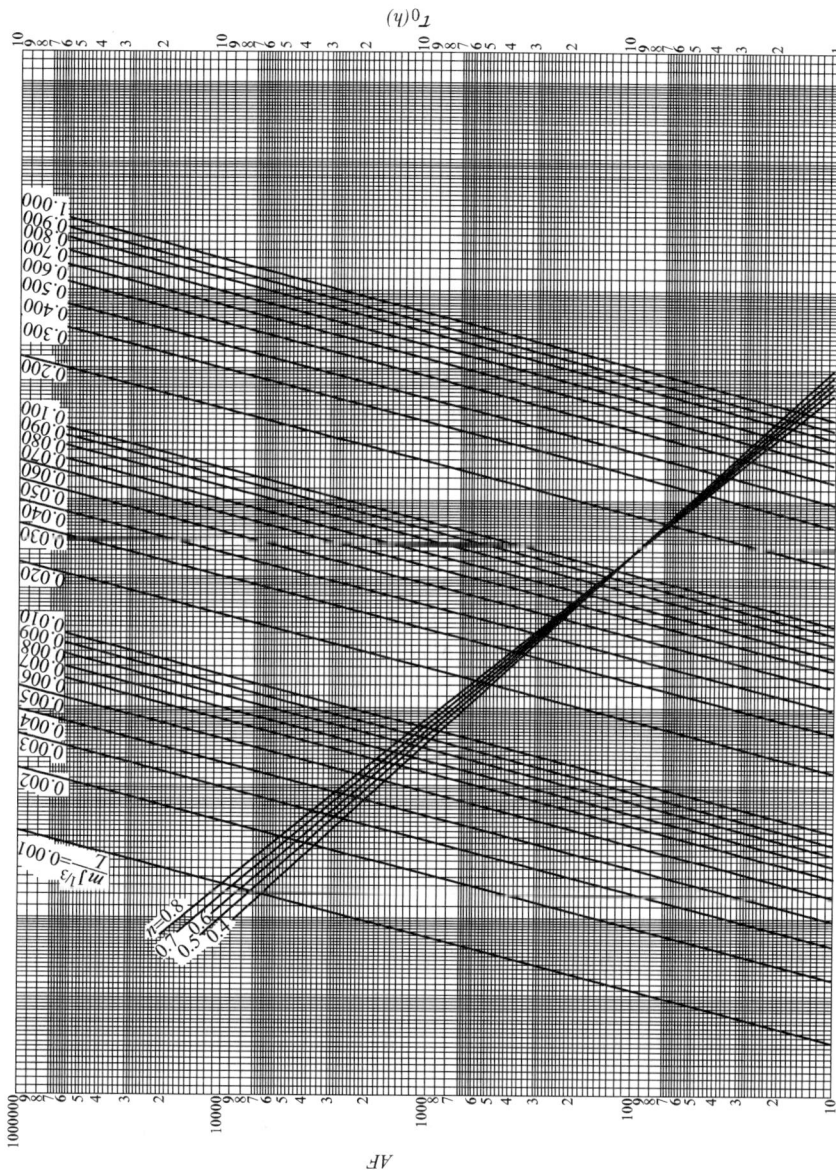

图5-10　汇流时间 τ_0 图

$$R_R = nAt_c^{1-n} = nA\left[(1-n)\ \frac{A}{\bar{f}}\right]^{\frac{1-n}{n}}$$

移项化简后可得

$$\bar{f} = (1-n)\ n^{\frac{n}{1-n}}\left(\frac{A}{R_R^n}\right)^{\frac{1}{1-n}} \tag{5-49}$$

其中 R_R 为主雨峰产生的净雨量（图 5-8）。R_R 可通过设计暴雨量与地区的单峰暴雨洪水的暴雨径流相关关系确定。

在未进行参数综合分析地区，水科院水文所根据我国的暴雨情况，以 24h 暴雨量 H_{24} 近似地代表一次单峰降雨过程进行分析，给出了区域特征不同的 24h 径流系数 α 值（表 5-10），于是，在无实测雨洪资料时，式（5-37）中的 R_R 可按下式计算

$$R_R = \alpha H_{24,p} \tag{5-50}$$

表 5-10　降雨历时等于 24h 的径流系数 α 值

地　　区	$H_{24,p}$/mm	土　　壤		
		黏土类	壤土类	沙壤土类
山　区	100～200	0.65～0.8	0.55～0.7	0.4～0.6
	200～300	0.8～0.85	0.7～0.75	0.6～0.7
	300～400	0.85～0.9	0.75～0.8	0.7～0.75
	400～500	0.9～0.95	0.8～0.85	0.75～0.8
	500 以上	0.95 以上	0.85 以上	0.8 以上
丘陵区	100～200	0.6～0.75	0.3～0.55	0.15～0.35
	200～300	0.75～0.8	0.55～0.65	0.35～0.5
	300～400	0.8～0.85	0.65～0.7	0.5～0.6
	400～500	0.85～0.9	0.7～0.75	0.6～0.7
	500 以上	0.9 以上	0.75 以上	0.7 以上

为应用方便，已将式（5-49）制成计算图，$\bar{f}$ 值一般根据 A/R_R^n 及 n 值由图查得，见图 5-11。在产流历时 $t_c > 24h$ 的情况下，$\bar{f}$ 值无须用图 5-11 查算，而按下式确定

$$\bar{f} = (1-\alpha)\ \frac{H_{24,p}}{24} \tag{5-51}$$

（5）汇流参数 m 值的计算　式（5-41）中的汇流参数 m，相当于单位流量和比降为 1 时的流域汇流速度，由式（5-14）可得

$$m = \frac{0.278L}{J^{1/3}Q_m^{1/4}\tau} \tag{5-52}$$

m 值实际是用实测雨洪资料通过上式求出的，它与山坡及河槽的糙率及流

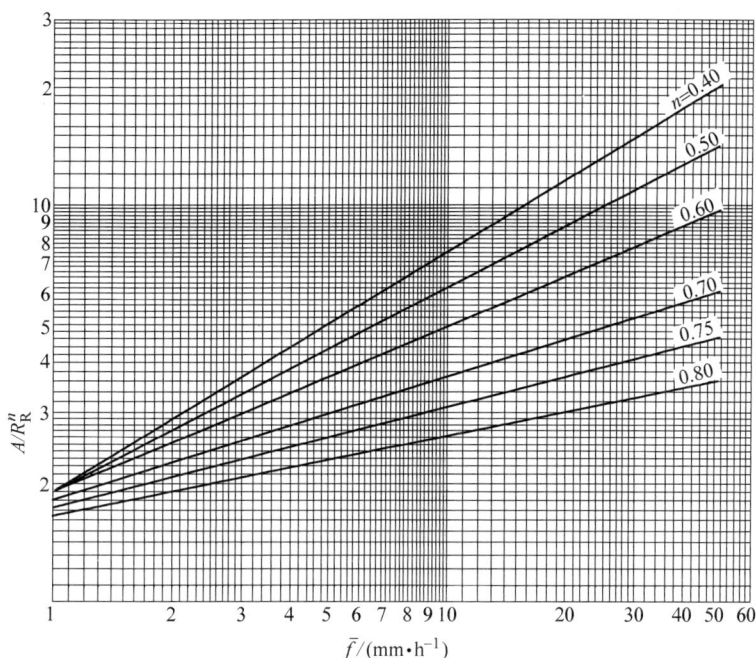

图 5-11 入渗率 $\bar{f}$ 值图

域的长度和比降有关，式中的各项假设带来的误差都会反映在 m 中，使 m 值的物理概念不是很清晰，给地区综合带来了一定困难。我国各省（区）都按上式对 m 作过一定分析，目前多数根据 $m—\theta$ 的关系来确定 m 值，供设计时使用，其中 $\theta = \dfrac{L}{J^{1/3}}$，称为流域特征因素。例如：四川省东部地区建立的 $m—\theta$ $\left(= \dfrac{L}{J^{1/3}F^{1/4}}\right)$ 关系为：当 $\theta = 1 \sim 30$ 时，$m = 0.45\theta^{0.169}$；当 $\theta = 30 \sim 300$ 时，$m = 0.114\theta^{0.574}$。湖南省建立的 $m—\theta = \dfrac{L}{J^{1/3}}$ 的综合关系为：在北纬 28° 以北，$m = 0.28\theta^{0.32}$；在北纬 28° 以南，$m = 0.16\theta^{0.40}$ 等。

当没有条件进行地区暴雨洪水资料分析的时候，可参照《水利水电工程设计洪水计算规范》（SL 44—1993）》推荐的修正表（表 5-11）给出的 m 值进行估算。此表是通过对我国部分省区面积在 100km^2 以下的一些小流域和特小流域的资料分析综合而得。

3. 小流域设计洪峰流量计算实例

上述各项参数求得后，直接代入式（5-31）中计算洪峰流量值即可。在应用水科院水文所方法计算 Q_m 时需要具备下列几项基本资料：①流域地形图和流域情况说明，作为确定流域特征值和选用参数时的依据。②流域暴雨统计资料，或暴雨参数等值线图及频率查算表，用以确定暴雨参数。在应用于小流域暴雨计算时，暴雨公式 $i = A/t^n$ 在双对数坐标上常将其概化为两条不同斜率的暴雨强度——历时关系直线，分属长短历时，即转折点时间定为 $t_0 = 1h$，如本章 5.2 节所述，长、短历时计算时分别选用 n_2 和 n_1。③本地区对参数 m、f 进行综合分析的成果，若缺少这部分资料而工程要求的精度允许时，可以利用表 5-10 和表5-11查算径流系数 α 和汇流参数 m 值。现举例说明求解小流域设计暴雨洪峰流量的步骤和相关公式的具体应用。

表5-11　汇流参数 m 值表

类别	雨洪特征、河道特性、土壤植被	洪水汇流参数 m 值			
		$\theta = 1 \sim 10$	$\theta = 10 \sim 30$	$\theta = 30 \sim 90$	$\theta = 90 \sim 400$
I	雨量丰沛的湿润的山区，植被条件优良，森林覆盖度可高达 70% 以上，多为深山原始森林区，枯枝落叶层厚，壤中流较丰富，河床呈山区形大卵石、大砾石河槽，有跌水，洪水多呈缓落型	0.20 ~ 0.30	0.30 ~ 0.35	0.35 ~ 0.40	0.4 ~ 0.8
II	南方、东北湿润山丘，植被条件良好，以灌木林、竹林为主的石山区，或森林覆盖度达 40% ~ 50%，或流域内以水稻田或优的草皮为主，河床多砾石、卵石，两岸滩地杂草丛生，大洪水多位尖瘦型，中小洪水多为矮胖型	0.30 ~ 0.40	0.40 ~ 0.50	0.50 ~ 0.60	0.6 ~ 0.9
III	南、北方地理景观过渡区，植被条件一般，以稀疏林、针叶林、幼林为主的土石山区或流域内耕地较多	0.60 ~ 0.70	0.70 ~ 0.80	0.80 ~ 0.90	0.9 ~ 1.3
IV	北方半干旱地区，植被条件差，以荒草坡、梯田或少量的稀疏林为主的土石山区，旱作物较多，河道呈宽浅型，间歇性水流，洪水陡涨陡落	1.0 ~ 1.3	1.3 ~ 1.6	1.6 ~ 1.8	1.8 ~ 2.0

【例 5-1】　四川东部某山区水库，地表情况为粘土类，坝址控制流域面积 $F = 186\text{km}^2$，流域长度 $L = 30.1\text{ km}$，比降 $J = 0.0109$，多年平均24h 最大降雨量 $\overline{H}_{24} = 102.0\text{mm}$，$C_v = 3.5C_s$，$C_v = 0.30$，设 $\tau > 1h$，按长历时计算，取 $n = n_2 = 0.70$，求百年一遇设计洪峰流量。

【解】　1）根据流域水系地形图，量算及校核流域特征参数，包括从地形图上量出流域面积 F、流域长度 L、比降 J，本题为条件已知。

2）根据四川省已经建立的 $m—\theta$ 关系，计算汇流参数 m 值

$$\theta = \frac{L}{J^{1/3}F^{1/4}} = \frac{30.1}{0.0109^{1/3}186^{1/4}} = 36.76$$

据 $\theta = 30 \sim 300$ 时，有 $m = 0.114\theta^{0.574} = 0.114 \times 36.76^{0.574} = 0.902$

对于没有 θ—m 关系式的地区，可以通过查表 5-11 得到 m 值。

3）计算 n、$A_{1\%}$。本题已给出 $n = n_2 = 0.70$。

$A_{1\%}$ 用与其设计频率相同的年最大 24h 暴雨量（$H_{24,1\%}$）计算，现已知 $\overline{H}_{24} = 102.0\text{mm}$，$C_s = 3.5C_v$，$C_v = 0.30$，查附录 IV，于是有

$$A_{1\%} = \frac{H_{24,1\%}}{24^{1-n}} = \frac{K_{1\%} \cdot \overline{H}_{24}}{24^{1-n}} = \left(\frac{1.92 \times 102.0}{24^{1-0.70}}\right)\text{mm/h} = 75.48\text{mm/h}$$

n、A_p 亦可通过查阅当地绘制的等值线图获得。

4）根据流域条件确定 $\bar{f}$。据 $H_{24,1\%} = K_{1\%} \times \overline{H}_{24} = 1.92 \times 102.0\text{mm} = 195.84\text{mm}$，并结合本区条件，查表 5-10 得 $\alpha = 0.80$，有

$$R_R = \alpha H_{24,1\%} = 0.8 \times 195.84\text{mm} = 156.67\text{mm}, A/R_R^{0.7} = 2.195$$

由图 5-11 查得 $\bar{f} = 1.9\text{ mm/h}$。

若本研究区具有综合的暴雨径流关系相关图，可在此图上确定 R_R，再按照

式 $\bar{f} = (1 - n)\, n^{\frac{n}{1-n}}\left(\frac{A}{R_R^n}\right)^{\frac{1}{1-n}}$ 或查图 5-11 求得 $\bar{f}$。

5）计算 τ_0 值。先计算 $\frac{mJ^{1/3}}{L}$ 和 AF，由图 5-10 查得 τ_0 值，或由式（5-44）计算。

由

$$\frac{mJ^{1/3}}{L} = \frac{0.902 \times 0.2217}{30.1} = 0.00665$$

$$AF = 75.48 \times 186 = 14039.28$$

则由式（5-44）得

$$\tau_0 = \frac{0.278^{\frac{3}{4-0.7}}}{0.00665^{\frac{4}{4-0.7}} \times 14039.28^{\frac{1}{4-0.7}}} = 7.53\text{h}$$

6）求 Ψ 值。计算 $\frac{\bar{f}}{A}\tau_0^n = 0.1034$，由 $\frac{\bar{f}}{A}\tau_0^n$—$n$—$\Psi$ 曲线（图 5-9）查得 $\Psi = 0.88$。

7）计算 τ 值。现已知 Ψ、n、τ_0 值，由图 5-9 中的 Ψ—n—$\frac{\tau}{\tau_0}$ 曲线查 $\frac{\tau}{\tau_0}$ 值，$\frac{\tau}{\tau_0} = 1.042$，则 $\tau = 7.85$。

或用公式 $\tau = \tau_0 \Psi^{\frac{-1}{4-n}}$ 计算 τ 值，得 $\tau = 7.83$。

结果表明两种方法求得的 τ 值非常接近，其误差表现为查曲线时的读数精确程度。但从计算结果和查图表的结果来看，精确程度还是有保证的。

8）计算洪峰流量 Q_m。将已算出的 Ψ、τ 带入式（5-31）计算洪峰流量 Q_m，则

$$Q_m = 0.278\Psi\frac{A}{\tau^n}F = \left(0.278 \times 0.88 \times \frac{75.48}{7.85^{0.7}} \times 186\right)\text{m}^3/\text{s} = 811.83\text{m}^3/\text{s}$$

现将本例题计算结果列于表 5-12。

表 5-12　计算结果表

$\dfrac{mJ^{1/3}}{L}$	AF	τ_0	τ_0^n	$\dfrac{\bar{f}}{A}\tau_0^n$	Ψ	τ/τ_0	τ	τ^n	Q_m
0.00665	14039.28	7.53	4.11	0.1034	0.88	1.042	7.85	4.231	811.83

推理公式还包括各省区在水文所公式基础上结合本地情况提出的推理公式以及铁一院两所推理公式。铁一院两所公式是 1970 年由铁道部第一勘测设计院、中国科学院地理研究所、铁道部研究院西南研究所三单位合作成立的小流域暴雨径流研究组，进一步考虑了洪峰流量形成中汇流面积的分配和流域的调蓄作用后，提出的计算洪峰流量的简化公式，适用于西北各省、区以及流域面积小于 100km^2 的小流域，具体可参见相关书籍。

5.5　地区性经验公式

计算小流域的暴雨洪峰流量，除了推理公式法以外，还经常采用地区性的经验公式进行估算。经验公式最早见于 19 世纪中期，是依据洪峰流量与流域面积建立的关系式。目前，各省（区）及各地区水文手册中都有这类公式及使用方法，计算时可结合当地水文手册进行。经验公式的特点是，如果公式建立时采用的资料具有代表性，则其计算成果将有很高的精度。缺点是公式受实测资料限制，多缺乏大洪水资料的验证，不易解决外延问题。

建立经验公式的关键是如何选定主要因素，因素选得太少，就不能反映主要影响的作用，因素选得过多，则不仅参数的定量困难，计算麻烦，而且影响精度。通常有单因素公式法和多因素公式法。前者以流域面积为主要因素，其他因素用一个综合系数表示；后者一般也只考虑两个或三个指标。

5.5.1　单因素的地区经验公式

各省（区）用得最普遍的经验公式的形式为

$$Q_m = KF^n \tag{5-53}$$

式中，Q_m 为设计洪峰流量（m^3/s）；F 为流域面积（km^2）；K、n 为随地区及

频率而变化的系数和指数。

例如辽宁省全省分为六大区，湖南省把全省分为十大区，每区 n 值为常数，K 值与频率有关。某地将其所属地区分为山地与川原沟壑两区，n 与 K 值均随频率而不同，如表 5-13 所示。

表 5-13　某地参数 K 与 n 值表

区　　域	项　　目	频率（%）					使用范围 /km²
		0.5	1.0	2.0	5.0	10.0	
山地	K	28.6	22.0	17.0	10.7	6.58	3—2000
	n	0.601	0.621	0.635	0.672	0.707	
川原沟壑	K	70.1	49.9	32.5	13.5	3.20	5—200
	n	0.244	0.258	0.281	0.344	0.506	

5.5.2　多因素的地区经验公式

很多地区小流域测站较少，而且缺少长期系列资料的积累，受这种资料条件的限制，难以确定上述形式的经验公式，转而在公式中引入降雨参数，按地形、地貌等自然地理因素分区。在使用公式时，采用一定频率的设计雨量，就可得到相应频率的设计洪水。这也是无资料地区进行水文计算的常用方法。如适用于流域面积 100km² 以内的水利电力科学研究院建立的经验公式为

$$Q_{\mathrm{m}} = KAF^{2/3} \tag{5-54}$$

式中，A 为暴雨雨力（mm/h）；K 为洪峰流量参数，按表 5-14 所示自然地理分区给出。

表 5-14　洪峰流量参数 K 值表

汇水区	项　　目			
	J（‰）	Ψ	V（m·s⁻¹）	K
石山区	>15	0.80	2.2—2.0	0.60—0.55
丘陵区	>5	0.75	2.0—1.5	0.50—0.40
黄土丘陵区	>5	0.70	2.0—1.5	0.47—0.37
平原坡水区	>1	0.65	1.5—1.0	0.40—0.30

本　章　小　结

【本章内容】

本章主要讲述了暴雨强度公式和小流域暴雨洪峰流量的推求方法。

（1）概述　本节介绍了小流域的暴雨洪水特点和暴雨洪水计算方法，包括常

用的推理公式法和经验公式法两种。由于小流域缺乏或没有实测流量资料，往往用暴雨资料推算洪峰流量。因此，首先要建立暴雨强度公式。

（2）暴雨强度公式　首先讲述点雨量资料整理的内容，就是首先在自记雨量计记录纸上，筛选出每场暴雨，整理出它们的暴雨强度—历时关系表，然后经过频率分析与计算，整理出暴雨强度 i—降雨历时 t—重现期 T 关系表。然后，介绍如何依据暴雨强度—降雨历时—重现期的关系，建立暴雨强度公式。最后是求解暴雨强度公式中参数的问题。分为两种情况来求解；一是在有自记雨量计记录地区，运用图解法、最小二乘法及试摆法求解暴雨强度公式中的参数；二是无自记雨量计记录地区暴雨公式中参数的推求方法主要有等值线图法和最大日降雨量法等。

（3）流域汇流分析计算　汇流是指净雨经过坡地漫流与河槽集流最终达到出口断面的过程。等流时线就是汇流时间相同点的连线。运用等流时线法阐述流域地表径流的汇流过程，分析流域出口断面的流量过程，从而获得最大洪峰流量表达式。

（4）暴雨洪峰流量推理公式　用推理公式求解小流域设计洪峰流量是世界上广泛采用的一种方法，本节主要介绍了水科院水文所推理公式和该公式中参数的计算方法，主要参数包括洪峰流量径流系数（Ψ）、流域汇流时间（τ）、雨力（A）以及平均下渗率（f）和汇流参数（m）等。

（5）经验公式　本节先介绍了以流域面积为参数的单因素经验公式，然后介绍了包括降雨参数的多因素地区经验公式。

【学习基本要求】

通过本章学习，熟悉点雨量资料整理的具体内容和基本方法，了解小流域暴雨洪水特点和常用计算方法，清楚不同净雨历时对流域出口断面的流量过程和洪峰的影响，掌握求解暴雨强度公式中参数的方法和暴雨洪峰流量推理公式中参数的计算方法，学会利用经验公式推求设计洪水。

Chapter 5　Calculating Storm-flood Peak in a Small Basin

【Chapter Content 】

It is main contents to set the storm intensity-duration-frequency relationship and the method of estimating a storm-flood peak in a small basin in this chapter.

1. Introduction

The features of surface runoff in a small basin are different from others. Therefore, rational formulas and empirical formulas used for a small watershed are introduced. The designed maximum flow is usually evaluated by the observed storm data because the data of observed river-runoff usually are unavailable in small basins. So, first of all, it is necessary to set a storm intensity-duration-frequency relationship.

2. Storm intensity-duration-frequency relationship

First, the contents to establish rearrange the data of a point-rainfall station are described, in which there are several steps as follows: (1) sorting out every storm according to the recording results of automatic rain-gauges; (2) listing the intensity-duration tables; (3) arranging the intensity (i) -duration (t) -frequency (T) table by statistical analyses and calculations. Secondly, the intensity-duration-frequency relationship is set on the basis of the intensity-duration-frequency curves. Thirdly, parameters in the formula are estimated either by using such methods as the graphic method, the least-square method and the pendulum procedure if the data are available or by using the other means, for example the maximum daily-rainfall or the parameter isograms, if the data not available.

3. Analyses and calculations of confluent flow in a basin

The confluence is a process in which the surface net-rainfall flows to the outfall of a basin by the overflow on sloping fields and the confluent flow along the riverbed. The isograms, on which the confluent-flow time is assumed to be same, are used to describe the processes of collecting surface-runoff and analyze the hydrograph from which the peak-flow expression of the outfall can be derived.

4. Rational formula used to calculate the design peak-flow of storm-flood

The formula is one of the means of predicting the maximum flow and has been widely adopted in the world. This section mainly discusses the formula established by the Hydrology Bureau of the Water Science Academy and the methods used to determine the parameters in it. Main parameters are the runoff coefficient of peak-flow (Ψ), the maximum basin lag (τ), the maximum one-hour rainfall-intensity (A), the average infiltration rate ($\bar{f}$) and the confluent factor (m) etc.

5. Empirical formulas

The formulas are introduced here, in which either a basin area or both the area and a rainfall parameter are chosen as single or multiple impacting factors, respectively.

[Learning Requirements]

The contents and methods of sorting point-rainfall data should be known, the storm-flood characteristics and calculating peak-flow methods clarified in a small basin, and the influence of different net-rainfall duration on the hydrograph and peak-flow at the outlet of a watershed understood. At the same time, the basic methods of calculating the parameters in the storm intensity-duration-frequency relationship and the rational formula need to be grasped, and the applications of empirical formulas for a design-flood not neglected.

复 习 题

5-1 点雨量资料整理包括哪些具体内容？

5-2 试摆法是一种将图解法和最小二乘法结合使用的综合方法，这句话对否？为什么？

5-3 表 5-15 所示为某站自记雨量计数据整理与计算的结果。要求用最小二乘法求出暴雨公式 $i = \dfrac{A_1 \ (1 + C \lg T)}{t^n}$ 中的参数 A_1、C 和 n。

表 5-15 i—t—T 关系表

T/a	t/ (min)						
	5	10	15	20	30	45	60
	$i/$ (mm · min^{-1})						
0.25	0.318	0.218	0.189	0.169	0.141	0.117	0.103
0.33	0.432	0.308	0.258	0.230	0.191	0.155	0.143
0.50	0.557	0.446	0.366	0.325	0.266	0.227	0.198
1	0.813	0.652	0.544	0.470	0.395	0.330	0.288
2	1.180	0.863	0.712	0.631	0.520	0.435	0.382
3	1.350	0.973	0.810	0.715	0.596	0.496	0.434
5	1.530	1.120	0.931	0.820	0.682	0.575	0.497
10	1.830	1.340	1.110	0.980	0.818	0.680	0.596

5-4 已知某雨量站的暴雨地方性参数 $n = 0.67$，$b = 8$，$C_v = 0.3$，$C_s = 3.5 C_v$，$\overline{H}_{24} = 55\text{mm}$。试求该站重现期为 100 年的暴雨雨力 A 与暴雨强度 i。

5-5 据湖北某地实测降雨资料，多年平均最大日降雨量为 109mm，并已知参数有 $n = 0.70$，$b = 0$，$C = 0.95$，用最大日降雨量法推求暴雨公式。

5-6 设某流域总面积为 F，用三条等流时线将其划分为四块等流时面积，即从流域出口断面始等流时面积依次为 ω_1、ω_2、ω_3 和 ω_4，已知 $\omega_1 = 1.0\text{km}^2$，$\omega_2 = 2.0\text{km}^2$，$\omega_3 = 3.5\text{km}^2$，$\omega_4 = 1.5\text{km}^2$，流域汇流时间与净雨历时相等，即 $\tau = t_c = 4\text{h}$，净雨深依次为 $h_1 = h_2 = 10\text{mm}$，$h_3 = 25\text{mm}$，$h_4 = 35\text{mm}$。试推求该流域出口断面流量和最大流量。

5-7 何谓洪峰径流系数？其物理意义何在？

5-8 在式（5-31）中，哪些参数与设计频率有关？

5-9 辽宁一小水库，坝址控制面积 $F = 184\text{km}^2$，流域长度 $L = 29.1\text{km}$，$J = 8.32‰$，百年一遇最大 24h 雨量 $\overline{H}_{24,1\%} = 210.0\text{mm}$，$n = 0.75$，$\bar{f} = 3.0\text{mm/h}$，$m = 0.90$，求百年一遇设计洪峰流量。

5-10 我国南方某丘陵地区一小河，属于植被一般的土石山区，流域内耕地较多，有少量稀疏幼林，土质为壤土。流域面积 $F = 26.6\ \text{km}^2$，主河槽长度 $L = 6.5\text{km}$，河槽纵比降 $J = 0.009$，24h 平均降雨量 $\overline{H}_{24} = 112\text{mm}$，$C_{v24} = 0.5$，$C_{s24} = 3.5C_{v24}$，$n = 0.75$，试用水文所推理公式求设计频率为 $P = 1\%$ 的洪峰流量 Q_{m}。

5-11　某丘陵区有一河流，流域面积 $F = 22.4\text{km}^2$，该地区多年平均最大 24h 暴雨量 $\overline{H}_{24} = 120\text{mm}$，$C_{v24} = 0.50$，$C_{s24} = 3.5C_{v24}$，$n = 0.75$，试用式（5-54）求该地区设计频率为 2% 的洪水流量。

5-12　某地有一流域面积 $F = 42.7\text{km}^2$ 的河流，属于川原沟壑区域，试用式（5-53）和表 5-13 推求设计频率为 1% 的洪水流量。

第 2 篇

水 文 地 质 学

第 6 章

绪　　论

6.1　水文地质学研究的对象与内容

　　水文地质学是研究地下水的科学，是地质学的一门分支学科。它的研究内容包括地下水的起源、分布和赋存状态，补给、径流与排泄条件，水质、水量在时空上的变化与运动规律，包括在各种自然因素和人为因素影响下，地下水作为一种地质营力对环境的改造作用以及在作用过程中它自身发生的各种变化规律，经济合理地开采利用地下水，有效地防治和消除地下水造成的危害，达到兴利除害的目的。综上所述，水文地质学的研究对象是地下水，研究内容是地下水在周围环境影响下，数量和质量在时间和空间上的变化规律，以及如何应用这一规律有效地利用和调控地下水。

　　由于水文地质学与工农业生产以及人们的生活具有密切的联系，因此，在生产实践飞速发展和科学技术不断进步的同时，水文地质学本身也在异常迅速地发展。目前它已形成若干门彼此独立而又具有紧密联系的学科。如：研究地下水的形成、埋藏、分布规律及其物理性质和化学成分的科学——普通水文地质学（又称水文地质学基础）；研究地下水运动理论的科学——地下水动力学；研究地下水化学成分的形成、分布和水化学分带规律的科学——水文地球化学；研究地下水区域形成规律的科学——区域水文地质学；以及研究地下水资源勘查评价和开发利用的各类专门水文地质学，如供水水文地质学、矿床水文地质学、油田水文地质学、土壤改良水文地质学及矿水学等。还有根据地下水研究方法划分的同位素水文地质学、生态水文地质学、环境水文地质学等。本门课程应属于专门水文地质学中的供水水文地质学的研究范畴。

　　水文地质学是在地质科学的基础上发展起来的一门分支学科。地下水赋存和运动于地壳岩石的空隙之中，其形成与分布无一不受地质条件的制约，学习水文地质学必须掌握矿物岩石学、地球化学、地层学、构造地质学、地貌及第四纪地质学等基本地质理论。同时，地下水又是自然界水循环的一部分，与大气降水、地表水的关系非常密切，三者之间互相联系，互相转化，因此，学习水文地质学也需要具备水文学、气象学等方面的基本知识。为了深入研究地下水水质与水量变化规律，还需要借助于数学、化学、水力学等学科的原理和方法，对其进行定量评价。此外，在水文地质研究中，还需引进计算机技术、地球物理勘探技术、遥感技术以及同位素技术等新的技术来充实和丰富所研究的内容和方法，推动水文地质学向定量化、严谨化的方向发展。

6.2　与给水排水工程专业和环境工程专业的联系

6.2.1　与给水排水工程专业的联系

水文地质学与给水排水工程专业的联系，包括了地下水开发与管理、水源工程等内容。地下水作为城镇、厂矿企业和国防工程等供水水源，有着重要的供水意义。我国许多城市的供水水源主要使用地下水，在一些沙漠地区、干旱地区和海岛，地下水有时是惟一的水源，如利比亚、阿曼、巴林、卡塔尔等国家。整个亚洲饮用水的1/3依靠地下水，美国有50%以上城市人口和95%以上的农村人口饮用的是地下水。此外，在一些淡水缺乏的沿海地区，人们通过地下蓄水工程，如修建地下水水库来解决当地生活和生产用水问题，大连旅顺、山东龙口等都有非常成功的实例。城市雨水综合利用，目前比较成熟的方法是将城市区域的大气降水通过雨水收集装置进行地下存储、净化和利用，在其实施过程中，首先就要涉及确定地下储水空间、防止渗漏的处理等问题。新型节能技术，如水源热泵、地温热泵技术，还有地下水人工补给、地下水与地表水联合调蓄等问题，都涉及水文地质学的知识，可见水文地质学与给水排水科学与工程专业有着多么密切的联系。

6.2.2　与环境工程专业的联系

水是人类和所有生命赖以生存与发展的基础。环境是人类活动的空间。作为环境系统子系统的水环境，是环境建设、环境保护以及环境问题中最为重要的内容，是环境与发展的核心。地下水是水环境的组成部分，与环境密不可分，一切环境问题，包括环境污染和生态破坏，不仅涉及到水的自然条件，也涉及到水的不合理开发利用。水文地质学与环境工程专业的联系体现在环境工程的许多方面，在环境工程中所涉及的水质问题，在地下水研究中同样存在。地下水的质量通常简称为地下水水质，是指地下水体中所含的化学成分、生物成分及其物理性质的综合特征。地下水水质及其变化反映了地下水的赋存环境和人类开发利用的影响。以地下水水质标准为依据，进行地下水水质评价及其环境评价是环境工程专业的重要内容之一；水污染控制工程中采用的人工湿地、生物氧化塘等处理技术，以及固体废弃物处理与处置中所涉及的固体废弃物填埋场的选址、固体废弃物填埋场渗滤液的监测等都与水文地质学有着密不可分的联系。

6.3 国内外地下水资源开发利用概况

水是人类赖以生活和从事生产时不可缺少的宝贵资源。地下水是水资源的一个重要组成部分。据统计，自然界的水量总计有 136000 万 km^3，海洋、冰川等暂时尚不能被利用的水除外，实际可利用的约为 $8.5 \times 10^6 km^3$，只占总水量的 0.61%。在可利用的水资源中，地下水占 98.5%。因此，地下水是最重要的淡水资源。地下水作为资源与地表水相比有一系列优越之处，包括：地表水的分布局限于稀疏的水文网，地下水则分布广泛，是很多缺少地表水地区的惟一水源；地表水循环迅速，其流量与水位在时间上变化显著，地下水则受含水介质的阻滞，循环速度缓慢，水量稳定可靠，地下含水系统实际上起到了地下水库的作用，增加了有效水资源总量；地表水易受污染，水温变化大，地下水则水质好，卫生条件好，不易污染，水温变化小；利用地下水一般不需要净化处理，不需要修建集中的水工设施，也不需要铺设太多的引水管道等设施，取水构筑物简便，一次性投资小。然而，应当指出的是地下水的管理较地表水困难，不适当的开发会造成严重的环境问题。

地下水是城市供水的重要水源，世界著名城市，如伦敦、纽约、莫斯科、墨西哥城等都利用地下水作为主要的供水水源，我国西安、济南、太原、沈阳等61 个大中城市也以地下水作为供水水源，另有北京、上海、武汉等 40 多个城市的供水水源是地表水与地下水兼用，如北京市总供水量中 2/3 取自地下水。据统计，我国华北 27 个城市总供水量约 782 万 m^3/d，其中有 686 万 m^3/d 取自地下水，占总供水量的 87.7%。我国北方许多以地下水作为供水水源的地区已出现供水紧张情况。

工业生产需要大量用水。生产 1t 钢需用水 20~40t，生产 1t 纸需用水 200~250t，生产 1t 化肥需用水 500~600t，生产 1t 人造纤维需用水 1200~1700t，1 个年发电 100 万 kW 的发电厂日用水量约 86400t，故兴建任何一个较大的工厂，在进行厂址勘测的同时，必须对水源进行勘测。此外，许多工业对水质有特殊要求，纺织、造纸要求水中不含 F、Mn 等物质，炼钢要求低温冷却水，发电要求水中不含悬浮物质等。通常地下水都能够满足这些要求。

水是农业的命脉，农作物要能稳产高产，首先要求有充足的水源保证。作物生产需要吸收大量水分，以每亩水浇地需水 300~400 m^3 计算，全国每年需用水

$3000 \sim 4000$ 亿 m^3，如此大的水量单靠大气降水和地表水是无法满足的，还需充分利用地下水资源。我国北方 17 个省市，已打机井 180 多万眼，每年可提取地下水 400 多亿 t 以上；南方一些丘陵山区和岩溶山区，因地表水资源分布不均匀，也大量开采地下水。如四川川中丘陵地区已打井 5000 多眼，解决旱区 300 多万人口的生活用水和灌溉 100 多万亩耕地用水。我国 1/3 以上为干旱和半干旱地区，这些地区的生活和灌溉用水主要取用山前和山间盆地内丰富的地下水。我国主要平原地下水资源量如表 6-1 所示。

表 6-1 我国主要平原地下水资源量

地 区	面积/万 km^2	地下水资源量/亿 m^3
黄淮平原	32	476
松辽平原	25.5	693
三江平原	10.35	151
关中平原	2.01	46
成都平原	2.5	40
银川平原	1.71	20
河套平原	2.28	43
天山北麓山前平原	123	127
柴达木盆地	25.34	27
山西省六个盆地	3.36	64

地球是一个庞大的热库，蕴藏着丰富的热能资源。地下水是良好的载热物质，可将热能源源不断地输送到地表供人们使用。地热具有分布广、成本低、易于开采、可直接利用和无污染等优点，已广泛用于采暖与制冷、供热发电、水产养殖、农业灌溉、医疗保健和旅游度假等方面。我国蕴藏着丰富的地热资源，已发现热水点 2500 多处，遍布全国 31 个省、市、自治区，开发地热具有光明的前景。

某些地区的地下水含有锶、碘等特殊化学成分，以及 H_2S、CO_2、Rn 等气体成分，并具有较高的温度，利用这些地下水可治疗某些疾病。如利用矿泉沐浴、矿泉泥泥敷和矿泉水饮用等方法对某些慢性疾病，具有较好的医疗和保健作用，新兴的矿泉水工业正在我国蓬勃兴起。

有些地下水本身就是一种宝贵的矿产资源。沉积成因的古海水和浓缩的湖水具有很高的矿化度，这种矿化度很高的地下水称为卤水。卤水除富含食盐和钾盐外，还富集有多种为现代工业和国防工业所急需的稀有元素。四川自贡地区从地下卤水中提取食盐已有 2000 多年的历史，宜汉卤水中的钾含量已近饱和，用其生产农业生产所必需的钾肥。四川卤水中还含有溴、碘、硼、锶、钡等多种稀有的工业原料。

近年来,利用地下水的化学成分作为找矿标志寻找某些有用矿产的工作得到了很大的发展。地下水所含化学成分往往能够反映流经地区的岩石成分,特别是某些隐蔽在地下深处盲矿体的成分。因此,勘探深部的石油、金属硫化物矿床、放射性矿床和盐矿床时,可首先根据地下水的化学成分确定深部矿体的轮廓,然后配合其他勘探方法可取得良好的效果。

6.4 我国在开发地下水资源中存在的问题

我国近 20～30 年来开发利用地下水主要产生如下一些问题:

(1) 过量开采地下水导致开采条件恶化 华北地区是我国利用地下水程度较高的地区,此类问题尤为突出。由于工农业迅速发展以及矿区大量排水,许多地区地下水位大幅度下降,形成众多降落漏斗,其中面积最大的可达数千平方公里,漏斗中心深达数十米。由于水位不断下降,提水工具不断更换,有些地区采用多级接力方式才能抽取地下水。沿海地区则因为大量开采地下水使得区域水位持续下降,甚至导致咸水或海水入侵,造成淡水资源枯竭,地下水环境恶化。

(2) 过量开采地下水造成地面沉降 过量开采地下水,水位大幅度下降,土层受到压缩,引起地面发生沉降 (见表 6-2)。上海市地面沉降始于 20 世纪 30 年代,到 1965 年,最大沉降量已达 2.73m。此外,天津、西安、宁波、常州等地也发生过程度不同的沉降现象,西安著名的大雁塔向西北倾斜了 1m 多。上海采用对含水层进行人工回灌等措施,使得地面沉降得到初步控制。

表 6-2 中国主要城市地面沉降情况表

城　　市	累计沉降量/mm	最大沉降速率/(mm·a^{-1})	发生时间
上　海	2730	200	1921—1965
天　津	2960	200	1959—1994
西　安	2000	300	1970—1994
苏　州	1050	67.3	1980—1989
沧　州	1000	100	1980—1990
阜　阳	835	73	1970—1990

(3) 大量开采地下水引起地面塌陷 地面塌陷大多发生在岩溶地区。当碳酸盐岩被厚度较薄的第四系沉积物覆盖时,岩溶水的水位下降到一定深度后,就有可能产生塌陷。塌陷以南方各矿区最严重。城市地下水开采过量也会造成地面塌陷,如山东泰安、辽宁鞍山等地出现地面塌陷,造成房屋倒塌,农田被毁,铁路路基被破坏等。泰安已形成面积达 40～50km^2 的地下水降落漏斗,地面塌陷 30

余处，累计面积达 $3500m^2$。

（4）水质污染 随着工农业发展，工业废水废渣和农药、化肥中的有毒成分向地下渗入，使原来洁净的地下水遭受污染。我国对 44 个城市进行调查，其中绝大多数地区的地下水已受到污染，有的还相当严重。地下水遭受污染后一般很难消除，因此保护地下水不受污染刻不容缓。

上述情况说明了在开发利用地下水的过程中，如果忽视了可能发生的变化，破坏了地下水的天然平衡，将会出现许多环境地质问题。过量抽取地下水会引起上述的一些问题。然而，如果地下水位过高同样也会产生环境、生态方面的问题。例如灌溉水过量渗入，会抬高地下水位，当地下水大片出露地表，会形成土壤的沼泽化；在干旱、半干旱地区，当地下水位接近地表，由于蒸发强烈，盐分聚集于土壤表层，会造成土壤盐渍化。不论发生沼泽化或盐渍化，都会使土壤肥力降低，农作物减产甚至无法生长。我国盐渍化土地总面积约 4 亿亩，除部分滨海地区外，主要分布于秦岭、淮河一线以北的黄泛平原及草原、荒漠区。这些地区由于发生土壤的沼泽化和盐渍化，作物生长不好，产量低。使其增产的重要条件就是改良土壤，其实质就是降低地下水位，改善地下水径流条件。

6.5 本学科近年来科学研究的发展方向

水文地质学是随着欧洲产业革命的进行，大工业兴起，对地下水需求量迅速增加而产生的。最初由法国水力学家达西（Henry·Darcy）提出计算井水涌水量的达西定律，奠定了地下水定量计算的基础，随后裴布依（J·Dupuit）等人完善和发展了地下水稳定流运动理论。在地下水起源学说方面，先后提出了初生水、埋藏水及修正后的凝结水等学说，至此地下水起源理论日臻完善。苏联十月革命以后，一些学者提出了苏联潜水化学分布规律和自流盆地水化学分布规律，提出水文地球化学概念，美国人凯尔哈克（K. Keilhack）进行了地下水和泉的分类，迈因伊尔（O. E. Meinier）等人总结了美国的地下水，对地下水的起源、运动、水质、水量及其变化等都提出了较系统的理论和研究方法，水文地质学开始从地质学中独立出来成为一个分支学科。20 世纪 30～60 年代，泰斯（C. V. Theis）提出了地下水流向井的非稳定流公式，雅可布（C. E·Jacob）等人发现了承压含水层越流现象，沃尔顿（W. C. Walton）首次将电子计算机应用于水文地质计算，随后又引进了数值法等计算方法，解决了复杂条件下的水文地质计算问题，使水文地质学又前进一步。

近 30 年来，由于开发地下水的规模越来越大，一些地区出现了地下水枯竭、地面沉降与塌陷、水质污染、海水入侵和次生盐渍化等环境水文地质问题，人们意识到必须对各种人为活动造成的水文地质问题进行研究，必须对地下水进行科学的规划与管理。在此期间，地球物理勘探、遥感遥测、同位素等探测技术在各种水文地质工作中得到了广泛的应用，计算机技术的普及与发展，使水文地质学朝着更加科学化、严密化和定量化方向发展。水文地质学的研究课题也逐渐向环境、生态方向转变。同时开展了非稳定流、越流、水化学弥散、地下水系统分析、水资源管理等方面的理论研究。

总之，水文地质学已由主要研究天然状态下的地下水转向重点研究人类活动影响下的地下水，由主要研究饱水带扩展到研究包气带及隔水层。根据当前国际上研究的主要课题，结合我国实际情况，预计今后水文地质学研究重点主要有以下几方面：①裂隙水和岩溶水的形成机制；②粘性土渗透机制；③包气带水盐运移机制；④人类活动对地下水量和水质的影响及预测；⑤地下水与大气降水、地表水、包气带水之间的转化关系；⑥水资源联合调度；⑦水资源、水环境规划与管理等项研究。

本 章 小 结

【本章内容】

（1）水文地质学研究的对象与内容　地下水是水文地质学研究的对象，研究的具体内容是地下水的形成、运动和分布规律。本节介绍了水文地质学与其他学科之间关系和水文地质学的分类，包括普通水文地质学、地下水动力学、水文地球化学、区域水文地质学和专门水文地质学，本门课程应属于专门水文地质学的研究范畴。

（2）与给水排水工程专业、环境工程专业的关系　地下水是重要的环境要素，本节从地下水资源开发与管理、水源工程等方面介绍了与给水排水工程专业的联系；从人工湿地、生物氧化塘等污水处理技术、垃圾填埋场选址和渗滤液下渗等对地下水水质潜在影响方面介绍了与环境工程专业关系。地下水水质评价及其环境评价是环境工程专业的重要内容之一，且与地下水的埋藏条件密切相关。

（3）国内外地下水资源开发利用概况　本节从城市供水、工农业用水、矿水及地热资源等方面简要介绍了国内外地下水开发利用情况。

（4）我国在开发地下水资源中存在的问题　近20~30年来过量开采地下水主要产生了地面沉降、地面塌陷、开采条件恶化和水质污染等环境问题。

（5）本学科近年来科学研究的发展方向　本节简要地介绍了水文地质学的发展过程。在全球面临人口、资源、环境问题日益严重的情况下，水文地质学研究课题也逐渐向环境、生态方向转变。

【学习基本要求】

通过本章学习，明确水文地质学的研究对象和内容，了解水文地质学与给水排水工程专业、环境工程专业的关系，了解地下水开发过程中存在的各类问题，熟悉水文地质科学研究的发展趋势。

Chapter 6　Introduction of Hydrogeology

【Chapter Content】

1. Study object and content of hydrogeology

Hydrogeology examines the rules of the formation, the movement and the distribution of groundwater. Therefore, groundwater, or called underground water or subsurface water, is the study object of hydrogeology. The relationship of hydrogeology with other disciplines is demonstrated, and the branch subjects of hydrogeology include general hydrogeology, groundwater dynamics, hydrogeochemistry, regional hydrogeology and specialized hydrogeology *etc*. This course is classified as the last one.

2. Relations of hydrogeology with water-supply and sewerage engineering & environmental engineering

Groundwater is a key element of environment. The linkage with municipal engineering is illustrated from the point of views of tapping groundwater resources as one of water sources. The connection with environmental engineering is indicated from the several angels, such as the artificial swamp-lands and biological oxidization ponds that are usually used in wastewater treatment, and the selection of refuse landfill and leachate infiltration and etc. , all of which have a potential impact on groundwater quality. The assessment of groundwater quality and environment are also one of the important contents in environmental engineering, which are closely concerned with the buried conditions of subsurface water.

3. Introduction of exploitation and utilization of groundwater resources at home and abroad

With respects to urban water-supply, industrial and agricultural water, mineral water and geothermal resources, the present status on the development and utilization of groundwater is summarized.

4. Problems occurred in exploiting groundwater resources in our country

The principal environmental problems caused by unduly extracting groundwater appear as the land subsidence and sink, the deterioration of pumping conditions, and the contamination of groundwater quality in recent 20 ~ 30 years.

5. Development process and scientific research tendency of hydrogeology

The development process of hydrogeology is briefly summarized. The research topics gradually change to the environmental and ecological fields because the challenges of global population, resource and environment are increasingly faced.

【Learning Requirements】

The general demands include the three respects: (1) clarifying the study object and content, (2) comprehending the links of hydrogeology with both municipal engineering and environmental engineering, and the problems existing during the exploiting groundwater, (3) knowing the direction and tendency of the scientific researches of hydrogeology.

复 习 题

6-1 简述水文地质学研究的对象与内容。

6-2 简述地下水在国民经济生产和人们生活中的作用。

6-3 试举例说明国内外地下水资源开发利用中存在的问题。

6-4 简述本学科的科学研究发展方向。

第 7 章

地质基本知识

人类日常的生产和生活等活动，都是发生在地球表面附近的。自然界中的各种水体以及水体之间的转化与循环也多集中在地球表面附近。地质学知识是水文地质学与水文学的基础。地球上的海洋分布、气候变化都与地球的表面形态密切相关。而地球表面形态的形成与变化，都是各种形式的地壳运动和地质作用的结果。

7.1 地球概述

7.1.1 地球的形状和大小

人类对地球形状的认识，经历了"天圆地方"的漫长时期，到 20 世纪才从人造地球卫星拍摄的地球照片上看到了地球作为一个球状体的完整形态。但是，地球并不是完全等轴的球体，而是一个近似的旋转椭球体。1975 年第 16 届国际大地测量和地球物理联合会（IUGG）建议采用的地球形状的主要参数有：赤道半径为 6378.140km，两极半径为 6356.755km，平均半径为 6371.004km，长短半径差为 21.385km，扁率为 1/298.253，表面积为 510064472km^2，体积为 10832 $\times 10^8$km^3。

7.1.2 地球的主要物理性质

地球的主要物理性质包括它的质量和密度、压力、重力、磁性、弹性和塑性、内部温度。

1. 地球的质量和密度

根据牛顿万有引力定律计算出地球的质量为 5.9472 $\times 10^{24}$kg（据 IUGG，1975），地球的平均密度为 5.516g/cm^3。地球的密度是随深度的增加而增大的，但密度的增大是不均匀的，在地下，密度值存在三个明显的跃变，即在 670km

处从 3.99g/cm^3 跃至 4.39g/cm^3；在 2891km 处从 5.57g/cm^3 跃至 9.90g/cm^3；在 5150km 处从 12.17g/cm^3 跃至 12.75g/cm^3。可见，地球内部大部分物质的密度，大于地球的平均密度。

2. 地球的重力

地球上某处的重力是该处所受地心引力与地球自转离心力（垂直地面分力）的合力。地球表面的重力随纬度值的增大而增大。

3. 地球的压力

地球内部某处的压力是指由上覆地球物质的质量所产生的静压力。静压力的大小与所处的深度、上覆物质的平均密度和平均重力加速度成正相关。

4. 地球内部的温度

火山喷发、温泉和矿井随深度而增温等现象表明地球内部储有很大的热能。大量的调查研究发现，自地面向地下深处，地热增温现象是不均匀的。地面以下按温度状况可分为三层：

（1）变温层　该层地温主要受太阳光辐射热的影响，其温度随季节、昼夜的变化而变化，故称变温层，又称外热层。日变化影响深度较小，一般仅 1～1.5m，年变化影响深度可达 20～30m。

（2）常温层　该层地温与当地年平均温度大致相当，且常年保持不变，其深度大致为 20～40m，一般情况下，中纬度较深，两极和赤道较浅；内陆地区较深，滨海地区较浅。

（3）增温层　常温层之下，地温随深度增加而逐渐增高。在大陆地区，常温层以下至 30km 深处，大约每加深 30m，地温增高 1℃。大洋底至 15km 深处，大约每加深 15m，地温增高 1℃。深度每增加 100m 所升高的温度，称为地温梯度，其单位是℃/100m。地温梯度在各地是有差异的，例如在我国华北平原的地温梯度为 2～3℃/100m，在安徽庐江则为 4℃/100m。

5. 地球的弹性和塑性

众所周知，海水在日月引力的作用下发生潮汐现象。实际上这种现象也会出现在固体地球表层。用精密仪器可以观测到固体地球表层的潮汐现象，地面升降幅度可达 7～15cm，这就是固体潮。固体潮表明，固体地球具有弹性。地球能传播地震波（弹性波）也表明地球具有弹性。另一方面，在长期地应力的作用下，坚硬的岩石也会产生一定的塑性变形。岩层受构造运动形成褶皱，就是塑性变形现象。

固体地球的弹性和塑性特点都是相对的，在不同的条件下有不同的表现，在施力速度快、作用时间短的条件下，地球表现为弹性体，类似刚性体，岩层会产生弹性变形或破裂；在施力缓慢持续且作用时间漫长的条件下，地球则可表现出明显的塑性特征，如形成复杂的褶皱。

7.1.3　地球的外部圈层结构

地球的外部圈层包括：大气圈、水圈和生物圈。

1. 大气圈

大气圈是由包围着固体地球表面的大气层构成的。水中、土壤中及一些岩石中也含有少量空气，但其深度一般不超过4km。大气圈没有明显的上界，在赤道上空40000km以上仍有大气存在的踪迹。

大气圈的总质量约为5.136×10^{15}t，占地球总质量的千万分之九。由于地球引力作用，大气圈质量的97%聚集在从地表到29km高度范围内，其中的3/4又集中到地面以上10km范围内。因此，大气的密度和压力与距地面的高度成反比，大气的温度也随高度的增加而降低。干燥空气0℃时，在纬度45°时海平面上的大气密度为0.00123g/cm^3，压力为10^5Pa；上升到20km高空时，气压减至10^4Pa，而到40km高空时，气压只有10^3Pa了。

大气圈的物质成分以氮和氧为主，其中氮占大气圈总质量的75.5%，氧占23.1%，其次有氩占1.28%，二氧化碳占0.05%。水蒸气在大气中的含量随温度和高度而变化。在海平面附近的湿热大气中，水蒸气含量可达2%；但在5km以上高空的大气中，几乎不含水蒸气。

根据大气温度、密度等物理特征，一般自下而上把大气圈分为对流层、平流层、中层、电离层和扩散层。与地球上的水文循环关系密切的是对流层。对流层位于大气圈底部，在赤道地区厚约16～18km，两极地区厚约7～10km，冬季较薄，夏季较厚。风、云、雨、雪、雹、雷、电等变化多端的天气现象，都发生在对流层中。对流层大气的流动，是推动水圈循环的重要因素。

2. 水圈

地球表面四分之三以上的面积被海洋、冰层、湖泊、沼泽及河流中的水体覆盖。地面以下的土壤和岩石缝隙中也含有大量的地下水，它们共同构成一个连续而不规则的圈层，称为水圈。水圈的质量约143×10^{16}t，约占地球总质量的四千分之一。水圈中的水，主要在太阳热能和重力的作用下不停地运动着，进而形成自然界水循环，这种水循环对岩石圈、大气圈与生物圈产生着影响。

3. 生物圈

生物圈是生物及其生命活动的地带所构成的连续圈层，包括了大气圈的下层，岩石圈的上层和整个水圈。生物圈是一个特殊的圈层，生物生存的范围可从海平面以上10km高空到岩石圈表面以下数千米深处的岩石中。生物圈中的生物与有机体总质量约11.48×10^{12}t。

地球上生命物质的出现约在35亿年以前。在南非距今32亿年的层状岩石中发现了原核生物化石。自10亿年以来，植物和动物蓬勃发展。生物的活动使自然界的各种元素产生了复杂的化学循环，使岩石圈的表层物质成分受到改造，这就是生物地质作用。

7.1.4 地球的内部圈层结构

地球的内部圈层是指从地面向下直到地球中心的各个圈层，包括地壳、地幔和地核。

到目前为止，人们尚不能直接观察地球内部的情况。世界上最深的钻孔也只不过达到约12km的深度，这个深度仅是地球平均半径的1/530。因此，对地球内部物质和结构的认识主要采用地球物理方法，通过对重力、地磁、地电、地热及地震波的传播等所获得的各种数据进行分析研究，来获知地球内部圈层的信息。其中通过地震方法所获得的信息最为丰富，地壳圈层的划分也主要是依靠地震波来进行的。我们把地震波传播发生急剧变化的面称为地震波传播的不连续面，地球内部圈层中存在两个一级不连续面，据此，将地球内部分为上述三个圈层。

1. 地壳

地壳是地球表面的一层薄壳，是地表向下至第一个地震波传播发生急剧变化的面（莫氏面）之间的固体硬壳层，其厚度大致为地球平均半径的1/400，陆地部分平均厚度为37km左右，海洋部分的平均厚度则仅为7km左右，最厚处为青藏高原，厚度达70km左右。

2. 地幔

地幔是莫氏面以下至第二个地震波传播发生急剧变化的面（古登堡面）以上的圈层。深度为从地壳底界至约2800km处，这部分的体积占地球体积的82%，占地球总质量的67.8%。地幔顶部有一总厚度约60~100km薄层的坚硬岩石层，其下是200~300km厚的一层软流圈，物质具融塑性，且不断发生着对流，这里就是岩浆发源地。软流圈以下的地幔物质，受强大压力作用已呈固体状态。

3. 地核

从2800km深度的古登堡面以下直到地心部分称为地核。这部分根据次一级的不连续面又可以分为外核、过渡层和内核几个部分。到目前为止人们对地核的了解还不是很多。

4. 岩石圈

地幔顶部的薄层坚硬岩石层和地壳一起统称为岩石圈。此薄层和地壳在地球物理性质方面有许多相似之处，而与下面的软流圈相比较则有很大差异。岩石圈平均厚度约80km，平均密度为3.25g/cm³，其体积占地球体积的3.72%，质量占地球的2.19%。据地震波探测的资料，大洋地区岩石圈厚30~90km，大陆地区岩石圈厚60~150km，表明岩石圈在水平方向也是很不均匀的。

7.2 矿物与岩石

矿物是自然产物。矿物的含义包括这样几点内容：①矿物是在各种地质作用下形成的，如岩浆活动、风化作用、湖泊或海洋作用等都可形成矿物；②矿物具有相对固定和均一的化学成分和内部结构，因而也就有一定的物理和化学性质，大多数矿物是几种元素的化合物，个别矿物可以仅由一种元素组成，绝大多数矿物呈固态，少数呈液态（如水银、水等）和气态（如硫化氢、天然气等）；③矿物不是孤立存在的，而是按照一定的规律结合起来形成各种岩石，构成岩石的矿物称之为造岩矿物，是地壳的基本组成部分。自然界里的矿物大约有三千余种，最常见的造岩矿物只不过二十余种，它们共占地壳质量的99%。矿物绝大部分具有晶体结构，只有很少部分属于胶体矿物。

7.2.1 矿物的基本特性

1. 矿物的内部结构和晶体形态

绝大部分矿物都是晶体。所谓晶体，是指内部质点（化学元素的原子、离子或分子）在三维空间按一定规则呈周期重复排列的固体。矿物的结晶过程实质上就是在一定的介质、温度、压力等条件下，物质质点有规律排列的过程。由于质点规则排列的结果，就使晶体内部具有一定的晶体构造，称为晶体格架。这种晶体格架相当于一定质点在三度空间所成的无数相等的六面体、紧密相邻和互相平行排列的空间格子构造。如食盐（NaCl）的晶体格架 Cl^- 离子和 Na^+ 离子在三维空间上都是按一定的距离相间重复出现，表现为正六面体规律排列（图7-1）。不同的矿物，组成其空间格子的六面体的三个边长之比及其交角通常不相同。这种具有良好几何外形的晶质体，通称为晶体。矿物可以形成良好的晶体。晶体形态多种多样。矿物的形态包括矿物的单体形态和集合体形态。所谓单体，就是指矿物的单个晶体。而集合体则是同种矿物多个单体聚集在一起形成的整体。在自然晶体中，常发现两个或两个以上的晶体有规律地连生在一起，称为双晶。

有些矿物的内部质点不作规则排列，为不具格子构造的固体，呈非晶质体结构，称为非晶体。内部原子排列无序的非晶质矿物不过20多种。凡内部质点呈不规则排列的物体都是非晶质体，如天然沥青、火山玻璃等，这些矿物在任何条件下都表现为不规则的几何外形。

由于科学技术的发展，现代在实验室内可以人工合成许多种矿物，其成分和性质与天然矿物极为近似，称之为"合成矿物"或"人造矿物"，如人造金刚石、人造红宝石、人造水晶等。

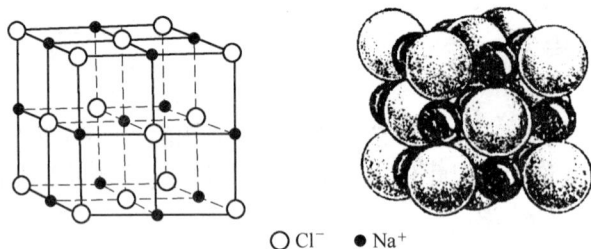

○ Cl⁻　● Na⁺

图 7-1　食盐的晶体结构

2. 矿物的结晶习性

每种矿物都有它自己特定的结晶形态。这是由于晶体内部构造不同，结晶环境和形成条件不同，以致晶体在空间三个相互垂直方向上发育的程度也不相同所致。在相同条件下形成的同种晶体经常所具有的形态，称为结晶习性。大体可以分为三种类型：一向延伸型，如石棉、石膏等常形成柱状、针状、纤维状，即晶体沿一个方向特别发育；二向延伸型，如云母、石墨、辉钼矿等常形成板状、片状、鳞片状，即晶体沿两个方向特别发育；三向延伸型，如黄铁矿、石榴子石等常形成粒状、近似球状，即晶体沿三个方向特别发育。

7.2.2　矿物的化学成分

矿物的化学成分是决定矿物各种特性的基本因素。化学成分不同的矿物，其外形、颜色、相对密度和硬度等特性总是有差异的。即使同一种矿物，其化学成分的微小变化也可能引起某些特性的变化。

1. 矿物的化学组成类型

（1）单质矿物　单质矿物基本上是由一种自然元素组成的，如金、石墨、金刚石等。

（2）化合物　自然界的矿物绝大多数都是化合物，按组成情况可分为：

1）成分相对固定的化合物。这种矿物的化学组成是固定的，但其中往往含有或多或少的杂质或混入物，因此又带有一定的相对性，可分为以下几种：

简单化合物——由一种阳离子和一种阴离子化合而成，成分比较简单，例如岩盐 $NaCl$、方铅矿 PbS、石英 SiO_2 以及刚玉 Al_2O_3 等。

络合物——由一种阳离子和一种络阴离子组合而成，为数最多，常形成各种含氧盐矿物，如方解石 $CaCO_3$、硬石膏 $CaSO_4$ 等。

复化物——大多数复化物是由两种以上的阳离子和一种阴离子或络阴离子构成，如铬铁矿 $FeCr_2O_4$ 和白云石 $CaMg(CO_3)_2$。也有些阳离子是共同的，而阴离子是双重的，如孔雀石 $CuCO_3 \cdot Cu(OH)_2$。还有阳离子和阴离子都是双重的，但比较少见。

2）成分可变的化合物。这种化合物的成分在一定范围内或以任一比例发生变化。这种化合物主要是由类质同像引起的。所谓类质同像，是指在结晶格架中，性质相近的离子可以互相顶替的现象。互相顶替的条件是：离子半径相差不大，离子电荷符号相同，电价相同。例如镁橄榄石 $Mg_2[SiO_4]$，由于 Mg^{2+} 和 Fe^{2+} 都是二价阳离子，半径分别是 0.78Å 和 0.83Å（即大小近似），因此其中的 Mg^{2+} 经常可以被 Fe^{2+} 所置换，但并不破坏其结晶格架。类质同像是矿物中一个非常普遍的现象，是形成矿物中杂质的主要原因之一，也是许多稀散元素在矿物中存在的主要形式。

3）含水化合物。一般是指含有 H_2O 和 OH^-、H^+、H_3O^+ 离子的化合物。又可分为吸附水和结构水两类。

吸附水是渗入到矿物或矿物集合体中的普通水，呈 H_2O 分子状态，含量不固定，不参加晶格构造。这种水可以是气态的，形成气泡水，也可以是液态的，或者包围矿物的颗粒形成薄膜水，或者填充在矿物裂隙及矿物粉末孔隙中形成毛细管水，或者以微弱的联结力依附在胶体粒子表面上，形成胶体水，在常压下，当温度达到 100～110℃ 或更高一点时，吸附水就可从矿物中全部逸出。

结构水是参加矿物晶格构造的水，其中一类叫结晶水，这种水以 H_2O 分子形式并按一定比例和其他成分组成矿物晶格，如石膏（$CaSO_4 \cdot 2H_2O$）含 2 个结晶水。结晶水在一定热力条件下可以脱水。脱水后矿物晶格结构也破坏了，随之矿物的物理性质也改变了。如石膏加热至 100～120°C 水分开始逸出，变为性质不同的熟石膏。在一种矿物中可以同时存在几种形式的水。

2. 矿物的同质多像

同一化学成分的物质，在不同的外界条件（温度、压力、介质）下，可以结晶成两种或两种以上的不同构造的晶体，构成结晶形态和物理性质不同的矿物，这种现象称同质多像。在矿物中，同质多像相当普遍。例如碳在不同的条件下所形成的石墨和金刚石，二者成分相同，但结晶形态和物理性质相差悬殊。

3. 胶体矿物

地壳中分布最广的除去各种晶体矿物外，还有些是胶体矿物。一种物质的微粒分散到另一种物质中的不均匀的分散体系称为胶体。前者称为分散相，其大小为 $10^{-5}～10^{-7}cm$；后者称为分散媒。在胶体分散体系中，当分散媒多于分散相时称为胶溶体；反之称为胶凝体。在自然界分布最广的是某些细微固体质点分散到水中所成的胶溶体，即所谓胶体溶液。这些固体质点的特点包括：①常常带有正或负电荷，如 $Fe(OH)_2$、$Al(OH)_3$ 的分散颗粒带正电荷，SiO_2、MnO、硫化物等的分散颗粒带负电荷；②因其带电而具有吸附作用，即从周围环境中吸附大量带异性电荷的离子；③当其电荷被中和时，如河流中的胶体质点，进入海洋就被海水中的电解质所中和，即发生凝聚而沉淀（也可叫胶凝作用），并富集成矿。这样形成的矿物实际上是胶体溶液失去大部分水分而成的胶凝体，也就是所说的胶体矿物。

胶体矿物在形态上一般呈鲕状、肾状、葡萄状、结核状、钟乳状和皮壳状等等，表面常有裂纹和皱纹，这是由胶体失水引起的。在结构上，可以是非晶质的、隐晶质的或显晶质的，这决定于胶体的晶化程度。在化学成分上往往含有较多的水，并且成分不很固定，其原因是由于胶体的吸附作用和离子交换所引起的。

7.2.3 矿物的形态与物理性质

1. 矿物的集合体形态

自然界矿物可呈单晶体出现，但大多数是以矿物晶体、晶粒的集合体或胶体形式出现的。主要的集合体形态如下：

（1）粒状集合体　由粒状矿物所组成的集合体，如花岗岩是由石英、长石、云母等晶粒组成的集合体。

（2）片状、鳞片状、针状、纤维状、放射状集合体　如石墨、云母等常形成片状、鳞片状集合体，石棉、石膏等常形成纤维状集合体，还有些矿物常形成针状、柱状、放射状集合体。

（3）致密块状体　由极细粒矿物或隐晶矿物所成的集合体，表面致密均匀，肉眼不能分辨晶粒彼此界限。

（4）晶簇　生长在岩石裂隙或空洞中的许多单晶体所组成的簇状集合体叫晶簇。它们一端固着于共同的基底上，另一端自由发育而形成良好的晶形。常见的有石英晶簇、方解石晶簇等。

（5）杏仁体和晶腺　矿物溶液或胶体溶液通过岩石气孔或空洞时，常常从洞壁向中心层沉淀，最后把孔洞填充起来，其小于2cm者通称杏仁体；大于2cm者可称晶腺。

（6）结核和鲕状体　矿物溶液或胶体溶液常常围绕着细小岩屑、生物碎屑、气泡等由中心向外层层沉淀而形成球状、透镜状、姜状等集合体，称为结核。常见的有黄铁矿、赤铁矿、磷灰石等结核。如果结核小于2mm，形同鱼子状，具同心层状构造，叫鲕状体，鲕状体常彼此胶结在一起，如鲕状赤铁矿、鲕状铝土矿等。

（7）钟乳状、葡萄状集合体　这些形态大多数是某些胶体矿物所具有的特点。胶体溶液因蒸发失水逐渐凝聚，因而在矿物表面围绕凝聚中心形成许多圆形的、葡萄状的小突起。如石灰洞中由碳酸钙形成的钟乳石、石笋以及褐铁矿、软锰矿、孔雀石等表面常具此形态。

（8）土状体　疏松粉末状矿物集合体，一般无光泽。许多由风化作用产生的矿物（如高岭土等）常呈此形态。

（9）被膜　不稳定矿物因受风化作用在其表面往往形成一层次生矿物的皮壳，称为被膜。如各种铜矿表面常有一层因氧化作用而产生的翠绿色孔雀石及天蓝色蓝铜矿的被膜。

2. 矿物的物理性质

由于矿物的化学成分不同，晶体构造不同，从而表现出不同的物理性质。其中有些必须借助仪器测定（如折光率、膨胀系数等），有些则可凭借感官即能识别，后者是肉眼鉴定矿物的重要依据。

（1）颜色　矿物具有各种颜色，如赤铁矿、孔雀石、蓝铜矿、黑云母等都是根据颜色命名的。

因矿物本身固有的化学组成中含有某些色素离子而呈现的颜色，称为自色。具有自色的矿物，颜色大体固定不变，因此是鉴定矿物的重要标志之一。如矿物中含有 Mn^{4+}，呈黑色；含有 Mn^{2+}，呈紫色；含有 Fe^{3+}，呈樱红色或褐色；含有 Cu^{2+}，呈蓝色或绿色，等等。有些矿物的颜色，与本身的化学成分无关，而是因矿物中所含的杂质成分引起的，称为它色。如纯净水晶（SiO_2）是无色透明的，若其中混入微量不同的杂质，即可具有紫色、粉红色、褐色、黑色等。无色、浅色矿物常具它色。它色随杂质不同而改变，因此一般不能作为矿物鉴定的主要特征。

（2）条痕　矿物粉末的颜色称为条痕。通常是利用条痕板（无釉瓷板），观察矿物在其上划出的痕迹的颜色。由于矿物的粉末可以消除一些杂质和物理方面的影响，所以比其颜色更为固定。有些矿物如赤铁矿，其颜色可能有赤红、黑灰等色，但其条痕则为樱红色，是一致的；有些矿物如黄金、黄铁矿，其颜色大体相同，但其条痕则相差很远，前者为金黄色，后者则为黑或黑绿色。因此条痕在鉴定矿物上具有重要意义。

（3）光泽　矿物表面的总光量或者矿物表面对于光线的反射形成光泽。光泽有强有弱，主要取决于矿物对光线全反射的能力。光泽通常可以分为金属光泽、半金属光泽和非金属光泽等三种。

（4）透明度　透明度是指光线透过矿物多少的程度。按矿物的透明度可将其分为透明矿物（如水晶、冰洲石等）、半透明矿物（如辰砂、闪锌矿等）和不透明矿物（如黄铁矿、磁铁矿、石墨等）等三种。

（5）硬度　硬度是指矿物抵抗外力刻划、压入、研磨的程度。根据硬度高矿物可以刻划硬度低矿物的原理，德国摩氏（F. Mohs）选择了10种矿物作为标准，将硬度分为10级，这10种矿物称为"摩氏硬度计"（表7-1）。

表7-1 摩氏硬度计

矿物名称	化学组成	硬度	矿物名称	化学组成	硬度
滑　石	$MG_3[Si_4O_{10}][OH]_2$	1	正长石	$K[AlSi_3O8)$	6
石　膏	$CaSO_4 \cdot 2H_2O$	2	石　英	SiO_2	7
方解石	$CaCO_3$	3	黄　玉	$Alz[SiO_4][F,OH]_2$	8
萤　石	CaF_2	4	刚　五	Al_2O_3	9
磷灰石	$Ca_5[PO_4]_3[F,Cl]$	5	金刚石	C	10

（6）解理　在力的作用下，矿物晶体按一定方向破裂并产生光滑平面的性质叫做解理。沿着一定方向分裂的面叫做解理面。解理是由晶体内部格架构造所决定的。例如石墨具有一个方向的解理，即一向解理。有的矿物具有二向、三向、四向或六向解理。如食盐具有三个方向的解理，氟石具有四个方向的解理。

（7）断口　矿物受力破裂后所出现的没有一定方向的不规则的断开面叫做断口。断口出现的程度是跟解理的完善程度互为消长的。一般说来，解理程度越高的矿物不易出现断口，解理程度越低的矿物才容易形成断口。根据断口的形状，可以分为贝壳状断口、锯齿状断口、参差状断口、平坦状断口等，如最常见断口是在石英、火山玻璃上出现的具同心圆纹的贝壳状断口（图7-2）。

（8）脆性和延展性　矿物受力极易破碎，不能弯曲的性质，称为脆性。这类矿物用刀尖刻划即可产生粉末。大部分矿物具有脆性，如方解石等。矿物受力发生塑性变形，如锤成薄片、拉成细丝，这种性质称为延展性，如金、自然铜等。

（9）弹性和挠性　矿物受力变形，作用力失去后又恢复原状的性质，称为弹性，如云母是弹性最强的矿物。矿物受力变形，作用力失去后不能恢复原状的性质，称为挠性，如绿泥石。

（10）比重　矿物重量与4℃时同体积水的重量比，称为矿物的比重。矿物的化学成分中若含有原子量大的元素或者矿物的内部构造中原子或离子堆积比较紧密，则比重较大；反之则比重较小。大多数矿物比重介于2.5~4之间；一些重金属矿物常在5~8之间；而铂族矿物可达23。"比重"一词在大多数场合已经改称"密度"或"重度"了，但目前地质学中仍使用"比重"的概念。

1cm

图7-2 水晶上的贝壳状断口

（11）磁性　少数矿物（如磁铁矿、钛磁铁矿等）具有被磁铁吸引或本身能吸引铁屑的性质。

（12）电性　有些矿物受热生电，称热电性，如电气石；有些矿物受摩擦生电，如琥珀；有的矿物在压力和张力的交互作用下产生电荷效应，称为压电效应，如压电石英。

（13）发光性　有些矿物在外来能量的激发下发生可见光，外界作用消失后即停止发光，称为荧光。如氟石加热后产生蓝色荧光，白钨矿在紫外线照射下产生天蓝色荧光，金刚石在 X 射线照射下亦发生天蓝色荧光。有些矿物在外界作用消失后还能继续发光，称为磷光，如磷灰石。

（14）其他性质　有些矿物具易燃性，如琥珀；有些易溶于水的矿物具有咸、苦、涩等味道；有些矿物具有滑腻感；有些矿物如受热或燃烧后产生特殊的气味。

7.2.4　岩石

岩石是在各种地质作用下，按一定方式结合而成的矿物集合体。岩石又是地质作用的对象，记录了地球过去发生的地质事件，是研究各种地质构造和地貌的物质基础。岩石中含有各种矿产资源，有些岩石本身就是重要矿产，一定的矿产都与一定的岩石相联系。岩石又是地下水储存的场所，研究岩石与开发利用地下水有着密不可分的联系。根据成因，岩石可以分为三大类：岩浆岩、沉积岩和变质岩。

1. 岩浆岩

岩浆岩是由岩浆凝结形成的岩石，亦称之为火成岩，约占地壳总体积的65%。岩浆是在地幔软流圈中产出的物质，它主要由两部分组成：一部分是以硅酸盐熔浆为主体；一部分是挥发组分，主要是水蒸气和其他气态物质。前者在一定条件下凝固后形成各种岩浆岩；后者在岩浆上升、压力减小时可以从岩浆中逸出形成热水溶液，对于成矿往往起很重要作用。也有极少数岩浆是以碳酸盐和氧化物为主的。

岩浆的化学成分若以氧化物表示，其主要成分有：SiO_2、Al_2O_3、MgO、FeO、Fe_2O_3、CaO、NaO、K_2O、H_2O 等。其中以 SiO_2 的含量为最大。根据岩浆中 SiO_2 的相对含量，可以把岩浆分为酸性岩浆（$SiO_2 > 65\%$）、中性岩浆（SiO_2 为52% ~ 65%）、基性岩浆（SiO_2 为 45% ~ 52%）和超基性岩浆（$SiO_2 < 45\%$）。越是酸性的岩浆，粘性大、温度低，不易流动；越是基性的岩浆，粘性小、温度高，容易流动。当然，温度、压力和挥发组分对岩浆粘度也有影响，如温度越高，挥发成分越多，压力越小，则粘度越小；反之，则粘度越大。这些不同成分的岩浆冷凝后可分别形成酸性岩、中性岩、基性岩和超基性岩。

岩浆的温度往往随岩浆的成分而变化。酸性岩浆的温度约为 700 ~ 900℃，中性岩浆的温度约为 900~1000℃，基性岩浆的温度约为 1000~1200℃。

由于岩浆的温度很高，富含挥发组分，又处于高压作用下，所以具有极大的物理—化学活动性，即具有巨大的动能、热能和化学能。因此，岩浆可以顺着某些地壳软弱地带或地壳裂隙运移和聚集，侵入地壳或喷出地表，最后冷凝为岩石。我们把岩浆的发生、运移、聚集、变化及冷凝成岩的全部过程，称为岩浆作用。

岩浆作用主要有两种方式。一种是岩浆上升到一定位置，由于上覆岩层的外压力大于岩浆的内压力，迫使岩浆停留在地壳之中冷凝而结晶，这种岩浆活动称为侵入作用，所形成的岩石称为侵入岩。若岩浆在地下深处冷凝而成的岩石，称为深成岩。由于形成深层岩的岩浆位于地下很深部位，相对密封条件好，压力高，岩浆挥发慢，因而矿物结晶较粗，晶粒也较为均匀，形成晶粒状结构。常见的深层岩有花岗岩、橄榄岩、辉长岩、闪长岩等，且呈岩基、岩株形态产出。若岩浆在浅处冷凝而成的岩石，称为浅成岩。常见的浅层岩有花岗斑岩、闪长玢岩等，且呈岩盘、岩床、岩脉等形态产出。另一种是岩浆冲破上覆岩层喷出地表，这种活动称为喷出作用或火山活动。喷出地表的岩浆冷凝而成的岩石称为喷出岩（亦称火山岩）。由于形成喷出岩的岩浆已喷出地表，岩浆的温度与压力突然下降，其挥发物质大量逸出，岩浆很快冷却，矿物来不及充分结晶，岩浆便发生固化，因而喷出岩结晶粒度很细，称其为隐晶质结构，若根本来不及结晶，就称其为非晶质结构。常见的喷出岩有玄武岩、流纹岩、安山岩等，且呈火山锥、岩流等形态产出。浅层岩的形成介于深层岩和喷出岩之间，岩浆升至浅部时，因温度和压力降低而形成细小的结晶，于是形成其特有的斑状结构。

综上所述，岩浆岩按其在地壳中凝固的位置分类为侵入岩和喷出岩两大类。岩浆岩的透水性取决于岩浆岩中裂隙的发育程度，若裂隙比较发育，裂隙又未被不透水的物质所填充，在适宜的岩层组合条件下可以构成含水层。一般来讲，岩浆岩的富水性较差。

2. 沉积岩

在地球发展过程中，暴露在地壳表部的岩石，不可避免地要遭受到各种外力作用的风化剥蚀破坏，然后破坏产物在原地或被水、风、冰等经搬运沉积下来，再经过复杂的脱水固结作用、胶结作用以及重结晶作用等，形成坚硬的沉积岩。沉积岩的物质主要来源于先成岩石（亦称为母岩）风化作用和剥蚀作用的破坏产物，包括碎屑物质、溶解物质和新生物质，还有生物遗体、生物碎屑以及火山作用的产物，这些物质总称为沉积物。但是有些沉积物因其沉积的时代比较晚，还来不及固结或胶结，这种沉积物质叫做第四纪松散沉积物，或叫做松散岩石。

沉积岩从数量看只占地壳的 5%，但是它广泛覆盖于地壳表层，在大陆部分有 75% 的面积出露沉积岩，而在大洋底部则几乎全部为新老沉积层所覆盖。沉积岩无论从化学成分、矿物成分，还是从岩石结构和构造来看，它都具有区别于其他类型岩石的特征。

（1）坚硬沉积岩 坚硬沉积岩（亦简称为沉积岩）由于是在地表条件下形成的，因而沉积岩中常含有较多的有机质成分，而在岩浆岩中则缺少这样的成分。例如：沉积岩层中蕴藏着煤、石油、铁、锰、铝土、磷、石膏、盐、钾盐、石灰岩等矿产资源，特别是盐类矿产和可燃有机能源矿产几乎全部蕴藏在沉积岩层中。

沉积岩按成因及组成成分可分为碎屑岩、化学岩和生物化学岩类两大类（表7-2）。沉积岩矿物成分有160多种，最常见的包括如下一些类型：

表7-2 沉积岩分类

岩 类		沉积物质来源	沉积作用	岩石名称
碎屑岩类	沉积碎屑岩亚类	母岩机械破碎碎屑	机械沉积为主	砾岩及角砾岩 砂岩 粉砂岩
		母岩化学分解过程中形成的新生矿物——粘土矿物为主	机械沉积和胶体沉积	泥岩 页岩 粘土
	火山碎屑岩亚类	火山喷发碎屑	机械沉积为主	火山集块岩 火山角砾岩 凝灰岩
化学岩和生物化学岩类		母岩化学分解过程中形成的可溶物质、胶体物质以及生物化学作用产物和生物遗体	化学沉淀和生物遗体堆积	碳酸盐岩 硅、磷质岩 铝、铁、锰质岩 蒸发盐岩 可燃有机岩

1）碎屑矿物。石英、钾长石、钠长石、白云母等，是母岩风化后保留下来的较稳定的矿物。

2）粘土矿物。高岭石、铝土等，为母岩化学风化后新形成的矿物，属于新生矿物。

3）化学和生物成因矿物。方解石、白云石、铁锰氧化物（各种铁矿等）、石膏、磷酸盐矿物、有机质等，从溶液或胶体溶液中沉淀出来的或经生物作用形成的矿物。

沉积岩在矿物成分上不同于岩浆岩。例如，在岩浆岩中最常见的暗色矿物（橄榄石、辉石、角闪石、黑云母等）以及钙长石等，因极易化学分解，所以在沉积岩中极少见；还有些是在沉积岩和岩浆岩中都出现的矿物（石英、钾长石、钠长石、白云母、磁铁矿等），但石英和白云母等在沉积岩中明显增多，因为这两种矿物最不易化学分解，所以在沉积岩中相对富集；另有些矿物（粘土矿物、方解石、白云石、石膏、有机质等）一般只有在沉积岩中才有的矿物，这样的矿物都是些在地表条件下形成的稳定矿物。

沉积岩在其形成过程中是一层一层逐渐沉积下来的，正常的沉积韵律是老岩层在下，新岩层在上，不同地质时期的沉积物成分、粒度、硬度、颜色及其结构存在着差异，因而形成了层层更换的现象，叫做层状构造。岩层层面可以是水平的，也可以是倾斜的。层状构造是沉积岩的主要特征。沉积岩形成过程中，早期生物的遗骸或痕迹若被保存在沉积岩中，经过石化作用就形成了化石。有化石存在是沉积岩又一特征。

沉积岩中往往含有许多裂隙，可以构成很好的透水通道，储藏地下水。但页岩发育的裂隙常被粘土质土所充填，透水能力差，一般起隔水层的作用。砾岩、砂岩所含有的孔隙通常被铁质或钙质等胶结物所充填，透水性较差。而碳酸盐类的石灰岩、白云岩常常含有大量的溶洞和溶隙，其透水性很强，可形成含水量十分丰富的地下水。

（2）松散岩石　第四纪松散沉积物包括粘土、亚粘土、亚砂土、砂、砾石、卵石及其混合物。在自然界中，这类松散沉积物很少由单一粒径组成，往往颗粒大小变化很大，为不同粒径的混合体。对于松散岩石的分类和定名，主要依据各种粒径百分含量的比例关系而定（表7-3）。

表7-3　松散岩石分类和定名标准

类　　别	名　　称	定　名　标　准
碎石土类	漂　　石	圆形及亚圆形为主，粒径大于200mm的颗粒超过全部质量的50%
	块　　石	棱角形为主，粒径大于200mm的颗粒超过全部质量的50%
	卵　　石	圆形及亚圆形为主，粒径大于20mm的颗粒超过全部质量的50%
	碎　　石	棱角形为主，粒径大于20mm的颗粒超过全部质量的50%
	圆　　砾	圆形及亚圆形为主，粒径大于2mm的颗粒超过全部质量的50%
	角　　砾	棱角形为主，粒径大于2mm的颗粒超过全部质量的50%
砂土类	砾　　砂	粒径大于2mm的颗粒占全部质量的25%～50%
	粗　　砂	粒径大于0.5mm的颗粒超过全部质量的50%
	中　　砂	粒径大于0.25mm的颗粒超过全部质量的50%
	细　　砂	粒径大于0.075mm的颗粒超过全部质量的85%
	粉　　砂	粒径大于0.075mm的颗粒不超过全部质量的50%
粉土类	粉　　土	粒径大于0.075mm的颗粒不超过全部质量的85%，且 $I_p \leqslant 10$
粘性土类	粉质粘土	$10 < I_p < 17$
	粘　　土	$I_p > 17$

注：确定塑性指数 I_p 时，液限以锥式液限仪入土深度10mm为准；塑限以搓条法为准。

　　碎石土类、砂土类中含有较大的孔隙，透水性好，可以储存地下水，构成含水层；粘性土类含有的孔隙小，透水性一般都较差，往往形成弱透水层或隔水层。

3. 变质岩

　　无论什么岩石，当其所处的环境相对于当初岩石形成时的环境有了变化，则岩石的成分、结构和构造等往往也要随之变化，以便使岩石和环境之间达到新的平衡关系，这种变化总称为变质作用。由变质作用形成的岩石，就是变质岩。由岩浆岩形成的变质岩称正变质岩，由沉积岩形成的变质岩称副变质岩。常见的变质岩有大理岩、石英岩、片麻岩、片岩、板岩及千枚岩等。

　　岩石变质的因素，主要是岩石所处环境的物理条件和化学条件的改变。物理条件主要指温度和压力，而化学条件主要指从岩浆中析出的气体和溶液。这些条件或者说因素的变化，主要来源于构造运动、岩浆活动和地下热流，因此，变质作用是属于地质内力作用的范畴。比较而言，变质作用不同于风化作用，前者是在一定温度、压力等条件下进行的，而后者是在一般温度、压力等条件下进行的。变质作用也不同于岩浆作用，前者是在温度升高过程中但一般是在固态下进行的，而后者是在岩浆冷凝过程中进行的。

　　变质岩的矿物成分、结构和构造在很大程度上取决于变质前原来的母岩。例如砂岩可变质为石英岩，石灰岩可变质为大理岩；沉积岩经过变质作用后仍可保留原来的层状构造。另一方面，大部分变质岩都是重结晶的岩石，许多变质岩具有片理构造，也就是指岩石中的片状矿物按一定方向排列，包括如石榴子石、蓝闪石、绢云母、绿泥石、红柱石、阳起石、透闪石、滑石、硅灰石、蛇纹石、石墨等这些在变质过程中产生的稳定的新矿物，它们可作为鉴别变质岩的标志矿物。

　　比较而言，变质岩和火成岩二者虽都具结晶结构，但前者往往具有典型的变质矿物，且有些具有片理构造，而后者则不具备这些特点。变质岩和沉积岩的区别更加明显，后者常含有生物化石，而前者则无；后者除了化学岩和生物化学岩外，一般不具结晶粒状结构，而前者大部分是重结晶的岩石，只是结晶程度有所不同。

　　变质岩在我国和世界上皆有广泛分布，特别是前寒武纪地层，绝大部分都是变质岩组成的。在古生代及其以后的岩层中，在岩浆体的周围和在断裂带附近，也均有变质岩分布。变质岩中含有丰富的金属矿和非金属矿，例如全世界铁矿储量，其中 70% 储藏于前寒武纪古老变质岩中。

4. 岩石的转化

　　岩浆岩、沉积岩和变质岩这三大类岩石，都是在特定的地质条件下形成的，它们在成因上又是紧密联系的，其产状、结构、构造及矿物组成都表现出一定的关联性（见表7-4）。追溯到遥远的年代，那时候岩浆活动十分强烈，地壳中首先出现的岩石是由岩浆凝固而成的。但是，自从地壳上出现了大气圈和水圈以来，各种外力因素开始对地表岩石一方面进行（风化、剥蚀）破坏，一方面又进行（沉积）建造，出现了沉积岩。岩浆岩或沉积岩受内力作用，在一定条件下又出现了变质岩。在频繁的地壳运动和岩浆活动中，老的岩石不断在转化，新的岩石不断在产生，这也就是地壳岩石新陈代谢的过程。所以，任何岩石不是永远不变的。在一定时间和一定空间所形成的一定的岩石，都只代表地壳历史的一定阶段，同时也记录了与它本身有关的那一阶段的地壳历史。

表7-4 三大类岩石的分布、产状、结构、构造和矿物成分

特点 \ 岩类		岩 浆 岩	沉 积 岩	变 质 岩
分布情况	按质量	岩浆岩和变质岩：95%	5%	
	按面积	岩浆岩和变质岩：25%	75%	
	最多的岩石	花岗岩、玄武岩、安山岩、流纹岩	页岩、砂岩、石灰岩	混合岩、片麻岩、片岩、千枚岩、大理岩等
产 状		侵入岩：岩基、岩株、岩盘、岩床、岩墙等；喷出岩：熔岩被、熔岩流等	层 状 产 出	多随原岩产状而定
结 构		大部分为结晶的岩石：粒状、似斑状、斑状等部分为隐晶质、玻璃质	碎屑结构（砾、砂、粉砂）、泥质结构、化学岩结构（微小的或明显的结晶粒状、蛹状、致密状、胶体状等）	重结晶岩石：粒状、斑状、鳞片状等各种变晶结构
构 造		多为块状构造，喷出岩常具气孔、杏仁、瘫纹等构造	各种层理构造：水平层理、斜层理、交错层理，常含生物化石	大多具片理构造，部分为块状构造
矿物成分		石英、长石、橄榄石、辉石、角闪石、云母等	石英、长石等，富含粘土矿物、方解石、白云石、有机质等	石英、长石、云母、角闪石、辉石等外，常含变质矿物，如石榴子石、滑石、石墨等

7.3 地质作用和地质年代

7.3.1 地质作用

在漫长的地球历史中，组成地球的物质不断在变化和重新组合，地球内部构造和地表形态也不断在改造和演变。大地震和火山的猛烈爆发，山崩、滑坡和泥石流等，可以在短时间内使局部地区的地表面貌产生较大的变化。但有些现象造成的变化却不易被人们觉察。如流水或波浪对岸坡的冲击，冰川的消长，挟带泥沙的浊水流到湖里、海里的情况等，而山脉的隆起与洼地的拗陷等岩石圈缓慢变化的过程，需要通过精密仪器的长期监测才能查明其发展进程。这些由自然动力引起岩石圈或地球的物质组成、内部结构和地表形态变化的作用，统称为地质作用。

按地质作用的动力来源，将地质作用分为内（动）力地质作用和外（动）力地质作用两大类。内力地质作用包括地壳运动（亦称为构造运动）、岩浆活动、地震作用和变质作用，它们是由地球内部的能（简称内能）引起的，主要有地内热能、重力能、地球旋转能、化学能和结晶能。外力地质作用包括风化作用、剥蚀作用、搬运作用、沉积作用和成岩作用，它们是由地球以外的能（简称外能）引起的，主要有太阳辐射能、潮汐能、生物能等。

7.3.2　内、外动力地质作用的关系

自从形成地壳以来，内、外地质作用既相对独立地，又是相互依存地，使得地壳一直处于不断发展与变化之中。内动力地质作用促使岩石圈的岩层发生褶皱和断裂，形成海洋与大陆、高山与盆地以及区域性地面起伏，而外动力地质作用则对地面的起伏加以改造，总趋势是削高填低，使地面准平原化，同时造就表生的矿物和沉积岩。一个地区发生隆起，其相邻地区常会发生拗陷；高山上的矿物岩石受到风化、侵蚀和破坏，而被破坏的物质又被搬运到相对低洼地方堆积下来形成新的矿物岩石，周而复始。因此，地质作用对地球既产生破坏作用，同时也产生建造作用。但在不同时空条件下，它们的发展可能是不平衡的，或者是彼此互为消长的，如图 7-3 所示。

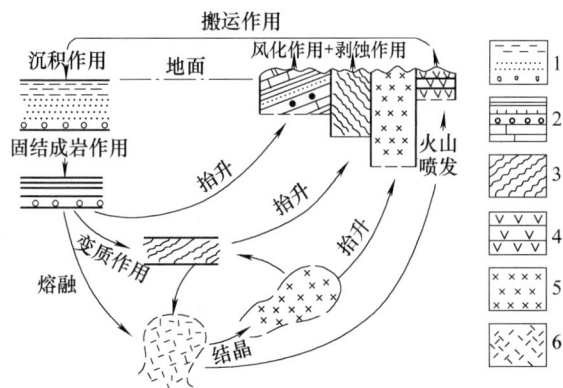

图 7-3　内、外动力地质作用关系示意图

1—水体及沉积物　2—沉积物　3—变质岩　4—喷出岩　5—侵入岩　6—岩浆房

7.3.3　地质年代和地层系统

地球自形成以来大约经历了45亿年的历史。地质学的研究最初是从化石和地层开始的，追溯组成地壳的各种岩石生成的先后次序，从而编出地壳发展历史。在实际给水排水工程和环境工程的工作中，分析水源勘查资料进行水源设计和地下水环境分析时，经常会遇到岩层的地质年代。地质年代的划分包括相对地质年代和绝对地质年代两种方式（表7-5）。

相对地质年代主要依据生物演变和地壳运动等重大变化来划分的，它不能给出地层形成的确切时间，但可以给出地层形成的先后顺序。在正常的层状岩层序列中，先形成的岩层位于下面，后形成的岩层位于上面，这一原理称为地层层序律。保存在地层中的生物化石，由简单到复杂，由低级到高级，表现出不可逆性和阶段性，这种生物顺序发生的规律称为化石顺序律。化石顺序律和地层层序律是一致的，在最古老地层中找不到化石，在较老地层中可以发现低级化石，在较新地层中可以发现高级化石，这种关系称为生物层序律。此外，各种生物的生存往往仅适于一定的自然环境，由地层中所含的不同种类化石，可以推测当时的自然地理环境。人们已知大的地壳运动有吕梁运动、五台运动、加里东运动、海西运动、燕山运动和喜马拉雅运动。地球每经历过一次这种大的地壳变动，地面的气候、地理环境就会发生一次大变化，生物以及地层沉积物就会发生显著变化。在地球上不同地区含有相同化石的岩层，无论相距多远，均应属于同一时代形成的。于是，可以建立统一的国际通用的地质年代表。首先地质年代划分为五个代：太古代、元古代、古生代、中生代和新生代，每个"代"划分为若干"纪"，每个"纪"再划分为若干"世"。在每个"代"的地质历史阶段形成的地层叫做"界"，依次与"纪"相对应的地层叫做"系"，与"世"相对应的地层叫做"统"。这些地质时代（代、纪、世）划分和地层单位（界、系、统）都是国际通用的，而我国还有地区性划分的地层单位，如群、组、段等。

绝对地质年代是指利用同位素技术测定岩石形成后所经历的实际时间，所以又称同位素地质年代，一般以百万年（Ma）为单位。在没有同位素测年技术的时候，地质学家只知道地质历史上植物、动物的进化发展是经历了由低级向高级的发展过程，但发展进化的具体时间进程是难于确定的。在古老岩层中由于缺少或少有生物化石，对于这样的地层和地质年代的划分经常遇到很大困难。自1896年发现铀的放射性后，利用放射性同位素具有固定衰变周期的特点，测定某些含放射性同位素的矿物（或岩石）的形成时代，为测定矿物或岩石的年龄提供了比较精确的方法。同位素方法测定出了不同时期岩层的年代，与生物层序方法确定的地层先后顺序相结合，使得人们对地质历史事件的研究有了具体的时间和时段的概念。

表 7-5　地质年代表

代（界）	纪（系）		世（统）	距今年数/百万年	地壳运动	我国地史主要特点
新生代 Kz	第四纪 Q		全新世（Q_4） 晚更新世（Q_3） 中更新世（Q_2） 早更新世（Q_1）	2 或 3	喜马拉雅运动	冰川分布，地壳运动强烈，人类出现
	第三纪 R	晚（N）	上新世（N_2） 中新世（N_1）	25		哺乳动物、鸟类急剧发展，陆相沉积的砂岩、页岩及砾岩，为主要成煤期
		早（E）	渐新世（E_3） 始新世（E_2） 古新世（E_1）	70		
中生代 Mz	白垩纪 K		晚白垩世（K_2） 早白垩世（K_1）	135	燕山运动	大爬虫灭亡，哺乳动物出现；东部造山运动，岩浆活动强烈，形成多种金属矿产
	侏罗纪 J		晚侏罗世（J_3） 中侏罗世（J_2） 早侏罗世（J_1）	180		恐龙极盛，鸟类出现；大部分地区已上升成陆地，主要岩石为砂页岩，为主要成煤期
	三迭纪 T		晚三迭世（T_3） 中三迭世（T_2） 早三迭世（T_1）	225	印支运动	恐龙开始发育，哺乳类出现；华北为陆相砂、页岩，华南为浅海灰岩
古生代 Pz	晚古生代 Pz_2	二迭纪 P	晚二迭世（P_2） 早二迭世（P_1）	270	海西运动	两栖动物繁盛，爬虫开始出现，华北从此一直为陆地，主要成煤期，华南为浅海，晚期成煤
		石炭纪 C	晚石炭世（C_3） 中石炭世（C_2） 早石炭世（C_1）	350		植物繁盛，珊瑚、腕足类、两栖类繁殖；华北时陆时海，到处成煤，华南为浅海
		泥盆纪 D	晚泥盆世（D_3） 中泥盆世（D_2） 早泥盆世（D_1）	400		鱼类极盛，两栖类开始，陆生植物发展；华北为陆地，遭受风化剥蚀，华南为浅海
	早古生代 Pz_1	志留纪 S	晚志留世（S_3） 中志留世（S_2） 早志留世（S_1）	440	加里东运动	珊瑚、笔石发育，陆地生物出现；华北为陆地，华南为浅海，形成石灰岩
		奥陶纪 O	晚奥陶世（O_3） 中奥陶世（O_2） 早奥陶世（O_1）	500		三叶虫、腕足类、笔石极盛；以浅海灰岩为主，中奥陶世后华北上升为陆地
		寒武纪 ∈	晚寒武世（$∈_3$） 中寒武世（$∈_2$） 早寒武世（$∈_1$）	600		生物初步大发展，三叶虫极盛；浅海广布，以沉积灰岩为主
元古代 Pt	晚 Pt_2	震旦纪 Z	晚震旦世（Z_2） 早震旦世（Z_1）	900	吕梁运动　五台运动	有低级生物藻类出现；开始有沉积盖层，上部为浅海相灰岩，下部为砂砾岩，变质轻微或不变质
	早 Pt_1	滹沱纪				晚期造山作用强烈，所有岩石均遭变质
太古代 Ar	五台纪			3800		地壳运动强烈，变质作用显著
	泰山纪					
地球最初发展阶段				>4500		

7.4 地质构造

　　地质构造（或称为构造变动）是指由内、外动力地质作用导致岩层发生变形与变位，产生各种各样的构造形态。地质构造的时空范畴可以很大，时间上从转瞬即逝的地震作用到延续千百万年的大陆漂移和造山运动；空间上小到矿物晶体的晶格错位，需要借助显微镜才能观察，大到几百、几千千米的规模乃至全球性的板块碰撞。但是，最基本和最常见的构造变形是在野外露头上可见的各种构造形迹，包括各种褶皱、裂隙和断层。地质构造所形成的岩石裂隙是地下水储存的场所，是岩石含水的先决条件。

　　在地壳运动过程中，地壳中的岩石受力发生永久性变形，称为构造变形。通常人们把内动力引起的地壳乃至岩石圈变形、变位作用，叫做构造运动。有人把构造运动看成是地壳运动的同义语。狭义的地壳运动，主要指由内力作用引起的地壳的隆起、拗陷和形成各种构造形态的运动。广义的地壳运动指地壳内部物质的一切物理的和化学的运动，其中包括地壳的变形、变质和岩浆活动等，从这一概念看，地壳运动的涵义要广一些。根据构造运动发生的时间，可以将其分为两类，一类是老构造运动，简称构造运动，一类是新构造运动。一般认为，晚第三纪和第四纪的构造运动称为新构造运动，在这以前的构造运动称为老构造运动。如果把时间尺度再拉短些，即把人类历史时期所发生的和正在发生的构造运动，称为现代构造运动。现代构造运动是新构造运动的一部分，它对于人类的经济活动关系更为密切。

7.4.1 岩层的产状

1. 岩层的概念

　　岩层是指由两个平行的或近于平行的界面所限制的岩性相同或近似的层状岩石。岩层的上下界面叫层面，分别称为顶面和底面。岩层的顶面和底面的垂直距离称为岩层的厚度。任何岩层的厚度在横向上都有变化，有的厚度比较稳定，在较大范围内变化较小；有的则逐渐变薄，以至消失，称为尖灭；有的中间厚、两边薄并逐渐尖灭，称为透镜体。若岩性基本均一的岩层，中间夹有其他岩性的岩层，称为夹层，如砂岩含页岩夹层，砂岩夹煤层等等。如果岩层由两种以上不同岩性的岩层交互组成，则称为互层，如砂岩页岩互层，页岩灰岩互层等。按单个岩层的厚度将岩层分为四个等级，见表7-6。

2. 岩层产状及其要素

　　岩层在地壳中的空间方位称为岩层的产状。由于岩层沉积环境和所受的构造运动不同，可以有不同的产状。岩层的产状要素是指确定岩层产状的三个数值，即走向、倾向和倾角（图7-4）。

表7-6　岩层厚度分级表

类型	块状层	厚层	中厚层	薄层
厚度	>1m	1~0.5m	0.5~0.1m	<0.1m

（1）走向　岩层层面与任一假想水平面的交线称为走向线，也就是同一层面上等高两点的连线。走向线两端延伸的方向称为岩层的走向。岩层的走向也有两个方向，彼此相差180°。岩层的走向表示岩层在空间的水平延伸方向。

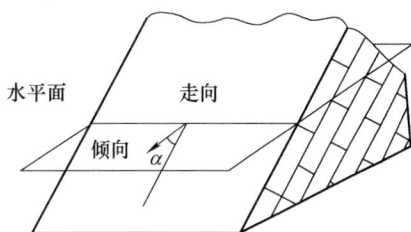

图7-4　岩层的产状要素

（2）倾向　与走向线垂直且沿着岩层面向下所引的直线叫倾斜线，它表示岩层的最大坡度。倾斜线在水平面上的投影所指示的方向即为岩层的倾向。倾向表示岩层层面倾斜的方向。

（3）倾角　岩层面上的倾斜线和它在水平面上投影的夹角，称为倾角，又称真倾角。倾角的大小表示岩层的倾斜程度。

依据岩层产状，一般可以分为水平岩层、倾斜岩层、直立岩层和倒转岩层。水平岩层是指岩层的倾角等于或接近于零的岩层。在广阔的海底、湖盆、盆地中沉积的岩层，其原始产状大都是水平或近于水平的。倾斜岩层是指岩层层面与水平面有一定交角（$0° < \alpha < 90°$）的岩层。有些岩层为原始倾斜的岩层，例如在沉积盆地的边缘形成的岩层，某些在山坡、山口形成的残积、洪积层等。但大多数情况下，岩层是因受到构造运动发生变形变位，使之形成倾斜的产状。直立岩层是指岩层层面与水平面直交或近于直交（$\alpha \approx 90°$）的岩层，即直立起来的岩层。在强烈构造运动挤压下，常可形成直立岩层。倒转岩层是指岩层发生翻转，致使老岩层在上、新岩层在下。这种岩层主要是在强烈挤压力作用下形成的。

7.4.2　褶皱构造

岩层的弯曲现象称为褶皱，它是地壳中最常见的地质构造。岩层在地壳运动作用下，或者说在地应力作用下，改变了岩层的原始产状，不仅使岩层发生倾斜，而且使成层岩石中的层面或各种面理（节理面、断层面等）因塑性变形而发生的弯曲变形。一系列弯曲的岩层形成了褶皱构造，而把其中一个弯曲称为褶曲。褶皱的规模大小悬殊，大的往往可以蜿蜒几十或几百千米，也可以小到在手标本上出现，更小的则要在显微镜下才能见到。

褶曲基本要素有核、翼、转折端、拐点、枢纽、轴面、轴迹、脊线和槽线等（图7-5）：

1）核。或称作核部，指褶皱中心部位的岩层。

2）翼。或称作翼部，泛指褶皱两侧的岩层。

3）转折端。转折端是褶皱从一翼向另一翼过渡的弯曲部分。

4）拐点。相邻背斜和向斜的公共翼上，弯曲面向相反处的转折点。

5）枢纽。同一岩层的层面与轴面的交线，可呈水平、倾斜或波状起伏的状态。

6）轴面与轴迹。相邻褶皱面上由多条枢纽组成的几何面称作轴面，轴面与任何面理的交线称作轴迹。

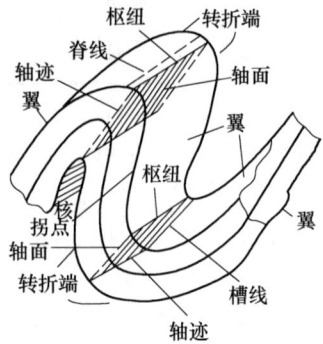

图 7-5　褶曲要素

7）脊线与槽线。在背斜的同一褶曲面上，最高点的连线称作脊线；在向斜的同一褶曲面上，最低点的连线称作槽线。

在地质学中，根据褶曲地层的新老排列关系及其形态特征，通常将褶曲划分为两种基本类型，即背斜和向斜。背斜核心部位的岩层年代较老，两侧的岩层年代较新，岩层一般向上弯曲；向斜核部为新岩层，两侧为老岩层，岩层一般向下弯曲。或者说，由核到翼，岩层越来越新，并在两翼呈对称出现，为背斜；由核到翼，岩层越来越老，并在两翼呈对称出现，为向斜。在一个地区的背斜和向斜（或背形和向形）总是相间排列的。

褶曲两翼受力往往不均，依据褶曲的两翼和轴部的位置形态不同，可划分为直立褶曲、倾斜褶曲与倒转褶曲三种类型（图7-6）。

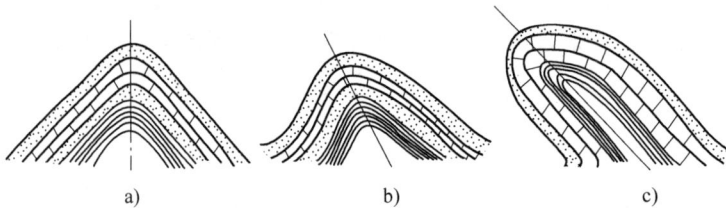

图 7-6　褶曲形态分类

a）直立褶曲　b）倾斜褶曲　c）倒转褶曲

直立褶曲的轴面呈直立状态，两翼对称，这是在褶曲两翼受力均匀的条件下形成的。

倾斜褶曲的轴面呈倾斜状态，两翼倾斜方向相反，但不对称，一翼岩层的倾角较之另一翼陡些（或缓些），这是在褶曲两翼受力不一致的条件下形成的。

　　倒转褶曲的轴面与两翼向同一方向倾斜，且一翼在另一翼上面，呈现出一翼岩层层序正常（即新岩层在上，老岩层在下），另一翼岩层层序倒转，这是褶曲两翼因受力不一致所致。

　　从供水水文地质角度讲，向斜构造如同一个盆，有利于地下水赋存，许多情况下钻孔能够打出自喷的地下水，如我国四川盆地，巴黎自流水盆地等都属于此种构造类型。与向斜构造相比，背斜构造就如同一个倒扣盆，其储水条件不好，往往找不到富水性好的岩层。但是背斜轴部附近张裂隙较为发育时，含有一定量的地下水，可作为小型供水水源。

7.4.3　节理

　　地壳中的岩石（岩层或岩体），特别是脆性较大和靠近地表的岩石，在受力情况下容易产生断裂和错动，总称为断裂构造。它和褶皱构造一样，是地壳中普遍发育的基本构造形式之一。通常根据断裂岩块相对位移的程度，把断裂构造分为节理和断层两大类。在构造地质学中，将沿破裂面两侧无明显位移的断裂称作节理。它是地壳上部岩石中发育最广的一种构造，几乎在所有岩石中都可看到有规律的、纵横交错的节理。节理的长度、密度相差很悬殊，有的可延伸几米、几十米，有的只有几厘米；有的密度很人，有的则比较稀疏。沿着节理劈开的面称之为节理面。节理面的产状和岩层的产状一样，用走向、倾向和倾角表示。节理常与断层或褶曲相伴生，它们是在统一构造作用下形成的有规律的组合。

　　1. 节理的分类

　　根据节理的成因、力学性质、产状等，可以将节理分为许多类型。如依据节理面与岩层产状的关系，将节理分为走向节理或纵节理（与岩层走向一致）、倾向节理或横节理（与岩层倾向一致）、斜交节理或斜节理（与岩层走向斜交）。

　　按照成因可以将节理分为两类，一类是非构造节理，另一类是构造节理。

　　（1）非构造节理　非构造节理是指岩石在外力地质作用下所产生的节理，如风化作用、剥蚀作用、崩塌与陷落作用等。这类节理常分布于地表浅部的岩石中，节理的几何规律性较差，且延伸不长，深度不大。但这些风化节理等常形成地下水运移的通道，或在一定条件下形成储水层；而风化破碎带对于工程建设有很大的负面影响。

　　在非构造节理中还包括岩石在成岩过程中所形成的节理，即所谓原生节理，其形成主要与岩浆的冷却和收缩有关，它们主要分布于岩浆岩的顶部、边缘部分，如侵入岩体中的节理和喷出岩中玄武岩的柱状节理。

　　（2）构造节理　构造节理是指在地壳运动作用下形成于岩石中的节理，常成组有规律地出现，并与其他构造如褶皱、断层等有一定的组合关系和成因联系。

2. 节理的力学成因分类

按节理的力学性质，可将其分为剪节理和张节理两种主要类型。

（1）剪节理 剪节理是由切应力产生的脆性破裂面。从理论上说，剪节理应该成对出现，成为共轭的 X 型节理系。但由于岩石介质的不均一性等，实际上这两组节理的发育程度是不一样的。剪节理的主要特征包括：产状比较稳定，沿走向和倾向延伸都较远，分布较平直；节理面比较平滑，且多呈闭合状，节理面上常可见擦痕和摩擦镜面等现象；节理的密度较大，且间距大致相等。若两组共轭剪节理同等发育而形成 X 型节理系时，可将所经过的岩石切成菱形块体。

（2）张节理 张节理是由张应力产生的破裂面，褶曲构造中的纵节理和横节理都属于张节理。它具有的主要特征有：产状不如剪节理稳定，延伸不远；节理多呈开口状，节理面粗糙不平，其面上的擦痕较少或不发育；节理常平行出现，或呈斜列式出现，有时沿着两组共轭 X 型剪节理而发育成锯齿状张节理（图7-7）。张节理经常出现在褶曲的核部和脆性岩层中，为储存地下水提供了良好的空间。

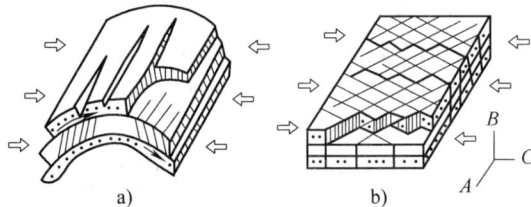

图 7-7 不同形式的张节理

a）纵向张节理 b）锯齿状张节理

7.4.4 断层

岩块沿着断裂面有明显位移的断裂构造称为断层。断裂是岩石受力破裂的变形。断裂构造也是地壳中最为常见的一种变形构造。与褶皱一样，断层的规模有大有小，断裂的规模和尺度也有许多级别，所波及的深度有深有浅；形成的时代有老有新；最大的断裂延伸可达几千千米，如大洋中脊和大陆裂谷；区域性的大断裂也可以长达几百至上千千米，最小的断裂则很微小，其尺度要在高倍显微镜下才能看见，如矿物晶格的错移。

1. 断层的几何要素

断层几何要素包括断层面、断层带、断层线和断盘等，这些也是断层的组成部分（图7-8）。

（1）断层面 断层面是指岩石被断开成两部分并沿之发生显著位移滑动的破裂面。断层面可以是平面，也可以是弯曲或波状起伏的面。断层面的产状也可以

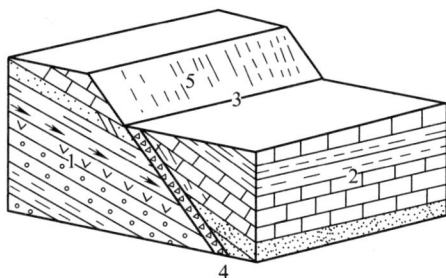

图7-8　断层要素

1—下盘　2—上盘　3—断层线　4—断层破碎带　5—断层面

用走向、倾向、倾角三要素来表示。同是一条断层，其产状在不同部位常有很大变化，甚至倾向完全相反。大规模断层往往不是沿着一个简单的面发生，而往往是沿着一系列密集的破裂面或破碎带发生位移，称之为断层带或断层破碎带。在断层带内还夹杂或伴生有搓碎的岩块和岩屑。

（2）断层线　断层线是断层面与地面的交线，即断层在地表的出露线。它可以是一条直线，也可以是一条曲线或波状弯曲的线，表示断层的延伸方向。断层线的形状取决于断层面的产状和地形起伏条件。当地面平坦时，断层线是直是曲，决定于断层面本身的产状；如果地形起伏很大，而断层面是倾斜的，尽管断层面是平的，断层线的形状也是弯曲的，断层面的倾角越小，地面的起伏越大，断层线的形态也越复杂。特别是在大比例尺地质图上，断层线随地形变化而弯曲的现象就更为明显，与单斜岩层一样，受"V"字形法则的控制。

（3）断盘　沿断层面发生相对滑动的两侧岩块称作断盘。如果断层面是倾斜的，位于断层面上方的岩块称作上盘，位于其下方的称作下盘。当断层面直立时，断层就按照其相对于断层面的方位来命名。比如断层面沿东西方向延伸，其两侧的断盘可分别称之为北盘和南盘。按照断盘相对运动方向，将其分为上升盘和下降盘，即相对上升的一盘称作上升盘，相对下降的一盘称作下降盘。应该指出，上升盘与上盘，下降盘与下盘，切勿混淆起来，上升盘可以是上盘，也可以是下盘；下降盘可以是下盘，也可以是上盘。

（4）断距　在实际工作中，同一地层由于断开移动，出现上下盘，就如同变成了两个地层，经常要测算断层两盘相对位移的距离，称之为断距。断距可通过同一岩层被错开的距离来测算。在不同方位的剖面上，断距可以是不同的。在垂直于被错断岩层走向的剖面上可测得三种断距，包括总断距，即指断层两盘上同一岩层沿断层面相对位移的距离（图7-9中 XZ）；垂直断距，即指在断层两盘上同一岩层之间的垂直距离（图7-9中 XY）；水平断距，指在断层两盘上同一岩层之间的水平距离（图7-9中 YZ）。这三种断距在剖面上构成一个直角三角形（图7-9）。

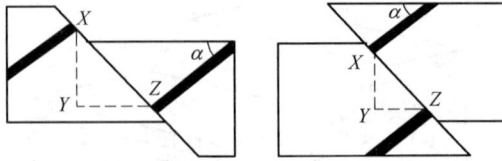

图 7-9 断距示意图

2. 断层分类

（1）根据断层与岩层或区域构造线的方位关系分类 可将断层分为四种类型：

1）走向断层或纵断层。断层走向与岩层或区域构造走向一致。

2）倾向断层或横断层。断层走向与岩层或区域构造走向垂直。

3）斜向断层或斜断层。断层走向与岩层或区域构造走向斜交。

4）顺层断层。断层面产状与岩层面产状一致。

（2）根据断层两盘的相对运动方向分类 可将断层分为三种类型（图7-10）：

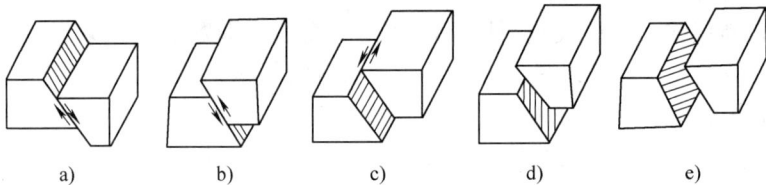

图 7-10 根据断层两盘运动划分的断层类型

a）正断层 b）逆断层 c）平移断层 d）逆-平移断层 e）正-平移断层

1）正断层。正断层是指断层上盘沿断层面向下滑动的断层（图 7-10a）。正断层产状一般较陡，断层面倾角多在45°～60°之间，断层线较为平直。

2）逆断层。逆断层是指断层上盘沿断层面向上移动的断层（图 7-10b）。根据断层面倾角的大小又可再细划分。当断层面倾角大于45°，称其为冲断层；当断层面倾角45°＞α＞25°，称其为逆掩断层；断层面倾角小于25°，称其为辗掩断层。

3）平移断层。平移断层是指断层两盘运动轨迹与断层走向基本一致，而不存在垂直（上、下）方向的位移（图 7-10c），一般断层面较陡。

应当指出，自然界中有些断层沿断层面的运动不仅有相对升降运动，往往都带有平移运动，即非单一的上下滑动，也非纯粹的水平位移（图 7-10d、e），这时它们就兼有上述三种断层的部分特征。对它们一般采取复合命名的方式来进行划分，如正-平移断层或平移-正断层，逆-平移断层或平移-逆断层（以命名放后面的运动为主）。

（3）根据断层的力学性质分类 断层是在一定的地应力作用下产生的，而地壳内岩石所受的力不外乎是张应力、压应力和扭（切）应力，但更多的时候是张应力兼扭应力和压应力兼扭应力。因此，依据断层形成的力学性质，可以把断层分为张性、压性、扭性、张性兼扭性（张扭）、压性兼扭性（压扭）等五种。

1）张性断层。张性断层是由张应力作用形成的。断层面一般较粗糙，断层带较宽或宽窄变化悬殊，其中常填充构造角砾岩，如尚未完全胶结，常形成地下水的通道，沿着断层裂缝常有岩脉、矿脉填充。正断层多属于张性断层。

2）压性断层。压性断层是由压应力作用形成的。断层面的产状沿走向、倾向常有较大变化，呈波状起伏，断层带中破碎物质常有挤压现象，出现片理、拉长、透镜体等现象，断层两侧岩石形成的挤压破碎带为地下水运移和储集提供了有利条件，而断层带本身由于挤压密实，反而形成隔水层。断层两盘或一盘的岩层常直立或呈倒转褶曲，断层带内常产生一些受压受热重结晶的应变矿物，如云母、滑石、绿泥石、绿帘石等，并多定向排列。逆断层多属于压性断层。

3）扭性断层。扭性断层是由切应力作用形成的。断层面平直光滑且产状较稳定，断层面上常出现大量擦痕、擦沟等，断裂面可以切穿岩层中的坚硬砾石和矿物，断裂带中的破碎岩石常辗压成细粉，出现糜棱岩，有时也出现一些应变矿物。大部分平推断层和一部分正断层属于扭性断层。

4）张扭性断层。张扭性断层是由张应力和切应力共同作用形成的。自然界中，单纯张性或单纯压性的断层并不多见，而是多少带一些扭动，如某些上盘沿着断层面斜向往下滑动的正断层，这种断层具有张性和扭性断层的特点，断层面上常显示上盘斜向滑动的擦痕。

5）压扭性断层。压扭性断层是由压应力和切应力共同作用形成的。如平推逆断层，上盘沿着断层面斜向往上推动，带有压扭性质，这种断层具有压性和扭性断层的特点。

在一个地区，自然界的断层有时会成群出现。在剖面上，正断层的组合形式常见有若干产状大致相同的正断层，其上盘向同一个方向呈阶梯式下降，即为阶梯断层；或中间断块下降，两侧断块相对上升，即为地堑；或中间断块上升，两侧断块相对下降，即为地垒（图 7-11）。地垒往往形成山体，又称地垒山，或地垒式断块山；地堑则常形成盆地，称地堑盆地，又称断陷盆地或构造盆地。

图 7-11　地堑与地垒示意图

断层与地下水有着密切的联系。断层可以使含水层与隔水层相遇，也可以使含水层与富水性更强的岩层相接触，从而改变着含水层的边界条件。因此，在断层发育的地区，弄清楚断层的性质与断层的走向，对于研究区域地下水的分布有着重要的意义。

7.4.5　地层接触关系

地壳运动是引起地表自然地理环境的巨大变化和促进生物界发展变化的重要因素。地层的许多特征都蕴含有地壳运动的信息。其中，地层的接触关系与地壳运动的关系极为密切。地层的接触关系分为整合接触和不整合接触。

整合接触表现为上、下两套地层层面平行，地层内化石演化连续，地层时代连续，岩性的变化可显示沉积环境逐渐变化的特征。这些特点表明岩层是在地壳缓慢而持续升降过程中形成的。

不整合接触关系可再细分为平行不整合和角度不整合接触关系。平行不整合（或称作假整合）接触的特点是地层内存在区域性剥蚀面，该面上、下地层在大范围内层面是平行的，但地层时代不连续，缺失部分时代的地层，两套地层内的化石有显著的变异，岩性、岩相有大的变化，在剥蚀面上常有古风化壳残余。平行不整合的形成过程是：地壳先是稳定下降，连续接受沉积后，平稳上升成陆地遭受风化、剥蚀，形成剥蚀面，然后地壳重新平稳下降，在剥蚀面上堆积新的沉积（图7-11）。这样的区域性剥蚀面就是平行不整合面。

角度不整合接触则表现为：区域性剥蚀面以上的地层与剥蚀面平行，而下伏地层则与剥蚀面及上覆地层呈角度斜交（图7-12），两套地层的岩性、岩相及化石组合特征均有显著的差异，且在剥蚀面上局部保留古风化壳残余，上覆地层底部常有底砾岩，且底砾岩中的碎屑物大量来自下伏的地层。角度不整合的形成过程为：地壳先是下降，连续接受沉积且成岩后，地壳遭受挤压，使岩层发生倾斜、褶皱、断裂，以后又上升成陆地，遭受风化、剥蚀并形成剥蚀面，后来地壳又下降，在剥蚀面上堆积新的沉积。

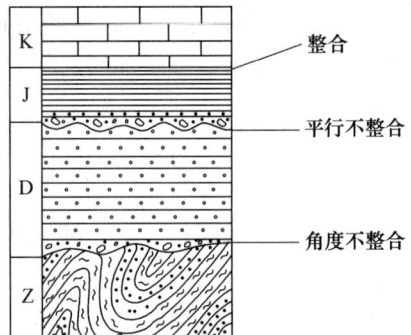

图7-12　地层接触关系

从接受沉积经褶皱上升遭受风化、剥蚀直至形成准平原面的过程，其演化过程是很长的，可达几百万到几亿年，波及的地域也是非常广大的，在几十万到几千万平方千米。这种经过准平原面转化而成的不整合面具有准同时性。这种地区转为下降并接受沉积时，沉积物的来源必然是经过长期风化后残留的松散物质，主要是石英质的砾石、砂和富铝、富铁的泥质，因而在不整合面上形成的新沉积岩层底部，往往有砾岩层或砂砾岩层，有时是铝质岩和铁质岩，称为底砾岩。这类岩层在地层划分对比中具有标志层的作用。此外，由于早期沉积时的古地理和古气候环境与后来长期存在的大陆环境完全不同，必然引起各门类生物演化上的大变异，不少物种不能适应新环境而消失，灭绝了的生物绝不会重复出现，有的发生重大变异，新的物种相应出现。一定的生物组合只存在于一定的地史时期中，生物皆生活于一定的环境，适应一定的气候，不同的自然地理环境，生活着不同的生物组合，于是在不整合面上的沉积地层中发现的化石，与下伏较老地层中的化石出现很大的差异。所以，不整合面就成为划分地层单位的非常重要的界面。

　　侵入岩与地层的接触关系有两种：侵入接触和沉积接触。在地层形成以后，岩浆侵入进来，这时作为围岩的地层受了侵入体的影响，侵入体与围岩的接触部位呈现出接触变质现象，二者之间即为侵入接触关系；当先期形成的侵入体随围岩一起上升经受剥蚀作用后，使侵入体暴露于地表，当这个地区再次下降时，后形成的沉积岩层覆盖在它的上面，就形成了沉积接触。显然，后期形成的沉积岩层是呈不整合接触状态覆盖于侵入岩及其围岩之上的。

7.4.6　地质图

　　地质图是按一定的比例尺和图式，将一定地区内各种地质体（地层、岩体、矿体）及地质构造（断层、褶皱等）的分布及其相互关系，垂直投影到同一水平面上，用以反映本地区地壳表层的地质构造特征的图件。按地质图的比例尺、范围及内容，地质图可分类为区域地质图、矿区地质图、构造地质图、第四纪地质图、水文地质图，工程地质图等。地质图中的各项地质内容可以用不同颜色标注，也可以用不同花纹、线条，代号来表示（图 7-13）。

　　地质剖面是指沿某一方向显示一定深度内地质构造情况的实际（或推断）切面，又称地质断面。地质剖面图是按一定比例尺，表示地质剖面上的地质现象及其互相关系的图件。在地质平面图的下面通常都有一个或几个地质剖面图。地质剖面图与地质图相配合，可以获得地质构造的立体概念。垂直岩层走向的地质剖面图称为地质横剖面图，平行岩层走向的剖面图称为地质纵断面图，呈水平方向的剖面图称为水平地质断面图。按地质剖面所表示的内容，可分为地层剖面图、第四纪地质剖面图，构造剖面图等（图 7-14）。

　　地质图是水源勘查与水源环境评价时最基本的图件，学会阅读分析地质图是给水排水工程专业和环境工程专业学生应具备的基本技术技能之一。下面结合图7-13 和图 7-14 说明阅读地质图的一般步骤。

　　（1）读地质图的图名和比例尺　通过读地质图的图名和比例尺，了解图幅所在的地理位置、范围和大小等。一幅地质图一般是以图面所包含地区中最大居民

尖峰地区地形地质图
1:10000

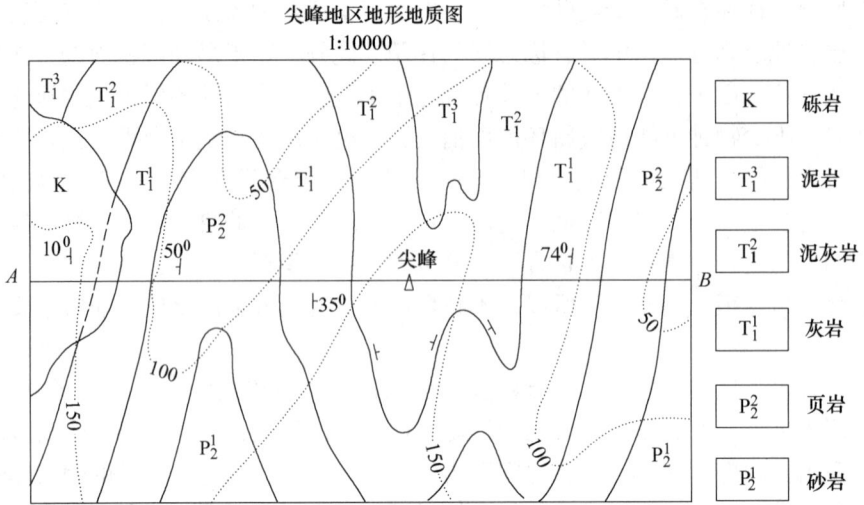

K	砾岩
T_1^3	泥岩
T_1^2	泥灰岩
T_1^1	灰岩
P_2^2	页岩
P_2^1	砂岩

图 7-13　尖峰地区地形地质图

A—B剖面图

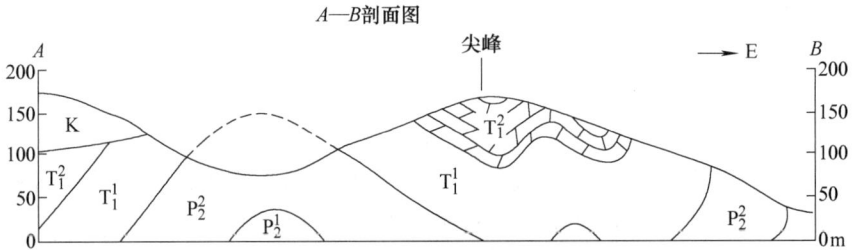

图 7-14　尖峰地区地质剖面图

点或主要河流、主要山岭等命名的。图 7-13 的图名为尖峰地区地形地质图。比例尺则反映地质现象在图上能够表示出来的精确度，图 7-13 的比例尺为1:10000。还应注意地质图的出版时间、图件编制单位等内容。

（2）读图例　通过图例和图面可以了解本地区从老到新有哪些地层及各个时代地层的厚度、岩性特征、分布规律等。图例一般放在图框右侧，地层一般用颜色或符号表示，图例排列按自上而下反映地层顺序是由新到老，从图 7-13 上可以看出，该地区地层时代从新到老依次为白垩纪、三叠纪和二叠纪。每一图例为长方形，方块中注明地层代号，右方注明岩性。岩浆岩的图例一般位于沉积岩图例之下。地质构造符号放在岩石符号之下，其一般顺序是褶曲、断层、裂隙、产状要素等。

（3）分析地质图　分析地质图时，要掌握的图内地质情况主要包括：

1）地层分布情况。老地层分布在哪些部位，新地层分布在哪些部位，地层之间有无不整合现象等。由图 7-13 可以看出，该地区地层由东部到西部表现的特点是，地层时代是由老地层→新地层→老地层→新地层重复交替出现的，符合褶皱的特点，结合地层产状证实了是褶皱构造。在最西部，白垩纪地层同时覆盖于三叠纪早、中、晚三个时期的地层之上，中间缺少了朱罗纪地层，即较新岩层掩盖住较老岩层的界线，表现为角度不整合接触，较新岩层的底部界线即为不整合线，不整合线两侧岩层产状不同，较新岩层一侧的岩层界线与不整合线大致平行，较老岩层一侧的岩层界线与不整合线相交，新老岩层之间有显著的缺失地层现象。

　　2）地质构造。掌握地质构造总的特点是什么，如褶皱是连续的还是孤立的，断层的规模大小，发育位置，断层与褶皱的关系是与褶皱方向平行还是垂直或斜交等等。图 7-13 中的褶皱是向斜和背斜连续出现的。

　　3）岩浆活动。通过分析岩浆岩在地表出露情况，岩浆岩与沉积岩等接触关系，岩浆岩与褶皱、断层的关系等，判断岩浆活动发生的地质历史时期。从图 7-13 和图 7-14 上可以看出，该地区没有岩浆岩分布。

　　（4）分析剖面　剖面线的位置确定以能够反映地质图上较多的内容为原则，通常是按垂直于地层的走向方向布设剖面线，剖面线两端注有 AB 或 AA' 等字样，表示沿此方向所做的剖面。要结合剖面图了解地层分布、地层的接触关系、产状变化等构造特点。图 7 13 中的剖面线，穿过了区内所有的地层和构造内容，能够较为全面地反映该区域地质构造在剖面上的特点。

　　（5）分析图内的地形特征　大比例尺地质图往往带有等高线，可以据此分析山脉的一般走向、分水岭位置、相对高差等。小比例尺地质图是不带等高线的，一般只能根据水系的分布来分析地形的特点，如河流总是由地势较高的地方向地势较低的地方流动，位于两条河流中间的分水岭地区比河谷地区要高等等。图 7-13 地区的地形特点是西南高东北低，最高点尖峰的海拔高度大于 150m，区内相对高差大约在 100m。了解地形特征，可以帮助了解地层分布规律、地貌发育与地质构造的关系和绘制地质剖面图等。

本 章 小 结

【本章内容】

　　（1）地球概述　本节介绍了地球的形状和大小，地球的主要物理性质（包括质量和密度、压力、重力、磁性、弹性和塑性、内部温度），地球的外部圈层结构（大气圈、水圈、生物圈），地球的内部圈层结构（地壳、地幔和地核）。

　　（2）矿物与岩石　矿物是岩石的集合体。根据成因，岩石可以分为三大类：岩浆岩、沉积岩和变质岩，这三大类岩石在一定条件下是可以转化的。

　　（3）地质作用和地质年代　由自然动力引起岩石圈或地球的物质组成、内部结构和地表形态变化的作用，统称为地质作用。按地质作用的动力来源，将地质作用分为内（动）力地质作用和外（动）力地质作用两大类，二者存在着既相对独立的，又相互依存的关系。在地质年代表中，地层依据地层层序律、生物层序律和同位素方法划分为不同的单位，具体包括相对地质年代和绝对地质年代。

（4）地质构造　地壳运动形成的地质构造主要有褶皱、节理和断层。根据褶皱地层的新老排列关系及其形态特征，褶皱分为背斜和向斜两大类。节理与断层的差异在于地层是否沿断裂面发生位移。岩层产状要素指确定岩层产状的三个数值，即走向、倾向和倾角。走向是指岩层面与任一假想水平面的交线所指的方向，倾角是在与走向垂直方向上的岩层面和水平面之间所成的夹角。地层的接触关系分为整合接触和不整合接触。通过对区域地层接触关系的分析，可以推测地层形成的地质环境、曾经经历过的地壳运动、其运动强度和地质构造的成因。地质图是一平面图，用它可以反映地区地壳表层的地质构造特征，地质图与地质剖面图相配合，可以获得地质构造的立体概念。地质构造是后续进行水文地质学学习的基础与知识准备。

【学习基本要求】

通过本章学习，了解地球的构造与组成，不同地质作用的关系，熟悉矿物与岩石概念和特点，熟悉地质年代表；掌握地质构造中褶皱和断层的组成要素，不同断层的断裂带特征，地堑和地垒的构成以及地层接触关系。熟悉并能识读地质图的内容。

Chapter 7　Elementary Knowledge of Geology

【Chapter Content】

1. Overview of the earth

The earth's principal physical properties (*e. g.* mass, density, pressure, magnetism, elasticity, plasticity and internal temperature), the shape and size are introduced. The earth's sphere structures are divided into the internal spherical structure (the earth's crust, mantle and corn) and the external spherical structure (atmosphere, hydrosphere and biosphere) as well.

2. Minerals and rocks

A rock is the aggregates of mineral. The rocks are categorized into the igneous rock, sedimentary rock and metamorphic rock as well. The three kinds of rock can be inter-transformed under certain conditions.

3. Geological function and geological age

Terminologically, geological functions refer to a various kinds of natural actions in the lithosphere which caused the material compositions, the internal structures and the shape of the earth surface to change. It can be classified as the internal and external dynamic geological functions in terms of the different dynamic sources, both of which are not only relatively independent but also interdependent. In the table of geological age, the age is divided into the relative age and absolute age in accordance with the sedimentary sequences of strata, the biological evolution sequences, the earth's motions and isotopic detecting means as well.

4. Geological structure

The geological structures created by the movement of the earth's crust mainly consist of folds, joints and faults. Folds are classified into the syncline and the anticline according to the sequences and appearance features of the formations. The difference between joints and faults is whether the motion takes place along the fracture plane. The states of strata are demonstrated by the strike, inclination and dip. The strike is the direction of the line of intersection of a bed plane with any horizontal, whereas the dip is the angle of the inclination of a bed with the horizontal normal to the direction of strike. The contact relations between different strata are termed the conformity and unconformity. By studying the contacts of formations, the geological environment forming strata, the intensity of the earth-crust movement and the origin of geologic structures could be inferred. A geological map is a plane figure, which can show the characteristics of geologic structures on the ground. The three-dimensional effect of geologic structures is obtained if the map is combined with some geologic logs. Knowledge on geological structures will be useful in subsequently learning hydrogeology.

【General Learning Requirements】

The contents that should be familiar include: (a) the earth's spherical structures, (b) the composition and features of major minerals and rocks, (c) the interrelations of different geological functions, (d) the table of geologic age. Knowledge that needs to be grasped involves the compositional factors of folds and faults, the characteristics of fault zones, the structural system of horst and graben, and the contact relationships between strata. The contents illustrated on a geologic map could be understood.

复 习 题

7-1 试用图示说明地球的圈层构造。

7-2 什么是矿物？简述矿物的化学成分特点和主要物理性质。

7-3 举例说明矿物的同质多像现象。

7-4 什么是岩石？岩石可分为哪几大类？

7-5 一般意义上的三大岩石类的形成和分布特点是怎样的？它们之间有怎样的转化特点？

7-6 简述相对地质年代划分的依据。

7-7 如何划分地质年代单位和相应的地层单位？

7-8 内、外动力地质作用二者之间有何关系？

7-9 什么是地质构造？褶皱、节理和断层有何区别和内在联系？

7-10 岩层的产状要素包括哪些？依据岩层产状可将岩层分为哪几类？

7-11 倒转岩层应具有哪些特征？它是如何形成的？

7-12 "断层的上盘一定是上升盘"，这句话对否？为什么？

7-13 断层的组合形式有哪些？试绘制一幅地质剖面示意图加以说明，并在图中标出地层单位。

7-14 地层的接触关系包括哪些？为什么会形成地层的不整合接触？

7-15 地质图和地质剖面图一般由哪些部分组成？可以反映地层的哪些方面内容？

第 8 章

地下水基本知识

地下水与地表水一样，是水资源的重要组成部分。存在于岩石空隙中的水体，与大气圈、水圈、生物圈中的水分发生着各种形式的联系，参与着自然界的水循环过程。地下水主要来源于大气降水和地表水的入渗补给，又以蒸发和蒸腾形式将水分散发到空中，同时以地下径流的方式注入海洋或陆地上的地表水体。地下水以其良好的水质和稳定的供水条件，成为工农业和城市供水的重要水源。作为水资源的一部分，地下水的不合理开发利用，又造成了地下水资源的减少和地下水环境的恶化，包括地下水位卜降形成的地下水降落漏斗、地面沉降、地下水的污染等问题。因此，研究地下水的形成和类型，研究地下水与地表水及大气降水之间的转换关系以及地下水的动态变化规律，对于城市供水和区域水资源的可持续利用具有重要的意义。

8.1 岩石的空隙与岩石的水理性质

8.1.1 岩石中的空隙

自然界中的各种岩石，不论是松散的沉积物，还是坚硬致密的岩石，都存在着大小不等、形状各异的空隙。岩石中空隙的普遍存在，为地下水赋存提供了必要的空间条件。岩石空隙是地下水的储存场所和运移通道。岩石的空隙性是指岩石中空隙的多少、大小、形状、连通性和分布情况，它对地下水的分布、储存和运动的影响极大。空隙可分为三种类型：孔隙、裂隙和溶隙（图 8-1）。

1. 孔隙

松散岩石由大小不等的颗粒组成。颗粒和颗粒集合体之间的空隙称为孔隙。岩石中孔隙体积的多少是影响其储容地下水能力大小的重要因素。孔隙体积的多少用孔隙度来表示。孔隙度（n）是指孔隙体积（V_n）与包括孔隙体积在内的岩石体积 V 之比，可用小数或百分数表示

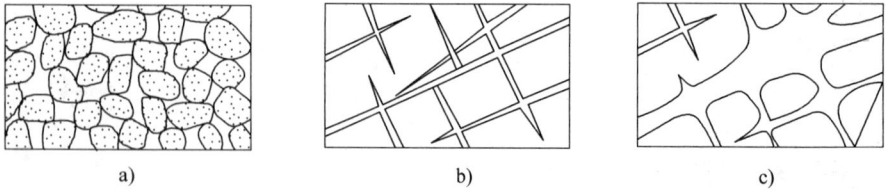

图 8-1　岩石的各种空隙

a）分选良好、排列疏松的砂　b）具有裂隙的岩石　c）具有溶隙、溶穴的可溶岩

$$n = \frac{V_n}{V} \quad 或 \quad n = \frac{V_n}{V} \times 100\% \tag{8-1}$$

实际在某部位测得的松散岩石孔隙度可适用于相当大的范围，其代表性好。主要松散岩石类的孔隙度数值见表 8-1。影响孔隙度的主要因素有颗粒的排列方式、分选程度、颗粒形状及胶结程度。

表 8-1　松散岩石孔隙度参考数值

岩石名称	砾石	砂	粉砂	粘土	泥炭
孔隙度	25%~40%	25%~50%	35%~50%	40%~70%	80%

若颗粒是等粒球形，按立方体排列，孔隙度可达到 47.64%，按四面体排列，孔隙度仅达到 25.95%，而与颗粒大小无关。四面体排列为最紧密排列，而六方体排列则是最疏松排列，见图 8-2。自然界中松散岩石的孔隙度大多介于两者之间。

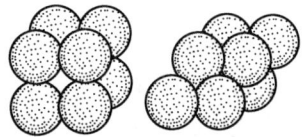

自然界中岩石颗粒形状往往是不规则的。组成岩石的颗粒形状越不规则，棱角越明显，颗粒突出部分之间相互接触，使得颗粒架空，孔隙度变大。

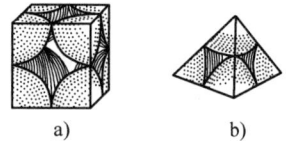

图 8-2　颗粒的排列形式

a）立方体排列　b）四面体排列

自然界中大多数松散岩石由不等粒岩石颗粒组成。细小颗粒充填在粗大颗粒之间的孔隙中，岩石的孔隙度自然会降低。所以，岩石分选程度愈好，孔隙度愈大（图 8-3），岩石分选程度愈差，孔隙度愈小。例如，在水井成井时，需在井管和井壁间填入砾料，采用分选程度高且磨圆度好的天然砂或小砾石，可以构成良好的过滤层。

在自然界中，地下水中物质的析出或淋滤作用，会使钙质、铁质和硅质在孔隙中沉积下来，形成胶结物，在增加颗粒间连接强度的同时，也降低了松散岩石的孔隙度。通常胶结程度愈好，岩石的孔隙度降低愈多。

应当指出，粘性土的孔隙度往往可超过理论上的最大值。这是因为粘土颗粒十分细小，由表面带有电荷的片状矿物组成，在沉积过程中，粘土矿物构成颗粒集合体，可形成直径比其颗粒大得多的结构孔隙。另外，粘土中也常常发育有虫

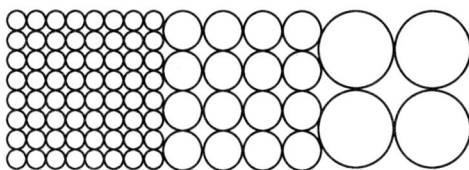

图 8-3　不同粒度等粒岩石孔隙度和孔隙大小

孔、根孔、干裂缝等大的次生孔隙。因此，对于粘性土来说，孔隙大小不完全取决于颗粒大小，主要受粘土矿物的性质、沉积环境、后期的固结条件影响。另外，有机物含量以及结构孔隙、次生孔隙也是影响孔隙度的重要因素。

孔隙大小对地下水的运动影响很大。孔隙通道中最细小的部分称为孔喉，它对水流的运动影响最大。有时孔喉的分布影响到水流的途径和溶质运移的方向。

2. 裂隙

坚硬岩石包括沉积岩、岩浆岩和变质岩，它们的结构致密，主要发育有各种地质应力作用下岩石变形产生的裂隙。裂隙的发育程度用裂隙率来表示。

裂隙率（K_r）是指裂隙体积（V_r）与包括裂隙在内的岩石体积（V）的比值，用小数或百分数表示

$$K_r = \frac{V_r}{V} \quad 或 \quad K_r = \frac{V_r}{V} \times 100\% \tag{8-2}$$

岩石裂隙与岩石孔隙相比，裂隙发育不均匀是一大特征，因而，在坚硬岩石某一部位测得的裂隙率不能代表附近其他部位的裂隙发育情况，即裂隙率的代表性较之岩石孔隙度差。例如，同一种岩石，有些部位裂隙率可以小于 1%，但是有的部位裂隙率可以达到 15% 或以上。裂隙发育的不均匀性，影响到区域地下水分布不均匀。

3. 溶隙（穴）

可溶的沉积岩，如岩盐、石膏、石灰岩、白云岩等，其化学成分为碳酸盐类。它们在地下水的溶蚀作用下会产生空洞，这种空隙称为溶隙（穴）。溶隙体积的大小用岩溶率来表示。

岩溶率（V_k）等于溶隙（穴）体积（V_k）与包括溶隙在内的岩石体积（V）的比值，用小数或百分数表示

$$K_k = \frac{V_k}{V} \quad 或 \quad K_k = \frac{V_k}{V} \times 100\% \tag{8-3}$$

溶隙的规模相差十分悬殊，小的溶穴仅有几厘米，而大的溶洞宽度可达数十米，高度能有几十米乃至数百米，长度可延伸数十千米。与岩石的裂隙相比较，岩溶发育相当不均匀，岩溶发育带的岩溶率可达百分之十几，在其周围某些地段，岩溶率则可能极小，所以岩溶率代表性更差。

　　然而，岩石中的空隙，必须以一定方式连接起来构成脉络相通的空隙，才能成为地下水有效的储容空间和运移通道。松散岩石、坚硬岩石和可溶岩中的空隙连通性具有不同的特点。松散岩石中的孔隙分布在颗粒之间，连通性好，分布均匀，各个方向上孔隙通道比较接近，其中的地下水分布与流动较为均匀。坚硬基岩中的裂隙具有方向性强，分布范围有限，裂隙宽窄不一、长度不等的不均匀特点，只有不同方向的裂隙相互连通，才能构成一定范围内的裂隙通道，具备储存和运移地下水的功能。可溶岩中的空隙连通性由溶隙、溶孔和溶洞构成，具有空隙大小悬殊、分布极不均匀的特点，尤其是中国南方以地下暗河为主的岩溶系统中，地下水分布极不均匀。

8.1.2　岩石中水的存在形式

　　水在岩石空隙中的存在形式包括结合水、毛细水、重力水、固态水和气态水。

　　1. 结合水

　　岩石颗粒主要由各种矿物颗粒或岩石碎屑构成，其表面带有负电荷。水分子是偶极体，在静电力的作用下，水分子便会被吸附在颗粒表面，受颗粒表面静电场的束缚。根据库仑定律，电场强度与距离的平方成反比，距离颗粒表面近处的电场强度大，对水分子的束缚力大，这部分水分子排列十分紧密，很难移动，称其为强结合水，也称吸着水。它只有在高温下水分子动能增加，才能摆脱颗粒表面电场的束缚，转化为气态水而脱离岩土表面。强结合水外围水分子受静电场的束缚力随着距离增加而减小，这部分受束缚较小的水被称为弱结合水，又称薄膜水，在颗粒表面形成一层水膜，其水分子排列较稀疏，可由薄膜厚的地方向薄膜薄的地方移动，但不受重力影响。

　　2. 重力水

　　位于薄膜水层外面的水在自身重力影响下可运动，就是重力水。这部分水不受颗粒引力的影响，能够传递静水压力，流速小时呈层流运动，流速大时可作湍流运动，具有冲刷、侵蚀和溶解能力。通常重力水在土壤表层停滞时间较短，在重力作用下，向下渗漏，补给潜水。重力水是我们研究的主要对象。

　　3. 毛细水

　　毛细水是指在毛细力作用下，保持在细小孔隙构成的毛细管道中的水分。它同时受表面张力和重力作用，当两力作用达到平衡时水会上升到一定高度而停留在毛细管孔隙中，但基本不受颗粒表面静电场引力的作用。毛细水只作垂直运动，可传递静水压力。在位于固、水、气三界面的潜水面以上的松散岩石中广泛存在着毛细管通道，地下水沿此通道上升，往往形成一层毛细带。

4. 气态水

在未饱和水的空隙中存在着气态水。气态水既随空气流动，也遵循从水气压力高的地方向水气压力低的地方流动的规律。同时，受饱和压力差的作用，气态水从温度高处向温度低处运移。在一定的压力温度条件下，气态水和液态水之间可相互转化，保持动态平衡。

5. 固态水

岩石温度低于0℃时，空隙中的液态水转化为固态水。我国东北地区和青藏高原寒冷地带岩层中空隙水常常形成季节性冻土和多年冻土层，以固态水的形式赋存在冻土层中。

8.1.3 岩石的水理性质

岩石的水理性质是指水进入岩石空隙后，岩石空隙所表现出的与地下水存储、运移有关的一些物理性质。由于岩石的空隙大小、空隙分布和连通程度的均匀程度不同，岩石中水的存在形式也不同，岩石能够容纳、保持、释放和允许水透过的性能也有所不同。岩石水理性质有容水性、持水性、给水性和透水性等四个方面。

1. 容水性

容水性是指岩石能容纳一定水量的性能。衡量岩石容水性大小的指标叫容水度。容水度（W_n）是指岩石所能容纳水的体积（V_n）与岩石总体积（V）之比，用小数或百分数表示

$$W_n = \frac{V_n}{V} \quad 或 \quad W_n = \frac{V_n}{V} \times 100\% \tag{8-4}$$

可见，容水度就是岩石饱水时的含水量，也称之为饱和含水量。理论上讲，容水度数值与空隙度（包括孔隙度、裂隙率和岩溶率）相等。但应考虑到，若空隙中有气体而无法排除时，或者有些具膨胀性的土充水后体积要膨胀若干倍，这时的容水度可能会小于或大于空隙度。

2. 持水性

持水性是指重力释水后，岩石能保持住一定水量的性能。衡量岩石持水性大小的指标叫持水度，它是饱水岩石在重力作用下释水后，仍然保持在岩石中的水的体积与岩石总体积之比。即

$$W_m = \frac{V_m}{V} \quad 或 \quad W_m = \frac{V_m}{V} \times 100\% \tag{8-5}$$

滞留在岩石中的水主要是结合水和毛细水。岩土的持水度与颗粒大小有密切关系，大空隙岩石持水度很小，而细颗粒岩土中的细颗粒具有较大的比表面积，结合水和毛细水较多，水不容易在重力作用下完全释出，具有较大的持水度。例

如，有的粘土的持水度几乎与容水度相等。

3. 给水性

给水性是指饱水岩石在重力作用下，能够自由给出一定水量的性能。衡量岩石给水性的指标叫做给水度（μ），它等于地下水位下降一个单位深度，单位面积岩石柱体中在重力作用下释出水的体积，以小数或百分数表示

$$\mu = \frac{V_g}{V} \quad 或 \quad \mu = \frac{V_g}{V} \times 100\% \qquad (8\text{-}6)$$

给水度是描述岩石给水能力的一个重要水文地质参数。表 8-2 列出了一些常见的松散岩石给水度。岩石中空隙的多少、空隙大小及地层结构对给水度影响很大。大孔隙的砂砾石层给水能力强，而细颗粒土层虽然含水量较大，但其中靠重力作用释出的水量较少，持水性强，给水能力较弱。

表 8-2   常见松散岩石的给水度

岩 石 名 称	给水度（%）	岩 石 名 称	给水度（%）
卵砾石	20～30	细　　砂	15～20
砂砾石	20～30	粉　　砂	10～15
砾　石	20～35	粉　　土	8～14
粗　砂	25～30	粉质粘土	近于 0
中　砂	20～25	粘　　土	0

依据上述容水度、持水度和给水度三者基本概念，不难得到以下关系式

$$\mu = W_n - W_m \qquad (8\text{-}7)$$

4. 透水性

岩层的透水性是指岩石允许水透过的能力。表征岩石透水性的指标是渗透系数（K），单位为 m/s。通常空隙大小是透水性好坏的主控因素。空隙的直径愈大，重力水占有比例愈大，透水性愈好；空隙直径愈小，有效空隙度相应也小，结合水和毛细水等占有比例愈大，透水性愈差。在孔隙大小相等的条件下，空隙度愈大，孔隙连通性愈好，透水性就愈好。实际上，空隙通道是一个孔径变化十分复杂的管道系统，岩石的透水能力不仅取决于平均孔隙直径，而在很大程度上取决于最小孔隙直径。

在水文地质工作中，经常使用均质岩层和非均质岩层、各向同性岩层和各向异性岩层的概念。我们根据岩层的渗透系数是否随空间坐标发生变化，将其分为均质岩层和非均质岩层。均质岩层是指岩层的渗透系数不随空间坐标位置发生变化，也就是说不同点的渗透系数是相同的，否则称之为非均质岩层。根据岩层任一点不同方向上的渗透系数是否相等，将其分为各向同性岩层和各向异性岩层。各向同性岩层是指任一点不同方向上的渗透系数是相等的，也就是该点不同方向上岩层的透水能力相同，否则称之为各向异性岩层。严格地讲，自然界岩层的透

水性往往具有各向异性的特点，沿不同方向岩层的渗透系数有很大的差异。例如层状粘性土层，顺层方向上的渗透系数较垂直方向上的渗透系数要大一个数量级以上；基岩裂隙的渗透性各向异性更为突出，沿张开裂隙走向的渗透系数远大于垂直于该走向的渗透系数。

8.2 含水层、透水层与隔水层

8.2.1 包气带与饱水带

地表以下一定深度内的岩石空隙被重力水充满，地下水面以上称为包气带，地下水面以下称为饱水带。包气带位于饱水带之上，直接与大气圈、生物圈和地表水系统联系，为岩石、空气和水的三相系统。包气带中赋存着气态水、毛细水、结合水、重力水，统称为包气带水。雨季饱水带通过包气带得到降水的补给，旱季饱水带通过包气带蒸发排泄，所以包气带是地下水与大气圈和地表水系统进行水量、水质交换的主要媒介。又由于包气带含有水、固、气三相和来自太阳的辐射热，为微生物的繁衍进行生物化学作用提供了良好的环境，微生物对各种污染物的生物化学降解作用，使包气带具有一定的自净能力，对保护地下水十分有利。

饱水带中岩石空隙全部被液态水充满，既有重力水也有结合水。在饱水带中水体分布连续，能传递静水压力，在水头差作用下可发生运动，其中的重力水是地下水开发的主要对象。

8.2.2 含水层、透水层、隔水层与弱隔水层

饱水带中的岩层依据其透水性和给水性可分为含水层、透水层和隔水层。含水层是指能透过并给出相当水量的岩层。只是透水而不储存水的岩层称为透水层。隔水层是不能透过也不能给出水量的岩层。另外，在含水层与隔水层之间还可再分出弱隔水层，亦称为弱透水层，该层允许水以很低的流速通过，是一个半承压的地层。自然界中，砾卵石层、砂层、粉砂层、裂隙和岩溶发育的地层都可以构成含水层。粘土层、亚粘土层以及完整的致密岩石层则属于隔水层。

综上所述可知，含水层的形成应具备以下三个条件，缺一不可：

1）岩层应具有储存重力水的空间。这里的储存空间主要是各类空隙，包括松散岩类的孔隙、坚硬岩石的裂隙和溶隙等。

2）岩层具备储存地下水的地质结构，也就是除了要有透水层，还要在其下伏有隔水层，使水不能向下渗漏，水平方向有隔水层阻挡，水就不会流空，才能把水长期储存下来，并充满岩层空隙而构成含水层。

3）具有充足的补给水源，这是形成含水层的重要条件，也是决定含水层水

量多少和保证不被疏干的主要因素。

应当指出，含水层与隔水层之间没有严格的界限。对于需水量大且地下水水量丰富的地区，透水能力很强的岩层才可作为含水层，相比之下，透水能力较差的岩层可视为隔水层。如粗砂层中的泥质粉砂，前者可视为含水层，后者可被视为隔水层。在需水量不大且水源匮乏的一些干旱地区，尽管某些岩层提供的水量相当小，但仍可视为含水层。例如同样的泥质粉砂岩夹在粘土层中，这时可将前者视为含水层，因为泥质粉砂岩的透水和给水能力都比粘土层要好得多。再如，尽管粘土层的透水和给水能力都很弱，但在高水头作用下还是能透过或给出一定量的水，在大型冲洪积平原边部，单层粘性土面积尺度往往很大，当其上下两层含水层存在水头差时，透过粘性土层给出的水量十分可观，这时就不能再把粘土层作为隔水层来看待，而应将其看成弱透水层。

8.3　地下水分类

地下水的分类原则是要反映出地下水的赋存特征。埋藏条件和含水介质是最主要的两个赋存特征，它们对地下水水量和水质的时空分布有着重要意义。因而，一般按埋藏条件和含水介质类型对地下水进行分类。地下水埋藏条件是指地下水储存在地壳中的空间状态，包括含水层所处的位置和受隔水层限制的情况，以及它们的岩性、产状等。按照地下水埋藏条件可将其分为包气带水、潜水和承压水；按照含水介质类型又可将地下水分为孔隙水、裂隙水和岩溶水；将二者组合后有九种复合类型的地下水（表8-3）。在实际水文地质工作中，地下水的分类是很有用处的。

表8-3　地下水分类表

介质类型 / 埋藏条件	孔　隙　水	裂　隙　水	岩　溶　水
包气带水	土壤水、沼泽水、滨海沙丘水，隔水透镜体上的水	裂隙岩层浅部季节性存在的重力水及毛细水	裸露岩溶化岩层上部岩溶通道中季节性存在的水
潜　水	各类松散沉积物浅部第一个稳定隔水层之上的重力水	裸露于地表的各类裂隙岩层中的重力水	裸露于地表的岩溶化岩层中的重力水
承　压　水	山间盆地及平原松散沉积物深部的水	构造盆地、向斜构造或单斜断块中被掩覆的各类裂隙岩层中的水	构造盆地、向斜构造或单斜断块中被掩覆的岩溶化岩层中的水

8.3.1　包气带水

包气带中的水主要有土壤水和上层滞水。

1. 土壤水

土壤水是位于地表附近土壤层中的水，主要为结合水和毛细水，对供水无意义，但对植物生长有重要作用。它主要靠降水入渗、水汽的凝结及潜水补给。大气降水向下渗透，必须通过土壤层，这时渗透水的一部分就保持在土壤层里，成为所谓"田间持水量"即土壤层中最大悬挂毛细水含量，多余部分呈重力水下渗。土壤层中水消耗于蒸发和植物蒸腾。土壤水的动态变化受气候的控制，故季节变化明显。当潜水位距离土壤层较近时，土壤中的毛细水在气候干燥、地下水大量蒸发条件下，可使土壤盐碱化；而气候潮湿多雨，土壤透水性不良，潜水位接近地表的地区可以形成沼泽。

2. 上层滞水

上层滞水是存在于包气带中局部隔水层之上的重力水。当包气带中存在局部隔水层时，在其上会聚积具有自由水面的重力水，这便是上层滞水。上层滞水的形成主要决定于包气带岩性的组合、产状以及地形和地质构造特征。一般地形平坦、低凹、能汇集雨雪的地区，或地质构造有利于汇集地下水的地区，地表岩石透水性好，包气带中又存在一定范围的隔水层，有补给水入渗时，都易形成上层滞水（图8-4）。

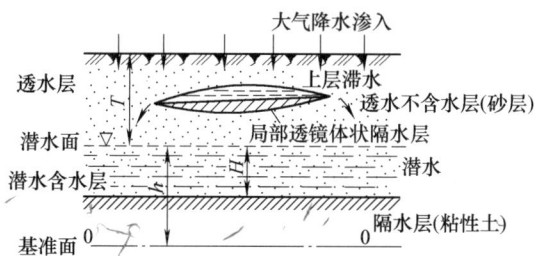

图 8-4　上层滞水和潜水示意图

上层滞水分布于包气带的局部地区，因而其水量不大，且季节性变化强烈，动态变化大。于是，上层滞水呈现出雨季接受大气降水补给或地表水入渗补给，积存水量，可作为小型供水水源；雨季后，水面蒸发强烈或向边缘部分排泄，水量减少，甚至干枯，不能保持终年有水。上层滞水的补给区和分布区一致，水的矿化度一般较低，由于直接与地表相通，降水补给途径短，水质易受污染。

8.3.2 潜水

潜水是埋藏于地表以下、第一个稳定隔水层以上且具有自由水面的含水层中的重力水。潜水没有连续完整的隔水顶板，潜水的水面为自由水面，称为潜水面。由于潜水面仅承受大气压力，不承受静水压力，所以也叫无压水。潜水面到隔水底板的距离称为含水层厚度 (H)，从地表到潜水面的距离称为潜水埋藏深度 (T)。潜水面上任意一点距基准面的绝对高程称为潜水位 (h)，也称潜水位标高 (图8-5)。

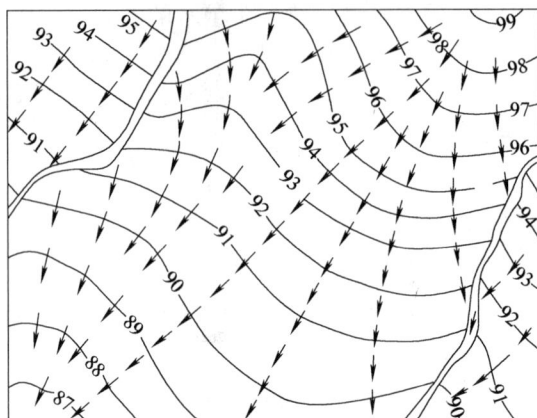

图8-5 潜水等水位线图

1. 潜水基本特征

潜水的埋藏条件，决定了潜水具有以下基本特征：

(1) 补给区与分布区一致　潜水在其整个分布区内，可直接通过包气带与大气圈、地表水圈发生联系，接受大气降水和地表水的补给。

(2) 潜水动态变化受气候影响显著　潜水距离地表近，其水量、水温、水质动态变化受气候影响呈现出有规律的变化。例如，潜水丰水期接受的补给量多，潜水位上升，含水层厚度增加；枯水期，蒸发和排泄量大，潜水位下降，含水层变薄，潜水位呈现出季节性变化。所以，潜水参与水循环相对积极，水量的调节性受含水层厚度和给水度控制。再如，湿润气候山区的潜水，有利于潜水的径流排泄，往往形成矿化度低的淡水；干旱地区且水位埋藏浅的潜水，排泄以蒸发为主，往往形成高矿化度的咸水。

(3) 潜水受污染风险大　潜水的埋藏条件决定了它上覆没有完整的隔水层阻隔，若地表存在污染源，污染质会通过包气带向下运移，而使得潜水受污染的潜在风险加大。因此，在其建水源地时，必须设有一定范围的水源地保护区。

（4）潜水面起伏与地形大体一致　潜水在重力作用下，由潜水位较高处向水位较低的排泄区处流动，流速快慢取决于含水层的渗透性和水力坡度，流动过程中潜水位逐渐下降，形成具有一定坡度的倾斜曲面，其起伏大体与地形一致，但较为平缓。

2. 潜水等水位线图

在平面上，将某一时刻潜水面上水位相同的点连接起来的线称为潜水等水位线；由一系列等水位线构成的图，称为潜水等水位线图（图 8-5）。潜水等水位线图能反映潜水面的平面形态，在相邻等水位线作一垂线，即为流线，可表明地下水的流向；用垂线长度除以两端的水位差便可得到潜水的水力坡度；若图中标有地形等高线，任一点的潜水位埋藏深度就是该点的地形标高与潜水面标高之差；等水位线和流线共同组成潜水的流动系统图，根据该图可分析潜水的流动方向、补给、径流、排泄路径，以及地下水受污染后，污染物可能影响的范围；潜水等水位线图与潜水含水层等厚度图相配合就可以计算潜水的地下径流量，进行潜水的水资源量计算。

8.3.3　承压水

1. 承压水系统

充满在两个稳定隔水层之间的含水层中的水叫做承压水。图 8-6 所示为一向斜构造形成的承压含水层。承压水含水层上部的隔水层称为隔水顶板，其下部隔水层称为隔水底板。隔水顶板与隔水底板之间的距离为承压水含水层的厚度（M）。承压区中的水受到隔水顶板和隔水底板的限制，地下水承受静水压力而具有承压性是承压水的一个重要特征。

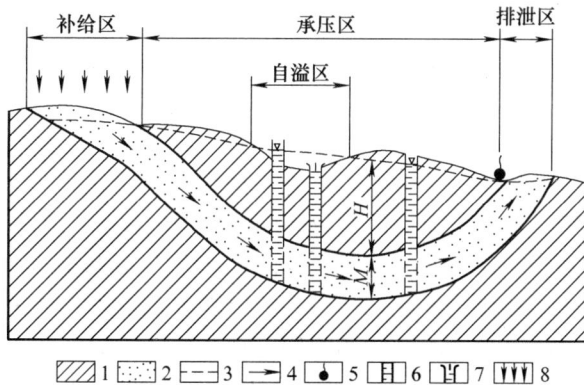

图 8-6　承压水结构示意图

1—隔水层　2—含水层　3—潜水位及承压水测压水位　4—地下水流向　5—泉
6—钻孔，虚线为过滤器　7—自流孔　8—大气降水补给　H—承压高度　M—含水层厚度

承压水存在于一个由补给区、承压区、排泄区组成的承压含水系统中的承压区内，其补给区、承压区和排泄区分布不一致。承压水的补给区位于承压含水系统最高处，地下水为潜水，可获取大气降水、地表水及其他含水系统水的补给。当钻孔揭穿隔水顶板后，水将上升到隔水顶板以上，达到一定高度后才静止下来，这一水位高程称为承压水位；承压水位至含水层顶板之间的垂直距离称为测压水头（H）；承压水位与地面高程之差叫做承压水位埋深；当承压水位高于地表高程时，钻孔的水能自喷，称为自流井；承压水位高于地表高程的地区，称为自流区。承压区内的水从补给区流向排泄区，故也称径流区。排泄区是承压水径流的终端，常以泉的形式出露地表或通过断裂向其他含水层排泄；如果隔水顶板是弱透水层时，排泄区则扩大到承压区，承压水在径流过程中向上通过弱透水层进行顶托排泄。

2. 承压水基本特征

承压水由于有隔水顶板的限制，与大气、地表水的联系较弱，测压水位的动态较为稳定，测压水位变化的峰值与大气降水的高峰期相比要滞后，滞后时间愈长，表明该点距补给区愈远，同外界的联系愈弱。所以，承压水不像潜水那样易于补给和恢复，如果承压水含水层的分布范围很广，厚度大，储存量多时，可具有良好的调节功能。承压水在接受补给增加储存量时，是通过水头增高使水的密度增加和含水层空隙增大来实现的，这一点与潜水含水层不同。为描述承压含水层的这一性质，引入储水系数（即弹性给水度）这一概念。

承压水的水质好坏取决于承压水的水循环积极程度。水循环积极的承压水，水质较好，多为淡水。如果承压水埋藏深，补给、径流、排泄条件差，水与岩石作用时间长，几乎不与外界发生联系，水的含盐量就高。如天津在千米深的震旦系灰岩中打出的热水，矿化度就达每升一百多克。另外，在一些深层承压水中可能有一部分沉积水，也就是沉积当时的湖水、海水被封存在里面。承压区由于封闭条件好，承压水一般不容易受到外界的污染，一旦受到污染则很难净化。承压水的补给区应是水环境的重点保护区。

3. 承压水等水压线图

在平面上，将某一个时刻承压水位相同的点连接起来，就得到等水压线，一系列不同标高的等水压线就构成等水压线图（图8-7）。与潜水等水位线图一样，可以从承压水等水压线图上确定任一点的承压水流向和水力梯度。通常在承压水等水压线图上同时绘有地形等高线和承压含水层顶板等高线，这时还可以确定任一点的承压水位埋藏深度（此点的地面标高与承压水位之差）、测压水头（此点的承压水位与隔水顶板高程之差）和自流点或自流区（当此点的地面标高与承压水位之差为负值）。当然，计算过程中，高程的基准面应统一。

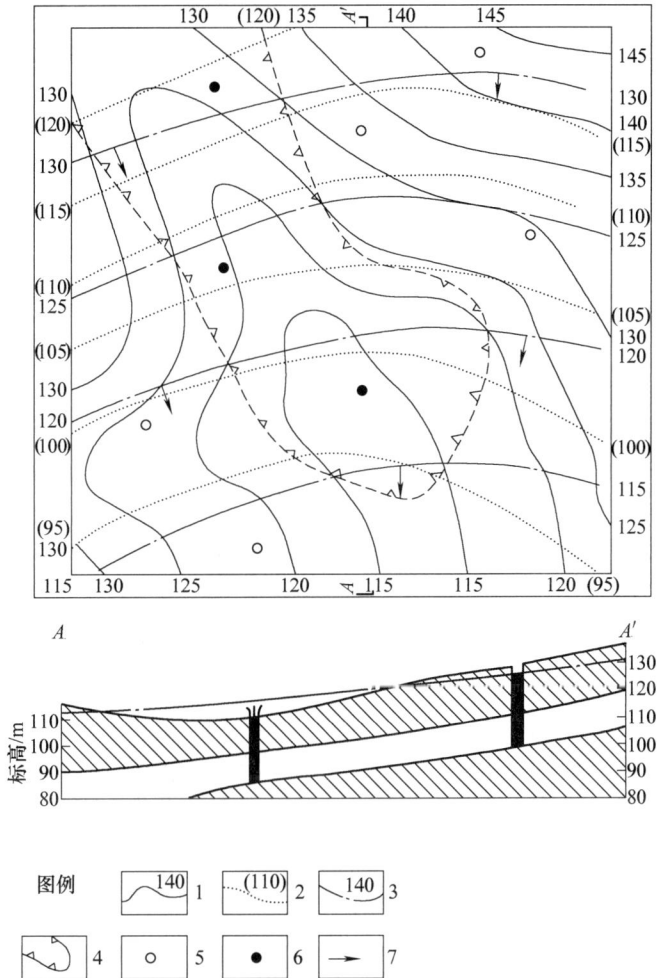

图 8-7　承压水等水压线图

1—地形等高线　2—含水层顶板等高线　3—等水压线
4—承压水自流区　5—钻孔　6—自喷孔　7—地下水流向

8.4　地下水循环

　　地下水作为水圈的重要组成部分，一方面积极地参与了全球的水文循环过程，同时在一定的环境条件下，一定区域范围内的地下水自身通过不断地获得补给、产生径流而后排泄等环节，发生周而复始的运动，形成相对独立的地下水循环系统，该系统的循环强度主要决定于补给与排泄这一对矛盾。如果地下水补给充足、排泄畅通，径流过程就强烈；如果地下水补给来源充足，但排泄不畅，必然促使地下水位抬升，甚至溢出地表，并在一定的环境条件下使地表沼泽化。反之，排泄通畅，但补给水源不足，含水层中的地下水就会逐渐减少，甚至枯竭。由此可见，地下水补给和排泄，是决定地下水循环的两个基本环节，是地下径流形成的基本因素。补给来源和排泄方式的不同，以及补给量和排泄量的时空变化，直接影响到地下径流过程以及水量、水质的动态变化。

8.4.1　地下水的补给

含水层或含水系统从外界获得水量的过程称为补给。地下水的补给来源可分为：降水入渗补给、地表水补给、凝结水补给、来自其他含水层的补给以及人工补给等。

在以上各种补给来源中，凝结水的补给量有限，但对降水量稀少、昼夜温差大的沙漠干旱地区，凝结水的补给具有重要意义；来自其他含水层的补给，则是发生在地下水内部的一种水量交换过程。所以，从整体上说，地下水的主要来源，还是大气降水和地表水的入渗补给，而人工补给则随着人类活动日益扩展，其重要性与日俱增。

1. 大气降水对地下水的补给

大气降水是地下水的主要补给方式。大气降水落到地面后，一部分变为地表径流，一部分通过蒸发返回大气，剩余部分渗入地下。降水渗入地下后，一部分水滞留在包气带，构成土壤水，除供给植物蒸腾外，还通过地表蒸发返回大气，余下部分通过包气带进入含水层，成为地下水的补给量。

2. 地表水对地下水的补给

地表上的江河、湖泊、水库以及海洋，皆可成为地下水的补给水源。河流对于地下水的补给，主要取决于河水位与地下水位的相对关系。这种关系对于大江大河来说，在不同河段往往存在明显的差别。从山区到平原，河流对地下水的补给关系大体是：在山区，河谷深切，河流是地下水的排泄基准面，地下水补给河水；河流出山口后，地下水埋藏深度变大，河水渗漏补给地下水。在平原区，丰水季节河水水位高于潜水水位，河流补给地下水；枯水季节，河水水位低于潜水水位，地下水反而补给河水。我国西北许多干旱内陆盆地，年降水量很小，地下水的补给量大部分来自河流出山口后的渗漏补给量。黄河下游河段，河床高于两岸地表 3~10m，以 "地上悬河" 的形式蜿蜒入海，沿途河水渗漏补给两岸的地下水，平均单位河长渗漏量为 3344m³/(a·km)，成为沿黄地区地下水的重要补给来源。

江河对地下水的补给局限于河槽边界，呈线状补给，补给面比较窄，而且，只要河水位高于两岸地下水位，补给就可持续进行。

3. 地下水的人工补给

人工补给在地下水各种补给来源中愈来愈重要。人工补给地下水可分为三种方式。一种是人类修建水库、引水灌溉农田对地下水的补给。在广大平原地区，农业引水渠系发达，渠道和农田灌溉渗漏补给地下水的水量十分可观。有的地方通过渠道渗漏和农田灌溉补给地下水的水量，占地下水总补给量的30%以上，习惯上将这部分渗漏补给地下水的水量称为灌溉回归水。

人工补给地下水的另一种方式则是人类为了有效地保护和改善地下水资源，改善地下水水质，控制地下水降落漏斗以及地面沉降等现象的出现，而采取的一种有计划、有目的的人工回灌地下水。在我国水资源供需矛盾比较突出的一些北方省区以及地下水过量开采的大中城市，开展了这方面的工作。如河北省的南宫"地下水库"回灌工程，设计总蓄水量达4.8亿m³，可调蓄水量达1亿m³以上；大连旅顺的龙河和三间堡地区采用人工补给地下水的方式解决了当地的供水问题。

第三种人工补给地下水的方式是傍河抽取地下水，造成地下水位降低，改变了原有的地表水与地下水的补排关系，使得河流渗漏补给地下水，成为开采量的重要组成部分，也称其为激化开采。

4. 含水层之间的补给

当上、下含水层之间的隔水层中存在透水的"天窗"或受断层切割，导致它们之间产生一定的水力联系时，地下水就会由水位高的含水层流向并补给水位低的含水层。如果上、下含水层之间不存在"天窗"等通道，但是由于它们之间的隔水层为具有一定透水能力的弱透水层，且上、下含水层之间存在着较大水位差，同样会发生地下水由水位高的含水层流向水位低的含水层，这种现象称为越流补给。

8.4.2 地下水的径流

地下水由补给区流向排泄区的过程叫做地下水径流。潜水为无压径流，承压水为有压径流。通过径流，将地下水的补给区与排泄区紧密地联系在一起，形成统一的整体，它是地下水循环系统的重要环节。地下水径流包括径流方向、径流强度和径流量。

地下水径流方向是从地下水补给区向排泄区汇集，并沿着路径中阻力最小方向前进，即自势能高处向势能较低处运动，反映在平面上，地下水流方向，总是垂直于等水位线的方向。地下水径流强度，也就是地下水的流动速度，对于潜水而言，地下水径流强度与含水层的透水性、补给区与排泄区之间水力坡度成正比，对承压水而言，还与蓄水构造的开启与封闭程度有关。地下径流强度不仅沿流程上有差别，在垂直方向上也不同，一般规律是从地表向下随着深度增加，地下径流强度逐渐减弱，至侵蚀基准面时地下水基本处于停滞状态（侵蚀基准面是指控制河流下切侵蚀的水平面，河流下切侵蚀接近这个水平面以后逐渐失去侵蚀能力）。在含水层的透水性、补给及排泄条件相同时，含水层厚度愈大，地下水径流量愈大。径流条件好的含水层，地下水循环积极，其地下水水质较好，矿化度较低。

地下水的更新交替和循环是通过补给、径流与排泄这三个环节来实现的。由于补给和排泄方式的不同，地下水的径流类型也不同，有的有明显的径流过程，有的侧向径流则非常微弱，地下水在获得补给之后又以蒸发的形式排泄了。地下水径流类型分为以下 5 种：

（1）畅流型　畅流型的地下水流线近于平行，水力坡度较大，水平方向的径流运动占绝对优势，补给排泄条件良好，径流通畅，地下水循环积极，因而水的矿化度低，水质好。

（2）汇流型　汇流型地下水的流线呈汇集状，水力坡度常由小变大。对于汇流型潜水盆地，其水循环特点是中间部位垂向交替所占的比重大，降水入渗后主要以蒸发形式排泄，径流过程微弱；而盆地边缘以侧向径流为主。对于承压水则主要表现为侧向补给、排泄为主，有明显的径流过程。汇流型的地下水循环交替积极，常形成可资利用的地下水资源。

（3）散流型　散流型的特点是流线呈放射状，水力坡度由大变小，呈现集中补给，分散排泄。水循环过程包括垂向的补给与排泄和侧向的补给与排泄两部分，以侧向为主，径流过程由强变弱，表现为水化学水平分带规律，通常干旱地区山前洪积扇中的潜水，是此类型的代表。

（4）缓流型　缓流型地下水面近于水平，水力坡度小，水流缓慢，水交替微弱，以垂向补给和排泄交替为主，通常矿化度较高，水质欠佳。沉降平原中的孔隙水及排水不良的自流水盆地，是此类的代表。

（5）滞流型　滞流型的水力坡度趋近于零，径流停滞。对于潜水，表现为渗入补给和蒸发排泄，侧向的径流极其微弱；对于承压水，可以有垂直越流补给与排泄。某些平原地区局部洼地中封闭的潜水盆地和无排泄口的自流盆地，可作为此类代表。某些封闭良好的承压水，水分交替停止，多成为盐卤水、油田水。

在自然条件下，地下径流类型复杂多变，往往出现多种组合类型。

8.4.3　地下水的排泄

含水层失去水量的过程，就是地下水的排泄。其排泄方式主要有点状排泄（泉）、线状排泄（向河流泄流）及面状排泄（蒸发）三种。在排泄过程中，地下水的水量、水质及水位均相应地发生变化。其中蒸发排泄仅消耗水分，盐分仍留在地下水中，所以蒸发排泄强烈地区的地下水，水的矿化度比较高。

1. 泉排泄

泉是地下水的天然露头，是含水层或含水通道出露地表发生地下水涌出之现象。通常山区及山前地带泉水出露较多，这是与这些地区流水切割作用比较强烈、蓄水构造类型多样及地质构造阻水等因素的影响有关。

　　泉的分类方法有多种，按泉水出露时水动力学性质可将泉水分为上升泉和下降泉两大类。上升泉一般是承压含水层排泄承压水的一种方式，泉水在静水压力的作用下，呈上升运动，相对来说这种泉水的流量比较稳定，水温年变化较小；下降泉是无压含水层（潜水、上层滞水）排泄地下水的一种方式，地下水在重力作用下溢出地表，水量、水温等往往呈现明显的季节性变化。

　　泉可以单个出现，亦可在特定的地质、地貌条件下成泉群出现，泉水流量则相差悬殊。例如，在我国山东省济南市的市区 2.6 平方千米范围内，分布有大小106 个泉，总涌水量达 8.333m³/s。

　　通过泉的出露位置及其泉水水量与水质的变化动态，可以确定补给泉的地下水类型、含水层的富水性、地下水位标高、排泄区位置和推断地表以下地质构造位置等。

　　2. 蒸发排泄

　　蒸发排泄是浅层地下水消耗的重要途径。蒸发排泄主要是通过包气带岩土水分蒸发和植物的蒸腾来完成的，是潜水的主要排泄方式之一。其蒸发的强度、蒸发量的大小与气象条件、潜水埋藏深度及包气带的岩性有关。气候愈干燥，空气相对湿度愈小，岩土中水分蒸发便愈强烈。潜水埋藏深度对蒸发量的影响表现为埋深愈浅，岩土中水分蒸发愈大。因为地下水埋藏浅，包气带薄，水分交换运移路程短，水分扩散迅速，所以水量损耗多。若潜水位埋深近于地表，潜水面上毛管水上升可直达地面，水汽输送通畅，供水条件好，地下水蒸发强度可达到甚至超过水面蒸发强度，所以可用水面蒸发量近似代替埋深为零的潜水蒸发量。当潜水埋深超出土壤毛管上升高度及植物根系吸水深度时，则潜水蒸发量趋于零。此时的潜水埋深称为潜水蒸发的极限埋深。

　　3. 泄流排泄

　　当河流、湖泊、海洋等侵蚀到含水层时，且这些地表水的水位低于地下水位，地下水就会分散地沿地表水体周界排泄，这种地下水通过地下途径直接排入河道或其他地表水体的现象，称为泄流排泄。泄流量的大小，决定于含水层的透水性能、河床切穿含水层的面积以及地下水位与地表水位之间的高差。较大河流在没有降水形成地表径流补给的情况下可以终年不断流，这部分水量便是泄流排泄到河流的水量，是河川的基本径流，又称基流。

8.5　地下水动态及影响因素

　　地下水动态系指地下水水位、水量、水温和水质等要素随时间和空间所发生的变化现象和过程。地下水不同的补给来源与排泄去路决定着地下水动态的基本特征。反过来说，地下水的动态则综合地反映了地下水补给与排泄的消长关系。

8.5.1 影响地下水动态的因素

影响地下水动态的因素基本上可分为气候因素、水文因素、地质地貌因素和人为因素。

1. 气候因素

气候因素中降水和蒸发直接参与了地下水的补给与排泄过程，是引起地下水各个动态要素，诸如地下水位、水量和水质随时间和空间变化的主要原因之一。而气温的升降则影响到潜水蒸发强度变化，还会引起地下水温的波动和水化学成分的变化。

气候上的昼夜、季节以及多年变化，亦要影响到地下水的动态进程，引起地下水发生相应的周期性变化，尤其是潜水含水系统埋藏浅，水位变化受气象因素影响大，地下水往往具有明显的日变化和强烈的季节性变化现象。在春夏多雨季节，地下水补给量大，水位上升；秋冬季节，补给量减少，而排泄量不仅不减少，常常因为江河水位低落，地下水排泄条件改善，而增大地下水向地表水的排泄量，于是地下水位不断下降。这种现象还因为气候上的地区差异性，致使地下水动态亦因地而异，具有地区性的特点。例如，我国北方地区全年潜水水位动态表现为单峰、单谷型，季节性变化明显；而南方地区，由于受秋雨季节的影响，潜水水位动态表现为双峰型。

2. 水文因素

水文因素对于地下水动态的影响，主要取决于地表上江河、湖（库）与地下水之间的水位差，以及地下水与地表水之间的水力联系类型。

河水的水文变化对河流附近地下水的动态有明显的影响。河水位上升引起地下水位升高，随着远离河流，升高幅度逐渐衰减，与河水位变化响应的时间滞后延长，影响范围一般为数百米到数千米。

滨海地区，如含水层与海水相连通，则海平面潮汐升降，亦会影响海岸带地下水位的波动。

3. 地质地貌因素

地质地貌因素对地下水的影响，一般情况下并不反映在动态变化上，而是反映在地下水的形成特征方面，如包气带结构和含水系统的储存能力等地质因素决定了地下水的埋藏条件；地层的岩性结构影响下渗、蓄存水量及径流强度；地貌条件控制了地下水的汇流条件。这些条件的变化，造成了地下水动态在空间分布上的差异性。

从地质因素角度来讲，降水通过包气带补给地下水时，入渗、运移方式和速度都受包气带岩性的渗透性、持水度等因素制约，包气带的渗透性对降水入渗起到滞后作用。另一方面，含水层的储存能力也对降水补给导致地下水位变化同样起到缓冲作用，在其他条件相同时，储水能力大的含水系统中引起的水位上升幅度较小。此外，局部地区发生的地震，火山喷发等地质现象，亦能引起局部地区地下水动态发生剧变。

4. 人为因素

人为因素对地下水动态的影响比较复杂。从影响后果来说，有积极的一面，亦有消极的一面。从人为因素自身来看，可分为两大类：一类是人们直接影响和控制地下水动态而采取的一系列措施，是有目的、有计划的活动，诸如打井抽水、人工回灌等；另一类活动是非直接针对地下水动态的，但是人们活动的本身派生出对地下水动态影响的效果，诸如人类为灌溉农田、满足城市工矿企业生产和生活用水需要而修筑的各种拦水、引水、蓄水与灌溉工程以及排水工程等等，这类活动对地下水造成的影响极其广泛和持久，而且随着科学技术的发展、生产能力的提高，其影响在不断扩大和加深。

8.5.2　地下水动态类型

根据影响地下水动态的因素，可将其分为蒸发型、径流型、蒸发-径流型、水文型和开采型等五类。

(1) 蒸发型　此类型的地下水主要从降水和地表水获得补给，而后消耗于蒸发。所以地下水以垂向运动为主，水平径流微弱。一般多分布于干旱、半干旱地区的平原与山间盆地。地下水埋深较浅（1~3m），径流较弱，以蒸发排泄为主，动态变幅较小。

(2) 径流型　此类型地下水的补给也主要来自大气降水和地表水的入渗，但其排泄以水平径流为主，蒸发消耗量相对较少。由于地下径流同时排泄水中盐分，所以从长期来说水质矿化度愈来愈小。这类地下水主要分布在山区、山前倾斜平原。这些地区地下水位埋藏深度大，蒸发很小，地下水的水力坡度较大，以径流排泄为主。承压水和地下水位埋深大的潜水的动态多属径流型动态。

(3) 蒸发-径流型　主要分布于气候比较湿润的平原地区，由于当地降水丰沛，在满足了蒸发之后，仍有盈余以地下径流形式侧向排泄，故兼有径流和蒸发两种排泄形式。

(4) 水文型　此类型地下水多出现在河、湖岸边，地下水水位动态明显随河、湖水位升降而变动。

(5) 开采型　地下水动态受人为取水活动影响，水位动态随开采强度变化而起落。以地下水供水为主的城镇以及一些油田地区的地下水动态属于这种类型。

8.6　地下水的均衡

有关全球水量平衡问题和区域水量平衡与平衡方程的建立方法问题，在水文学基本知识一章中已经讲述了，这里仅介绍地下水的水量平衡问题。

将在某一段时间、某一地段内地下水水量（盐量等）的收支状况称为地下水平衡，也称为地下水均衡。地下水系统参与全球水循环过程，系统与外界进行物质和能量的交换过程也遵循质量守恒定律。地下水均衡就是运用质量守恒定律，对地下水循环系统中各个环节的数量变化进行研究。进行均衡计算所选定的地区称为均衡区。通常是选择一个完整的地下水系统或具有明确边界的子系统作为均衡区。进行均衡计算的时段称为均衡期，可以是一个月、一年，甚至是数年。通常以年作为均衡期，进行不同保证率年降水量或地表水年径流量条件下的均衡计算，可以获得研究区域在均衡期内地下水储存量、补给量和消耗量三者之间的动态平衡关系。例如，一般来讲，对于潜水，水均衡方程的收入项有：大气降水入渗补给量（X），地表水入渗补给量（Y_1），凝结水补给量（E_1），地下水流入水量（Q_1），人工补给量（U_1）；支出项有：潜水面蒸发量（E_2），地表水排泄量（Y_2），地下水流出量（Q_2），人工排泄流量（U_2）；均衡期内潜水储存量变化为 ΔW。于是，潜水含水层的水均衡方程为

$$(X + Y_1 + E_1 + Q_1 + U_1) - (Y_2 + E_2 + Q_2 + U_2) = \Delta W$$

上式中 ΔW 可以用潜水位高度变化值 Δh 与给水度 μ 之乘积表示，即

$$(X + Y_1 + E_1 + Q_1 + U_1) - (Y_2 + E_2 + Q_2 + U_2) = \mu \Delta h \qquad (8\text{-}8)$$

必须清楚，地下水均衡理论是定量评价地下水水量的依据所在。当一个地区的地下水系统储存量发生变化，反映出收支平衡状况，地下水收入量（或补给量）小于支出量（或排泄量），会引起地下水位下降，储存量减少，称之为负均衡；反之，地下水位会上升，储存量增加，称之为正均衡。在实际应用中，要根据研究区地下水系统的具体情况确定水均衡方程式中的收入项和支出项。由此可知，地下水动态是均衡的外部表现特征，而地下水均衡是引起地下水动态变化的内在原因。

本 章 小 结

【本章内容】

本章介绍了水文地质学的基本知识，包括了岩石的空隙性、岩石的水理性质以及含水层的概念和地下水分类、动态与均衡等内容。

（1）岩石的空隙与岩石的水理性质　岩石的空隙是地下水存储、运移的基

础。岩石的空隙性内容中介绍了岩石的空隙包括有孔隙、裂隙和溶隙以及水在岩石中的存在形式，包括了结合水、毛细水、重力水、固态水、气态水。岩石的水理性质是水文地质学的重要性质，包括容水性、持水性、给水性和透水性。

（2）含水层、透水层与隔水层　通常将地表以下分为包气带和饱水带。包气带中的空隙含有部分水和空气。饱水带岩石空隙被重力水充满。含水层是指能透过并给出相当水量的岩层。只是透水而不储存水的岩层称为透水层。隔水层是不能透过也不能给出水量的岩层。弱透水层，亦称为弱隔水层，该层允许水以很低的流速通过，是一个半承压的地层。

（3）地下水分类　地下水的分类原则主要反映出地下水的赋存特征。地下水一般按照埋藏条件分为包气带水、潜水和承压水；按照含水介质类型进行分类，分为孔隙水、裂隙水和岩溶水。上述两者组合后有九种复合类型的地下水。

（4）地下水循环　地下水作为水圈的组成部分，除了参与全球的水循环过程外，同时，在一定的区域范围内形成相对独立的地下水循环系统。主要概念有地下水的补给、径流与排泄。地下水的补给来源主要有大气降水和地表水补给；地下水的排泄则主要为泉、蒸发排泄和泄流排泄。

（5）地下水动态及影响因素　地下水动态系指地下水水位、水量、水温和水质等要素随时间和空间所发生的变化现象和过程。影响地下水的动态因素包括气象、水文、地质和人为因素等。地下水的动态类型有蒸发型、径流型、蒸发-径流型、水文型和开采型五种。

（6）地下水均衡　某一时段、某一地段内地下水水量、盐分等的收支状况称为地下水均衡。建立地下水均衡方程时，讲述了均衡区、均衡时段和均衡量的确定方法。

【学习基本要求】

通过本章学习，清楚岩石的空隙性特点，熟悉岩石的水理性质，掌握含水层、透水层、隔水层和弱透水层等概念，地下水分类及其各自特点，熟悉地下水循环过程和地下水的动态类型，掌握地下水均衡计算方法和要求。

Chapter 8　Elementary Knowlegde of Groundwater

【Chapter Content】

The contents here are concerned with the elementary knowledge related to groundwater.

1. Voids and aqueous physical properties of rocks

Voids are the place of the storage and transportation of subsurface water. They are divided into pores, cracks and Karsts, where the water exists in the forms of hydrated water, capillary water, gravitational water, solid water or gaseous water. A-queous physical properties of rocks possess the entrance capacity, retentiveness or holding capacity by molecular attractions, yield capacity by gravity and perviousness, all of which are very important natures.

2. Aquifer, pervious layer and aquifuge

Groundwater distribution may be general classified into the zones of aeration and saturation. The interstices in an aeration zone are filled partly with air and partly with water, and the voids in a saturated zone are filled with water under hydrostatic pressure. An aquifer is a water-bearing stratum capable of transmitting water in quantities sufficient to permit development. A pervious layer is not water storage but permeable stratum. An aquifuge is impermeable and devoid of water. An aqiutard is a semi-confining stratum permitting some groundwater flow at a very low transmission rate. It is should be known that the classification for an aquifer, pervious layer, quifuge or aquitard is relative.

3. Classification of groundwater

According to the buried conditions, groundwater is categorized into aeration water, phreatic water (or unconfined water) and confined water. Additionally, according to the types of aqueous media, groundwater may be classed into pore water, fissure water and Karst water. Of course, the combined categories of groundwater above also exist, e. g. porous unconfined water etc. .

4. Cycle of groundwater

Groundwater, as one of the hydrosphere compositions, participates in the global water circulation. In addition, it forms a relatively independent hydro-cycle system by itself in the specific region. The system consists of recharge, subsurface runoff and discharge. The major sources of groundwater recharge are atmospheric precipitation and surface waters, and the principal ways of groundwater discharge include springs, evapotranspirations and discharges to surface waters.

5. Groundwater behavior

It is defined as the fluctuation phenomena and processes of the water-table, the temperature, and the quantity and quality of groundwater with the spatial and temporal variations. The influence factors on groundwater fluctuations consist of meteorological, hydrological, geological as well as anthropogenic factors. The five categories of the groundwater behaviors are given here.

6. Groundwater balance

Budget of the inputs and outputs, or recharge and discharge, of groundwater

systems is defined as the equilibrium of groundwater in a certain area over a deter-
mined period. The means for determining the balance area, the balance period and
balance items are discussed when setting the equilibrium equation.

【 **General Learning Requirements** 】

The contents need to be understood as follows: (a) the void natures of rocks,
(b) the aqueous physical properties of rocks, (c) the ways of groundwater cycle,
and (d) the types of groundwater behaviors. The following key points should be
mastered: (1) the implications and interconnections of an aquifer, pervious forma-
tion, aquifuge and aquitard as well, (2) the groundwater classifications and their
general characteristics and (3) the balance calculations of groundwater.

复 习 题

8-1 什么是岩石的空隙性？为什么要研究岩石的空隙性？自然界岩土的空隙有哪几种？
各有什么特点？它们各用什么指标来表示？

8-2 影响孔隙度大小的主要因素有哪些？它们是如何影响地下水的？

8-3 岩石中存在什么形式的水？各有何特点？它们在地下是如何分布的？哪种形式的水
是水文地质工作研究的主要对象？

8-4 什么是岩石的水理性质？岩石水理性质有哪些？各用什么指标表示？它们之间存在
什么关系？

8-5 岩石的给水性和透水性的大小取决于哪些因素？岩石颗粒愈大透水性愈好，给水性
愈好，这种说法对吗？

8-6 透水层就是含水层，这句话对否？举例说明。

8-7 土壤水和上层滞水是怎样形成的？各有何特征？

8-8 简述包气带与饱水带的区别与联系。

8-9 列表对比说明潜水与承压水之间的主要区别。

8-10 在图8-7上，任意标定出一个点，求出该点的承压水位、承压水位埋深、测压水头
和水力梯度，并标出承压水流向。

8-11 地下水的主要补给来源有哪些？简述地下水与地表水之间的关系。

8-12 说明影响地下径流的主要因素。

8-13 地下水排泄有几种方式？其特点如何？

8-14 试分析影响地下水动态的主要因素。

8-15 什么是地下水均衡？地下水均衡计算的用途何在？举例说明。

第 9 章

地下水的物理性质和化学成分

地下水在与周围岩石介质相互作用中，不断溶解岩石中的可溶物质而含有多种化学元素。地下水的物理性质和化学成分反映了地下水的形成环境和形成过程。研究地下水的物理性质和化学成分还有助于判断地下水的补给来源、含水层以及含水层和地表水之间的水力联系程度，有助于阐明地下水的起源、形成和分布规律。因此，不论是理论研究或是工程实际应用，研究地下水的物理性质和化学成分都具有重要的意义。

9.1 地下水的物理性质

地下水的物理性质包括温度、颜色、透明度、气味、味道、相对密度（比重）、导电性和放射性等。生活饮用水的物理性状（感官评价或感官指标）应当是无色、无味、无臭、不含可见物、清凉可口（水温 $7 \sim 11℃$）。水的物理性状不良，会使人产生厌恶的感觉，同时也是含有致病物质和毒性物质的标志。

1. 地下水的温度

自然界中，地下水的温度变化很大。在寒带和多年冻结区某些高矿化水水温可低至 $-5℃$ 左右，而在火山活动区或由深处上升的地下水水温可高于 $100℃$。按地下水的温度可将地下水分为 5 类（表 9-1）。

表 9-1 地下水按温度分类

类　　型	过　冷　水	冷　　水	温　　水	热　　水	过热水
水温/℃	<0	0 ~ 20	20 ~ 42	42 ~ 100	>100

地下水的水温变化是有一定规律性的，它受控于地温变化，而地温的变化又受控于热能供给源。地温从地表向下依次分为变温带、常温带和增温带。变温带的地温受气温的控制，有昼夜变化和年变化的周期性，地温随着深度增加而逐渐减小。地温年变化幅度消失的深度叫做常温带，其深度在低纬度地区为 $5 \sim 10m$，

中纬度地区为 10 ~ 20m，有些地区达 30m 左右；此带的温度通常略高于所在地区的年平均气温 1 ~ 2℃。常温带以下的地温主要受地球内部热力影响，地温随着深度而有规律地增加，称其为增温带。温度每增加 1℃ 所需要的深度叫做地热增温级，单位为 m/℃；而深度每增加 100m 所增高的温度叫做地温梯度，单位为 ℃/100m。影响地热增温级和地温梯度的因素很多，主要与地质构造类型、形成时代、岩石的导热性以及岩石空隙的充水程度有关。通常来讲，地区的地温梯度在 3.3 ~ 7℃/100m 之间变化，随着深部岩石空隙减少，地温梯度可能会增加。但是，有些地区会出现地热异常带，如内蒙的古老变质岩分布地区，地温梯度较低，仅为 0.5℃/100m；而云南的腾冲地区，由于存在近期岩浆活动，不符合地温梯度的规律，出现地温异常高的现象。

2. 地下水的颜色

地下水一般无色，只有当水中含有某些离子成分、悬浮物或胶体成分时，才呈现不同的颜色（表 9-2）。

表 9-2　地下水颜色与其中物质关系表

水中物质	呈现颜色	水中物质	呈现颜色
H_2S	翠绿色	含锰化合物	暗红
Fe^{2+}	浅绿灰	腐植酸	暗黄或带萤光
Fe^{3+}	黄褐色、铁锈色	悬浮物（含暗色矿物及碳质）	浅灰色
含硫细菌	红色	悬浮物（含粘土、浅色矿物）	浅黄、无萤光

3. 地下水的透明度

地下水通常是透明无色的，当水中含有某种离子、胶体、有机质或悬浮物质时，透明度将降低。按表 9-3 所示确定水的透明度。

表 9-3　透明度分级表

级　别	鉴别特征
透明的	无悬浮物胶体，>60cm 水深见图像
半透明的（微浑浊的）	少量悬浮物，30 ~ 60cm 水深见图像
微透明的（浑浊的）	有较多悬浮物，<30cm 水深见图像
不透明的（极浑浊的）	大量悬浮物，似乳状，水深很小，也看不清图像

4. 地下水的气味

地下水一般无气味。地下水的气味取决于水中所含的气体成分和有机物质的含量，若含有 H_2S 气体，水有臭鸡蛋味。水中气味强弱程度和水温有关，将水加热至 40 ~ 60℃ 时，气味显著。

5. 地下水的味道

地下水的味道取决于水中所含的化学成分和气体成分。地下水一般淡而无味，含有较多的氯化钠时，水具咸味。味道的强弱取决于地下水的温度，常温时地下水味道不明显，若将水加热到 20~30℃ 时，味道显著。各种盐类的味觉及引起味觉的最低含量如表9-4所示。

表9-4　各种盐类的味觉及引起味觉的最低含量

盐类名称	NaCl	$CaSO_4$	$MgCl_2$	$MgSO_4$	Fe^{2+}
味　　觉	咸	微甜	微苦	微苦	涩
最低含量/（mg/L）	165	70	135	250	0.15

6. 地下水的相对密度（比重）

地下水的相对密度（比重）（D）取决于水中溶解盐类的数量。地下水的相对密度（比重）与其含盐量有一定关系，溶解的盐类越多，地下水的相对密度（比重）将越大。一般地下水的相对密度（比重）接近于1。地下水的含盐量以波美度（N）表示，一个波美度相当于1L水中含有10g氯化钠。一般直接查表求得（见表9-5），也可用下式计算：$D = 144.3/（144.3 - N）$。

表9-5　水的波美度和比重关系表

波美度	相对密度	波美度	相对密度	波美度	相对密度	波美度	相对密度	波美度	相对密度
1	1.0069	7	1.0509	13	1.0990	19	1.1516	25	1.2095
2	1.0140	8	1.0586	14	1.1074	20	1.1609	26	1.2197
3	1.0212	9	1.0664	15	1.1160	21	1.1703	27	1.2301
4	1.0283	10	1.0744	16	1.1247	22	1.1798	28	1.2407
5	1.0358	11	1.0825	17	1.1335	23	1.1896	29	1.2515
6	1.0433	12	1.0907	18	1.1425	24	1.1995	30	1.2624

7. 地下水的导电性

地下水的导电性取决于水中溶解的电解质的数量和性质，即取决于各种离子的含量和离子价。离子含量越多，价数越高，则水的导电性越强。此外，温度也影响导电性。水的导电性通常用电导率表示，单位是 $\Omega^{-1} \cdot cm^{-1}$。淡水的电导率为 $n \times 10^{-2} \sim n \times 10^{-4}/（\Omega \cdot cm）$。咸水的电阻率比淡水的电阻率小，故可根据电阻率或电导率的不同，确定滨海地区咸水和淡水分界面及其分布范围。

8. 地下水的放射性

地下水的放射性取决于水中放射性物质的含量。大多数地下水都具有放射性，但其含量微弱。放射性矿床与酸性火成岩地区的地下水具有较高的放射性。地下水按放射性分级如表9-6所示。

表 9-6　地下水按放射性分级

分　级	氡水中射气含量/埃曼	镭水中镭的含量/ $(g \cdot L^{-1})$
强放射性水	>300	$>10^{-9}$
中等放射性水	100～300	$10^{-19}～10^{-9}$
弱放射性水	35～100	$10^{-11}～10^{-10}$

注：1 马赫 $=3.64 \times 10^{-10}$ 居里 $=3.64$ 埃曼。

9.2　地下水的化学成分

地下水是复杂的溶液，溶解有多种化学成分。地下水中含有各种气体、离子、胶体物质、有机质及微生物等。组成地壳的 87 种元素在地下水中已发现 70 余种，它们分别以气体、离子、分子化合物及有机物等形式存在于地下水中。

9.2.1　地下水中主要气体成分

地下水中常见的气体成分有 O_2、N_2、CO_2、CH_4、H_2S 等。气体在地下水中的含量通常不高，每升水中数毫克至数十毫克。但是它们能很好地反映地下水的形成环境，影响地下水中元素的迁移和富集。同时，某些气体还会影响盐类在水中的溶解度以及其他化学反应。

1. 氧（O_2）

地下水中的 O_2 主要来自大气，随同大气降水和地表水一起下渗补给地下水，因此，与大气圈关系密切的地下水中含 O_2、N_2 较多。地下水中溶解氧含量愈多，说明地下水所处的地球化学环境愈有利于氧化作用进行。地下水中溶解氧的含量通常在 0～14mg/L 之间。若其含量大于 3.5mg/L，表明已处于氧化环境，可使许多有机物和无机物氧化。水中 O_2 的含量对元素的迁移和水化学成分形成有很大作用。

2. 氮（N_2）

N_2 和 O_2 一样主要来源于大气，但是由于 N_2 的性质不活泼，故在封闭的环境中，O_2 虽消耗殆尽，而 N_2 仍可大部保存下来。因此，N_2 单独存在，通常表明地下水源于大气，并处于还原环境的条件下。N_2 的另一来源是生物体分解或由变质作用产生。判别氮的成因可根据 N_2 和惰性气体间的比例关系。大气中惰性气体 Ar、Kr 或 Xe 和 N_2 的比值都是恒定的，二者比值为 0.0118，地下水中比值若等于此比值，说明 N_2 是大气起源，若小于此数，则可能有生物起源或变质起源。

3. 二氧化碳（CO_2）

地下水中 CO_2 含量通常为 15～40mg/L，其含量大小与地下水的温度、压力、pH 值有关。温度增高、压力减小或酸度降低，均会使地下水中 CO_2 含量降低。地下水中的 CO_2 主要有三个来源：一是表生带的生物化学作用使有机物分解而成，生成的 CO_2 随水一起进入地下水，这是浅部地下水中 CO_2 的主要来源；二是由地壳深部变质作用和火山作用形成，在深部高温环境中，碳酸盐岩可分解出 CO_2 气体沿深大断裂上升，常在地表形成 CO_2 集中出露带；第三个来源是人类的工业化生产增大了 CO_2 的排放量，使大气中 CO_2 含量增高，特别是在集中的工业区，大气降水中的 CO_2 含量往往特别高，也提高了地下水中的 CO_2 含量。

4. 硫化氢（H_2S）、甲烷（CH_4）

地下水中出现硫化氢（H_2S）、甲烷（CH_4），其意义与氧（O_2）的出现相反，说明地下水处于有机质存在的还原环境中，并有微生物参加。它们的生成均在较为封闭的条件下，是生物氧化还原作用的结果。在浅部潜水含水层中出现硫化氢（H_2S）和甲烷（CH_4），往往与水中含有机物的严重污染有关。若水中 H_2S 气体的含量大于 7mg/L 时，表明已处于还原环境。火山区的矿泉水中，H_2S 含量每升可达数百毫克，是高温热水的主要气体成分之一；油田地区地下水中有时会含有大量的 H_2S 气体。

9.2.2 地下水中主要离子成分

地下水中含有许多离子成分，分布最广、含量最多的则主要有 7 种，其中阴离子有 3 种：氯离子（Cl^-）、硫酸根离子（SO_4^{2-}）和重碳酸根离子（HCO_3^-）；阳离子有 4 种：钠 Na^+、钾 K^+、钙 Ca^{2+}、镁 Mg^{2+}。次要离子有 CO_3^{2-}、NO_3^-、NO_2^-、H^+、NH_4^+、Fe^{2+}、Fe^{3+}、Mn^{2+} 等。

1. 氯离子（Cl^-）

氯离子在地下水中广泛分布，低矿化度水中其含量仅数毫克/升，而在高矿化度水中多成为主要成分，其含量可达数百克/升。氯离子不会被植物和细菌摄取，也不会被土壤颗粒吸附，氯盐的溶解度很大，不易沉淀析出，是地下水中最稳定的离子。它的含量随矿化度增加而增高，故氯离子常常是高矿化水的主要阴离子。同时，氯离子也是污水是否下渗污染地下水的一种标志性离子。

地下水中氯离子来源主要有：①来自各类岩石中的含盐、含氯矿物风化、溶解以及深部热水或火山喷发物的溶滤；②海水入侵进入含水层中使氯离子含量升高；③来自含有大量氯离子的工业污水、生活污水及粪便的下渗，致使地下水遭受人为污染。

2. 硫酸根离子（SO_4^{2-}）

水中 SO_4^{2-} 溶解度比较大，其含量的变化范围也较大，在中、高矿化度的地下水中，SO_4^{2-} 的含量仅次于 Cl^-。在低矿化度地下水中，一般含量仅数毫克/升至数百毫克/升；在高矿化地下水中，每升可达数克至数十克；在中矿化度水中，

SO_4^{2-} 常成为含量最多的离子。由于水中含有 Ca^{2+} 时，可形成溶解度较小的 $CaSO_4$ 沉淀，所以水中 SO_4^{2-} 含量与 Ca^{2+} 含量成反比。

地下水中 SO_4^{2-} 的来源有：①含石膏（$CaSO_4 \cdot 2H_2O$）或其他硫酸盐岩石的溶解，使 SO_4^{2-} 进入到地下水中；②含硫矿物的氧化，金属硫化物矿床中硫化矿物的水解；③城市附近大量燃烧煤炭使大气中聚集大量 SO_2 形成"酸雨"渗入地下；④制硫酸工业产生大量的废气和废渣污染产生大量的 SO_4^{2-}，使局部地下水中的 SO_4^{2-} 含量很高。

3. 重碳酸根离子（HCO_3^-）

HCO_3^- 在地下水中分布很广，但其绝对含量始终不高，一般含量不超过数百毫克/升，故 HCO_3^- 是低矿化度水的主要阴离子。这是由于地下水中的 HCO_3^- 主要来自于水对碳酸盐岩的溶解，而碳酸盐岩的溶解度很小，且只有地下水中存在 CO_2 时才较易溶解于水。除此之外，HCO_3^- 可以来自长石类铝硅酸盐矿物的风化水解，如钠长石、钙长石风化后可形成 HCO_3^- 和 Na^+ 和、Ca^{2+}，其他矿物如正长石、橄榄石、辉石等水解后也可形成 HCO_3^-。

碳酸在水中可离解成 HCO_3^-、CO_2 和 CO_3^{2-} 等形式，它们的含量与水中 pH 值大小密切相关，HCO_3^- 在中性和弱碱性水中含量最高，约占总碳酸量的 70%（质量分数）以上。

4. 钠离子（Na^+）

Na^+ 在地下水中分布很广，含量变化很大。在低矿化水中含量一般很低，每升仅数毫克至数十毫克，而在高矿化水中每升可达数十克或更高，成为高矿化水主要的阳离子，但因 Na^+ 易被岩石吸附，其含量总是低于 Cl^-。

地下水中 Na^+ 的来源和 Cl^- 相似，主要来自岩石中的岩盐和其他钠盐矿物的风化溶解，还可来自海水。

5. 钾离子（K^+）

K^+ 在水中的分布情况与 Na^+ 相近，即在低矿化度水中，含量很微，在高矿化度水中较多。但其含量明显小于 Na^+，通常只有 Na^+ 含量的 4% ~ 10%。这主要是由于 K^+ 风化后参与形成水云母、蒙脱石、绢云母等不溶于水的次生矿物，而且 K^+ 易被植物吸收，易被黏土颗粒所吸附。在水分析中，将 K^+ 归并到 Na^+ 中作为一项来考虑。

K^+ 主要来源于含钾 K^+ 盐类沉积岩的溶解，花岗岩、变质岩中含钾矿物的风化水解。

6. 钙离子（Ca^{2+}）

Ca^{2+} 在地下水中分布很广，一般含量很少大于 1g/L，它是低矿化度地下水中的主要阳离子。这是由于 Ca^{2+} 的主要来源是碳酸盐类岩石溶解，如前所述其溶解度低，主要与 HCO_3^-、SO_4^{2-} 共存。另外，含石膏等沉积岩的溶解，岩浆岩、变质岩中钙长石等含钙矿物的风化水解和土壤吸附及生物残骸的分解也可成为 Ca^{2+} 的来源。

7. 镁离子 (Mg^{2+})

Mg^{2+} 来源于含镁碳酸盐岩（白云岩、泥灰岩）的溶解，还可来自于岩浆岩、变质岩中含镁矿物（橄榄石、辉石等）的风化溶解，分布也很普遍。在地下水中，Mg^{2+} 含量一般小于 Ca^{2+}。这是因为除了含白云质岩石分布地区外，Mg^{2+} 在地壳中的含量比 Ca^{2+} 小，而且和 K^+ 一样，Mg^{2+} 容易被植物吸收，容易被岩石颗粒吸附。Mg^{2+} 主要与 HCO_3^- 共存。

9.2.3 地下水中的其他成分

除了上述七种大量出现的主要离子以外，地下水中还含有某些微量组分和其他成分。这些组分有的来自地球深部，有的来自海洋，有些则来自人为污染。它们的存在可说明地下水的存在环境。微量元素则对人体健康有明显的影响。

1. 微量组分

地下水中常见的天然微量组分主要有 Br（溴）、I（碘）、F（氟）、Sr（锶）和 Se（硒）。若水中含有一定量的 I、Sr、Se 等微量元素，则可作为矿泉水。但是，当地下水中缺碘，即碘含量小于 0.01mg/L 时，长期饮用这种水会出现甲状腺肿大，成为地方病；氟含量大于 1mg/L 时，会出现氟斑牙、慢性氟中毒等症状；缺硒会导致克山病（大骨节病）。这类地方性疾病在我国西北、东北地区均有发生，发病率较高。

地下水中人为污染的微量成分有很多，其中大部分是有毒物质，包括有机的和无机的，主要有 As（砷）、Se（硒）、Cd（镉）、Cr（铬）、Hg（汞）、Pb（铅）、氟化物、氰化物、酚类、硝酸盐、氯仿、四氯化碳、洗涤剂及农药等成分。这些物质对人体具有较强的毒性及强致癌性，各国在饮用水水质标准中对此类物质的含量都有严格控制。有些有毒物质能引起人体急性中毒，而大多数毒性物质随饮用水进入人体在人体内积蓄，引起慢性中毒。例如，砷的毒性较大，使人容易患血性贫血，并有致癌作用；硒对人体有较强的毒性，它既是有毒元素，又是生命所必需的微量元素，它在人体中蓄积作用明显，易引起慢性中毒，损害肝脏和骨骼，因此人体摄入硒量应适中；镉具有很强的毒性，能在细胞中蓄积，是一种不易被人体排出的有毒元素，它可使肠、胃、肝、肾受损，还能使骨骼软化变脆，产生骨痛病；铬，尤其是六价铬对人体有害，能破坏鼻内软骨，甚至可致肺癌；汞为蓄积性毒物，可使人的中枢神经、消化道及肾脏受损害，使细胞的蛋白质沉淀，形成细胞原浆毒，妇女、儿童及肾病患者对汞敏感；铅是蓄积性毒物，当人体内蓄积铅较多时，会使高级神经活动发生障碍，产生中毒症状，甚至侵入骨髓内，使人瘫痪；氰化物是毒性大的物质，它进入人体后，会使人体中毒，当达到一定浓度时，可导致急性死亡。

2. 其他成分

（1）同位素　地下水中有多种同位素，目前在水文地质中应用最广的有氢（^1H、^2H、^3H）、氧（^{16}O、^{18}O）、碳（^{12}C、^{13}C、^{14}C）和硫（^{32}S、^{34}S）等。地下水中的同位素可用来判定地下水形成的年龄和成因。

环境同位素可分为稳定同位素和放射性同位素两类。氘（^2H，D）和氧—18（^{18}O）是稳定同位素，在天然水中以 HDO 或 $H_2^{18}O$ 形式存在，由于它们构成的水分子质量比普通水分子大，故在物质转化过程中，产生同位素分馏、蒸发时，水富集重同位素，凝结时水汽富集轻同位素，又由于人类的核爆炸试验使得大气中的氚（^3H）含量迅速增加，所以，由近代大气降水补给的地下水才含有一定量的（^3H）氚。应用上述同位素的这些特性，可以推断地下水成因（即补给源）。

（2）胶体化合物　地下水中分布最广的胶体化合物有 $Fe(OH)_3$、$Al(OH)_3$、SiO_2 和 $Si(OH)_4$ 等以及有机胶体。这些化合物的溶解度都很小，难以离子形式溶解于水中，只能以胶体形式进入地下水中，并随水一起迁移。例如 SiO_2 极难溶解，但 SiO_2 胶体的溶解度则会明显增加，在某些低矿化度的水中可根据 SiO_2 胶体的含量来判断是否属于矿泉水，可见 SiO_2 胶体的含量占有不可忽视的地位。有些胶体性质不稳定，容易形成次生矿物而从水中析出，如 $Al(OH)_3$ 胶体形成水矾土或叶腊石沉淀析出。

地下水中的胶体成分主要来源于相关岩石的风化溶滤。$Fe(OH)_3$ 来源于铁矿及硫化矿物氧化带的风化水解；$Al(OH)_3$ 和 SiO_2 来源于铝硅酸盐矿物的风化；有机胶体分布较广，在气候炎热的沼泽地带含量较高。

9.3　地下水的某些化学性质

1. 酸碱性

地下水的酸碱性也称酸碱度，用氢离子浓度或 pH 值来表示。pH 是氢离子浓度的负对数值。按 pH 值，可将地下水分为五类，如表 9-7 所示。

表 9-7　地下水按 pH 值分类

水 的 类 型	pH 值
强 酸 性 水	<5
弱 酸 性 水	5~7
中 性 水	7
弱 碱 性 水	7~9
强 碱 性 水	>9

一般来讲，煤矿及金属硫化物矿区氧化带中的地下水，以及 CO_2 含量高的水为酸性水，而岩浆岩、封闭的沉积盆地中的地下水以及油田水为碱性水。

地下水中的酸碱性具有重要的意义，它决定了水与围岩之间的化学作用方向，影响水中元素的迁移和富集。地下水的 pH 值是确定很多化学成分（如硫化氢、二氧化硅、重金属等）能否存在于水溶液的指标。

2. 氧化—还原电位

氧化—还原电位是表征地下水系统氧化还原状态的指标，一般以 Eh 表示，单位为 V 或 mV。Eh 为正值，说明水系统处于比较氧化的状态，即原子或离子失去电子为氧化；若 Eh 为负值，说明水系统处于比较还原的状态，即得到电子为还原。氧化—还原可用下式表示

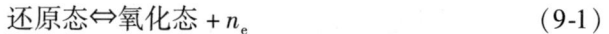

$$还原态 \Leftrightarrow 氧化态 + n_e \tag{9-1}$$

氧化—还原反应的实质是由于氧化剂和还原剂之间对电子的吸引能力不同，彼此间出现电位差，电子将自动从电位高的一方向电位低的一方转移，即电子由还原剂向氧化剂转移。氧化剂与还原剂之间的电位差叫氧化—还原电位。在25℃时，氧化—还原电位和物质浓度之间的关系可用能斯特公式表示，即

$$Eh = Eh_0 + \frac{0.0591}{n} \lg \frac{[氧化态]}{[还原态]} \tag{9-2}$$

式中，Eh 为介质的氧化—还原电位（V）；Eh_0 为标准电位（V）；n 为氧化还原反应中得到或失去的电子数；[氧化态]、[还原态] 为氧化—还原反应中的氧化态物质和还原态物质的摩尔浓度（mol/kg）。

地下水中氧化环境的主要特点是含有游离 O_2，Eh 值比较大，而 pH 值比较小，一般位于地表附近及强径流带，对大多数金属元素具有较大的迁移能力。还原环境的地下水中不含游离 O_2，Eh 值比较小，而 pH 值比较大，常含有 CH_4 及有机化合物，有的还含 H_2S。

Eh 值一般用电极测定。地下水系统的 Eh 值必须在现场测定，而实施这种测定是很困难的。所以，在水分析资料中常常缺少 Eh 值数据。

3. 总矿化度

总矿化度是指地下水中所含各种离子、分子及化合物的总量，以 mg/L 表示。它包括所有溶解状态和胶体状态的成分，但不包括游离状态的气体成分。水的矿化度高说明水中含盐量高。地下水总矿化度又称总溶解固体，在水文地质和工程地质中仍然沿用矿化度一词，其他领域都已改用溶解性总固体（TDS）。

为了便于比较不同地下水的矿化程度，习惯上以 105～110℃时将水蒸干得到的干涸残余物总量表征总矿化度；也可以将水分析得到的所有阴、阳离子含量相加，但其中的 HCO_3^- 含量以一半来计。这是由于在蒸干时有一半的 HCO_3^- 分解成 H_2O 和 CO_2 而逸失的缘故，其反应式为

$$2HCO_3^- \xrightarrow{\Delta} CO_3^{2-} + CO_2 \uparrow + H_2O \qquad (9-3)$$

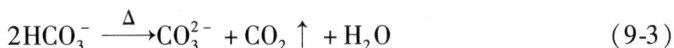

根据总矿化度将地下水分为五类，如表 9-8 所示。

表 9-8 地下水按矿化度分类

地下水类型	总矿化度/ $(g \cdot L^{-1})$
淡　水	<1
微咸水	1~3
咸　水	3~10
盐　水	10~50
卤　水	>50

地下水的总矿化度与水中主要离子成分之间有着密切的关系。在矿化度低的淡水中，常常以 HCO_3^- 和 Ca^{2+}、Mg^{2+} 为主要成分；在中等矿化度水中，可出现各种离子，但常以 SO_4^{2-} 和 Ca^{2+} 或 Na^+ 为主；在高矿化度水中，以 Cl^- 和 Na^+ 为主，若矿化度 >30g/L 时，阴离子仍以 Cl^- 为主，阳离子除 Na^+ 外，还可能出现 Ca^{2+}。

4. 硬度

水的硬度是水中钙镁离子含量多少的指标。硬度可分为总硬度、暂时硬度和永久硬度。总硬度是指水中含 Ca^{2+}、Mg^{2+} 的总量；暂时硬度是指水加热沸腾后，由于脱碳酸作用而从水中析出的那部分 Ca^{2+}、Mg^{2+} 含量，它们形成了 $CaCO_3$ 或 $MgCO_3$ 沉淀，故暂时硬度加热后可以从水中除去，其反应式为

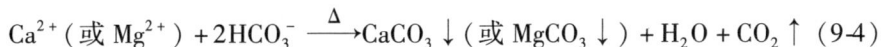

$$Ca^{2+}(或 Mg^{2+}) + 2HCO_3^- \xrightarrow{\Delta} CaCO_3 \downarrow (或 MgCO_3 \downarrow) + H_2O + CO_2 \uparrow \quad (9-4)$$

永久硬度是指水加热沸腾后仍留在水中的 Ca^{2+}、Mg^{2+} 含量。永久硬度在数值上等于总硬度和暂时硬度之差。

我国曾用德国度（H°）和毫克当量数作为硬度的表示方法。一个德国度相当于 1L 水中含有 7.1mg 的 Ca^{2+} 或 4.3mg Mg^{2+} 的量。目前我国化学分析标准剂量要求硬度按 mg/L（以 $CaCO_3$ 计）表示。根据硬度不同，可将地下水分为五类，如表 9-9 所示。

表 9-9 地下水按硬度分类

水的类别	硬度	
	以 $CaCO_3$ 计硬度/ (mg/L)	德国度
极软水	<75	<4.2
软　水	75~150	4.2~8.4
弱硬水	150~300	8.4~16.8
硬　水	300~450	16.8~25.2
极硬水	>450	>25.2

硬度对于评价生活用水与工业用水都很有意义。硬度大的水对生活和工业用水都有不良的影响，具体表现为用硬水洗衣使肥皂泡沫减少，煮菜、煮饭不易烧熟，锅炉用硬水易形成水垢，甚至因不均匀导热引起锅炉爆炸，硬度大的水会影响印染、造纸等工业的质量；硬度过小的水，对人体也不宜，饮用水中缺钙，会影响人体心血管系统及骨骼的生长等，可能出现许多不适应的症状等。

5. 水的侵蚀性

地下水的侵蚀性主要表现为地下水对混凝土的侵蚀作用和对金属的腐蚀作用。

（1）对混凝土的侵蚀作用　含有 CO_2 的地下水，可对混凝土产生侵蚀作用，其反应式为

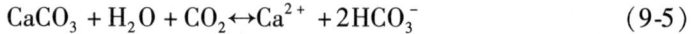

$$CaCO_3 + H_2O + CO_2 \leftrightarrow Ca^{2+} + 2HCO_3^- \tag{9-5}$$

这是一个可逆反应，要求水中必须含有一定数量的游离 CO_2 以保持平衡，此 CO_2 称为平衡二氧化碳。若水中游离 CO_2 小于平衡 CO_2，则反应向左进行，产生碳酸钙沉淀；反之，若水中游离 CO_2 大于平衡 CO_2 时，反应向右进行，水具有侵蚀性，碳酸钙被溶解。与碳酸钙反应消耗的那部分游离 CO_2，称为侵蚀性二氧化碳。

（2）对金属的腐蚀作用　此种作用的发生主要是地下水中的铁置换了氢离子所致，其反应式为

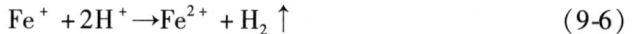

$$Fe^+ + 2H^+ \rightarrow Fe^{2+} + H_2 \uparrow \tag{9-6}$$

与地下水的 pH 值有关，pH 值越小对金属的腐蚀性越强。酸性侵蚀对铁制材料的侵蚀性影响较大。

此外，还有地下水中的硫酸盐与混凝土发生反应，在混凝土的空隙中形成石膏和硫酸铝盐晶体。这些新化合物，因结晶膨胀作用体积增大，可导致混凝土力学强度降低以致被破坏。

9.4　地下水化学成分的形成作用

地下水主要来源于大气降水和地表水。而大气降水和地表水都不是纯净的水，其中含有 O_2、N_2、CO_2 等气体，以及钙、镁、钠等多种组分，它们进入含水层后，加之地下水与围岩之间发生的各种作用，使地下水中的离子、分子、气体等成分不断变化。地下水化学成分形成的作用主要有溶滤作用、浓缩作用、脱碳酸作用、脱硫酸作用、阳离子交替吸附作用等。

1. 溶滤作用

在水与岩土的相互作用下，岩土中的一部分可溶物质转入地下水中，这就是溶滤作用。溶滤作用是形成地下水化学成分的基本作用，它并未破坏岩石的完整

性，也未破坏矿物的结晶格架，只是使其中可溶部分进入地下水中，地下水则增加了新的组分。广义的溶滤作用也包括溶解作用。

溶滤作用的强度一方面取决于岩石的溶解度及空隙发育情况，另一方面也取决于水的溶解能力及水的交替强度。空隙不发育的致密岩石，水不能进入，溶滤作用也难以进行；松散岩石孔隙越发育，坚硬基岩的裂隙、岩溶越发育，水与岩石接触的比表面积越大，岩石的溶解度越大（表9-10），越有利于岩石溶滤作用的进行。

表9-10　某些盐类的溶解度　　　　　　　　　　　　　　（g/L）

盐　类	溶解度	盐　类	溶解度
$CaCO_3$	0.012	Na_2SO_4	340.0
$Ca(HCO_3)_2$	0.385	K_2SO_4	100.3
$MgCO_3$	0.1	$NaCl$	263.9
Na_2CO_3	1.78	KCl	265.0
K_2CO_3	215.0	$MgCl_2$	253.0
$CaSO_4$	202.0	$CaCl_2$	427.0
$MgSO_4$	202.0		

水的溶解能力除了受温度、水中气体含量、pH值及水中共生盐类的影响外，随着溶滤作用的持续进行而发生着变化，表现为溶滤作用下使水中溶解盐类不断增多，矿化度不断增大，水的溶解能力将逐渐减小，当达到饱和后，溶解能力将完全丧失。水的交替能力是决定溶滤作用强度的关键因素。停滞的或流动缓慢的地下水通常具有较高的矿化度，含盐量接近饱和，CO_2和O_2等消耗殆尽，故其溶解能力将越来越低，以致完全丧失溶解能力。但随着水交替条件好转，矿化度低的富含CO_2和O_2的大气降水和地表水不断渗入以代替或更新那些将失去溶解能力的水，使地下水持续保持很强的溶解能力，岩石组分将不断向水中转移，又不断地被带走，溶滤作用得以持续进行。

由于溶滤作用是一种在一定的自然地理条件下岩石组分被不断溶滤、迁移带走的过程，因此不能把溶滤作用看成是纯化学溶解作用。岩层含有卤化物、硫酸盐、碳酸盐、硅酸盐等各种矿物。氯化物因溶解度最大，将首先大量溶解进入水中，此时地下水以Cl^-为主。由于含氯矿物被不断溶滤带走而逐渐贫化，含量将越来越少。此时，地下水以溶解度稍低的硫酸盐占优势，但溶滤作用仍在继续。硫酸盐也因长期溶滤而贫化，最后水中只剩下难溶的碳酸盐。由于碳酸盐的溶解度很小，在水中的绝对含量始终不超过1g/L，所以溶滤后期地下水以低矿化度的HCO_3^-型水为特征。因此，一个地区经受的溶滤作用强度越大，时间越长，地下水的矿化度就会越低。

2. 浓缩作用

地下水因蒸发失去水分，造成盐类积累浓缩的作用称为浓缩作用。浓缩作用使地下水矿化度增高，化学成分发生变化。浓缩作用和溶滤作用相反，总的趋势是使地下水积盐，朝盐化方向发展。

浓缩作用主要发生在地下水位埋深浅的干旱、半干旱平原地区，或盆地低洼处地下水排泄区，如河间洼地、洪积扇溢出带的下缘及内陆河的下游地带。浓缩初期，溶解度小的钙、镁重碳酸盐首先从溶液中析出，此时 Na^+ 及 SO_4^{2-} 成为水中主要成分，其矿化度可达到 $4 \sim 5g/L$；继续蒸发，硫酸盐亦将趋于饱和，并从水中析出，剩下 Cl^- 和 Na^+ 成为氯化物水，矿化度最高可达 $300g/L$ 以上。与此同时，水中还富集有 Cu、Pb、Zn 等金属元素和 F、Br、I、Li 等微量元素。浓缩作用的影响程度随深度增加越来越小，一般限于常温带，在十分干旱的条件下，其影响深度有时可达数十米。

3. 脱碳酸作用

水中 CO_2 的溶解度受周围环境的温度和压力控制，表现为 CO_2 的溶解度随温度升高或压力降低而减小，水中部分 CO_2 便从水中逸出，使水中的 Ca^{2+}、Mg^{2+} 和 HCO_3^- 形成碳酸盐沉淀，这种作用称为脱碳酸作用，其反应式为

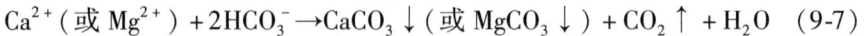

$$Ca^{2+}（或 Mg^{2+}）+2HCO_3^- \rightarrow CaCO_3 \downarrow（或 MgCO_3 \downarrow）+CO_2 \uparrow + H_2O \quad (9-7)$$

脱碳酸作用是一种在地表广泛发生的作用，如岩溶洞穴中的石钟乳、石笋，岩溶泉出口处的泉华，充填在裂隙中的方解石脉，松散沉积物中的钙质沉积等都是脱碳酸作用的产物。

4. 脱硫酸作用

在还原环境中，当地下水中含有有机物时，微生物中脱硫细菌能将水中 SO_4^{2-} 还原为 H_2S，使水中 SO_4^{2-} 减少或消失，这种作用称为脱硫酸作用。即

$$SO_4^{2-}+2C+2H_2O \rightarrow H_2S+2HCO_3^- \quad (9-8)$$

含有机物的硫酸盐岩石，在还原环境下，碳氢化合物也可使其还原为硫化矿物，并最终生成 H_2S 和碳酸盐。即

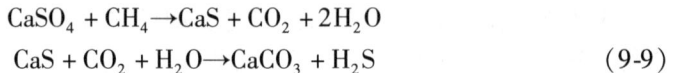

$$CaSO_4+CH_4 \rightarrow CaS+CO_2+2H_2O$$
$$CaS+CO_2+H_2O \rightarrow CaCO_3+H_2S \quad (9-9)$$

脱硫酸作用主要发生在封闭的还原地球化学环境内，只要在还原环境中存在有机质，都可以发生脱硫酸作用，它是一种较为普遍的水化学作用，既可发生在浅部包气带中，也可发生在深部储油构造中。在储油构造中，脱硫酸作用会消耗一部分油气资源和 SO_4^{2-}，产生 H_2S。因此，在某些油田水中出现 H_2S 而 SO_4^{2-} 含量较低的特征，这一特征可作为寻找油田的辅助标志。另外，油田在注水驱油过程中，注水前，都要对水进行灭菌，主要是杀灭脱硫菌，以防脱硫酸作用发生。因为 H_2S 的还原性强，与溶解氧相遇后，会氧化成 H_2SO_4，对井管有很强的腐蚀作用。

5. 阳离子交替吸附作用

岩石颗粒表面带有负电荷，能够吸附阳离子。当地下水从岩石空隙中流过

时，在一定条件下，颗粒所吸附的阳离子能与地下水中的阳离子发生置换，即岩石颗粒吸附地下水中某些阳离子，而将原先吸附的阳离子转移至地下水中，使地下水化学成分发生改变，这种作用称为阳离子交替吸附作用。

不同的阳离子吸附于岩土表面的能力不同，按其吸附能力大小，自大而小的排序为

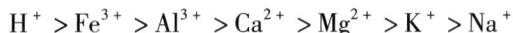

$$H^+ > Fe^{3+} > Al^{3+} > Ca^{2+} > Mg^{2+} > K^+ > Na^+$$

可见，离子价位愈高，离子半径愈大，水化离子半径愈小，则吸附能力愈大，但由于 H^+ 将和 O^{2-} 一起形成水分子，而水分子为吸附能力强的偶极体，所以 H^+ 是例外。当含 Ca^{2+} 的陆地水流入吸附有 Na^+ 的海相沉积物，由于 Ca^{2+} 的吸附能力比 Na^+ 大，Ca^{2+} 便可置换 Na^+ 被岩石吸附，而将原先吸附的 Na^+ 转移到地下水中，使水中 Na^+ 含量增大，Ca^{2+} 含量减少。

吸附能力大小，还与阳离子在水中浓度大小有关。随着地下水中某种离子浓度增大，吸附能力也将随之增大。如含 Na^+ 海水侵入陆相沉积物中，此时海水中浓度大的 Na^+ 可被岩石颗粒吸附，而将原先吸附的 Ca^{2+} 排挤入水中，使水中 Ca^{2+} 含量增多。

此外，阳离子交替吸附作用强度与颗粒吸附能力的大小，即颗粒比表面积的大小有关。颗粒越细小，比表面积越大，颗粒的吸附能力就越大。所以阳离子的交替吸附作用主要发生在细粒粘土类岩石中。此外，水的酸碱度也影响交替吸附作用的进行，水的 pH 值越小，交替吸附能力也越小。

在自然界，阳离子交替吸附作用广泛地进行着。常应用阳离子交替吸附原理改善水质和土质。例如，土壤中吸附了过多的 Na^+ 使土壤板结，土质变坏，影响农业生产，可利用 Ca^{2+} 置换土壤中的 Na^+ 使土质变得松散。所以，在板结的土壤中撒放石灰，利用石灰中 Ca^{2+} 吸附能力较强的特点，去置换原先被土壤吸附的 Na^+ 而使土质得到改善。再如，硬水不利于人体健康和工业生产，也可用离子交替吸附方法使 Ca^{2+} 被岩石颗粒吸附以降低水的硬度等。

6. 混合作用

两种或两种以上不同化学成分、不同矿化度的地下水混合后，形成一种与原有两种水化学成分或矿化度全然不同的地下水，地下水的这种作用叫做混合作用。

水的混合作用相当复杂，包括化学混合和物理混合。化学混合即混合后发生化学反应，形成化学类型完全不同的新的地下水。物理混合则是指混合后并未发生化学反应，只是机械地混合后矿化度发生变化，水化学类型为介于二者间的过渡类型。混合类型不同的原因在于参与混合的两种水的离子引力不同，若两种水中阴阳离子引力大致相等，则发生机械混合，若阴阳离子间引力相差较大，就可产生新的化合物而发生化学混合。例如，SO_4—Na 型水和 HCO_3—Ca 型水混合后，形成了水化学类型与此二者都不相同的 HCO_3—Na 型水，并发生石膏沉淀，

即为化学混合，其反应式为

$$Ca(HCO_3)_2 + Na_2SO_4 \rightarrow CaSO_4\downarrow + 2NaHCO_3 \tag{9-10}$$

又如，Cl—Na 型海水和低矿化的 HCO₃—Ca 型地下水相遇，它们之间不发生化学反应，混合水的矿化度和化学类型取决于参与混合的两种水的成分及其混合比例，即为物理混合（或叫做机械混合）。奥吉尔维认为这种简单的混合作用服从于直线关系，可用下式表示

$$Y = aX + b \tag{9-11}$$

混合作用在自然界非常普遍。常发生在地下水与地表水交汇处（海滨、湖畔、河流沿岸等）及深层地下水补给浅层含水层处，深部卤水、热水及矿泉水、泉水出露处等。

7. 人类活动在地下水化学成分形成中的作用

近几十年来，随着生产力与人口的增长，人类的生产活动改变了地下水的形成条件，对地下水化学成分的影响愈来愈大，使地下水成分发生变化。这些人类活动有的改善了水质，有些使水质恶化。前者主要是指通过开采地下水使水位下降，减少地下水的蒸发，灌水洗盐，消除盐渍化等。如 1982 年以前，河南濮阳市赵庄一带原是一片沼泽盐滩，中原油田勘探局在附近建立基地后，大量开采地下水，水位大幅下降，附近的盐渍地变为高产良田。后者包括生产废水和生活污水、废气和废渣、化肥和农药等都含有有毒或有害物质，渗入地下后使地下水中富集了原本很少的有害成分，如酚、氰、汞、铬、铅、亚硝酸等，致使地下水遭受污染，化学成分发生变化。干旱、半干旱地区大量引地表水灌溉，平原地区建水坝，都会使浅层地下水位上升，造成大面积土壤次生盐渍化等，这种现象在青海柴达木盆地、河西走廊、新疆灌区屡见不鲜。滨海地区过度开采地下水，使地下水位大幅度下降，引起海水入侵，破坏了淡水资源，导致深部咸水进入淡水含水层，使矿化度增加，水变咸，污染了淡水资源，如在我国的大连、北海、威海、宁波等城市这种情况均有发生。

9.5 地下水化学成分的分析与资料整理

研究地下水化学成分的基本方法通常是进行水化学分析，然后将分析资料进行系统的整理与分类，用以阐明一个地区地下水化学成分的特征及其变化规律。

9.5.1 地下水化学分析的种类及要求

地下水化学成分分析是进行水化学研究的基础。水质分析的项目需根据工作目的和要求来确定，一般分为简分析、全分析，为配合专门任务，也可增加专项分析。

1. 简分析

简分析常用于水文地质普查工作，目的在于了解区域水化学成分的概况。分析项目较少，精度要求低，简便快速。简分析项目除定性分析水的物理性质外，还要定性分析 NH_4、NO^{3-}、NO^{2-}、Fe^{3+}、Fe^{2+}、H_2S、游离 CO_2 及化学需氧量（COD）等，定量分析 Cl^-、SO_4^{2-}、HCO_3^-、Ca^{2+}、$K^+ + Na^+$、Mg^{2+}、pH 值、矿化度、总硬度等项目。

2. 全分析

全分析分析项目较多、较全且精度要求较高。通常是在简分析取样的基础上，选取有代表性的水点取全分析水样，以全面地了解区域地下水化学特征，并对简分析结果进行检验。全分析一般需在专门化验室进行，成本比较高。要求定量分析 HCO_3^-、SO_4^{2-}、Cl^-、CO_3^{2-}、NO_3^-、NO_2^-、Ca^{2+}、Mg^{2+}、K^+、Na^+、NH^{4+}、Fe^{3+}、Fe^{2+}、H_2S、CO_2、F^-、I^-、耗氧量、pH 值及干涸残渣等，并进行水的物理性质测试。

3. 专项分析

根据工作任务需要，有时还需作专项分析，如供水水文地质调查，要增加分析细菌及有毒成分；对于区域地下水成因进行研究时，通常要分析水中 H 同位素含量，煤矿区要增加分析 H_2S、CH_4 等项，水工建筑要专门分析侵蚀性 CO_2 等，水化学找矿要专门分析金属和微量元素等。

在采取水样进行地下水化学分析时，首先应对工作区的水文地质条件有清楚的认识，在不同的水文地质单元的补给区、径流区、排泄区分别取控制性样品，还应取大气降水样和地表水样进行分析，以了解它们与地下水在化学成分上的联系。从钻孔和水井中取水样必须在抽水 20min 后进行。水样瓶必须洁净，并用取样水洗涮数次。取完样后必须立即用石蜡封口，并贴好标签。

9.5.2　地下水化学成分的表示方法

1. 离子表示法

由于各种组分主要以离子形式存在于地下水中，故地下水化学分析结果大多采用离子表示法，包括离子毫克数表示法、离子毫克当量数⊖表示法、离子毫克当量百分数⊖表示法。

（1）离子毫克数表示法　以每升水中所含离子的毫克数来反映水中各种成

⊖　离子毫克当量数按新的标准应称为当量离子物质的量，在水文地质学中仍沿用旧的术语，后同。

⊖　离子毫克当量百分数按新的标准应称为当量离子摩尔分数，在水文地质学中仍沿用旧的术语，后同。

分的绝对含量，是水分析成果的直接表达。这种方法不能反映水中各种成分之间的关系，不便于将不同水样进行比较。

（2）毫克当量表示法　由于水中阴阳离子皆以当量形式化合，故毫克当量表示法能够反应各种离子间的数量关系和水化学性质。每升水中含某种离子的毫克当量数可由下式计算

$$离子的当量 = \frac{离子量（原子量）}{离子价} \qquad (9\text{-}12)$$

$$1L 水中某离子的毫克当量数 = \frac{该离子的毫克数}{该离子的当量} \qquad (9\text{-}13)$$

水中阴阳离子毫克当量数应该相等，否则就存在错误或误差。据此可以检查分析结果的正确性。分析误差计算如下：

$$分析误差(e) = \frac{\sum K - \sum a}{\sum K + \sum a} \qquad (9\text{-}14)$$

式中，$\sum K$ 表示 1L 水中阴离子毫克当量总数；$\sum a$ 表示 1L 水中阳离子毫克当量总数。

全分析误差 e 应 <2%，简分析误差 e 应 <5%。

（3）毫克当量百分数表示法　将 1L 水中阴离子或阳离子的毫克当量总数分别去除每个离子的毫克当量数，便可得到每一个离子的毫克当量百分数。即

$$某一阴（阳）离子的毫克当量百分数 = \frac{该离子的毫克当量数}{阴（阳）离子的毫克当量总数} \times 100\%$$

$$(9\text{-}15)$$

这种表示方法可以获得水中各种离子的含量百分比概念，从而可知其在水中所起的作用，同时也便于将不同的水分析资料进行对比和分类。但是这种表示方法不能反映绝对含量的概念，故上述三种表示方法应互相参照使用。

2. 库尔洛夫表示式法

库尔洛夫表示式是用分式形式表示水的化学成分的一种表示方法。即将毫克当量百分数 >10% 的离子均列入分式，按从大到小的顺序在分子位置上排列阴离子，分母位置上排列阳离子，百分含量值放在离子的右下角，而将原子数移往右上角，如 HCO_3^- 毫克量占 50% 时，写作 HCO_{50}^3。

水中微量元素、气体和矿化度（M）按顺序放在分式左端，单位均为 g/L，含量标在右下角。分式右端表示水温，以 t 表示，单位为℃。有流量时也放在分式的右端，用符号 Q 表示，流量单位 L/s。表 9-11 列出的是某地的地下水化学分析结果。

表 9-11 某地地下水化学分析结果表示形式

离 子		mg/L	毫克当量/L	毫克当量（%）	其 他 成 分
阳离子	Na + K	9.3	0.40	16.8	$CO_2 = 11mg/L$ 总矿化度 $=120mg/L$ 水温 $=11℃$ 流量 $=2.6L/s$
	Ca	36.9	1.84	77.3	
	Mg	1.7	0.14	5.9	
	总计	47.9	2.38	100.0	
阴离子	Cl	3.9	0.11	4.6	
	SO₄	1.0	0.02	0.9	
	HCO₃	137.5	2.25	94.5	
	总计	142.4	2.38	100.0	

将表 9-11 用库尔洛夫式表示，可写作

$$CO^2_{0.011}M_{0.12}\frac{HCO^3_{94.5}}{Ca_{77.3}Na+K_{16.8}}t_{11}Q_{2.6}$$

毫克当量百分数 >25% 的阴阳离子参与水的定名，通常阴离子在前，阳离子在后，含量大者在前，小者在后。上述水样可定名为 HCO_3—Ca 型水。

3. 图形表示法

以不同的图式或颜色表示水中不同离子的相对含量称为图形表示法（简称图示法）。图示法的图形样式有很多，可以根据各自的工作内容和特点创造新的表示图形。常用的图示法包括柱状图示法、圆形图示法、玫瑰花图示法和六边形图示法等。

（1）柱状图示法 柱状图示法又称柯林柱状图示法（图 9-1），是将主要阴阳离子的毫克当量百分数分别表示在两个并列的柱状图上，自下而上阳离子依次是 Ca^{2+}、Mg^{2+}、$Na^+ + K^+$，阴离子依次是 HCO_3^-，SO_4^{2-} 和 Cl^-。这种方法可以大致估计地下水中盐的存在形式，从图 9-1 中可看出，水中可能存在有 $Ca(HCO_3)_2$、$Mg(HCO_3)_2$、$MgSO_4$、$MgCl_2$ 和 $NaCl$ 等盐类。

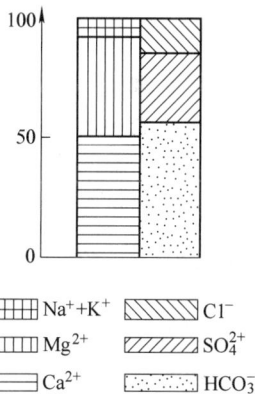

（2）圆形图示法 此种方法是把圆形分为上下两个半圆，上半部表示阳离子毫克当量百分数，下半部表示阴离子毫克当量百分数，某离子按照其毫克当量百分数确定所占的扇形大小（见图 9-2a）。有时为了表示矿化度，则可以用内部小圆圈来表示（图 9-2b）。圆形图示法还可以做成内外两个环的形式，分别表示阴阳离子的毫克当量百分数（图 9-2c）。当然，也可以根据自己的需要设计出其

图 9-1 柯林柱状图

他形式的圆形图示法。

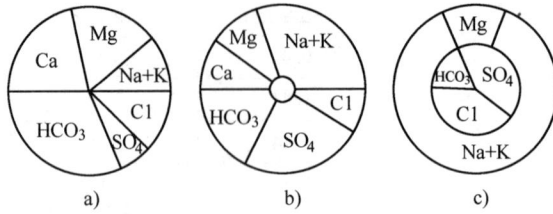

图9-2　圆形图示法的几种形式

（3）玫瑰花图示法　水化学玫瑰花图是先将圆分为六等分（图9-3），每一半径分别表示地下水中常见的某一类离子，并将每一半径划分为100等分，分别将各离子的毫克当量百分数标在半径上，便得出该水样特有的玫瑰花图形。

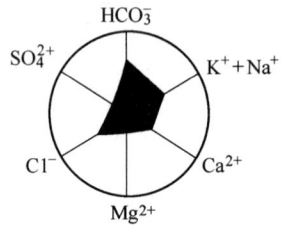

图9-3　玫瑰花图示法

4. 三线图示法

三线图示法又称皮伯（Piper）三线图解法，是由皮伯（Piper）于1944年提出的一种表示地下水化学成分的方法。皮伯三线图解由两个三角形和一个菱形共同组成。三线图的两个三角形分别表示阴、阳离子的毫克当量百分数，左下方为阳离子，右下方为阴离子，菱形的四个边分别两两对应表示 HCO_3 和 $SO_4 + Cl$ 以及 $Na + K$ 和 $Ca + Mg$（图9-4）。任一水样均可按其阴阳离子的百分含量分别在两个三角形中以圆圈表示出来，它在菱形图中的位置是阴、阳离子各自在三角形中的点延伸到菱形图的交点。菱形图中水样所在位置不同，其化学特征也不同。如果水样较少，可按一定的比例尺画圆圈的大小来表示矿化度，圆圈越大，矿化度越高。

皮伯图解的优点是能把大量的水分析资料点绘在图上，依据其分布情况，可以解释许多水文地质化学问题。因而也是最有实用价值的一种图示法。图9-4所示的例子中，水样Ⓐ由左边三角形 $Na + K$ 箭头方向，可以看出其阳离子 $Na + K$ 含量为80%，Mg 含量约为20%，而 Ca 的含量接近为零；由右边三角形 Cl 离子箭头方向，可以看出水样Ⓐ点 Cl 含量大于90%，而 SO_4 的含量低于10%刻度线，从位置上看小于5%，CO_3 和 HCO_3 含量低于10%刻度线，从位置上看小于5%。从下面这两个三角形中的Ⓐ点分别引线，且要求其分别与菱形图中两组线相平行，得到交点Ⓐ点，对应于菱形的四个边，可以看出其离子成分及其组合特点是：$Ca + Mg$ 为20%左右，$Na + K$ 接近于80%，$SO_4 + Cl$ 大于90%，CO_3 和 HCO_3 少于5%，所以其成分应为海水。同样方法可以作出水样Ⓑ在两个三角形的位置图，以及交于菱形中的位置，可知该水样为淡水，通过与可以饮用的地下水进行比较，其水质相当。

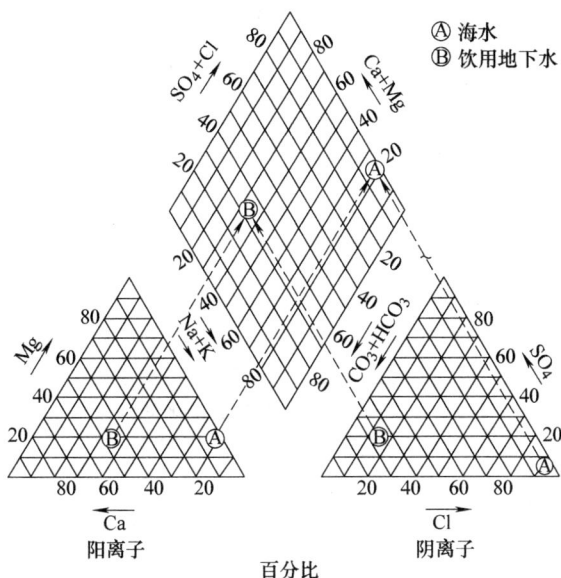

图 9-4　皮伯三线图解

9.5.3　地下水化学成分分类

地下水化学成分的组成类型极为复杂，不同阴阳离子的成分组成和含量组成，使得地下水化学成分的研究和对比极为困难。为了使大量的分析资料能够系统化和简单化，需要进行水化学分类，以阐明地下水化学的形成条件、成分特征和变化规律。常用的水化学分类是舒卡列夫分类。

前苏联学者 C.A 舒卡列夫分类将地下水中六种主要阴阳离子与水的矿化度作为分类的依据，其中 K^+、Na^+ 记为一项，用 Na^+ 表示，详见表 9-12。首先将毫克当量百分数 >25% 的阴阳离子作为分类的基础，根据它们的组合关系可以组合成 49 种不同类型的水，分别以阿拉伯数字作为代号。然后，根据矿化度大小将水分为四组（表 9-13）。最终，根据水型和矿化度组别将水定名，如 1—A 型水为矿化度 <1.5g/L 的 HCO_3—Ca 型水，是沉积岩地区典型的溶滤水，49—D 水是矿化度 >40g/L 的 Cl—Na 型水，其形成可能与海水有关或为浓缩作用后期的产物。从分类的左上角向右下角方向大体表示水的矿化度由低矿化向高矿化方向演化。

舒卡列夫分类的优点是简单易用。从分类的左上角到右下角，地下水由以溶滤作用为主逐渐转变为以浓缩作用为主，矿化度逐渐由低增高，由 A 型变为 D 型。实际工作中，一般不用表示水型的数字代号，而是使用其水类型命名。定名写法是阴离子在前，阳离子在后，含量多者在前，含量少者在后。例如 1—A 型水，写成 HCO_3—Ca 型水。

表 9-12　舒卡列夫分类表

超过25%当量的离子	HCO₃	HCO₃ + SO₄	HCO₃ + SO₄ + Cl	HCO₃ + Cl	SO₄	SO₄ + Cl	Cl
Ca	1	8	15	22	29	36	43
Ca + Mg	2	9	16	23	30	37	44
Mg	3	10	17	24	31	38	45
Na + Ca	4	11	18	25	32	39	46
Na + Ca + Mg	5	12	19	26	33	40	47
Na + Mg	6	13	20	27	34	41	48
Na	7	14	21	28	35	42	49

表 9-13　舒卡列夫分类中的矿化度分级表

组　　别	矿化度/（g·L⁻¹）
A	<1.5
B	1.5 ~ 10
C	10 ~ 40
D	>40

　　舒卡列夫分类的缺点在于以毫克当量百分数 >25% 作为分类界限，人为因素过大。例如，某地下水的分析结果为 HCO_3^- 占 50%，Cl^- 占 26%，而 SO_4^{2-} 占 24%，只能定为 HCO_3—Cl 型水，但实际上 Cl^- 和 SO_4^{2-} 含量接近，显然，此种分类方法反映水质变化不够细致。如果有两种阴离子含量均大于 25%，其主次关系在分类中不明确，对地下水形成过程的差异反映不足。另外，分类中有些水型意义不大，在自然界实际上是极少见到的或见不到的，如 17、18 和 19 型水。

　　除了舒卡列夫分类外还有苏林分类、布罗德茨基分类和阿廖金分类等，每种分类都有各自分类的优点和不足，可查阅相关书籍。

本 章 小 结

【本章内容】

　　（1）地下水物理性质　本节介绍了地下水的物理性质，包括温度、颜色、相对密度（比重）、透明度、嗅味、导电性、放射性等。物理性质是地下水水质的重要性质之一。

　　（2）地下水化学成分　首先介绍了地下水中的气体成分，然后介绍了地下水中的主要离子成分，包括钾钠离子、钙离子、镁离子和氯离子、硫酸根离子、重碳酸根离子，介绍了各种离子的来源及其在水中的一般含量，最后介绍了地下水中的其他成分。

（3）地下水的某些化学性质　本节介绍了地下水特有的某些化学性质，主要概念有地下水的酸碱性、氧化还原电位、总矿化度、硬度和侵蚀性等。

（4）地下水化学成分的形成作用　包括有溶滤作用、浓缩作用、脱碳酸作用、脱硫酸作用、阳离子交替吸附作用、混合作用，主要介绍了各种形成作用对地下水化学成分形成的影响，最后介绍了人类活动对地下水化学成分形成的影响。

（5）地下水化学成分的分析与资料整理　本节先介绍了地下水化学成分分析的种类，包括水质简分析、全分析和专项分析，水质分析的项目需根据工作目的和要求来确定。然后介绍了地下水化学成分的表示方法，内容包括有离子表示法、库尔洛夫式法、图形表示法和三线图示法等4种。地下水化学成分分类常用舒卡列夫分类法。

【学习基本要求】

通过本章学习，了解地下水的物理性质和地下水的组成成分，熟悉地下水化学成分中主要离子的来源、含量范围及水文地质环境的含意，掌握地下水化学成分形成作用的机理和对水质的影响，熟悉地下水特有的某些化学性质的水文地质意义，掌握地下水化学成分的资料整理方法。

Chapter 9　Physical Property and Chemical Composition of Groundwater

【Chapter Content】

1. Physical property of groundwater

The physical parameters temperature, color, specific gravity, transparency, odor and taste, conductivity and radioactivity etc., all of which are important for indicating the groundwater quality.

2. Chemical components of groundwater

Groundwater contains various compositions of gases and ions. The main ionic components are as follows: sodium, calcium, magnesium, chlorine, sulfate and bicarbonate, whose sources and general concentrations are also involved. The other components are isotopes, colloidal compounds, organics, and microbes.

3. Some chemical natures of groundwater

They are acidity, alkalinity, oxidation reduction potential, the degree of mineralization (also termed total dissolved solids), hardness and erosiveness.

4. Actions to form chemical components of groundwater

They are lixiviation, thickening, decarbonation, desulfation, cation exchange and adsorption, and mixing. The impacts of these actions and the anthropogenesis on the chemical components are discussed here.

5. Analysis and data collation of chemical components of groundwater

A simple analysis, full analysis or special analysis may be selected, in which the specific analyzing items for chemical components of groundwater are determined by the certain purposes and demands. The analytical results are expressed by the ion components, *Kurllov* formula, diagrams, and Piper's three-line graph. *Sokuliefu's* classification method is normally used for categorizing chemical compositions of groundwater.

【General Learning Requirements】

The purposes and demands by learning this chapter are as follows: (a) understanding the physical property and chemical components of groundwater, (b) familiar with the sources and content ranges of major ions and its hydrogeological environmental implications; (c) having a good grasp of the mechanisms of the formation of chemical components and their influence on groundwater quality, and essential methods of arranging groundwater quality materials.

复 习 题

9-1　地下水的物理性质主要包括哪些指标？试说明研究地下水的物理性质有何意义。

9-2　地下水主要气体成分和主要离子成分有哪些？主要来源是怎样的？

9-3　为什么地下水中氯离子总是随 TDS 的增长而增加，而钙离子没有这种性质？

9-4　地下水化学成分的形成作用包括哪些？为什么随着矿化度的增高，地下水由重碳酸钙型水向硫酸型水、氯化钠型水转化？

9-5　"地下水的总矿化度又称为总溶解固体"，这句话对否？

9-6　地下水化学成分分析中的简分析、全分析和专项分析有何不同？

9-7　某地地下水化学分析结果如表 9-14 所示，试计算分析误差，写出库尔洛夫式，命名水化学类型。

表9-14　某地地下水化学分析结果

离　　子		mg/L	毫克当量/L	毫克当量（%）	其他成分
阳离子	Na + K	13.34			$CO_2 = 19.0mg/L$
	Ca	14.43			
	Mg	3.52			$NO_2 = 19.0mg/L$
	总计				
阴离子	Cl	5.67			
	SO_4	11.53			水温 = 13℃
	HCO_3	71.39			流量 = 3.3L/s
	总计				

9-8　某地地下水化学分析结果如表 9-15 所示，试计算各种成分的百分含量，计算分析误

差，计算水的各种硬度，写出库尔洛夫式，命名水化学类型。

表 9-15　某地地下水化学分析结果

离　　子		mg/L	毫克当量/L	毫克当量（%）	其他成分
阳离子	Na	16.80			
	K	7.10			
	Ca	27.45			$CO_2 = 3.54$mg/L
	Mg	12.40			$H_2SiO_2 = 24.00$mg/L
	Fe	0.4			水温 $= 15$℃
	Zn	0.15			
阴离子	Cl	9.08			
	SO_4	5.0			
	HCO_3	183.06			
	NO_3	4.5			

9-9　表 9-16 所示为两个水样的分析数据，请用三线图方法点绘在图上，并按舒卡列夫法分类。

表 9-16　两个水样的分析数据

组分	$Na^+ + K^+$	Ca^{2+}	Mg^{2+}	Cl^-	SO_4^{2-}	HCO_3^-
A	171	119	16	15	42	817
B	26	60	12	100	47	64

第 10 章

地下水的渗流运动

10.1 渗流的基本概念

地下水赋存于岩石的空隙中，并在其中运动。将赋存地下水的岩石称为介质。地下水在岩石空隙中的运动称为渗透；岩石具有被水透过的性质称为渗透性，或称透水性。地下水有结合水、毛细管水与重力水等形式。结合水不参与渗透，毛细管水运动又属于专门研究的课题。因此，本章主要是探讨重力水在岩石空隙中的运动特征和规律。

10.1.1 渗流

储存地下水的空隙是形状复杂、大小不一的空间，因而地下水运动的通道十分曲折而复杂，如图 10-1 所示。如果研究个别空隙中地下水的运动特征，不仅困难也没有实际意义。因此，人们不是研究每个实际通道中水流运动特征，而是研究岩石中平均直线水流通道中水流的运动规律，也就是用一种假想的水流来代替真实水流，通过研究这一假想水流来了解真实水流在岩石中渗透的规律。

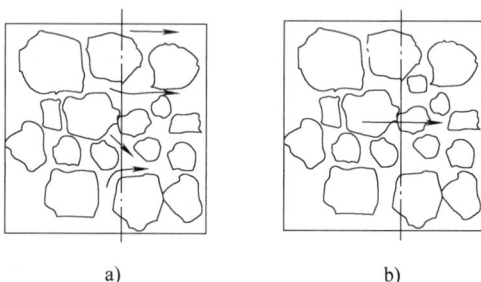

a)   b)

图 10-1 地下水流通道示意图

a）实际水流通道 b）平均直线水流通道

这种假想水流应具有下列性质：

1）它通过任意断面的流量应等于真实水流通过同一断面的流量。

2）它在任意断面的压力或水头必须等于真实水流在同一断面的压力或水头。

3）它通过岩石所受到的阻力必须等于真实水流所受到的阻力。

满足上述条件的水流称为渗流；发生渗流的区域称为渗流场。通过研究假想水流的运动规律，既可以避免研究个别水质点所遇到的困难，又能够利用水力学、流体力学中的研究方法来研究地下水的渗流规律。同时，依据上述条件，其研究结果又不失真。地下水渗流的运动就是研究地下水运动的特征和规律。研究地下水渗流运动规律的科学称为地下水动力学，是水文地质学的重要组成部分。

10.1.2　过水断面和渗透速度

渗流由高水位流向低水位的方向，称为该渗流的流向。含水层中与渗流流向垂直的断面称为过水断面。过水断面的结构十分复杂，其形式可以是平面也可以是曲面，有的含水层过水断面的大小无变化，也有的过水断面随渗流方向而变化。单位时间流过水断面的水量，称为流量。流量与过水断面面积之比，称为渗透速度。即

$$v = \frac{Q}{\omega} \tag{10-1}$$

式中，v 为渗透速度（m/d）；ω 为过水断面（m^2）；Q 为流量（m^3/d）。

渗透速度是一种假想的速度，它不是地下水的真正渗透速度，而是假设水流通过包括骨架与空隙在内的断面时所具有的一种虚拟流速。因为地下水不是在整个断面内流过，而仅在断面的空隙中流动，因而其实际速度是地下水在含水层空隙中运动的平均速度。即

$$u = \frac{Q}{\omega n} = \frac{v}{n} \tag{10-2}$$

或

$$v = nu$$

式中，n 为岩石的孔隙度。

地下水在岩石的空隙中运动，水流会受到很大的阻力，所以自然界中地下水在空隙中的流速一般是很缓慢的。

10.1.3　水力坡度

由于地下水在运动过程中受到含水层的阻力作用，损失部分机械能，因而沿渗流方向地下水水位逐渐降低。水力坡度是沿渗透途径的水头降低值与相应渗透途径长度之比值。即

$$i = \frac{\Delta H}{L} \tag{10-3}$$

所谓水头，根据 D. 伯努利（D. Bernoulli）定理为

$$H = \frac{v^2}{2g} + \frac{p}{\gamma_w} + z \tag{10-4}$$

式中，H 为总水头（m）；v 为流速（m/s）；g 为重力加速度（m/s^2）；p 为水压（kPa）；γ_w 为水的重度（kN/m^3）；z 为基准面高程（m）。

当水在岩石介质中渗流时，其速度很慢，可忽略由速度引起的水头值，由式 (10-4) 得

$$H = \frac{P}{\gamma_w} + z \qquad (10\text{-}5)$$

在图 10-2 中，A、B 两点的水头差为

$$\Delta H = H_A - H_B = \left(\frac{p_A}{\gamma_w} + z_A\right) - \left(\frac{p_B}{\gamma_w} + z_B\right) \qquad (10\text{-}6)$$

由于水力坡度常常是变化的，因此水力坡度应该用导数形式来表示。即

$$i = -\frac{dH}{dx} \qquad (10\text{-}7)$$

式中，dx 为沿水流方向无穷小的距离；dH 为相应 dx 水流微分段上的水头损失。

水头沿水流方向上的增量 dH 是负的，而水力坡度是正的，故在 $\frac{dH}{dx}$ 之前加一负号。

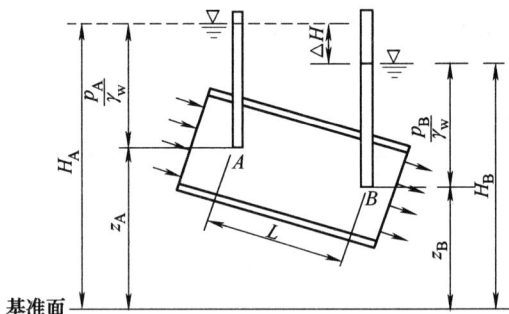

图 10-2 水头示意图

10.1.4 流线与流网

在渗流场中作一条理想的空间几何线，这条线上各个水质点在某一瞬间的运动速度矢量都和这条几何线相切，我们把这条几何线称为流线。流线表示了该线上水流各质点在该瞬间的运动方向。迹线是表示某一水质点在某一时间段内连续运动所得到的轨迹。一组同瞬间的流线，就表示了整个渗流场中渗流在该瞬间的运动趋势。

在渗流场中把水头值相等的各个点连接起来在空间上就构成一个面，称为等水头面。等水头面可以是平面，也可以是曲面。它在平面图上或剖面上则表示为一条水头相等的线，称为等水头线。由许多流线 和等水头线组成的正交网格，称为流网（图10-3）。流网具有的主要特征：

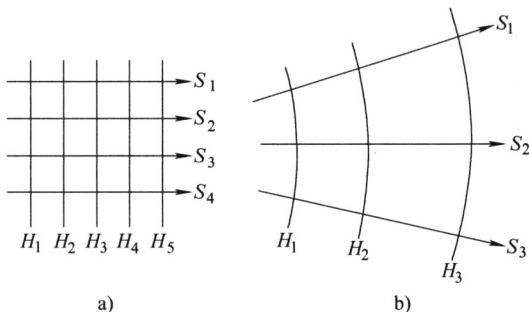

图 10-3 流网示意图

a）平行流网 b）辐射流网

S—流线 H—等水头线

①流线与等水头线处处正交（垂直）；②相邻等势线之间的水头损失相等；③各个流槽（即各相邻两流线间的渗流区域）的渗流量相等。

10.1.5　地下水运动的分类

10.1.5.1　层流与湍流

渗流的运动状态有两种类型，即层流与湍流。在岩石空隙中，渗流的水质点有秩序地呈相互平行而不混杂的运动，称为层流；湍流则不然，在运动中水质点运动无秩序，且相互混杂，其流线杂乱无章。

层流和湍流两种状态，取决于岩石空隙大小、形状和渗流的速度。由于地下水在岩石中渗流速度缓慢，绝大多数情况下地下水的运动属于层流。一般认为，地下水通过大溶洞、大裂隙时，才可能出现湍流状态。在人工开采地下水的条件下，取水构筑物附近由于过水断面减小使地下水流动速度增加很大，常常成为湍流区。

10.1.5.2　稳定流与非稳定流

根据地下水运动要素随时间变化程度的不同，渗流分为稳定流与非稳定流两种。在渗流场内各运动要素（流速、流量、水位）不随时间变化的地下水运动，称为稳定流；若地下水运动要素随时间发生变化，称为非稳定流。严格地讲，自然界中地下水呈非稳定流运动是普遍的，而稳定流是非稳定流的一种特殊情况。

10.1.5.3　缓变运动与急变运动

大多数天然地下水运动属于缓变运动，如图 10-4 所示。这种运动具有的特征是：①流线的弯曲很小或流线的曲率半径很大，近似于一条直线；②相邻流线之间的夹角很小，或流线近乎平行。不具备上述条件的称为急变运动。在缓变流运动中，各过水断面可以看成是一个平面，在同一过水断面上各点的水头都相等。这样假设的结果，就可以把本来属于空间

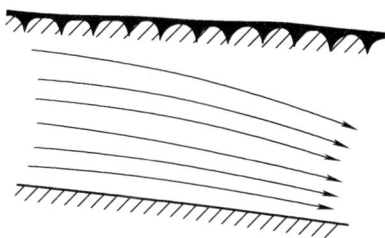

图 10-4　潜水缓变运动

流动（三维流运动）的地下水流，简化为平面流（二维流运动），以便用解平面流的方法去解决复杂的三维流问题。

10.2　地下水运动的基本定律

10.2.1　达西定律（线性渗透定律）

1856 年，法国水力学家 H. 达西（Darcy）在装满砂的圆筒中，让水从筒的

上端流入砂柱，由筒的下端流出。在此过程中，上端与下端的水头保持不变，测定下端口的流出水量 Q（m³/d）。通过大量的实验，得出了下面关系式，即达西定律

$$Q = K\frac{\Delta H}{L}\omega \tag{10-8}$$

或

$$v = Ki \tag{10-9}$$

式中，ΔH 为在渗流途径 L 长度上的水头损失（m）；L 为渗流途径长度（m）；K 为渗透系数（m/d）；i 为水力坡度，单位渗透途径上的水头损失（量纲为1）。

式（10-9）表明渗透速度与水力坡度的一次方成正比，在直角坐标系中，v 与 i 为直线关系，因此达西定律也称线性（直线）渗透定律。式中的比例系数 K 为渗透系数，它是反映各种岩石透水性能的参数，是非常重要的水文地质参数之一。分析式（10-9）可知，当水力坡度 $i = 1$ 时，渗透系数 K 在数值上等于渗透速度，且其单位也与渗透速度相同，常用 m/d 或 cm/s 表示。渗透系数的大小不仅与岩石的性质（颗粒的大小、排列，充填情况，裂隙的性质和发育程度等）有关，而且还与渗透液体的物理性质（重度、粘滞性等）有关。例如，当水温和水的矿化度变化时，渗透系数也随着变化。然而，在地下水运动中，这一变化一般很小，常常可以忽略不计。

由于在实际的地下水运动过程中水力坡度常常是变化的，所以常将达西定律写成如下一般性表达式

$$v = -K\frac{\mathrm{d}H}{\mathrm{d}x} \tag{10-10}$$

或

$$Q = -K\omega\frac{\mathrm{d}H}{\mathrm{d}x} \tag{10-11}$$

达西定律是在稳定流条件下得到的，但是在非稳定流中，达西定律仍适用，只是这时表示为某一时刻的渗流速度与水力坡度之间的关系。

达西定律是有一定的适用范围的，超出这个范围，地下水的渗透规律就不符合达西定律了。过去许多资料都称达西定律是地下水层流运动的基本定律。然而，很多实验已证明，并非所有地下水的层流运动都符合达西定律，只有当雷诺数小于 1~10 时，地下水运动才符合达西定律。即

$$Re = \frac{ud}{\gamma} < 1\sim10 \tag{10-12}$$

式中，u 为地下水实际流速（m/d）；d 为孔隙的直径（m）；γ 为地下水的运动粘滞系数（m²/d）。

由于自然界地下水的实际运动速度是迟缓的，其雷诺数一般都不超过1，因此绝大多数天然地下水的运动仍然服从达西定律。下面用实例说明此问题。

例如，地下水以 $u = 10\mathrm{m/d}$ 通过卵石层，卵石间平均直径为 3mm。当水温

为15℃时，运动粘滞系数为$0.1m^2/d$，则雷诺数为

$$Re = \frac{ud}{\gamma} = \frac{10 \times 0.003}{0.1} = 0.3$$

很显然，达西定律对于一般地下水运动都是适用的。

10.2.2 非线性渗透定律

在湍流运动的条件下，地下水的渗透服从哲才（A. Chezy）公式。即

$$v = K_c \sqrt{i} \qquad\qquad (10\text{-}13)$$

式中，K_c 为湍流运动时的渗透系数。

其他符号的意义同前。

有时地下水的运动状态介于层流与湍流两种运动形式之间，称为混合流。混合流可以用斯姆莱盖尔公式表示。即

$$v = K \sqrt[m]{i} \qquad\qquad (10\text{-}14)$$

式中，m 介于 $1 \sim 2$ 之间。当 $m = 1$ 时，即为达西公式；当 $m = 2$ 时即为哲才公式。

10.3 地下水流向井的稳定流理论

10.3.1 取水构筑物的类型

为了解决开采地下水以及其他目的，需要用取水构筑物来揭露地下水。取水构筑物的类型很多，按其空间位置可分为垂直的和水平的两类。垂直取水构筑物是指构筑物的设置方向与地表大致垂直，如钻孔、水井等；水平取水构筑物是指构筑物的设置方向与地表大致平行，如排水沟、渗渠等。按揭露的对象又可分为潜水取水构筑物（如潜水井）和承压水取水构筑物（如承压井）两类。此外，按揭露含水层的程度和进水条件可分为完整的和非完整的两类。完整的取水构筑物是指揭露整个含水层并在全部含水层厚度上都能进水，如图10-5a、图10-6a所示，如不能满足上述条件的为非完整取水构筑物，如图10-5b、图10-6b所示。

在上述取水构筑物中，水井是人类开采地下水最常用的重要工程设施。实际水井类型常常呈交叉形式，经常采用复合式命名，如潜水非完整井、承压水完整井等。

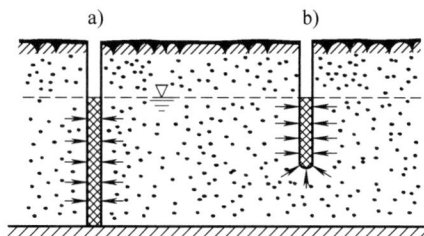

图10-5 潜水井类型

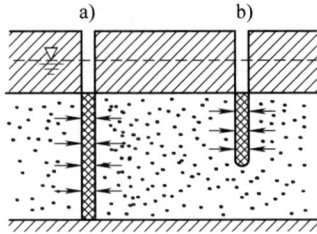

图 10-6   承压井类型

10.3.2   地下水流向潜水完整井的稳定流

在潜水井中以不变的抽水强度进行抽水，随着井内水位的下降，在抽水井周围会形成漏斗状的下降区，经过一个相当长的时间以后，漏斗的扩展速度逐渐变小，若井内的水位和出水量都会达到稳定状态，这时的水流称为潜水稳定流，在井的周围形成了稳定的圆形漏斗状的潜水面（图 10-7），称为降落漏斗，漏斗的半径 R 称为影响半径。

潜水完整井稳定流计算公式的推导需要有如下必要的简化和假设条件：

1）含水层均质各向同性，隔水底板为水平。

2）天然水力坡度为零。

3）抽水时，影响半径范围内无渗入和蒸发，各过水断面上的流量不变，且影响半径的圆周上为定水头边界。

于是，在平面上，潜水井抽水形成的流线是沿半径方向指向井，等水位线为同心圆状。在剖面上，流线是一系列的曲线，最上部的流线是曲率最大的一条凸形曲线，叫做降落曲线（也可叫做浸润曲线），下部曲率逐渐变缓成为与隔水层近乎平行的直线，底部流线是水平直线；等水头面是一个曲面，近井曲率较大，远井曲率逐渐变小。在空间上，等水头面是绕井轴旋转的曲面。在这种情况下，渗流速度方向是倾斜的，渗透速度既有水平分量，又有垂直分量，给计算带来很大困难。考虑到远离抽水井等水头面接近圆柱面，流速的垂直分速度很小，因此可忽略垂直分速度，将地下水向潜水完整井的流动视为平面流。

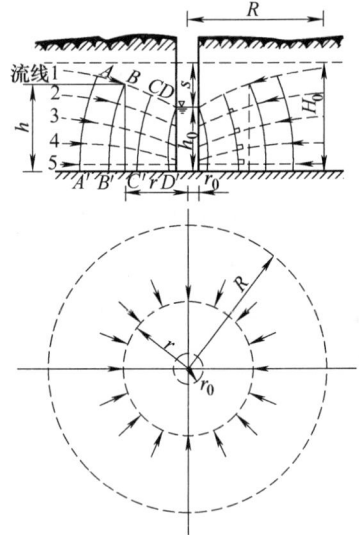

图 10-7   潜水完整井流示意图

取坐标，设井轴为 h 轴（向上为正），沿隔水底板取井径方向为 r 轴，把等水头面（过水断面）近似看成同心的圆柱面，地下水的过水断面就是圆柱体的侧

面积。即

$$\omega = 2\pi r h$$

地下水流向潜水完整井的过程中，水力坡度是个变量，任意过水断面处的水力坡度可表示为

$$i = \frac{dh}{dr}$$

将上述 ω 和 i 代入式（10-8），可写出裘布依微分方程式，即地下水通过任意过水断面的运动方程

$$Q = Ki\omega = K\frac{dh}{dr}2\pi r h = 2\pi K r h\frac{dh}{dr}$$

将上式分离变量，取 r 由 $r_0 \rightarrow R$，h 由 $h_0 \rightarrow H_0$，积分得

$$Q\int_{r_0}^{R}\frac{dr}{r} = 2\pi K\int_{h_0}^{H_0}h dh$$

$$Q\left(\ln R - \ln r_0\right) = \pi K\left(H_0^2 - h_0^2\right)$$

整理得

$$Q - \frac{\pi K\left(H_0^2 - h_0^2\right)}{\ln R - \ln r_0} = 1.36K\frac{H_0^2 - h_0^2}{\lg\frac{R}{r_0}} \qquad (10\text{-}15)$$

令 $s = H_0 - h_0$，所以式（10-15）亦可变为

$$Q = 1.36K\frac{\left(2H_0 - s\right)s}{\lg\frac{R}{r_0}} \qquad (10\text{-}16)$$

式中，K 为渗透系数（m/d）；H_0 为潜水含水层初始水位（m）；s 为井内水位下降深度（m），简称为水位降深；h_0 为井内动水位至含水层底板的距离（m）；R 为影响半径（m）；r_0 为井半径（m）。

式（10-15）、式（10-16）就是描述地下水向潜水完整井运动规律的裘布依公式，此公式为抛物线型。

10.3.3　地下水流向承压水完整井的稳定流

当承压完整井以定流量 Q 抽水时，若经过一个相当长的时段，出水量和井内的水头降落达到了稳定状态，这就是地下水流向承压完整井的稳定流。其水流运动特征与地下水流向潜水井的稳定流运动不同之处是：承压含水层厚度不变，因而剖面上流线是相互平行直线，等水头线是铅垂线，过水断面是圆柱侧面。在推导下述的承压完整井流量计算公式时，其假定条件与推导式（10-15）相同。

选取的坐标系仍以井轴为 H 轴（向上为正），沿隔水底板取井径方向为 r 轴，如图 10-8 所示，于是，地下水的过水断面面积为

$$\omega = 2\pi r M$$

地下水流向承压完整井的过程中，水力坡度也是个变量，任意过水断面处的水力坡度为

$$i = \frac{\mathrm{d}H}{\mathrm{d}r}$$

将其代入式（10-8），可写出裘布依微分方程式，即地下水通过任意过水断面的运动方程

$$Q = K\omega i = K2\pi r M \frac{\mathrm{d}H}{\mathrm{d}r}$$

对上式进行分离变量，取 r 由 $r_0 \to R$，H 由 $h_0 \to H_0$，积分得

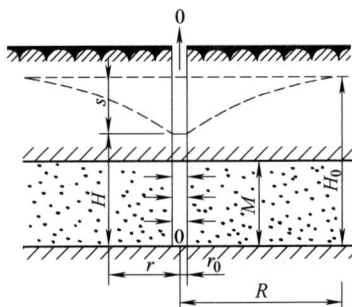

图 10-8　承压完整井流示意图

$$Q \int_{r_0}^{R} \frac{\mathrm{d}r}{r} = 2\pi K M \int_{h_0}^{H_0} \mathrm{d}h$$

$$Q\,(\ln R - \ln r_0) = 2\pi K M\,(H_0 - h_0)$$

整理得

$$Q = \frac{2\pi K M\,(H_0 - h_0)}{\ln R - \ln r_0} = 2.73 K M \frac{H_0 - h_0}{\lg \dfrac{R}{r_0}} \tag{10-17}$$

令 $s = H_0 - h_0$，上式也可用如下形式表示

$$Q = 2.73 K \frac{Ms}{\lg \dfrac{R}{r_0}} \tag{10-18}$$

式中，M 为承压含水层厚度（m）；s 为承压井内抽水时井内的水位下降值（m）。

式（10-17）、式（10-18）就是描述地下水向承压完整井运动规律的裘布依公式，此公式为直线型。

实践证明，裘布依公式在推导过程中虽然采用了许多假设条件，但该公式仍然具有实用价值，可用来预计井的出水量和计算水文地质参数。

10.3.4　完整抽水井稳定流公式的讨论

为了加深理解完整抽水井稳定流计算理论（裘布依公式）和掌握该公式的适用范围，有必要对它进一步进行分析和讨论。

10.3.4.1　流量与降深的关系

抽水井的流量与降深的关系可以用 $Q = f(s)$ 曲线来表示。依据裘布依公式，承压井流量 Q 与降深 s 之间是线性关系，表现为流量随降深的增大成正比关系增大；潜水井流量 Q 与降深 s 之间是二次抛物线关系（图 10-9），说明流量虽然

随降深的增大而增加，但流量的增量幅度愈来愈小。

裘布依公式中的水位降深，仅仅是缓慢运动的地下水克服含水层的阻力所消耗的水头。但实际上的水头损失还包括水流通过过滤器孔眼时所产生的水头损失，水流在滤水管内流动时的水头损失，水流在井管内向上流动至水泵进水阀时的水头损失等。此外，水井的结构、成井工艺及水井附近地下水三维流动都对 Q—s 曲线产生影响，因而使实际抽水井中测得的 Q—s 曲线偏离裘布依公式，即使是承压水，Q—s 曲线也不一定呈直线关系。

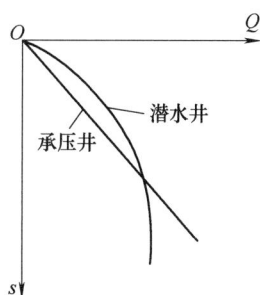

图 10-9　Q—s 关系曲线

10.3.4.2　井的最大流量问题

从裘布依公式中可以看出，当井内水位降至隔水底板时，即 $s = H_0$ 时，流量达到最大值，这既不符合实际情况，理论上又不合理。因为当 $s = H_0$ 时，井内 $h_0 = 0$，则过水断面 $\omega = 0$，就不会有水流入井内。从达西定律 $Q = Ki\omega$ 来看，$\omega = 0$，则 $i = \infty$，这显然是矛盾的。这种理论上的矛盾反映了裘布依公式是有缺陷的。造成这种矛盾的原因，是裘布依公式在推导过程中，忽略了渗透速度的垂直分量，是用 $\dfrac{dH}{dr} = \tan\theta$ 代替 $\dfrac{dH}{ds} = \sin\theta$ 引起的（θ 为降落曲线的坡角，见图10-10）。当 θ 角很小时，正切和正弦相差不大，这样假设是允许的。

10.3.4.3　井径与流量的关系

裘布依公式中井径与流量是对数关系，增大井径，流量增加很小。例如，井径增大 1 倍，其流量只增加 10% 左右；井径增大 10 倍，其流量也只增加 40% 左右。而实践表明，当井径增大后，流量的增加值要比用裘布依公式计算的结果大得多。根据大量的实际抽水资料和试验研究，井径与流量有以下特点：流量随井径增加的幅度，透水性好的含水层要比透水层差的含水层大；流量随井径增加的比例，大降深比小降深增加得快；流量的增长率随井径的增大而逐渐衰减。

10.3.4.4　井壁内外水位差值的问题

由现场观测和室内实验研究证明：潜水井抽水时，当水位降深较大时，井内水位明显低于井壁水位（图10-10），这种现象称为水跃，其水位差为 Δh。随着距抽水井的距离加大，等水头线渐变为直线，流速垂直分量渐小，Δh 也随之变小。

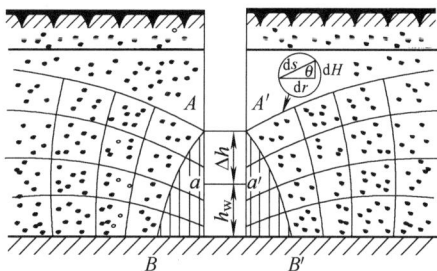

图 10-10　潜水井水跃示意图

从前面有关井的最大流量问题讨论中可以看出水跃存在的必要性。水跃的存在，保持了适当高度的过水断面，以保证地下水能够进入井内。否则，当井内

$h_0 = 0$，则过水断面 $\omega = 0$，就不会有水流入井内。此外，井附近的等水头面是曲面，如井内外没有水位差，等水头线与井壁处于同一水头下，这样图 10-10 中的阴影部分的水就不能流入井内。

10.3.4.5 影响半径

裴布依在推导单井流量公式时，假设在距井一定距离 R 的圆周上，水头为常数，即降深为零。因此，影响半径的含义是明确蹙，即从抽水井起至实际上已观测不到水位降深点的水平距离。影响半径 R 综合地反映了含水层的规模、补给类型、补给能力。一般来说，抽水会波及整个含水层，其影响范围是随着抽水时间、流量的增加而扩大的。但实际上很多情况下，抽水的影响到一定距离以后，水位下降值很小，以至很难观测出来。因此，稳定流理论认为：抽水时在取水构筑物周围产生漏斗状水位降落区，在漏斗降落区以外，水位下降值趋近于零，从抽水井中心到这个降落漏斗外部边界的距离称为影响半径。

在天然条件下，降落漏斗都有些不对称，一般边界面也不明显，单井抽水影响范围实际上不是一个圆，于是，裴布依公式中的 R 是引用影响半径，实际运用时常常把"引用"二字省掉。影响半径可以根据抽水试验资料来求，也可以用经验公式等方法来确定（见 10.3.6 节）。

10.3.5 干扰井

在工程实践中，往往是多井同时工作的。在同一含水层中有两眼或两眼以上的井同时工作时，如果各井相距足够远时，彼此能独立工作，互不干扰；而当各井间的距离小于两个影响半径时，就会产生相互干扰现象。相互干扰的井称为干扰井。

当井群发生干扰现象时，在井内水位降深相同的条件下，干扰井的流量比其单独工作时流量小；若要使井流量保持不变，则干扰井的水位降深就要大于未发生干扰时的单井降深。干扰作用使各个井的降落漏斗叠加在一起而形成大面积的区域降落漏斗。这对于基坑、矿坑排水来说是有利的，但对取水工程是不利的。因为取水工程是要取得更多的水量，干扰作用使每个井的流量减少，所以不希望发生井群干扰。干扰程度除受含水层性质、补给、排泄等天然因素影响外，还与井的数量、井的间距、井的平面布置、井到边界的距离等因素有关。在设计时，应从经济与技术的角度出发，以较少数量的井群达到流量大、降深小的效果。

10.3.5.1 理论公式井群干扰井计算

1. 承压含水层完整井井群计算

假设在一无限的水平承压含水层中有 n 眼任意排列的完整干扰井。如图 10-11 所示，各井的抽水量 Q_i（$i = 1, 2, \cdots, n$），井群影响范围内有任意计算点 A，各井到 A 点的距离为 r_{iA}。当各井同时工作，按水位的叠加原理，计算点

A 的总降深是各井单独工作时在点 A 产生的降深之和。即

$$s_A = \sum_{i=1}^{n} s_{iA} \qquad (10\text{-}19)$$

对于承压水的稳定井流运动，计算点 A 的干扰总降深
可表示为

$$S_A = \sum_{i=1}^{n} \frac{Q_i}{2\pi KM}\ln\frac{R_i}{r_{iA}} \qquad (10\text{-}20)$$

式中，r_{iA} 为抽水井 i 至任意计算点 A 的距离；R_i 为第 i
眼井的影响半径。

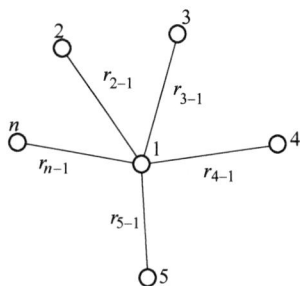

图 10-11　任意排列的干扰井

　　如果 A 点位于第 1 眼井上，则第 1 眼井的干扰总
降深可表示为

$$s_1 = \sum_{i=1}^{n} \frac{Q_i}{2\pi KM}\ln\frac{R_i}{r_{i1}} \qquad (10\text{-}21)$$

展开上式，得

$$s_1 = \frac{1}{2.73KM}\left(Q_1\lg\frac{R_1}{r_1} + Q_2\lg\frac{R_2}{r_{2-1}} + Q_3\lg\frac{R_3}{r_{3-1}} + \cdots + Q_n\lg\frac{R_n}{r_{n-1}}\right) \qquad (10\text{-}22)$$

式中，Q_1，Q_2，$\cdots$，Q_n 为各井出水量（$\mathrm{m^3/d}$）；r_{2-1}，r_{3-1}，$\cdots$，r_{n-1} 为 2，3，
$\cdots$，n 眼井至 1 眼井的距离（m）；R_1，R_2，$\cdots$，R_n 为各井的影响半径（m）；r_1
为第 1 眼井半径（m），其他符号意义同前。

　　同理，可以写出其他各井降深的方程式，这样可得到 n 个方程组成的线性方
程组。只要给定各井的设计降深或抽水量，就可求出各井在干扰情况下的抽水量
或水位降深值。

　　干扰井群的总流量为

$$Q = \sum_{i=1}^{n} Q_i \qquad (10\text{-}23)$$

　2. 潜水含水层完整井井群计算

　　当图 10-11 所示的井群呈任意排列方式位于潜水含水层时，同理，可按水位
的叠加原理，对井群影响范围内有任意计算点 A 进行 $H_0^2 - h_A^2$ 叠加，可表示为

$$H_0^2 - h_A^2 = \sum_{i=1}^{n} \frac{Q_i}{\pi K}\ln\frac{R_i}{r_{iA}} \qquad (10\text{-}24)$$

　　如果 A 点位于第 1 眼井上，则第 1 眼井的干扰降深可表示为

$$H_0^2 - h_1^2 = \sum_{i=1}^{n} \frac{Q_i}{\pi K}\ln\frac{R_i}{r_{i1}} \qquad (10\text{-}25)$$

展开上式，得

$$H_0^2 - h_1^2 = \frac{1}{1.37K} \left(Q_1 \lg \frac{R_1}{r_1} + Q_2 \lg \frac{R_2}{r_{2-1}} + Q_3 \lg \frac{R_3}{r_{3-1}} + \cdots + Q_n \lg \frac{R_n}{r_{n-1}} \right) \tag{10-26}$$

式中，h_1 为干扰抽水时第 1 眼井的动水位（m），其他符号意义同前。

于是，按上述承压井的方法，即可对各井的抽水量和动水位进行干扰计算。

10.3.5.2　经验公式井群干扰井计算

使用理论公式进行干扰井计算时，由于水文地质参数不易确定，加之理论公式难以完整地反映各种影响，因此计算精度较差。经验公式是以现场抽水试验为依据，比较符合实际。经验公式计算方法，就是通过现场抽水试验取得相邻水井的水位影响值，求得井的出水量减少系数，用以反映干扰井的各种影响因素，这种计算方法称为水位削减法。使用该法的条件是要求试验条件与设计开采条件相一致。由于水位削减法的应用受很多因素的制约，故适用性较差。下面介绍一种适用性较强、较简单的半经验水位削减法。

半经验水位削减法是根据现场稳定流抽水试验，取得相邻水井的水位影响值，利用稳定流理论的涌水量与水位降深的关系，进行干扰条件下的井群出水量的计算。干扰条件下每眼井的出水量 Q_{Ki} 对于承压水，有

$$Q_{Ki} = Q_i \frac{s_{Ki} \sum t_i'}{s_{Ki}} \tag{10-27}$$

式中，Q_i 为非干扰条件下设计降深时第 i 眼井的出水量，$Q_i = Q_0 \frac{s_{Ki}}{s_0}$；$s_{Ki}$ 为第 i 眼井的设计开采降深；$\sum t_i'$ 为其他各井对第 i 眼井的有效削减值之和，$\sum t_i' = \frac{s_{Ki} \sum t_i}{s_{Ki} + \sum t_i}$，$t_i = t_0 \frac{Q_i}{Q_0}$；$s_0$、$Q_0$ 分别为现场稳定流抽水时的水位降深和流量。

对于潜水，有

$$Q_{Ki} = Q_i \frac{(2H_0 - s_{Ki} + \sum t_i')(s_{Ki} - \sum t_i')}{(2H_0 - s_{Ki}) s_{Ki}} \tag{10-28}$$

式中，$Q_i = Q_0 \frac{(2H_0 - s_{Ki}) s_{Ki}}{(2H_0 - s_0) s_0}$，$t_i = H_0 - \sqrt{H_0^2 - \frac{Q_i}{Q_0}(2H_0 - t_0) t_0}$

其余符号意义同前。

10.3.6　非完整井的稳定渗透运动

地下水向非完整井运动的特点和完整井不同，其研究方法也不同。邻近抽水井地带，水沿着不同方向流入抽水井，离井越近流线弯曲得越厉害，在 $r \leqslant 1.6M$（M 为含水层的厚度）的范围内是属于三维流区，这一带必须引用流体力学的方法来解决。

10.3.6.1　承压水非完整井

当承压含水层的厚度较大时，抽水井往往为非完整井。所谓厚度大，是相对

于过滤器的长度而言的。下面介绍承压含水层厚度相对于过滤器长度不是很大的情况。

当过滤器紧靠隔水顶板时，应用流体力学的方法可以求得这个问题的近似解，即马斯盖特公式（Muskat）

$$Q = \frac{2.73KMs}{\frac{1}{2\alpha}\left(2\lg\frac{4M}{r_0} - A\right) - \lg\frac{4M}{R}} \tag{10-29}$$

式中，$\alpha = \dfrac{L}{M}$；L 为过滤器长度（m）；$A = f(\alpha)$，可按图 10-12 求得。式中其他符号同前。

下面通过对式（10-29）进行分析，讨论该公式的应用范围。

当 $\alpha = 1$ 时，$A = 0$，式（10-29）变为承压完整井式（10-16）。

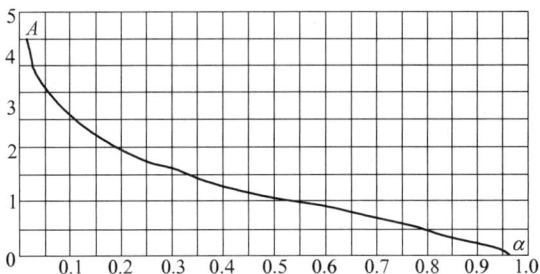

图 10-12　A-α 函数曲线

当 α 很小时，A 变得很大，就有可能使 $\left(2\lg\dfrac{4M}{r_0} - A\right) \to 0$，则式（10-29）变为

$$Q = \frac{2.73KMs}{-\lg\frac{4M}{R}} = 2.73K\frac{Ms}{\lg\frac{R}{4M}}$$

上式与半径为 $4M$ 的承压完整井流量计算公式一样。一般来说，$4M$ 远大于 r_0，这样当 α 很小时，非完整井的流量竟比同样条件下完整井的流量还要大，说明当 α 很小时，不能用马斯盖特公式来计算抽水井的流量，此时该公式是不合理的。试验证实：当 $\dfrac{L}{r} > 5$ 及 $\dfrac{r}{M} < 0.01$ 时，式（10-29）可以给出很满意的结果，误差不超过 10%。

当 $M > 150r_0$，$\dfrac{L}{M} > 0.1$ 时，可以用下列公式来计算承压非完整井

$$Q = \frac{2.73KMs}{\lg\frac{R}{r_0} + \frac{M-L}{L}\lg\frac{1.12M}{\pi r_0}} \tag{10-30}$$

或

$$Q = \frac{2.73KMs}{\lg\frac{R}{r_0} + \frac{M-L}{L}\lg\left(1 + 0.2\frac{M}{r_0}\right)} \tag{10-31}$$

式（10-30）或式（10-31）的适用范围为：过滤器位于含水层的顶部或底部。

10.3.6.2 潜水非完整井

潜水流向非完整井运动的特点是：过滤器上下两端流线弯曲很厉害，从两端向中部流线弯曲程度逐渐减缓，具有明显的对称弯曲，在中部流线近似于平面流，因此，可以采用分段法计算潜水非完整井流量，即通过过滤器中部的平面把渗流区分为上下两段，上段可以看成潜水完整井，下段看成是承压非完整井，于是，潜水非完整井的流量就可以看成为这两部分之和，这样计算的流量上段要偏大些，下段要偏小些，两段流量之和可抵消部分误差（图10-13）。

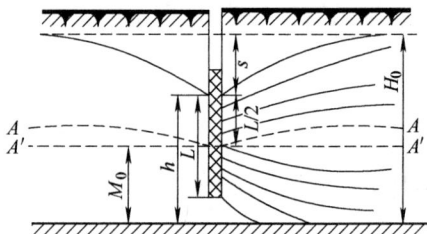

图 10-13　潜水非完整井

上段视为潜水完整井流，按裘布依公式计算得

$$Q_{上} = \frac{\pi K [(s+0.5L)^2 - (0.5L)^2]}{\ln \frac{R}{r_0}} = \frac{\pi K (s+L) s}{\ln \frac{R}{r_0}}$$

下段视为承压非完整井流，有两种情况：

当 $\frac{L}{2} < 0.3M_0$ 时，可作为半无限厚的承压含水层，则

$$Q_{下} = \frac{2\pi K (0.5L) s}{\ln \frac{1.32 (0.5L)}{r_0}}$$

当 $\frac{L}{2} > 0.3M_0$ 时，按式（10-19）计算得

$$Q_{下} = \frac{2\pi K M_0 s}{\frac{1}{2\alpha}\left[2\ln \frac{4M_0}{r_0} - 2.3A\right] - \ln \frac{4M_0}{R}}$$

式中，$M_0 = H_0 - s - \frac{L}{2}$；$\alpha = \frac{0.5L}{M_0}$。

潜水非完整井的总流量为这两个井流量之和。即

$$Q = Q_{上} + Q_{下} \tag{10-32}$$

有关计算流向取水构筑物的公式很多，可查阅水文地质手册和有关书籍。但应注意公式的适应条件。

10.3.7　利用稳定流抽水试验计算水文地质参数

10.3.7.1 单井稳定流抽水试验计算渗透系数

先根据单井内水位下降值 s 与相应的出水量 Q 绘制 $Q—s$ 关系曲线，如图10-14 所示，再按所得曲线类型选择适当公式。当 $Q—s$（或 Δh^2）呈直线时，

地下水运动为平面流，可直接采用表 10-1 中所列公式计算渗透系数。当 Q—s（或 Δh^2）关系呈曲线时，抽水井附近的含水层中，地下水运动是三维流，不符合裘布依的基本假设条件，不能直接使用裘布依稳定流理论进行计算，读者可查阅有关文献。

10.3.7.2 带观测孔的单井稳定流抽水试验计算渗透系数

在利用带有观测孔的单井抽水资料计算渗透系数时发现距井愈近，计算所得的渗透系数 K 值偏小，反之偏大。其主要原因是在近井区受三维流等因素的影响，使井内水位产生附加下降，因而渗透系数偏小；当远离抽水井时，定水头的边界条件又使渗透系数 K 值偏大。为了避免上述因素的影响，观测孔距离抽水孔的位置应按下列不等式考虑

$$1.6M \leqslant r \leqslant 0.178R$$

式中，r 为观测孔到抽水井的距离（m）；M 为含水层的厚度（m）；R 为影响半径（m）。

图 10-14 Q—s 关系曲线

限定 $r \geqslant 1.6M$ 是使观测孔位于二维流范围，而限定最远观测孔与主孔的距离 $r \leqslant 0.178R$，是为了保证观测孔内有一定的水位下降值。在供水水文地质勘察规范中规定：距主孔最近观测孔的距离应大于 1 倍含水层的厚度，最远的观测孔距第一个观测孔的距离不宜太远。按表 10-1 中所列公式可以计算带观测孔的单井稳定流抽水试验渗透系数 K。

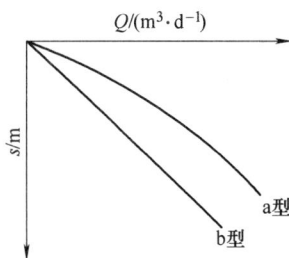

表 10-1　稳定流抽水试验渗透系数计算表

井 的 类 型	计 算 公 式		适用条件与说明
承压水完整井	$K = 0.336 \dfrac{Q\ (\lg R - \lg r_0)}{Ms}$	(10-33)	单孔抽水
	$K = \dfrac{Q}{2\pi M\ (s - s_1)} \ln \dfrac{r_1}{r_0}$	(10-34)	一个观测孔
	$K = 0.366 \dfrac{Q}{M\ (s_1 - s_2)} \ln \dfrac{r_2}{r_1}$	(10-35)	两个观测孔
潜水完整井	$K = 0.733 \dfrac{Q\ (\lg R - \lg r_0)}{(H_0^2 - h_0^2)}$	(10-36)	单孔抽水
	$K = \dfrac{Q}{\pi\ (h_1^2 - h_0^2)} \ln \dfrac{r_1}{r_0}$	(10-37)	一个观测孔
	$K = 0.733 \dfrac{Q}{h_1^2 - h_2^2} \ln \dfrac{r_2}{r_1}$	(10-38)	两个观测孔

（续）

井 的 类 型	计 算 公 式	适用条件与说明
承压非完整井	单孔抽水：$$K = 0.336 \frac{Q}{Ms}\left[\frac{1}{2\alpha}\left(2\lg\frac{4M}{r_0} - A\right) - \lg\frac{4M}{R}\right] \quad (10\text{-}39)$$	$L > 0.3M$
	$$K = 0.336\frac{Q}{Ms}\left(\lg\frac{R}{r_0} + \frac{M-L}{L}\lg\frac{1.12M}{\pi r_0}\right) \quad (10\text{-}40)$$	$M > 150r_0$；$\dfrac{L}{M} > 0.1$
	$$K = 0.336\frac{Q}{Ms}\left[\lg\frac{R}{r_0} + \frac{M-L}{L}\lg\left(1 + 0.2\frac{M}{r_0}\right)\right] \quad (10\text{-}41)$$	过滤器位于含水层的顶部或底部，抽水井直径不受限制
	两个观测孔：$$K = \frac{0.16Q}{L\,(s_1 - s_2)}\left[\operatorname{arsh}\frac{L}{r_1} - \operatorname{arsh}\frac{L}{r_2}\right] \quad (10\text{-}42)$$	过滤器位于含水层的顶部，$L < 0.3M$，观测井和抽水井深度相等
潜水非完整井	单孔抽水：$$K = \frac{0.733Q}{\left[\dfrac{L+s}{\lg\dfrac{R}{r_0}} + \dfrac{2M_0}{\dfrac{1}{2\alpha}\left(2\lg\dfrac{4M_0}{r_0} - A\right) - \lg\dfrac{4M_0}{R}}\right]} \quad (10\text{-}43)$$	$\dfrac{L}{2} > 0.3M$
	$$K = \frac{0.733Q}{H_0^2 - h_0^2}\left(\lg\frac{R}{r_0} + \frac{\bar{h}-L}{L}\lg\frac{1.12\bar{h}}{\pi r_0}\right) \quad (10\text{-}44)$$	$\bar{h} > 150r_0$；$\dfrac{L}{h} > 0.1$
	$$K = \frac{0.733Q}{H_0^2 - h_0^2}\left[\lg\frac{R}{r_0} + \frac{\bar{h}-L}{L}\lg\left(1 + 0.2\frac{\bar{h}}{r_0}\right)\right] \quad (10\text{-}45)$$	过滤器位于含水层的顶部或底部
	两个观测孔：$$K = \frac{0.733Q\,(\lg r_2 - \lg r_1)}{(s_1 - s_2)\,(2s - s_1 - s_2 + L)} \quad (10\text{-}46)$$	抽水井过滤器被淹没

注：Q 为抽水井的出水量（m³/d）；$\bar{h} = \dfrac{H_0 + h_0}{2}$ 为潜水含水层的平均值；$M_0 = H_0 - s - \dfrac{L}{2}$（m）；$r_1$、$r_2$ 为观测孔1、2分别距抽水井距离（m）；h_1、h_2 为1、2号观测孔内含水层自底板起算水柱高度（m）；s_1、s_2 为主孔抽水时1、2号观测孔的水位下降值（m）。其余符号的意义同前。

10.3.7.3　影响半径的确定

前已述及，影响半径有其特定的含意，实际上它不是一个圆，有关影响半径的确定是水文地质学中一个重要的研究内容。目前确定影响半径的方法主要有以下几种。

1）根据抽水资料利用裘布依理论计算（表 10-2）。

表 10-2　影响半径的确定方法

井 的 类 型	计 算 公 式		适 用 条 件
潜水完整井	$\lg R = 1.366 \dfrac{K(2H_0-s)s}{Q} + \lg r_0$	(10-47)	单孔抽水时
	$\lg R = \dfrac{s(2H_0-s)\lg r_1 - s_1(2H_0-s_1)\lg r_0}{(s-s_1)(2H_0-s-s_1)}$	(10-48)	有一个观测孔
	$\lg R = \dfrac{\Delta h_1^2 \lg r_2 - \Delta h_2^2 \lg r_1}{\Delta h_1^2 - \Delta h_2^2} C$	(10-49)	有两个观测孔
	经验公式： $R = 2s\sqrt{KH_0}$ （库萨金公式）	(10-50)	
承压完整井	$\lg R = 2.73 \dfrac{KMs}{Q} + \lg r_0$	(10-51)	单孔抽水时
	$\lg R = \dfrac{s\lg r_1 - s_1 \lg r_0}{s-s_1}$	(10-52)	有一个观测孔 $r_0 \leqslant r \leqslant 0.178R$ 时
	$\lg R = \dfrac{s_1\lg r_2 - s_2\lg r_1}{s_1-s_2}$	(10-53)	有两个观测孔
	经验公式： $R = 10s\sqrt{K}$ （吉哈尔特）	(10-54)	

注：s 为抽水井内的水位下降值（m）；Δh_1^2、Δh_2^2 为在 $\Delta h^2 - \lg r$ 曲线上任意两点的纵坐标值（m²）。其余符号的意义同前。

2）在实际中，还常用一些经验公式来确定影响半径。常用的公式有库萨金（И. П. Кусакин）公式和吉哈尔特（W. Sihardt）公式（见表 10-2）。一般认为库萨金公式适用于潜水，吉哈尔特公式适用于承压水。

3）除一些经验公式外，还可以参照一些经验数据来确定影响半径（表 10-3）。经验数据是根据一定条件下得到的，往往出入较大，选用时必须参照当地条件。

表 10-3　松散岩石影响半径经验数值

岩 石 名 称	影 响 半 径/m
粉砂	25～50
细砂	50～100
中砂	100～200
粗砂	300～500
砾砂	500～600
圆砾	600～1500
卵石	1500～3000

4）图解法确定影响半径。在直角坐标系中，当最大一次水位下降稳定后，将测得的主井及各观测孔的稳定水位绘在图上（同一时刻），以光滑曲线把水位连接起来，沿曲线趋势延长，与抽水前的静止水位线相交，该交点与抽水井的距离即为影响半径（图 10-15）。

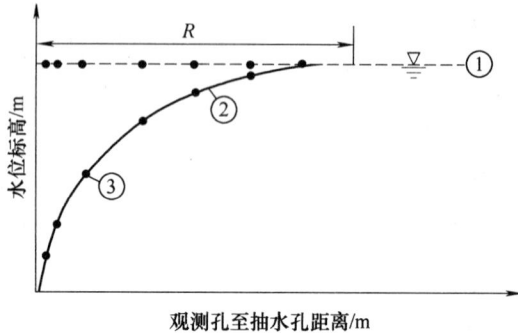

图 10-15　图解法确定影响半径示意图
①—静水位　②—动水位　③—观测水位

10.4　地下水流向井的非稳定流理论

上一节介绍了地下水流向取水构筑物的稳定流运动规律，即裘布依型稳定井流公式。该理论得到了广泛的应用，至今仍具有重要的使用价值。随着社会和经济的发展，工、农业及生活用水的需求量不断增大，地下水的开采量和规模不断扩大，地下水水位出现了大范围的持续下降，地下水运动要素均随时间发生变化，稳定流理论已不能解决这一非稳定流现象。下面介绍地下水运动的非稳定流理论。

非稳定流理论主要解决以下几个问题：①评价地下水的开采量；②利用非稳定抽水试验的资料，确定含水层的水文地质参数；③利用水文地质参数预测地下水开采后水位变化的情况。

10.4.1　承压含水层中地下水流向井的非稳定流运动

10.4.1.1　弹性储存的概念

在没有建立承压水非稳定流运动的基本微分方程之前，首先需要理解弹性储水（或弹性释水）的概念。从无压含水层中抽水，水位下降，含水层被疏干，抽出的水无疑是部分或全部来自于含水层被疏干的水量。而在承压含水层中抽水，水位下降，含水层可能并没有被疏干，仍处于饱和状态。那么地下水究竟从哪里而来？是不是从远处补给的？研究表明，从承压含水层（特别是深层承压含水层）中抽出的水除一部分来自补给区外，大部分来自含水层本身的"弹性释放"。

在这里，我们可以用太沙基的有效应力原理来解释含水层的这种弹性释放现象。太沙基的有效应力原理是：饱和土在任意点的总应力总是等于有效应力与孔隙水压力之和。一个承压含水层其上覆岩层的重量是由含水层中的水和固体骨架共同承担，使之保持平衡，即上覆岩层所产生的总应力等于含水层的固体骨架所产生的有效应力加上孔隙水压力。当承压水头降低时，孔隙水压力减小，水的体积会发生膨胀而释放出一定量的地下水，使水量得到增加；同时上覆岩层所产生的总应力不变，故骨架承担的压力会增加，有效应力增大，使含水层压缩、孔隙度变小，也会释放出一定的水量。上述两种水量被称为弹性水量，这也是过量抽取承压含水层中的地下水造成地面下沉的原因。弹性水量的计算方法如下：

在承压含水层中取一微小单元体 dV，在 dt 时间内其压力变化为 dp，则微小单元体骨架因压缩变形而释放的水量 $dV_\pm$ 为

$$dV_\pm = \beta_\pm \, dVdp$$

同时，由于压力的减少而引起的水体积膨胀所增加的水量为

$$dV_水 = n\beta_水 \, dVdp$$

承压含水层水位降低引起的弹性水量为

$$dV_弹 = dV_\pm + dV_水 = \beta_\pm \, dVdp + n\beta_水 \, dVdp$$
$$= (n\beta_水 + \beta_\pm) \, dVdp = \beta dVdp \tag{10-55}$$

式中，n 为含水层的孔隙度；$\beta_水$ 为地下水的弹性系数；$\beta_\pm$ 为含水层固体骨架的弹性系数；$\beta = n\beta_水 + \beta_\pm$ 为含水层体积的弹性给水度或称为贮水率。

10.4.1.2　承压完整井非稳定流微分方程的建立

假定在一个均质各向同性且等厚的、抽水前承压水位水平的、平面上无限扩展的、没有越流补给的水平承压含水层中，打一口完整井，以定流量 Q 抽水，地下水运动符合达西定律，并且流入井的水量全部来自含水层本身的弹性释放。随着抽水时间的延长，降落漏斗会不断地扩大，井中的水位会持续下降，但并未达到稳定状态（图 10-16）。

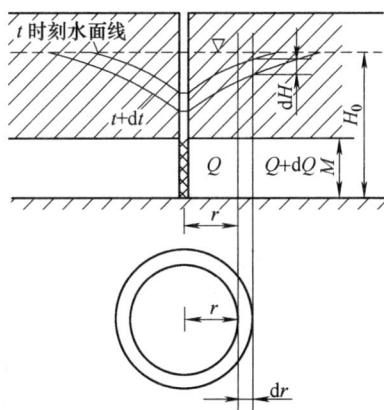

图 10-16　承压水完整井非稳定流运动

在距井轴 r 处的断面附近取一微分段，其宽度为 dr，平面面积为 $2\pi rdr$，断面面积为 $2\pi rM$，体积为 $2\pi rMdr$。当抽水时间间隔很短时，可以把非稳定流当作稳定流来处理。

为了研究方便，我们引进势函数的 Φ 的概念。对于承压水，令势函数为

$$\Phi = KMH$$

H、h 为非矢量，K 在均质、各向同性岩石中，可以认为是一个常数，M 在均一厚度的含水层中也是常数，因此 Φ 就可视为一个非矢量函数。这样就可以把两个或两个以上简单水流系统的势函数进行叠加计算，可以解决复杂的水流系统问题。

某一时刻通过某一断面的流量就可以根据达西公式求得

$$Q = 2\pi rMK \frac{\partial H}{\partial r} = 2\pi r \frac{\partial \Phi}{\partial r}$$

在 dt 时间内，通过微分段内外两个断面流量的变化为

$$dQ = 2\pi \frac{\partial}{\partial r}\left(r \frac{\partial \Phi}{\partial r}\right)dr = 2\pi \left(\frac{\partial \Phi}{\partial r} + r \frac{\partial^2 \Phi}{\partial r^2}\right)dr$$

根据水流连续性原理，在 dt 时间内微分段内流量的变化等于微分段内弹性水量的变化。即 $dQ = dV_{弹}$，则有

$$2\pi \left(\frac{\partial \Phi}{\partial r} + r \frac{\partial^2 \Phi}{\partial r^2}\right)dr = \beta dVdp = \beta 2\pi rMdr\gamma \frac{\partial H}{\partial t}$$

$$dp = \gamma dH$$

式中，γ 为水的重力密度。

上式两边各乘以 KM 值，并整理得

$$\frac{KM}{\gamma\beta M}\left(\frac{1}{r} \frac{\partial \Phi}{\partial r} + \frac{\partial^2 \Phi}{\partial r^2}\right) = KM \frac{\partial H}{\partial t} = \frac{\partial \Phi}{\partial t}$$

为了计算方便，引入几个参数：

$T = KM$ 为导水系数，它是表示含水层导水能力大小的参数。

$\mu^* = \gamma\beta M$ 为贮水系数，它是表示承压含水层弹性释水能力的参数，或称为弹性释水系数，是指单位面积的承压含水层柱体（高度为含水层厚度），在水头降低 1m 时，从含水层中释放出来的弹性水量。

$a = \dfrac{T}{\mu^*}$ 为承压含水层压力传导系数，表示承压含水层中压力传导速度的参数。

将 T、μ^*、a 代入上式得

$$\frac{\partial^2 \Phi}{\partial r^2} + \frac{1}{r} \frac{\partial \Phi}{\partial r} = \frac{\mu^*}{T} \frac{\partial \Phi}{\partial t}$$

或

$$\frac{\partial^2 \Phi}{\partial r^2} + \frac{1}{r} \frac{\partial \Phi}{\partial r} = \frac{1}{a} \frac{\partial \Phi}{\partial t} \tag{10-56}$$

这就是承压完整井非稳定流的微分方程。

10.4.1.3 基本方程式

根据一定的初始条件和边界条件，可以求解上述推导的完整井非稳定流的偏微分方程。

在满足推导承压水非稳定流微分方程时所作的假设条件下，有

边界条件：$t > 0$， $r \to \infty$ 时 $\Phi(\infty, t) = KMH$

$t > 0$， $r \to 0$ 时 $\lim\limits_{r \to 0}\left(r\dfrac{\partial \Phi}{\partial r}\right) = \dfrac{Q}{2\pi}$

初始条件：$t = 0$ 时 $\Phi(r, 0) = KMH$

根据上述的初始条件和边界条件，偏微分方程（10-56）的解为

$$s = \frac{Q}{4\pi T} W(u) \tag{10-57}$$

式中，s 为以定流量 Q 抽水时，距井 r 远处经过 t 时刻后的水位降深（m）；$W(u)$

$= \int\limits_{u}^{\infty} \dfrac{e^{-u}}{u} du$ 为井函数（指数积分函数）；$u = \dfrac{r^2}{4at}$ 为井函数的自变量。

井函数也可以用收敛级数表示。即

$$W(u) = \int\limits_{u}^{\infty} \frac{e^{-u}}{u} du = -0.577216 - \ln u + u - \frac{u^2}{2 \cdot 2!} + \frac{u^3}{3 \cdot 3!} - \frac{u^4}{4 \cdot 4!} + \cdots$$

式（10-57）称为泰斯公式。

为了便于计算，将井函数 $W(u)$ 制成表格的形式（表10-4）。于是，根据井函数自变量 u 值可由表10-4查出井函数 $W(u)$ 值，应用泰斯公式，就可以计算开采区内某一时刻 t、距抽水井任意一点 r 处的水位降深值。

从井函数的级数展开式可以看出，当 u 值很小时，从第三项以后的项数值很小，可忽略不计。井函数 $W(u)$ 只取前两项就可以满足计算要求。即

$$W(u) \approx -0.577216 - \ln u \approx \ln \frac{2.25at}{r^2}$$

因此式（10-57）可近似表示为

$$s = \frac{Q}{4\pi T} \ln \frac{2.25at}{r^2} \tag{10-58}$$

将上式化为常用对数，并整理得

$$s = \frac{0.183Q}{T} \lg \frac{2.25at}{r^2} \tag{10-59}$$

式（10-59）称为雅柯布（Jacob）近似公式，适用于 $u \leqslant 0.01$。当 $u \leqslant 0.1$ 时，雅柯布近似公式与泰斯公式相比，其误差在 5% 左右，因此也有人认为当 $u \leqslant 0.1$ 时，也可以应用雅柯布近似公式。

表 10-4　W（u）函 数 表

u	W（u）	u	W（u）	u	W（u）	u	W（u）	u	W（u）	u	W（u）
0	∞										
1×10^{-12}	27.0538	0.026	3.0983	0.11	1.7371	0.49	0.5721	0.87	0.2742	3.5	0.0070
2×10^{-12}	26.3607	0.028	3.0261	0.12	1.6595	0.50	0.5598	0.88	0.2694	3.6	0.0062
5×10^{-12}	25.4444	0.030	2.9591	0.13	1.5889	0.51	0.5478	0.89	0.2647	3.7	0.0055
1×10^{-11}	24.7512	0.032	2.8965	0.14	1.5241	0.52	0.5362	0.90	0.2602	3.8	0.0048
2×10^{-11}	24.0581	0.034	2.8379	0.15	1.4645	0.53	0.5250	0.91	0.2557	3.9	0.0043
5×10^{-11}	23.1418	0.036	2.7827	0.16	1.4092	0.54	0.5140	0.92	0.2513	4.0	0.0038
1×10^{-10}	22.4486	0.038	2.7306	0.17	1.3578	0.55	0.5034	0.93	0.2470	4.1	0.0033
2×10^{-10}	21.7555	0.040	2.6813	0.18	1.3098	0.56	0.4930	0.94	0.2429	4.2	0.0030
5×10^{-10}	20.8392	0.042	2.6244	0.19	1.2649	0.57	0.4830	0.95	0.2387	4.3	0.0026
1×10^{-9}	20.1460	0.044	2.5899	0.20	1.2227	0.58	0.4732	0.96	0.2347	4.4	0.0023
2×10^{-9}	19.4529	0.046	2.5474	0.21	1.1829	0.59	0.4637	0.97	0.2308	4.5	0.0021
5×10^{-9}	18.5366	0.048	2.5068	0.22	1.1454	0.60	0.4544	0.98	0.2269	4.6	0.0018
1×10^{-8}	17.8435	0.050	2.4679	0.23	1.1099	0.61	0.4454	0.99	0.2231	4.7	0.0016
2×10^{-8}	17.1503	0.052	2.4306	0.24	1.0726	0.62	0.4366	1.00	0.2194	4.8	0.0014
5×10^{-8}	16.2340	0.054	2.3948	0.25	1.0443	0.63	0.4280	1.1	0.1860	4.9	0.0013
1×10^{-7}	15.5409	0.056	2.3604	0.26	1.0139	0.64	0.4197	1.2	0.1584	5.0	0.0011
2×10^{-7}	14.8477	0.058	2.3273	0.27	0.9849	0.65	0.4115	1.3	0.1355		
5×10^{-7}	13.9314	0.060	2.2953	0.28	0.9573	0.66	0.4036	1.4	0.1162		
1×10^{-6}	13.2386	0.062	2.2645	0.29	0.9309	0.67	0.3959	1.5	0.1000		
2×10^{-6}	12.5451	0.064	2.2346	0.30	0.9057	0.68	0.3883	1.6	0.0863		
5×10^{-6}	11.6280	0.066	2.2058	0.31	0.8815	0.69	0.3810	1.7	0.0747		
1×10^{-5}	10.9357	0.068	2.1779	0.32	0.8583	0.70	0.3738	1.8	0.0647		
2×10^{-5}	10.2426	0.070	2.1508	0.33	0.8361	0.71	0.3668	1.9	0.0562		
5×10^{-5}	9.3263	0.072	2.1246	0.34	0.8147	0.72	0.3599	2.0	0.0489		
1×10^{-4}	8.6332	0.074	2.0991	0.35	0.7942	0.73	0.3532	2.1	0.0426		
2×10^{-4}	7.9402	0.076	2.0744	0.36	0.7745	0.74	0.3467	2.2	0.0372		
5×10^{-4}	7.0242	0.078	2.0503	0.37	0.7554	0.75	0.3403	2.3	0.0325		
1×10^{-3}	6.3315	0.080	2.0269	0.38	0.7371	0.76	0.3341	2.4	0.0284		
2×10^{-3}	5.6394	0.082	2.0042	0.39	0.7194	0.77	0.3280	2.5	0.0249		
5×10^{-3}	4.7261	0.084	1.9820	0.40	0.7024	0.78	0.3221	2.6	0.0219		
0.010	4.0379	0.086	1.9604	0.41	0.6859	0.79	0.3163	2.7	0.0192		
0.012	3.8573	0.088	1.9393	0.42	0.6700	0.80	0.3106	2.8	0.0169		
0.014	3.7054	0.090	1.9187	0.43	0.6546	0.81	0.3050	2.9	0.0148		
0.016	3.5739	0.092	1.8987	0.44	0.6397	0.82	0.2996	3.0	0.0131		
0.018	3.4581	0.094	1.8791	0.45	0.6253	0.83	0.2943	3.1	0.0115		
0.020	3.3547	0.096	1.8599	0.46	0.6114	0.84	0.2891	3.2	0.0101		
0.022	3.2614	0.098	1.8412	0.47	0.5979	0.85	0.2840	3.3	0.0089		
0.024	3.1763	0.10	1.8229	0.48	0.5848	0.86	0.2790	3.4	0.0079		

10.4.2　潜水含水层中地下水流向井的非稳定流运动

10.4.2.1　潜水完整井非稳定流微分方程的建立

潜水完整井非稳定流微分方程的建立与上述承压井类似。对于潜水，令势函

数 $\Phi = \frac{1}{2}Kh^2$。

在距井轴 r 处取一微分段，宽度为 dr，平面面积为 $2\pi r dr$，断面面积为 $2\pi rh$（见图 10-17）。dt 时间内通过某一过水断面的流量为

$$Q = 2\pi rhK\frac{\partial h}{\partial r} = 2\pi r\frac{\partial \Phi}{\partial r}$$

在 dt 时间内，通过微分段内外两个断面流量的变化为

$$dQ = 2\pi\frac{\partial}{\partial r}\left(r\frac{\partial \Phi}{\partial r}\right)dr = 2\pi\left(\frac{\partial \Phi}{\partial r} + r\frac{\partial^2 \Phi}{\partial r^2}\right)dr$$

在 dt 时间内，微分段内水量的变化为

$$dV = 2\pi r dr\frac{\partial h}{\partial t}\mu$$

根据水流连续性原理，在 dt 时间内微分段内流量的变化等于微分段内水量的变化，即 $dQ = dV$，则有

$$2\pi\left(\frac{\partial \Phi}{\partial r} + r\frac{\partial^2 \Phi}{\partial r^2}\right)dr = \mu 2\pi r dr\frac{\partial h}{\partial t}$$

将上式两边各乘以 Kh 值，并整理得

$$\frac{Kh}{\mu}\left(\frac{1}{r}\frac{\partial \Phi}{\partial r} + \frac{\partial^2 \Phi}{\partial r^2}\right) = Kh\frac{\partial h}{\partial t} = \frac{\partial \Phi}{\partial t}$$

式中，h 为潜水水位（m）；μ 为潜水含水层的给水度。

为了计算方便，引入参数：

$T = Kh$，为导水系数，表示潜水含水层导水性能。

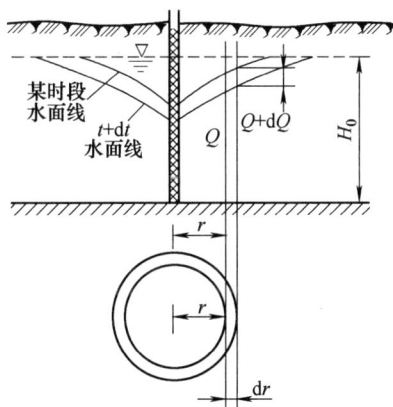

图 10-17 潜水完整井计算示意图

$a = \frac{T}{\mu}$，为潜水含水层的水位传导系数，表示潜水含水层中水位传导速度的参数。

将 T、a 代入上式得

$$\frac{\partial^2 \Phi}{\partial r^2} + \frac{1}{r}\frac{\partial \Phi}{\partial r} = \frac{\mu}{T}\frac{\partial \Phi}{\partial t}$$

或

$$\frac{\partial^2 \Phi}{\partial r^2} + \frac{1}{r}\frac{\partial \Phi}{\partial r} = \frac{1}{a}\frac{\partial \Phi}{\partial t} \tag{10-60}$$

这就是潜水完整井非稳定流的微分方程，与承压井的形式完全相同，只是其中的势函数 Φ 不同而已。

10.4.2.2 基本方程式

潜水完整井非稳定流运动基本方程的建立可参照承压完整井，基本方程为

$$s = H - \sqrt{H^2 - \frac{Q}{2\pi K}W(u)} \qquad (10\text{-}61)$$

或

$$s = H - \sqrt{H^2 - \frac{Q}{2\pi K}\ln\frac{2.25at}{r^2}} \qquad (10\text{-}62)$$

10.4.3　地下水向非完整井的非稳定流运动

非完整井的渗流特征与完整井不同，前者是三维流，后者一般视为二维流。非完整井的微分方程为

$$\frac{\partial^2 \Phi}{\partial x^2} + \frac{\partial^2 \Phi}{\partial y^2} + \frac{\partial^2 \Phi}{\partial z^2} = \frac{1}{a}\frac{\partial \Phi}{\partial t} \qquad (10\text{-}63)$$

或

$$\frac{\partial^2 \Phi}{\partial r^2} + \frac{1}{r}\frac{\partial \Phi}{\partial r} + \frac{\partial^2 \Phi}{\partial z^2} = \frac{1}{a}\frac{\partial \Phi}{\partial t} \qquad (10\text{-}64)$$

同样利用初始条件和边界条件解出非完整井的非稳定流运动基本方程式。

承压水非完整井：

$$Q = \frac{4\pi KM(H_0 - h)}{W(u) + 2\zeta\left(\dfrac{L}{M}, \dfrac{M}{r}\right)} \qquad (10\text{-}65)$$

潜水非完整井：

$$Q = \frac{4\pi K(H_0^2 - h^2)}{W(u) + 2\zeta\left(\dfrac{L}{M}, \dfrac{M}{r}\right)} \qquad (10\text{-}66)$$

式中，$\zeta\left(\dfrac{L}{M}, \dfrac{M}{r}\right)$ 为井的不完整系数，它与过滤器进水部分长度（L）、含水层厚度（M）及距井距离（r）有关，可由表 10-5 查得；H_0 为承压水（或潜水）初始水位（m）；h 为抽水井中的动水位至含水层底板的距离（m）。

$\zeta\left(\dfrac{L}{M}, \dfrac{M}{r}\right)$ 表示因井的非完整性而产生的附加阻力。假如取 $L = M$，即完整井，则 $\zeta\left(\dfrac{L}{M}, \dfrac{M}{r}\right) = 0$，式（10-65）及式（10-66）就变成了完整井公式（10-57）和式（10-61）。表 10-5 是按承压非完整井制成的，也可以用于潜水非完整井，但应对 L、M 值进行修正

$$M = H_0 - 0.5s$$
$$L = L_0 - 0.5s$$

式中，L_0 为天然潜水位至过滤器底端的距离（m）。

表 10-5 $\zeta\left(\dfrac{L}{M},\ \dfrac{M}{r}\right)$ 数 值 表

L/M	M/r									
	0.5	1	3	10	30	100	200	500	1000	2000
0.05	0.00212	0.00675	1.15	6.30	17.70	39.95	47.00	63.00	74.50	84.50
0.1	0.00185	0.0061	1.02	5.20	12.25	21.75	27.45	35.10	40.90	46.75
0.3	0.00148	0.00454	0.645	2.40	4.60	7.25	8.85	10.90	12.45	14.10
0.5	0.00085	0.00247	0.328	1.13	2.105	3.25	3.93	4.82	5.50	6.20
0.7	0.00027	0.00083	0.1185	0.44	0.845	1.335	1.62	2.00	2.29	2.50
0.9	0.00024	0.00008	0.0125	0.064	0.151	0.270	0.338	0.434	0.50	0.575

10.4.4 有越流补给时地下水流向井的非稳定流运动

当承压含水层的顶板或底板不是隔水层，而是弱透水层，无论是稳定流抽水还是非稳定流抽水，水头降低以后，与相邻含水层之间产生水头差，其相邻含水层的水越过相隔的弱透水层补给正在抽水的含水层，这种水力联系称为越流，如图 10-18 所示。这种含水系统称为越流系统。

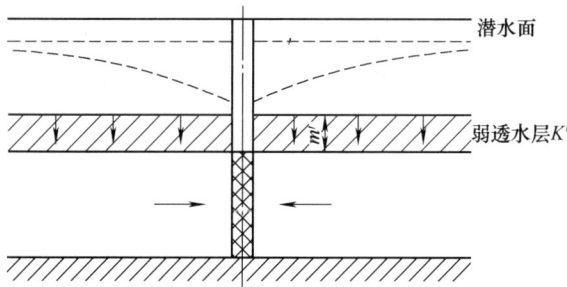

图 10-18 越流补给示意图

越流系统可分为三种类型：第一类是弱透水层的弹性储量可忽略不计，而且在抽水含水层抽水期间，相邻含水层的水位不变；第二类是考虑弱含水层的弹性储量，相邻含水层的水位不变；第三类是相邻补给含水层的水位随着抽水含水层的抽水情况而变化。后两类的计算十分复杂，这里仅介绍第一类越流系统中承压完整井的渗流。

1. 假设条件

1）越流系统中每层都是均质各向同性、等厚、平面上无限延展。

2）抽水后相邻含水层通过弱透水层产生越流，且其水位保持不变。

3）弱透水层的弹性释放水量忽略不计，通过其中的水流为垂向一维流。

4）水和含水层均为弹性体，储水量的释放是瞬间完成的。

5）抽水井以定流量抽水。

6）地下水流运动服从达西定律。

2. 微分方程

为了便于研究，引进越流系数和越流因素。令 $b = \dfrac{K'}{m'}$ 为弱透水层越流系数，显然弱透水层渗透系数 K' 愈大，厚度 m' 愈小，通过越流的补给量愈大。令 $B = \sqrt{\dfrac{KM}{\frac{K'}{m'}}}$ 为越流因素，与越流系数 b 相反，B 愈大，越流补给作用愈弱。

在上述的假设条件下，同无越流时的微分方程推导过程一样，根据水量平衡原理，推导有越流补给时的承压完整井非稳定流的微分方程式为

$$\frac{\partial^2 \Phi}{\partial r^2} + \frac{1}{r}\frac{\partial \Phi}{\partial r} - \frac{\Phi}{B^2} = \frac{\mu^*}{T}\frac{\partial \Phi}{\partial t}$$

3. 微分方程的解

边界条件：

$$\Phi(\infty, t) = KMH \qquad t > 0$$
$$\lim_{r \to 0}\left(r\frac{\partial \Phi}{\partial r}\right) = \frac{Q}{2\pi} \qquad t > 0$$

初始条件：$\qquad\qquad \Phi(r, 0) = KMH \qquad t = 0$

汉土什（M. S. Hantush）和雅柯布（C. E. Jacob）求得该方程的解为

$$s = \frac{Q}{4\pi T}\int_u^\infty e^{-y-\frac{r^2}{4B^2 y}} \cdot \frac{dy}{y}$$

为简化计算，将上式改为下列形式

$$s = \frac{Q}{4\pi T}W\left(u, \frac{r}{B}\right) \tag{10-67}$$

式中，s 为以定流量 Q 抽水时，距抽水井 r 远处经过 t 时刻后的水位降深；$W\left(u, \dfrac{r}{B}\right)$ 为第一越流系统井函数；$u = \dfrac{r^2}{4at}$ 为井函数的自变量；r 为计算点至抽水井的距离；t 为抽水时间；T 为导水系数。

为了便于应用，已将越流系统的井函数 $W\left(u, \dfrac{r}{B}\right)$ 制成表格，如表10-6所示。计算时先求出井函数自变量 u 和 $\dfrac{r}{B}$ 值，将查得的 $W\left(u, \dfrac{r}{B}\right)$ 值代入式(10-67)，就可求出第一类越流系统中承压完整井在距抽水井距离 r 处的某一时间 t 的水头降深值 s。

表 10-6　$W\left(u,\ \dfrac{r}{B}\right)$ 函数表

u \ $\dfrac{r}{B}$	0.01	0.015	0.03	0.05	0.075	0.1	0.15	0.2	0.3	0.4	0.5	0.6	0.7	0.8	0.9	1.0	1.5	2.0	2.5	3.0
0	9.4425	8.6319	7.2471	6.2285	5.4228	4.8541	4.0601	3.5054	2.7449	2.2291	1.8488	1.5550	1.3210	1.1307	0.9735	0.8420	0.4276	0.2278	0.1247	0.0695
10^{-4}	8.3983	8.1414	7.2122	6.2282	5.4227	4.8541	4.0601	3.5054	2.7449	2.2291	1.8488	1.5550	1.3210	1.1307	0.9735	0.8420	0.4276	0.2278	0.1247	0.0695
10^{-3}	6.3069	6.2766	6.1202	5.7965	5.3078	4.8292	4.0595	3.5054	2.7449	2.2291	1.8488	1.5550	1.3210	1.1307	0.9735	0.8420	0.4276	0.2278	0.1247	0.0695
0.01	4.0356	4.0326	4.0167	3.9795	3.9091	3.8150	3.5725	3.2875	2.7104	2.2253	1.8486	1.5550	1.3210	1.1307	0.9735	0.8420	0.4276	0.2278	0.1247	0.0695
0.02	3.3536	3.3536	3.3444	3.3264	3.3264	3.2442	3.1158	2.9521	2.5688	2.1809	1.8379	1.5530	1.3207	1.1306	0.9733	0.8420	0.4276	0.2278	0.1247	0.0695
0.03	2.9584	2.9575	2.9523	2.9409	2.9183	2.8873	2.8017	2.6896	2.4110	2.1031	1.8062	1.5423	1.3177	1.1299	0.9724	0.8418	0.4276	0.2278	0.1247	0.0695
0.04	2.6807	2.6800	2.6765	2.6680	2.6515	2.6288	2.5655	2.4816	2.2661	2.0155	1.7603	1.5213	1.3094	1.1270	0.9700	0.8409	0.4276	0.2278	0.1247	0.0695
0.05	2.4675	2.4670	2.4642	2.4576	2.4448	2.4271	2.3776	2.3110	2.1371	1.9283	1.7075	1.4927	1.2955	1.1210	0.9657	0.8391	0.4276	0.2278	0.1247	0.0695
0.06	2.2950	2.2945	2.2923	2.2870	2.2766	2.2622	2.2218	2.1673	2.0227	1.8452	1.6524	1.4593	1.2770	1.1116	0.9593	0.8360	0.4276	0.2278	0.1247	0.0695
0.07	2.1506	2.1502	2.1483	2.1439	2.1352	2.1232	2.0894	2.0435	1.9206	1.7673	1.5973	1.4232	1.2551	1.0993	0.9510	0.8316	0.4275	0.2278	0.1247	0.0695
0.08	2.0267	2.0264	2.0248	2.0212	2.0136	2.0034	1.9745	1.9351	1.8290	1.6947	1.5436	1.3860	1.2310	1.0847	0.9411	0.8259	0.4274	0.2278	0.1247	0.0695
0.09	1.9185	1.9183	1.9169	1.9136	1.9072	1.8983	1.8732	1.8389	1.7460	1.6272	1.4918	1.3486	1.2054	1.0682	0.9297	0.8190	0.4271	0.2278	0.1247	0.0695
0.1	1.8227	1.8225	1.8213	1.8184	1.8128	1.8050	1.7829	1.7527	1.6704	1.5644	1.4422	1.3115	1.1791	1.0505	0.9190	0.8102	0.4271	0.2278	0.1247	0.0695
0.2	1.2226	1.2225	1.2220	1.2209	1.2186	1.2155	1.2066	1.1944	1.1602	1.1145	1.0592	0.9964	0.9284	0.8575	0.7857	0.7148	0.4135	0.2268	0.1247	0.0695
0.3	0.9056	0.9056	0.9053	0.9047	0.9035	0.9018	0.8969	0.8902	0.8716	0.8457	0.8142	0.7775	0.7369	0.6932	0.6476	0.6010	0.3812	0.2211	0.1240	0.0694
0.4	0.7024	0.7023	0.7022	0.7018	0.7010	0.7000	0.6969	0.6927	0.6809	0.6647	0.6446	0.6209	0.5943	0.5653	0.5345	0.5024	0.3411	0.2096	0.1217	0.0691
0.5	0.5598	0.5597	0.5596	0.5594	0.5588	0.5581	0.5561	0.5532	0.5453	0.5344	0.5206	0.5044	0.4860	0.4658	0.4440	0.4210	0.3007	0.1944	0.1174	0.0681
0.6	0.4544	0.4544	0.4543	0.4541	0.4537	0.4532	0.4518	0.4498	0.4441	0.4364	0.4266	0.4150	0.4018	0.3871	0.3712	0.3543	0.2630	0.1774	0.1112	0.0664
0.7	0.3738	0.3738	0.3737	0.3735	0.3733	0.3729	0.3719	0.3704	0.3663	0.3606	0.3534	0.3449	0.3351	0.3242	0.3123	0.2996	0.2292	0.1602	0.1104	0.0639
0.8	0.3106	0.3106	0.3105	0.3104	0.3102	0.3100	0.3092	0.3081	0.3050	0.3008	0.2953	0.2889	0.2815	0.2732	0.2641	0.2543	0.1994	0.1436	0.0961	0.0607
0.9	0.2606	0.2606	0.2601	0.2601	0.2599	0.2597	0.2591	0.2583	0.2559	0.2527	0.2485	0.2436	0.2378	0.2314	0.2244	0.2168	0.1734	0.1281	0.0881	0.0572
1.0	0.2194	0.2194	0.2193	0.2193	0.2191	0.2190	0.2186	0.2179	0.2161	0.2135	0.2103	0.2065	0.2020	0.1970	0.1914	0.1855	0.1509	0.1139	0.0803	0.0534
2.0	0.0489	0.0489	0.0489	0.0489	0.0489	0.0488	0.0488	0.0487	0.0485	0.0482	0.0477	0.0473	0.0467	0.0460	0.0452	0.0444	0.0394	0.0335	0.0271	0.0210
3.0	0.0130	0.0130	0.0130	0.0130	0.0130	0.0130	0.0130	0.0130	0.0130	0.0129	0.0128	0.0127	0.0126	0.0125	0.0123	0.0122	0.0112	0.0100	0.0086	0.0071
4.0	0.0038	0.0038	0.0038	0.0038	0.0038	0.0038	0.0038	0.0038	0.0038	0.0038	0.0037	0.0037	0.0037	0.0037	0.0036	0.0036	0.0034	0.0031	0.0027	0.0024
5.0	0.0011	0.0011	0.0011	0.0011	0.0011	0.0011	0.0011	0.0011	0.0011	0.0011	0.0011	0.0011	0.0011	0.0011	0.0011	0.0011	0.0010	0.0010	0.0009	0.0008

10.4.5 利用非稳定流抽水试验资料计算水文地质参数

10.3.7 节讲述了利用稳定流抽水试验计算水文地质参数。同样，可以利用非稳定流抽水试验计算水文地质参数，包括含水层的导水系数 T、储水系数 μ^*、水位（压力）传导系数 a 等。水文地质参数是表征含水层性质的重要参数，是进行水文地质计算和合理开发利用地下水的重要依据，同时关系到水量评价结果的正确与否。

利用非稳定流抽水试验资料计算水文地质参数常用的方法有：配线法（标准曲线对比法）、直线图解法、恢复水位法和试算法等。下面介绍前三种方法。

10.4.5.1 配线法

配线法包括降深—时间配线法、降深—距离配线法、降深—时间距离配线法，下面首先以降深—时间配线法为例说明此种求参数的方法。

依据承压完整井的非稳定流公式（即泰斯公式）

$$s = \frac{Q}{4\pi T}W(u)$$

$$u = \frac{r^2}{4aT} \text{或} \quad t = \frac{1}{u}\frac{\mu^* r^2}{4T}$$

对上面两式取对数，得

$$\lg s = \lg W(u) + \lg\frac{Q}{4\pi T}$$

$$\lg t = \lg\frac{1}{u} + \lg\frac{\mu^* r^2}{4T}$$

在以定流量抽水的抽水试验场中的某一点（即 r 为常数），上述两式右端的最后一项 $\lg\frac{Q}{4\pi T}$ 和 $\lg\frac{\mu^* r^2}{4T}$ 均为常数。由解析几何可知，在双对数坐标系内，抽水试验 s—t 曲线和 $W(u)$—$\frac{1}{u}$ 标准曲线的形状是相同的，只是曲线 s—t 相对于曲线 $W(u)$—$\frac{1}{u}$ 在横坐标上平移了 $\lg\frac{\mu^* r^2}{4T}$，在纵坐标上平移了 $\lg\frac{Q}{4\pi T}$。

具体求解参数的步骤如下：

1）根据表 10-4 所列出的数据，在双对数坐标纸上绘出 $W(u)$—$\frac{1}{u}$ 的关系曲线，即标准曲线（标准曲线模版本书略，使用时可参考有关资料）。

2）根据抽水资料，在另一张模数相同的透明双对数纸上绘出实测的 s—t 曲线，即降深—时间关系曲线。

3）将实测曲线置于标准曲线上，在保持对应坐标轴彼此平行的条件下相对平移，直至两曲线重合为止。

4）任取一匹配点（在曲线上或曲线外均可），记录匹配点的对应坐标值：$W(u)$、$\dfrac{1}{u}$、s 和 t，代入泰斯公式分别计算参数，有

$$T = \frac{Q}{4\pi [s]}[W(u)]$$

$$a = \frac{r^2}{4[t]}\left[\frac{1}{u}\right]$$

$$\mu^* = \frac{T}{a}$$

【例 10-1】　某工厂供水井的深度为 $100\mathrm{m}$，以定流量 $Q = 22.5\mathrm{m^3/h}$ 进行非

稳定流抽水试验，有一个观测孔，距抽水井的距离为 $50\mathrm{m}$，表 10-7 所示为观测资料，试根据观测资料用降深—时间配线法计算含水层的水文地质参数。

【解】　首先根据井函数表 10-4 在双对数纸上绘制成 $W(u) - 1/u$ 的标准曲线。然后根据表 10-7 中的资料，在双对数纸上绘制降深—时间曲线。把它重叠在标准曲线上，保持坐标平行，直到两条曲线完全重合时为止（图 10-19），此时在图上任选一配合点，从配合点上查出相应的纵、横坐标值。

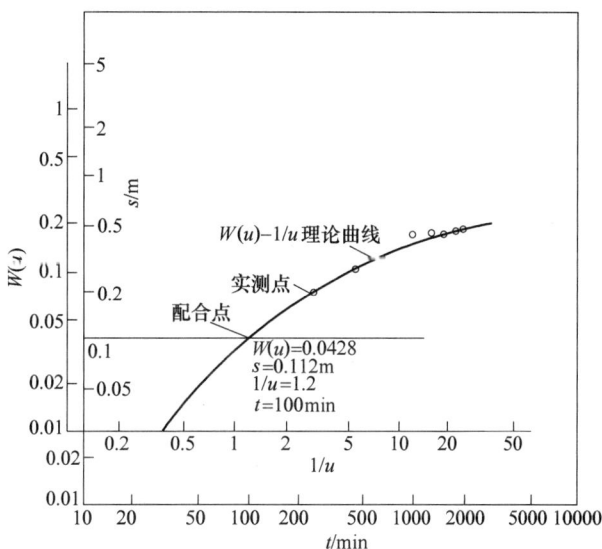

图 10-19　观测孔的降深—时间配线图

$$W(u) = 0.0428 \qquad \frac{1}{u} = 1.2$$

$$s = 0.1\mathrm{m} \qquad t = 100\mathrm{min}$$

将以上数据代入下式，计算 T、a 及 μ^*

$$T = \frac{Q}{4\pi s}W(u) = \frac{22.5 \times 24}{4 \times 3.14 \times 0.1} \times 0.0428\mathrm{m^2/d} = 18.4\mathrm{m^2/d}$$

$$a = \frac{r^2}{4t}\frac{1}{u} = \frac{50^2}{4 \times \dfrac{100}{60 \times 24}} \times 1.2\mathrm{m^2/d} = 1.08 \times 10^4\mathrm{m^2/d}$$

$$\mu^* = \frac{T}{a} = \frac{18.4}{1.08 \times 10^4} = 1.7 \times 10^{-3}$$

表 10-7　某观测孔抽水试验资料

观测累计时间/min	水位降深/m	观测累计时间/min	水位降深/m	观测累计时间/min	水位降深/m
1	0	60	0.05	720	0.88
2	0	90	0.14	900	1.00
3	0	120	0.17	1200	1.15
4	0	150	0.22	1500	1.25
6	0.001	180	0.28	1800	1.32
8	0.002	210	0.32	2100	1.40
10	0.005	240	0.35	2400	1.46
15	0.006	300	0.46	3000	1.52
20	0.008	360	0.50	3600	1.68
25	0.010	480	0.65	4200	1.72
30	0.018	600	0.76	4800	1.73

同理，可以利用非稳定流抽水试验记录的某 t 时刻，在距抽水井不同距离 r 处的水位降深资料求解水文地质参数，即降深—距离配线法，此种方法的标准曲线为 $W(u)$—u，实测曲线为 s—r^2。利用非稳定流抽水试验记录的不同观测孔中不同时刻的水位降深资料求解水文地质参数，即降深—时间距离配线法，此种方法的标准曲线为 $W(u)$—u，实测曲线为 s—$\dfrac{r^2}{t}$。

利用配线法求水文地质参数时，应注意以下几个方面的问题：①由于推导泰斯公式时作了一些假设，又因实际抽水试验初期涌水量不易稳定，往往会造成抽水初期实测曲线与标准曲线不吻合；②为使得抽水试验后期实测曲线与标准曲线拟合更好，要求非稳定流抽水试验时间不宜过短，应绘出抽水资料 s—t 曲线的弯曲部分；③受含水层外围边界的影响或含水层岩性发生变化，都可能造成后期实测曲线偏离标准曲线。因此，需要把抽水试验结果与具体水文地质条件结合起来分析。

当存在越流补给时，也可以用配线法确定水文地质参数，其原理与前述配线法相似，有

$$s = \frac{Q}{4\pi T} W\left(u, \frac{r}{B}\right)$$

$$t = \frac{1}{u} \frac{\mu^* r^2}{4T}$$

对上面变换，取对数，得

$$lgs = lgW\left(u, \frac{r}{B}\right) + lg\frac{Q}{4\pi T}$$

$$lgt = lg\frac{1}{u} + lg\frac{\mu^* r^2}{4T}$$

如果在双对数纸上作出 $\frac{r}{B}$ 取不同数值时的 $W\left(u, \frac{r}{B}\right) - \frac{1}{u}$ 关系曲线，即标准曲线 (图 10-20)，在另一张模数相同的对数坐标纸上，根据抽水资料作 $s-t$ 关系曲线。只要保持坐标轴平行，移动两根曲线到完全重合为止，任选一匹配点，记下相应的坐标值 s、t、$W\left(u, \frac{r}{B}\right)$、$u$ 和 $\frac{r}{B}$，分别代入下述的公式中，就可确定 T、μ^*、B 值

$$T = \frac{Q}{4\pi[s]}\left[W\left(u, \frac{r}{B}\right)\right] \qquad \mu^* = \frac{4T[t][u]}{r^2}$$

$$B = \frac{r}{[r/B]}$$

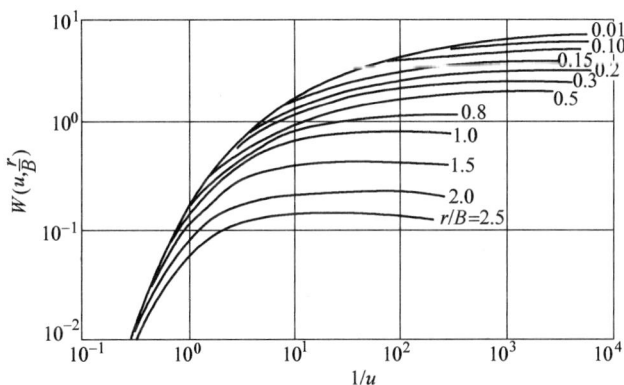

图 10-20　有超流补给含水层完整井定流量抽水的标准曲线

10.4.5.2　直线图解法

此种求解水文地质参数方法的依据是雅柯布公式（10-59）。按照不同的情况，有三种作图求解方法，即 $s-lgt$、$s-lgr$ 和 $s-lg\frac{t}{r^2}$ 三种图解法。下面重点介绍 $s-lgt$ 直线图解法。

在同一个观测孔中进行连续地观测不同时间的水位降深时，可采用 $s-lgt$ 直线图解法。此时式（10-59）可简化为

$$s = \frac{0.183Q}{T}lg\frac{2.25at}{r^2} = 0.183\frac{Q}{T}lg\frac{2.25a}{r^2} + 0.183\frac{Q}{T}lgt \qquad (10-68)$$

式（10-68）在单对数纸上呈直线关系，直线的斜率为 $m = \frac{0.183Q}{T}$，截距

为$\dfrac{0.183Q}{T}\lg\dfrac{2.25a}{r^2}$。为了求直线的斜率，可在时间 t 的对数坐标轴上截取一个对数周期，由于 $\lg\dfrac{10t}{t}=1$，一个对数周期相应的降深 Δs 就是直线斜率 m，由斜率 m 可求出 T 值。即

$$T=0.183\dfrac{Q}{m} \tag{10-69}$$

为了求得 a 值，可将直线延长与横轴交于 t_0 点，即 $s=0$ 时，$t=t_0$，根据式（10-68）有

$$0=\dfrac{0.183Q}{T}\lg\dfrac{2.25at_0}{r^2}$$

因为 $s=\dfrac{0.183Q}{T}\neq0$，则

$$\lg\dfrac{2.25at_0}{r^2}=0$$

所以

$$a=0.445\dfrac{r^2}{t_0} \tag{10-70}$$

【例 10-2】 某抽水井以定流量 $Q=60\text{m}^3/\text{h}$ 进行非稳定流抽水试验，表 10-8 所示为距离抽水井 43m 处的一个观测孔的观测资料，试用直线图解法计算含水层的水文地质参数。

【解】 1）根据观测井资料在半对数格纸上作 s—$\lg t$，为一条直线，如图 10-21 所示。

2）将直线延长交横坐标得 $t_0=2.7\text{min}$。

3）取一个对数周期（$t_1=30\text{min}$，$t_2=300\text{min}$）的降深 $\Delta s=1.45\text{m}$，即直线的斜率 $m=1.45$。

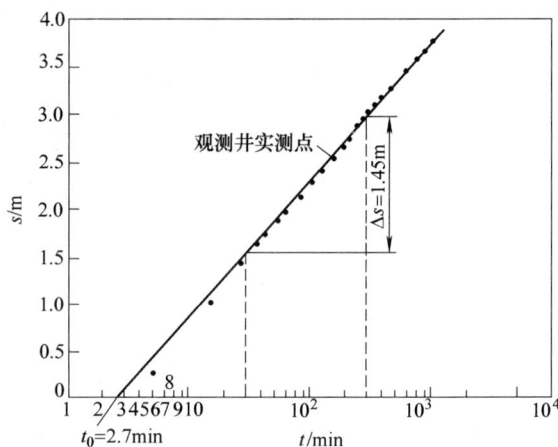

图 10-21 某观测井直线图解法分析图

4）将 Q 及 m 代入式（10-69）得

$$T=0.183\dfrac{Q}{m}=0.183\times\dfrac{60\times24}{1.45}\text{m}^2/\text{d}=182\text{m}^2/\text{d}$$

将 r 及 t_0 代入式（10-70）得

$$a=0.445\dfrac{r^2}{t_0}=0.445\times\dfrac{43^2\times1440}{2.7}\text{m}^2/\text{d}=4.38\times10^5\text{m}^2/\text{d}$$

$$\mu^* = \frac{T}{a} = \frac{182}{4.38 \times 10^5} = 4.15 \times 10^{-4}$$

表 10-8 某观测孔抽水试验资料

观测累计时间 /min	水位 /m	水位降深 /m	观测累计时间 /min	水位 /m	水位降深 /m
0	42.01	0	210	44.81	2.77
10	42.71	0.73	270	45.03	2.99
20	43.32	1.28	330	45.14	3.10
30	43.57	1.53	400	45.24	3.20
40	43.76	1.72	450	45.30	3.26
60	44.00	1.96	645	45.51	3.47
80	44.18	2.14	870	45.72	3.68
100	44.32	2.28	990	45.81	3.77
120	44.43	2.39	1185	45.89	3.85
150	44.58	2.54			

10.4.5.3 恢复水位法

如果一口井以固定流量抽水，持续一定时间后停止抽水，此后，水位开始恢复。我们可以根据抽水停止以后的水位恢复数据，计算含水层的水文地质参数，此法就称为恢复水位法。用水位恢复数据计算参数，可以不受流量等因素的影响。

设抽水前的水头为 H_0，停抽后某一时间的恢复水头为 H'。我们把 $s' = H_0 - H'$ 称为剩余降深。该剩余降深可认为是抽水井一直以流量 Q 在继续抽水，当实际抽水停止的瞬间，有一口流量 Q 的注水井开始工作，这样所产生的效果与停止抽水是相同的（图10-22）。根据势的叠加原理，剩余水位降深是由抽水井所产生的降深和假想注水井所产生的水位抬高两部分组成的，可按泰斯公式计算

$$s' = \frac{Q}{4\pi T}\left[W\left(\frac{r^2\mu^*}{4U(t_p + t')}\right) - W\left(\frac{r^2\mu^*}{4Tt'}\right) \right]$$

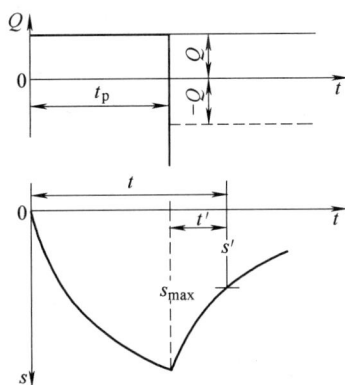

图 10-22 恢复水位法示意图

(10-71)

式中，t_p 为实际的抽水持续时间；t' 为停抽后的水位恢复时间。

当 $\frac{r^2\mu^*}{4Tt'}$ 足够小时，式（10-71）也可以用近似的雅柯布公式计算。即

$$s' = \frac{Q}{4\pi T}\left[\ln\frac{2.25T(t_p + t')}{r^2\mu^*} - \ln\frac{2.25Tt'}{r^2\mu^*}\right]$$

$$= \frac{Q}{4\pi T}\ln\frac{t_p + t'}{t'} = \frac{0.183Q}{T}\lg\frac{t_p + t'}{t'} \tag{10-72}$$

由式（10-72）可知，在半对数坐标纸上 s' 与 $\lg\dfrac{t_p + t'}{t'}$ 是直线关系。以 s' 为纵坐标，以 $\lg\dfrac{t_p + t'}{t'}$ 为横坐标，则在半对数坐标纸上可得到一条直线。如果取 $\lg\dfrac{t_p + t'}{t'}$ 为一个周期，相应的水位差为 Δs，则

$$T = \frac{0.138Q}{\Delta s} \tag{10-73}$$

不仅可以利用抽水井的水位恢复资料计算水文地质参数，也可以利用观测井的水位恢复资料用类似的方法计算水文地质参数。但式（10-72）及式（10-73）只适用于抽水的非稳定流过程，如果停止抽水前水位已达到稳定流状态，则不适用该方法。

【例 10-3】   某抽水井以定流量 $Q = 25\mathrm{m^3/h}$ 进行抽水试验，抽至 30h 水位仍在连续下降，然后停止抽水观测恢复水位，观测资料见表10-9，计算含水层的水文地质参数。

【解】   停止抽水前水位并没有达到稳定流状态，可以采用恢复水位法计算水文地质参数。

1）根据恢复水位资料制作恢复水位表格，抽水持续时间 $t_p = 1800\mathrm{min}$，见表10-9。

2）以 $\lg\dfrac{t_p + t'}{t'}$ 为横坐标，以 s' 为纵坐标，把表10-9 中的数据点绘在半对数纸上，并连成直线，如图10-23 所示。

3）直线不通过坐标原点（理论上 s' 与 $\lg\dfrac{t_p + t'}{t'}$ 的关系曲线是通过原点的），因此需要校正停止抽水时间 t_p，使之通过原点。平移该直线使之通过原点，直线最下面的一点 A 就平移至 A'，A' 的横坐标为4，水位恢复时间是不变的，那么修正后的停抽时间 t'_p 可按下式计算

$$\frac{t'_p + t'}{t'} = 4$$

$$t'_p = 4t' - t' = (4 \times 115 - 115)\mathrm{min} = 345\mathrm{min}$$

4）根据修正后的 t'_p 计算 $\dfrac{t'_p + t'}{t'}$，制作恢复水位修正表，见表10-10。

5）在半对数坐标纸上点绘 s 与 $\dfrac{t'_p+t'}{t'}$，并连成直线，见图 10-23。

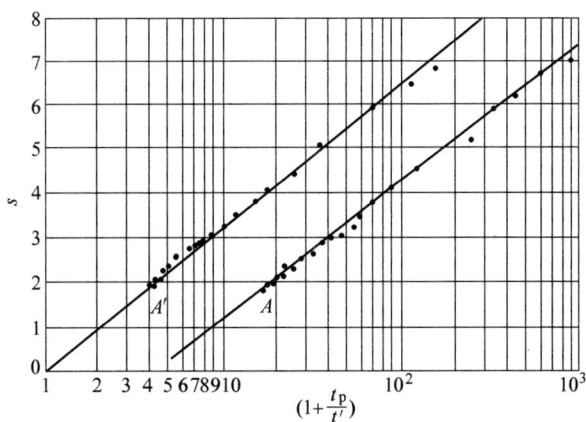

图 10-23　恢复曲线图

6）取一个对数周期（$\dfrac{t'_p+t'}{t'}=4$ 和 40）的降深 $\Delta s'=0.33\text{m}$，将 Q 及 $\Delta s'$ 代入式（10-73）得

$$T=\frac{0.183Q}{\Delta s'}=\frac{0.183\times25\times24}{0.33}\text{m}^2/\text{d}=333\text{m}^2/\text{d}$$

表 10-9　某观测孔抽水试验资料

恢复时间/min	$\dfrac{t_p+t'}{t'}$	剩余水位降深/m	恢复时间/min	$\dfrac{t_p+t'}{t'}$	剩余水位降深/m
1	1801	0.7	55	33.7	0.29
2	901	0.67	60	31	0.29
3	603	0.64	65	28.7	0.28
4	451	0.61	70	26.7	0.27
5	361	0.60	75	25	0.26
10	181	0.52	80	23.5	0.25
15	121	0.46	85	22.2	0.24
20	91	0.41	90	21	0.23
25	73	0.39	95	19.9	0.23
30	61	0.35	100	19.9	0.22
35	52.4	0.33	105	18.1	0.21
40	46	0.32	110	17.4	0.20
45	41	0.31	115	16.7	0.19
50	37	0.30			

表 10-10 恢复水位计算修正表

水位恢复时间/min	$\dfrac{t'_p + t'}{t'}$	剩余水位降深/m	水位恢复时间/min	$\dfrac{t'_p + t'}{t'}$	剩余水位降深/m
2	173.5	0.67	55	7.3	0.29
3	116	0.64	60	6.7	0.29
5	70	0.60	65	6.3	0.28
10	35.5	0.52	75	5.6	0.26
15	24	0.46	85	5.1	0.24
20	18.3	0.41	95	4.6	0.23
25	14.8	0.39	100	4.5	0.22
30	12.5	0.35	105	4.3	0.21
35	10.6	0.33	110	4.2	0.20
45	8.7	0.31	115	4	0.19
50	7.9	0.30			

10.5 地下水运动的数值计算

前面我们讲了地下水运动的达西定律、裘布依稳定井流公式和以泰斯为代表的非稳定流理论及其相应的水量、参数计算。这些解析方法被广泛地应用到生产实践中，解决了大量的水文地质问题，至今仍不失其理论和实用的价值。

所谓解析解，就是给出许多假设条件，使数学模型典型化后，经过数学推导获得数学模型的精确解。所以，解析法只适用于含水层几何形状简单，并且是均质各向同性的情况，因而限制了它的应用范围。而实际的水文地质条件往往是比较复杂的，大多数含水层表现为非均质各向异性，隔水底板起伏不平，边界形状不规则，补给条件复杂等。对于这样的地区，用解析法是十分困难的，甚至无法求解，有时即使得到解析表达式，也无法进行求解计算，因而只得寻求近似的数值解了。

1956 年，斯图尔曼（R. W. Stallman）开始将数值法应用于水文地质计算。数值法与计算机结合起来可以解决复杂的水文地质问题，它能够使所考虑的数学模型更接近于实际的水文地质条件。数值法就是将计算区离散成许多个性质均一的小区，再利用有限差分法或有限单元法等求得各小区之间结点上的函数值。实际上，解析解在推导基本微分方程时，也作了一些简化和假设，加之定解条件本身或多或少地有一定的近似性，因而严格的解析解其实也是近似的。当近似程度能满足实际工作的精度要求，能够较客观地描述研究区域渗流场状态时，这种近似解在解决实际问题时是可靠的。

在水文地质计算中常用的数值法有：有限差分法、有限单元法、边界元法、配置法和特征线法。本书仅讨论有限差分法和有限单元法的基本原理。

10.5.1　有限差分法

10.5.1.1　有限差分法的基本原理

有限差分法就是把微分近似地用差分来代替，边界条件、初始条件也相应地进行代替，把定解问题化为一组代数方程组来求解的方法。下面要解决的问题实质上是把描述地下水运动的偏微分方程近似地用差分方程来代替。

设给出连续函数（此处指地下水水位）$H = H(x)$ 的曲线在 x 轴上等距点（间距 k）-1、0、1 处的值 H_{-1}、H_0、H_1（图 10-24）。函数在每个 Δx 小区间上的变化 ΔH 叫做函数的一阶差分。按照微分学，函数在 0 点处的一阶导数可以表示为

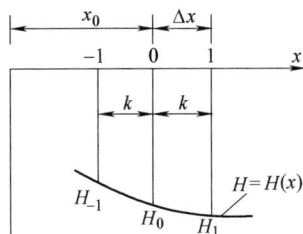

图 10-24　有限差分法原理示意图

$$\left(\frac{\mathrm{d}H}{\mathrm{d}x}\right)_0 = \lim_{\Delta x \to 0}\left(\frac{\Delta H}{\Delta x}\right)_0 \approx \left(\frac{\Delta H}{\Delta x}\right)_0 = \frac{\Delta H_0}{k} \tag{10-74}$$

函数在 0 点上的一阶差分 ΔH_0，可以是 0 点前方邻点 1 的函数值 H_1 与 0 点的函数值 H_0 之差，$\overline{\Delta H_0} = H_1 - H_0$，称为一阶向前差分；也可以是 0 点的 H_0 与其后方邻点 -1 处的函数值 H_{-1} 之差，$\underline{\Delta H_0} = H_0 - H_{-1}$，称为一阶向后差分。向前和向后一阶差分的平均值就是一阶中心差分。即

$$\Delta H_0 = \frac{1}{2}(H_1 - H_{-1}) \tag{10-75}$$

一般来说，函数在任意点上的导数用中心差分来计算，可以得到较好的近似值。此外，二阶导数可以近似地表示为

$$\left(\frac{\mathrm{d}^2 H}{\mathrm{d}x^2}\right)_0 = \frac{\mathrm{d}}{\mathrm{d}x}\left(\frac{\mathrm{d}H}{\mathrm{d}x}\right)_0 \approx \left(\frac{\Delta^2 H}{\Delta x^2}\right)_0 = \frac{\Delta^2 H_0}{k^2} \tag{10-76}$$

只要对一阶向前（向后）差分做一次向后（向前）差分，即可得到二阶中心差分。即

$$\begin{aligned}
\Delta^2 H_0 &= \underline{\Delta}(\overline{\Delta H_0}) = \underline{\Delta}(H_1 - H_0) = \underline{\Delta}H_1 - \underline{\Delta}H_0 \\
&= (H_1 - H_0) - (H_0 - H_{-1}) \\
&= H_1 - 2H_0 + H_{-1}
\end{aligned} \tag{10-77}$$

边界条件也可以用相应的差分形式来代替。微分方程用差分方程来代替，把定解问题化为一组代数方程组的求解问题。

例如承压水的非稳定流运动方程

$$\frac{\partial}{\partial x}\left(T\frac{\partial H}{\partial x}\right)+\frac{\partial}{\partial y}\left(T\frac{\partial H}{\partial y}\right)=\mu^*\frac{\partial H}{\partial t}+W \tag{10-78}$$

为便于差分格式的建立，先把研究区域划分成为矩形网格，如图 10-25 所示。其中 Δx 和 Δy 为空间步长，Δt 为时间步长。网格的交点 $(x_i,\ y_i,\ t_n)$ 称为网格的节点。节点的顺序编号是：x 方向编号为 i，y 方向编号为 j。时段的编号用 n，n 时段开始时刻为 $n\Delta t$，终了时刻为 $(n+1)\Delta t$。因此，在节点 $(i,\ j)$ 处 n 时段开始时刻的水头为 $H_{i,j}^n$，终了时刻的水头为 $H_{i,j}^{n+1}$。在节点 $(i,\ j)$ 与节点 $(i,\ j+1)$ 之间的平均导水系数用 $T_{i,j+\frac{1}{2}}$ 表示，依次类推。差分法计算的目的就是要求出近似值 $\tilde{H}(x_i,\ y_j,\ t_n)$ 以逼近真值 $H(x_i,\ y_j,\ t_n)$。

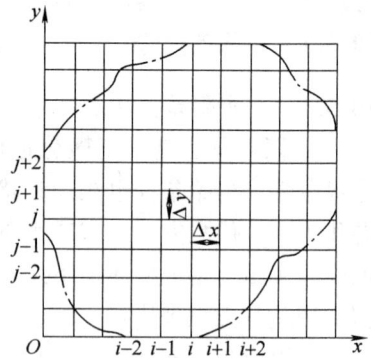

图 10-25　矩形网格的划分

10.5.1.2　差分格式的建立

1. 显式差分格式

显式差分格式是差分格式中最简单的一种，其特点是将微分方程式左端各项的水头取时段开始时的水头。现以承压含水层的二维流为例，其显式差分格式的各项表示为

$$\frac{\partial}{\partial x}\left(T\frac{\partial H}{\partial x}\right)\approx\frac{T_{i+1/2,j}}{\Delta x}\left(\frac{\tilde{H}_{i+1,j}^n-\tilde{H}_{i,j}^n}{\Delta x}\right)-\frac{T_{i-1/2,j}}{\Delta x}\left(\frac{\tilde{H}_{i,j}^n-\tilde{H}_{i-1,j}^n}{\Delta x}\right)$$

$$=T_{i+1/2,j}\left(\frac{\tilde{H}_{i+1,j}^n-\tilde{H}_{i,j}^n}{\Delta x^2}\right)+T_{i-1/2,j}\left(\frac{\tilde{H}_{i-1,j}^n-\tilde{H}_{i,j}^n}{\Delta x^2}\right)$$

$$\frac{\partial}{\partial y}\left(T\frac{\partial H}{\partial y}\right)\approx T_{i,j+1/2}\left(\frac{\tilde{H}_{i,j+1}^n-\tilde{H}_{i,j}^n}{\Delta y^2}\right)+T_{i,j-1/2}\left(\frac{\tilde{H}_{i,j-1}^n-\tilde{H}_{i,j}^n}{\Delta y^2}\right)$$

$$\frac{\partial H}{\partial t}\approx\frac{\tilde{H}_{i,j}^{n+1}-\tilde{H}_{i,j}^n}{\Delta t}$$

将上述三式代入式（10-78）中，则得

$$T_{i+1/2,j}\left(\frac{\tilde{H}_{i+1,j}^n-\tilde{H}_{i,j}^n}{\Delta x^2}\right)+T_{i-1/2,j}\left(\frac{\tilde{H}_{i-1,j}^n-\tilde{H}_{i,j}^n}{\Delta x^2}\right)+T_{i,j+1/2}\left(\frac{\tilde{H}_{i,j+1}^n-\tilde{H}_{i,j}^n}{\Delta y^2}\right)+$$

$$T_{i,j-1/2}\left(\frac{\tilde{H}_{i,j-1}^n-\tilde{H}_{i,j}^n}{\Delta y^2}\right)=\mu^*\frac{\tilde{H}_{i,j}^{n+1}-\tilde{H}_{i,j}^n}{\Delta t}+W_{i,j}^{n+1/2} \tag{10-79}$$

由式（10-79）可见，如果要求任意一点 $(i,\ j)$ 在 $n+1$ 时刻的水头近似值 $H_{i,j}^{n+1}$，只要将与 $(i,\ j)$ 相邻的四个节点及 $(i,\ j)$ 点本身在 n 时刻的水头代入式（10-78）即可。如果含水层是均质的，则

$$T_{i+(1/2)j}=T_{i-(1/2)j}=T_{i,j+(1/2)}=T_{i,j-(1/2)}=T$$

并且取 $\Delta x = \Delta y$，又不考虑垂直方向上的交换量 $W_{i,j}$，则式（10-79）可简化为

$$\widetilde{H}_{i,j}^{n+1} = \frac{T\Delta t}{\mu^* (\Delta x^2)} [\widetilde{H}_{i+1,j}^n + \widetilde{H}_{i-1,j}^n + \widetilde{H}_{i,j+1}^n + \widetilde{H}_{i,j-1}^n - 4\widetilde{H}_{i,j}^n] + \widetilde{H}_{i,j}^n \qquad (10-80)$$

若令 $T\Delta t / \mu^* (\Delta x^2) = \lambda$，则式（10-80）又可简化为

$$\widetilde{H}_{i,j}^{n+1} = \lambda [\widetilde{H}_{i+1,j}^n + \widetilde{H}_{i-1,j}^n + \widetilde{H}_{i,j+1}^n + \widetilde{H}_{i,j-1}^n] - (4\lambda - 1)\widetilde{H}_{i,j}^n \qquad (10-81)$$

显式格式的稳定条件是

$$\frac{T}{\mu^*} \left[\frac{1}{(\Delta x)^2} + \frac{1}{(\Delta y)^2} \right] \Delta t \leqslant \frac{1}{2} \qquad (10-82)$$

当 $\Delta x = \Delta y$ 时，则式（10-82）变为

$$\lambda = \frac{T\Delta t}{\mu^* (\Delta x)^2} \leqslant \frac{1}{4} \qquad (10-83)$$

为了满足上式条件，时间步长 Δt 必须取得很小，即

$$\Delta t \leqslant \frac{1}{2\left[\frac{1}{(\Delta x)^2} + \frac{1}{(\Delta y)^2} \right]} \frac{\mu^*}{T}$$

或

$$\Delta t \leqslant \mu^* (\Delta x)^2 / 4T \qquad (10-84)$$

从式（10-84）可知，当 T 较大而 μ^* 较小时，则 Δt 往往要取得很小，计算工作量就会大大增加。

2. 隐式差分格式

隐式差分格式和显式差分格式的不同在于，式（10-78）左端各项的水头取时段终了深刻的水头值，即 $n + 1$ 深刻的水头值，于是可以得类似于式（10-79）的公式

$$T_{i+(1/2)j} \left(\frac{\widetilde{H}_{i+1,j}^{n+1} - \widetilde{H}_{i,j}^{n+1}}{\Delta x^2} \right) + T_{i-(1/2)j} \left(\frac{\widetilde{H}_{i-1,j}^{n+1} - \widetilde{H}_{i,j}^{n+1}}{\Delta x^2} \right) +$$

$$T_{i,j+(1/2)} \left(\frac{\widetilde{H}_{i,j+1}^{n+1} - \widetilde{H}_{i,j}^{n+1}}{\Delta y^2} \right) + T_{i,j-(1/2)} \left(\frac{\widetilde{H}_{i,j-1}^{n+1} - \widetilde{H}_{i,j}^{n+1}}{\Delta y^2} \right) = \mu^* \frac{\widetilde{H}_{i,j}^{n+1} - \widetilde{H}_{i,j}^n}{\Delta t} +$$

$$W_{i,j}^{n+(1/2)} \qquad (10-85)$$

从式（10-85）中可见，只有 $\widetilde{H}_{i,j}^n$ 是已知数，而有五个 $n + 1$ 时刻的水头值是未知数，因此对于式（10-85）无法单独求解，必须对所有内节点和边界条件的节点都列出方程，形成一个线性代数方程组，联合求解。

3. 交替方向隐式差分格式（ADI 法）

上述两种差分格式的缺点是，显式差分格式虽然简单，但它是有条件的；隐式差分格式是无条件稳定的，但计算工作量很大。这里介绍一种既是无条件稳定的，又便于计算的差分格式，即交替方向隐式差分格式。

此种方法的特点是在一个步长内分为两步进行，即从 n 时刻到 $n + 1$ 时刻中

间增加了一个过渡时刻 $n+1/2$。首先从 n 时刻的水头算出 $n+1/2$ 时刻的水头，此时 x 方向的水头取隐式，y 方向的水头取显式，沿 x 方向逐行进行计算，当整区域 $n+1/2$ 时刻的水头全部算出之后，再由 $n+1/2$ 时刻的水头计算 $n+1$ 时刻的水头，此时 y 方向的水头取隐式，x 方向的水头取显式，沿 y 方向逐列进行计算，直到整个区域 $n+1$ 时刻的水头全部算出。这样先逐行后逐列地在平面上交替使用隐式差分格式进行计算，则可计算出任意时刻各节点的水头值。

由 n 时刻计算 $n+1/2$ 时刻水头差时，采用下式

$$\frac{T_{i-(1/2)j}}{(\Delta x)^2}\widetilde{H}_{i-1,j}^{n+(1/2)} - \left[\frac{T_{i-(1/2)j}}{(\Delta x)^2} + \frac{T_{i+(1/2)j}}{(\Delta x)^2} + \frac{2\mu_{i,j}^*}{\Delta t}\right]\widetilde{H}_{i,j}^{n+(1/2)} +$$

$$\frac{T_{i+(1/2)j}}{(\Delta x)^2}\widetilde{H}_{i+1,j}^{n+(1/2)}$$

$$= -\frac{T_{i,j-(1/2)}}{(\Delta y)^2}\widetilde{H}_{i,j-1}^{n} + \left[\frac{T_{i,j-(1/2)}}{(\Delta y)^2} + \frac{T_{i,j+(1/2)}}{(\Delta y)^2} - \frac{2\mu_{i,j}^*}{\Delta t}\right]\widetilde{H}_{i,j}^{n} - \frac{T_{i+(1/2)j}}{(\Delta y)^2}\widetilde{H}_{i,j+1}^{n} + W_{i,j}^{n+(1/4)}$$

$$(10\text{-}86)$$

由 $n+1/2$ 时刻计算 $n+1$ 时刻水头时，用下式

$$\frac{T_{i,j-(1/2)}}{(\Delta y)^2}\widetilde{H}_{i,j-1}^{n+1} - \left[\frac{T_{i,j-(1/2)}}{(\Delta y)^2} + \frac{T_{i,j+(1/2)}}{(\Delta y)^2} + \frac{2\mu_{i,j}^*}{\Delta t}\right]\widetilde{H}_{i,j}^{n+1} + \frac{T_{i,j+(1/2)}}{(\Delta y)^2}\widetilde{H}_{i,j+1}^{n+1}$$

$$= -\frac{T_{i-(1/2)j}}{(\Delta x)^2}\widetilde{H}_{i-1,j}^{n+(1/2)} + \left[\frac{T_{i-(1/2)j}}{(\Delta x)^2} + \frac{T_{i+(1/2)j}}{(\Delta x)^2} - \frac{2\mu_{i,j}^*}{\Delta t}\right]\widetilde{H}_{i,j}^{n+(1/2)} - \frac{T_{i+(1/2)j}}{(\Delta x)^2}\widetilde{H}_{i+1,j}^{n+(1/2)} +$$

$$W_{i,j}^{n+(3/4)} \tag{10-87}$$

假如介质是均质的，T 和 μ^* 为常数，且取 $\Delta x = \Delta y$，又不考虑垂向交换量 W，则上两式可简化为

$$\lambda\widetilde{H}_{i-1,j}^{n+(1/2)} - (2\lambda + 2)\widetilde{H}_{i,j}^{n+(1/2)} + \lambda\widetilde{H}_{i+1,j}^{n+(1/2)}$$

$$= -\lambda\widetilde{H}_{i,j-1}^{n} + (2\lambda - 2)\widetilde{H}_{i,j}^{n} - \lambda\widetilde{H}_{i,j+1}^{n} \tag{10-88}$$

$$\lambda\widetilde{H}_{i,j-1}^{n+1} - (2\lambda + 2)\widetilde{H}_{i,j}^{n+1} + \lambda\widetilde{H}_{i,j+1}^{n+1}$$

$$= -\lambda\widetilde{H}_{i-1,j}^{n+(1/2)} + (2\lambda - 2)\widetilde{H}_{i,j}^{n+(1/2)} - \lambda\widetilde{H}_{i+1,j}^{n+(1/2)} \tag{10-89}$$

上述式中只有左端包括有三个未知数 $\widetilde{H}_{i-1,j}^{n+(1/2)}$、$\widetilde{H}_{i,j}^{n+(1/2)}$、$\widetilde{H}_{i+1,j}^{n+(1/2)}$ 或 $\widetilde{H}_{i,j-1}^{n+1}$、$\widetilde{H}_{i,j}^{n+1}$、$\widetilde{H}_{i,j+1}^{n+1}$，右端全部为已知数，因此为三对角线方程组，可用追赶法求解。

10.5.1.3 边界条件的处理

如前所述，边界条件分为两类：

对于已知水头的第一类边界，可令边界节点的水头值等于已知水头。

对于已知流量的第一类边界，有

$$T \frac{\partial H}{\partial n} = q \qquad (10\text{-}90)$$

如果 y 方向取得和边界平行，则 x 方向为边界的法线方向，于是上式可改写为

$$q \approx T \frac{\Delta H}{\Delta x} \qquad (10\text{-}91)$$

有时边界节点正好位于 j 行 i 列，此时可假想边界外还有 $i+1$ 列节点，于是用下列关系

$$\widetilde{H}_{i+1,j} - \widetilde{H}_{i-1,j} = \frac{q \cdot 2\Delta x}{T} \qquad (10\text{-}92)$$

如果为隔水边界，则 $q=0$，上式变为

$$\widetilde{H}_{i+1,j} = \widetilde{H}_{i-1,j}$$

10.5.2　有限单元法

有限单元法是把描述地下水运动的偏微分方程的求解化为某个泛函的极值问题的一种数值方法。有限单元法是将求解区域离散成许多小的、相互联系的亚区域，这些亚区域称为"单元"，它一般采用简单的形状（如三角形、四边形、矩形等）。这些单元集合起来，代表不同几何形态的求解区域。它可以适用各种复杂的边界形状和边界条件以及水文地质特征差异性大的含水层。

有限单元法求解地下水流场的步骤大体上可表示为：

1）把求解的区域划分为有限个小区域。这种划分一直要划到边界。单元的顶点叫做节点，单元与单元之间通过节点相互联系。这一过程称为"离散化"或"剖分"。最简单也最常用的单元是三角形（图 10-26）。

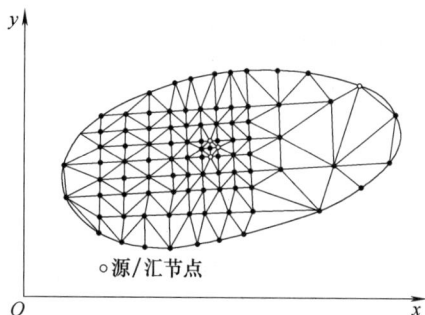

图 10-26　有限元三角剖分示意图

2）找出每一单元的节点变量之间的相互关系，建立一个"单元距阵"。

3）把单元距阵集合起来，形成一套描述整个系统的代数方程组。这个最终的方程组的系数距阵称为"总距阵"。

4）把给定的边界条件也归并到总距阵方程中去。

5）利用迭代法求解线形方程组。

10.6   地下水污染质迁移扩散理论

10.6.1   地下水污染质迁移扩散模型

地下水污染数学模型是描述地下水中污染物随时间和空间迁移转化规律的数学方程。建立地下水污染模型可以给出排入地下水的污染物的数量与地下水水质之间的定量关系，为预测地下水水质和修复提供理论依据。

地下水污染数学模型分为：①按水质模型的空间维数划分为一维、二维和三维水质模型。一维水质模型是描述水质组分在一个方向上的迁移变化，二维水质模型是描述水质组分在两个方向上的迁移变化，三维水质模型是描述水质组分在三个方向上的迁移变化。②按时间特性划分为动态模型和静态模型。动态模型是描述地下水中水质组分的浓度随时间变化的水质模型，静态模型是描述地下水中水质组分的浓度不随时间变化的水质模型。③按污染物性质划分为惰性污染物迁移扩散模型和非惰性污染物迁移扩散模型。④按描述水质组分的多少划分为单一组分和多组分的水质模型。⑤按所建模型的数学方法划分为确定性数学模型、随机数学模型、灰色系统模型、黑箱模型等。

10.6.2   地下水污染质迁移扩散方程

污染物在地下水中迁移时的浓度是不断变化的，是空间和时间的函数，可记为 $C(x, y, z, t)$。在含水层中取一个微分六面体来研究。按照质量守恒原理，从微分六面体流入与流出的污染物质量之差应当等于同时段内微分六面体质量的增量，从而导出地下水污染物浓度沿三维空间的迁移扩散方程

$$n \frac{\partial C}{\partial t} = \frac{\partial}{\partial x}\left(D_x \frac{\partial C}{\partial x}\right) + \frac{\partial}{\partial y}\left(D_y \frac{\partial C}{\partial y}\right) + \frac{\partial}{\partial z}\left(D_z \frac{\partial C}{\partial z}\right) - \frac{\partial}{\partial x}(V_x C) - \frac{\partial}{\partial y}(V_y C) -$$

$$\frac{\partial}{\partial z}(V_z C) + S \tag{10-93}$$

式中，C 为污染质的浓度，它是空间和时间的函数；x、y、z 为空间三维坐标；t 为时间；V_x、V_y、V_z 为三个方向的渗透速度分量；D_x、D_y、D_z 为三个方向上的弥散系数；n 为有效孔隙度。

方程式左端是指空间任意一点 (x, y, z) 处污染质浓度随时间的变化率；方程式右端 $\frac{\partial}{\partial x}\left(D_x \frac{\partial C}{\partial x}\right) + \frac{\partial}{\partial y}\left(D_y \frac{\partial C}{\partial y}\right) + \frac{\partial}{\partial z}\left(D_z \frac{\partial C}{\partial z}\right)$ 是指由于弥散引起该点污染浓度的变化量，称为弥散项；方程式右端 $-\frac{\partial}{\partial x}(V_x C) - \frac{\partial}{\partial y}(V_y C) - \frac{\partial}{\partial z}(V_z C)$

是指由于地下水渗流引起物质浓度的变化，称为对流项；S 代表在渗流迁移过程中元素的相间转移项。当元素从固相转入地下水中时称为源，则 S 取正号；当元素从地下水中转入固定相时，即被岩石吸附沉淀时，称为汇，则 S 取负号，所以 S 又称源汇项。

若方程中弥散系数和渗流速度均为常数，则方程可简化为

$$n\frac{\partial C}{\partial t} = D_x\frac{\partial^2 C}{\partial x^2} + D_y\frac{\partial^2 C}{\partial y^2} + D_z\frac{\partial^2 C}{\partial z^2} - V_x\frac{\partial C}{\partial x} - V_y\frac{\partial C}{\partial y} - V_z\frac{\partial C}{\partial z} + S$$

$$(10\text{-}94)$$

对于二维问题，污染质迁移扩散方程为

$$n\frac{\partial C}{\partial t} = D_x\frac{\partial^2 C}{\partial x^2} + D_y\frac{\partial^2 C}{\partial y^2} - V_x\frac{\partial C}{\partial x} - V_y\frac{\partial C}{\partial y} + S \qquad (10\text{-}95)$$

对于一维问题，污染质迁移扩散方程为

$$n\frac{\partial C}{\partial t} = D_x\frac{\partial^2 C}{\partial x^2} - V_x\frac{\partial C}{\partial x} + S \qquad (10\text{-}96)$$

地下水污染质迁移扩散方程的解是浓度分布 $C(x, y, z, t)$，它依赖于空间位置和时间，要确定这个解，仅有一个方程是不够的，还必须具备以下条件：

1）所考虑的地下水动力弥散问题应在一个空间区域 R 及时间区间 $(0, T)$ 上来确定。

2）已知区域 R 上给出平均流速 $V(x, y, z, t)$，$0 < t < T$ 以及 n、D_x、D_y、D_z 等有关参数的值。

3）在区域 R 上给定了初始条件，在 R 的边界曲面 B 上给定了边界条件。

方程（10-93）为一个二阶三维变系数的偏微分方程，要想得到方程的一个解析解是困难的，实际应用中根据具体情况予以简化，然后再求解。下面仅讨论一维弥散方程的解析解。

10.6.3　平面一维弥散方程的解析解

1. 稳定源

假设污染地下水在半无限的均匀介质中流动，其平均渗流速度 V 是不变的（$V_x =$ 常数，$V_y = V_z = 0$），只有纵向弥散，弥散系数也是常数（$D_x =$ 常数，$D_y = D_z = 0$）。在污染水进入以前，研究区含某物质的浓度为零，即 $C(x \geq 0, t = 0) = 0$，污染水中的浓度为 C_0，由起始断面以同样的流速进入，即 $C(x \geq 0, t > 0) = C_0$。其物理性质与洁净水基本相同（即不考虑粘滞性 μ 和密度 ρ 的变化）。开始时两种液体的分界面清晰，随着时间延长发生弥散而形成混合带，在无穷远处浓度始终为零，即 $C(x = \infty, t \geq 0) = 0$，并假定是中性物质（源汇项 $S = 0$），则其数学模型和定解条件可简化为

$$\begin{cases} D\dfrac{\partial^2 C}{\partial x^2} - V\dfrac{\partial C}{\partial x} = n\dfrac{\partial C}{\partial t} \\ C(x \geqslant 0, t = 0) = 0 \\ C(x = 0, t > 0) = C_0 \\ C(x = \infty, t \geqslant 0) = 0 \end{cases} \tag{10-97}$$

该方程为二阶线形齐次偏微分方程的定解问题，可以用拉普拉斯积分变换法求解。其解为

$$C = \frac{C_0}{2}\text{erfc}\left[\frac{x - Vt/n}{2\sqrt{Dt/n}}\right] + \frac{C_0}{2}\exp\left(\frac{Vx}{D}\right)\text{erfc}\left[\frac{x + Vt/n}{2\sqrt{Dt/n}}\right] \tag{10-98}$$

式中，erfc (y) 为余误差函数（是一个概率积分），erf (y) 是误差函数，两者的关系为

$$\text{erf}(y) = \frac{2}{\sqrt{\pi}}\int_0^y e^{-t^2}\mathrm{d}t$$

$$\text{erf}(\infty) = 1$$

$$\text{erfc}(y) = 1 - \text{erf}(y) = \frac{2}{\sqrt{\pi}}\int_0^y e^{-t^2}\mathrm{d}t$$

式（10-98）便是一维半无限条件的解析解。为了便于应用，还可以作一些改变和简化。可写为

$$\overline{C}_{(x,t)} = R_1(\xi, \eta) \tag{10-99}$$

$$R_1(\xi, \eta) = 0.5\left[\text{erfc}(\xi - \eta) + e^{4\xi\eta}\text{erfc}(\xi + \eta)\right] \tag{10-100}$$

式中，$\overline{C}$ 为相对浓度，$\overline{C} = \dfrac{C}{C_0}$；$\xi$，$\eta$ 为参数，分别为 $\xi = \dfrac{x}{2\sqrt{Dt/n}}$，$\eta = \dfrac{Vt/n}{2\sqrt{Dt/n}}$。

函数 $R_1(\xi, \eta)$ 的值可制成表（表10-11）。

表10-11　$R_1(\xi, \eta)$值（据 Φ.M. 鲍契维尔）

R_1　η \ ξ	0.05	0.1	0.5	1	2	3	4
0.01	0.979	0.980	0.986	0.991	0.995	0.997	1.00
0.1	0.801	0.809	0.862	0.907	0.954	0.967	0.98
0.2	0.635	0.649	0.735	0.817	0.900	0.933	0.96
0.3	0.497	0.512	0.621	0.730	0.850	0.900	0.94

（续）

R_1 ＼ η ＼ ξ	0.05	0.1	0.5	1	2	3	4
0.4	0.385	0.400	0.518	0.647	0.801	0.876	0.92
0.5	0.294	0.308	0.428	0.568	0.750	0.833	0.90
0.6	0.222	0.235	0.339	0.474	0.702	0.800	0.88
0.8	0.121	0.131	0.224	0.363	0.603	0.733	0.84
1.0	0.063	0.069	0.136	0.255	0.505	0.667	0.80
1.2	0.030	0.034	0.078	0.171	0.419	0.601	0.76
1.4	0.014	0.016	0.043	0.109	0.334	0.532	0.72
1.6	0.006	0.007	0.022	0.066	0.273	0.466	0.68
1.8	0.002	0.003	0.010	0.038	0.198	0.395	0.64
2.0	0.001	0.001	0.006	0.021	0.144	0.320	0.60
2.5	0.0	0.0	0.001	0.003	0.063	0.127	0.50

Φ. M. 鲍契维尔认为，当 $D/Vx \leqslant 0.005$ 时，该函数的第二项便可以忽略不计而误差不会大于 4% ，则可简化为

$$\overline{C}_{(x,t)} \approx 0.5\,\mathrm{erfc}\,\frac{x - Vt/n}{2\sqrt{Dt/n}} \tag{10-101}$$

具有某一相对浓度 $\overline{C}$ 的点的坐标 x 可表示为

$$x = Vt/ + 2\sqrt{D/n}\,[\mathrm{arcerf}(1 - \overline{C})] \tag{10-102}$$

而具有某一浓度 $\overline{C}$ 的点运动速度公式为

$$\frac{\mathrm{d}x}{\mathrm{d}t} = V/n + \sqrt{D/nt}\,[\mathrm{arcerf}(1 - \overline{C})] \tag{10-103}$$

由式（10-103）可见，当 $\overline{C} = 0.5$ 时，后一项为零，则 $\frac{\mathrm{d}x}{\mathrm{d}t} = V/n$。即浓度 $\overline{C} = 0.5$ 的点以常速运动，相对浓度 $\overline{C}$ 从 1 到 0 的地带就是弥散过渡带。

2. 暂时源

当污染水不是连续不断地侵入，而只是暂时的（t_p）侵入，其余条件同上，则其数学模型和定解条件可简化为

$$\begin{cases} D\dfrac{\partial^2 C}{\partial x^2} - V\dfrac{\partial C}{\partial x} = n\dfrac{\partial C}{\partial t} \\ C(x \geqslant 0, t = 0) = 0 \\ C(x = 0, 0 < t < t_p) = C_0 \\ C(x = 0, t > t_p) = 0 \\ C(x = \infty, t \geqslant 0) = 0 \end{cases} \tag{10-104}$$

该方程的近似解为

$$C \approx \frac{C_0}{2} \left\{ \mathrm{erfc} \left[\frac{x - Vt/n}{2\sqrt{Dt/n}} \right] - \mathrm{erfc} \left[\frac{x - y(t - t_\mathrm{p})/n}{2\sqrt{Dt/n}} \right] \right\} \tag{10-105}$$

当 $\dfrac{t_\mathrm{p}}{t_\mathrm{max}} < 0.07$ 时，可以推得点 x 处污染物最大浓度出现的时间 t_max 的近似式为

$$t_\mathrm{max} \approx \frac{xn}{V} + 0.5 t_\mathrm{p} \tag{10-106}$$

式中 $\dfrac{xn}{V} = t$，即污染物从岩层入口运移到 x 点的时间。

联立求解式（10-105）和式（10-106），可求得点 x 处污染物最大浓度的计算式为

$$C_\mathrm{max} = \frac{C_0}{2} \left\{ \mathrm{erf} \left[\frac{Vt_\mathrm{p}/n}{4\sqrt{D\left(\frac{nx}{V} + 0.5 t_\mathrm{p}\right)/n}} \right] - \mathrm{erf} \left[\frac{Vt_\mathrm{p}/n}{4\sqrt{D\left(\frac{nx}{V} + 0.5 t_\mathrm{p}\right)/n}} \right] \right\}$$

$$\tag{10-107}$$

本 章 小 结

【本章内容】

主要叙述的内容有：渗流的理论基础、地下水向井的稳定流和非稳定流运动、地下水污染质迁移扩散理论。

（1）渗流的基本概念　通过研究假想水流来了解真实水流在岩石中渗透规律。本节介绍了渗流的一些基本概念，如过水断面和渗透速度、水力坡度、水头、层流与湍流、流线与流网、地下水运动的分类等。

（2）地下水运动的基本规律　本节主要讲授了地下水运动的基本规律——达西定律以及达西定律适用范围，还介绍了非线性渗透定律。

（3）地下水流向井的稳定流理论　本节主要讲授地下水流向井的稳定渗流，以单个完整井为主。讲解了裘布依公式的推导过程，假设条件，如何应用裘布依公式计算水文地质参数，以及在实际应用中存在的问题，例如流量与降深的关系、井的最大流量问题、水跃、影响半径。本节还介绍了取水构筑物的类型、干扰井和非完整井的稳定流运动。

（4）地下水流向井的非稳定流理论　本节首先介绍了弹性储存的概念，然后讲解了有越流补给和无越流补给时地下水流向井的非稳定流运动规律及应用。其中无越流补给是以定流量单井抽水为主，介绍了承压、潜水完整井非稳定流微分方程的建立、求解和应用，雅柯布公式是在精度允许的范围内泰斯公式的简化。

有越流补给时只介绍第一类越流系统中承压完整井渗流微分方程的假设条件、方程的解以及水文地质参数的确定。

利用非稳定流抽水试验资料计算水文地质参数的方法有：配线法、直线图解法、恢复水位法。另外，本节还介绍了地下水向非完整井的非稳定流运动。

（5）地下水运动的数值计算 本节概括地介绍了地下水运动数值法计算的基本概念，其中主要介绍了有限差分法的基本原理、差分格式的建立、边界条件的处理。简单地介绍了一下有限单元法解决水文地质问题的基本原理。

（6）地下水污染质迁移扩散理论 本节首先介绍了几种地下水污染质迁移扩散的模型，然后介绍了地下水污染质迁移扩散方程，仅讨论一维弥散方程的解析解。

【学习基本要求】

通过本章的学习，要求了解的内容有：渗流的基本概念，地下水流向井的稳定与非稳定流基本微分方程及数学模型的建立，地下水流向干扰井和非完整井的计算公式，有限差分法和有限单元法的基本原理，地下水污染质迁移扩散模型、平面一维弥散方程的解析解。要求掌握的内容有：达西定律及适用范围，稳定流计算公式——裘布依型稳定井流公式，地下水流向井的非稳定运动计算——泰斯公式。此外，有关渗透系数、影响半径、导水系数、储水系数、水位（压力）传导系数等水文地质参数的确定方法也必须掌握。

Chapter 10　Seepage Movement of Groundwater

【Chapter Content】

1. Basic concepts related to seepage

The hypothetical groundwater flow is studied in order to understand the permeation rules of the real one in strata. Some basic concepts of the seepage are introduced, such as cross-section, seepage velocity, hydraulic gradient, head, laminar flow and turbulence, streamline and flow-net, and the classification of the ground water movement.

2. Elementary laws of groundwater movement

Darcy's law, which is the elementary linear seepage law, and its applicable scope are described. The nonlinear seepage law is also given.

3. Steady-flow movement of groundwater to well

The groundwater steady flow to a well, especially to an individual complete-well, is primarily taught. For *J. Dupuit* formula, its assumptions, derivation process and methods of computing hydrogeological parameters by using it are explained. On the other hand, the problems exist in practical applications of the formula, *e. g.* the relation between pump discharge and drawdown, maximum discharge of a well, hydraulic jump, and radius of influence. The types of collecting structures and the steady flow movements toward either disturbing wells or a non-complete well are also introduced.

4. Unsteady-flow movement of groundwater to well

The concept of elastic storage, which is very important, is interpreted, and the unsteady-flow differential equations of confined and unconfined aquifers are set in the conditions of no leakage recharge between aquifers. Theis's formula, which is suitable for a constant pumping capacity and single complete-well, is derived from the differential equations of confined aquifers plus certain assumptions. Jacob's formula is the simplified Theis's formula in a permissible scope of the precision. With respect of the three kinds of leakage systems, the first one is introduced, including its hypothetic conditions, mathematical model and analytical solution, which is adapted to completewells of confined aquifer. Some formulas used for unsteady-flow movement of groundwater to incomplete-wells are also listed because they are useful for engineering design and practical production.

The data obtained from unsteady-flow pumping tests are utilized for calculating hydrogeological parameters, *e. g.* coefficient of permeability, coefficient of transmissibility, storage coefficient and coefficient of pressure transmission, and the methods include the curve fitting, linear graphic and water-level recovery methods *etc.*

5. Numerical calculation of groundwater movement

On the basis of explaining the related concepts of numerical methods of groundwater movement, the principle and form of finite differences method and the generalization of boundary conditions are discussed. The principle of finite element method used for groundwater flow is roughly mentioned.

6. Migration-diffusion theory of groundwater contaminants

Several kinds of the models and equations of the contaminants' migration-diffusion are generally introduced. And then the analytical solution for one-dimensional dispersion equation is addressed in detail.

【General Learning Requirements】

The following contents need to be comprehended: the basic concept of seepage, the differential equations and the mathematical models of the steady and unsteady flow movement of the groundwater to well, the formula of the groundwater flow to either disturbing wells or a non-complete well, the principles of the finite differences and finite element methods, the models of the contaminants migration-diffusion and the analytic solution of the one-dimensional dispersion equation.

　　The contents that are required to know well include: Darcy's law and its applicable scope, J. *Dupuit*'s formula and its usage, *Theis*'s formula and its usage, and the methods of determining hydrogeological parameters.

复 习 题

10-1　为什么用假想水流来研究真实水流在岩石中的渗透规律其结果又不失真？

10-2　为什么称达西定律为直线渗透定律？达西定律的适用条件是什么？

10-3　确定影响半径的方法有哪些？

10-4　推导泰斯公式时作了哪些假定？与推导裴布依公式的假设有哪些不同？

10-5　常用的水文地质参数有哪些？其代表的含义是什么？

10-6　何种条件下可以使用雅柯布公式？

10-7　什么是解析法和数值法？它们有什么不同？

10-8　在砂土潜水含水层中打一眼供水井，含水层厚 20m，供水井穿透整个潜水含水层，当抽水达到稳定时，井内水位下降 3m，流量为 6000m³/d，钻孔直径为 200mm，设影响半径为 300m，求该含水层的渗透系数是多少？若井内水位下降 5m，稳定的流量为多少？

10-9　试用直线图解法求例题 10-1 中的导水系数 T、储水系数 μ^* 和压力传导系数 a。

10-10　对某勘探区 1 号钻孔以固定流量 $Q = 22.5 \text{m}^3/\text{h}$ 进行抽水试验，抽水延续时间 30h 后，水位仍连续下降，然后停止抽水观测恢复水位，水位恢复资料见表 10-12，试求含水层的导水系数 T。

表 10-12　1 号孔的水位恢复资料

恢复时间 t_p/min	剩余降深/m	恢复时间 t_p/min	剩余降深/m	恢复时间 t_p/min	剩余降深/m
1	1.72	30	1.36	75	1.275
2	1.70	35	1.34	80	1.27
3	1.66	40	1.33	85	1.265
4	1.61	45	1.32	90	1.258
5	1.57	50	1.31	95	1.252
10	1.49	55	1.31	100	1.20
15	1.45	60	1.30	105	1.16
20	1.41	65	1.29	110	1.12
25	1.38	70	1.28	115	1.10

第 11 章

不同空隙性地下水的分布特征

11.1 孔隙水

有人形象比喻:"地壳表层就好像是饱含着水的海绵"。在地壳表层十余公里范围内,或多或少存在着空隙,这为地下水的赋存提供了必要的空间条件。岩石空隙是地下水储存场所和运动通道,空隙的大小、多少、形状、连通情况和分布规律,对地下水的分布和运动具有重要影响。

如8.3节所述,根据含水层的空隙性,把地下水分为三大类:孔隙水、裂隙水和岩溶水。不同的沉积环境形成了不同成因类型的沉积物,它又受到不同的水动力条件控制,从而呈现岩性与地貌有规律的变化,决定着赋存于其中的地下水的特征。本章主要讨论不同空隙性地下水的分布特征。应当指出,孔隙水是赋存和运动于第四纪松散沉积物中和部分前第四纪未胶结松散岩层或半胶结岩层中的重力水,它是主要的供水水源。

11.1.1 河谷冲积层中的地下水

河谷冲积层是河谷地区地下水的主要富水层位。河流冲积作用形成的砂、砾石分选性较好,砂砾石层一般都可构成很好的含水层,其粒度、厚度、埋深和分布规模等决定了地下储水量的多少和水质的优劣。由于河流的上游、中游与下游的水动力条件存在着差异,其相应的冲积物分布规律也不同,所赋存的地下水特点也不同。

1. 河流上游山区河谷冲积层中的地下水

此河段中的地下水为潜水类型。冲积层厚度不大,分布狭窄,主要由粗砂、砾石组成,因而其透水性好,但水量不大且呈季节性变化,水质为低矿化的 HCO_3^-—Ca^{2+} 型淡水。潜水接受大气降水与山区基岩裂隙水的补给,向河流排泄。

2．河流中游河谷冲积层中的地下水

此河段河谷变宽，发育有河漫滩和多级阶地。河漫滩沉积物在垂直方向上具有双层结构的特点，即上层为亚粘土、亚砂土等，具有相对隔水性，下层为砂层或砾石层，透水性好。阶地是被抬升的古老的河谷谷地，是沿着谷坡走向呈条带状分布或断续分布的阶梯状的地形。过去不同时期的河谷底部（河床及河漫滩部分），由于地壳上升，河流发生强烈的下蚀作用，河流切入谷底以下，原来的河漫滩就高出河水面以上，在洪水期也不被河水淹没，就形成了河谷阶地，所以，阶地的形成是新构造运动使地壳间歇性上升和河谷沉积作用的结果。

根据阶地的结构和形态特征，可将阶地划分为侵蚀阶地、基座阶地和堆积阶地三种类型：

（1）侵蚀阶地　如图11-1a所示，其特征是由基岩组成，阶地表面宽度小，变化大，阶坡常出现陡坎，基岩裸露，有时阶面上残留极少冲积物，常见的是经过河水搬运的砾石，这类阶地断续分布于山区河流的谷坡上。

（2）基座阶地　如图11-1b所示，其特点是在阶地的陡坎上可以看到上部冲积层及冲积层的基岩底座，这是由于侵蚀作用的深度超过原有冲积层的厚度造成

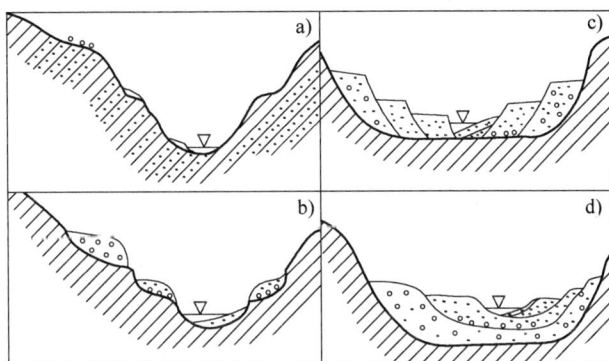

图 11-1　阶地的类型
a）侵蚀阶地　b）基座阶地　c）、d）堆积阶地

的，它主要分布于新构造运动上升显著的山区。在侵蚀阶地和基座阶地中，若有地下水，其储量也很小。

（3）堆积阶地　如图11-1c、d所示，常构成低阶地，即第一、二级阶地，其特点是沉积厚度大，基岩不出露，冲积物一般具有类似于河漫滩双层结构，下层沉积物构成具有供水意义的含水层，其补给、径流条件好，地下水与河水的水量交换随着二者的水位变化而发生变化，且水质好。然而，高阶地的冲积物由于形成时间较早，部分已开始固结，或与细粒坡积物交错沉积，其透水性、水质均较差，储水条件不好。

3．河流下游平原冲积层中的地下水

此段冲积物较厚，有的可达几百甚至上千米，河流的低阶地与河漫滩分布面积也较宽广，岩性变化比较复杂，存在双层结构，且常出现粗粒与细粒岩层构成的互层，可构成多层含水层。一般规律是：沿河流向入海口方向，含水层中的细

粒冲积物逐渐增多，地下水位埋深逐渐变小，水的矿化度逐渐增高。当然，每条河流下游的冲积物也有各自的特点，与河流流经地区的地质条件有关。如松嫩平原、华北平原，其宽度达数十至数百千米，冲积物厚度大；钱塘江、珠江等江南河流下游的冲积物厚度比较薄；黄河下游大厚度的冲积物，形成了"地上河"，地表水终年补给地下水。

总之，河谷冲积层中都能蓄积地下水，含水层透水性和水质良好，一般水位埋深较浅，地下水类型主要是孔隙水，地下水的补给来源主要是大气降水、山区基岩裂隙水和河水，地下水动态特征变化较大。在雨量充沛、气候潮湿地区，河流中能保持常年有水，河谷含水层中的地下水较丰富；而在干旱半干旱地区，由于降雨量较小，大多数为季节性河流，在丰水期地下水得到补给，而在枯水期逐渐被消耗，地下水位不断下降，地下水动态变化很大。

因此，在宽广河谷所形成的河谷冲积平原地区上，寻找地下水的主要地段有：①古河床的砂砾石带；②傍河的富水地段，靠近河流地段地下水一般都比较丰富。

11.1.2 洪积扇中的地下水

大规模的洪积物形成于山前地带。暴雨形成流速极大的洪流，由于山区与山麓之间地形相差悬殊，当洪流携带着大小不等的物质流出山口，进入平原或盆地，水流不再受到约束，加之地势转为开阔，地形坡度急剧变缓，出山口后水流呈辫状散流，水流的厚度、流速迅速减小，加之蒸发和通过山口松散沉积物时的迅速下渗，使水量也大大减少，搬运能力急剧减弱。于是，洪流搬运的大量物质在山麓地带就堆积下来，形成洪积层。这种堆积物以山口为中心向平原呈放射状展开，近似半锥体，故称为洪积扇。其面积自数十平方千米至数千平方千米不等，扇顶部坡度一般为 $5° \sim 10°$，远离山口一般为 $2° \sim 6°$。山前倾斜平原就是由大小不等的洪积扇相连而成。洪积扇的物质组成很有规律，反映了它的沉积特点，也就是洪流流出山口后分散，流速向外递次变慢，水流携带的物质，随地势与流速的变化而依次堆积，由粗大的颗粒到细小的颗粒。自扇顶到边缘可分为如下三带（图11-2）：

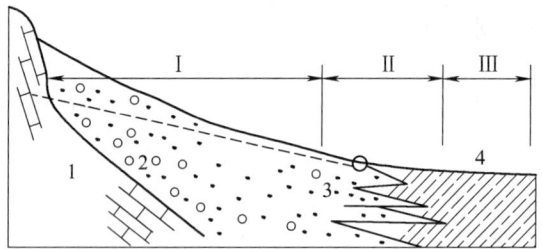

图 11-2 洪积扇水文地质剖面图

Ⅰ—上部砂砾带

Ⅱ—中、下部粗细沉积交替过渡带

Ⅲ—边部粘性细土带

1—基岩 2—砾石 3—砂土 4—粘性土

1. 洪积扇上部砂砾带

靠近山麓，洪积扇的顶部多为砾石、卵石，厚度大，不显层理，或仅在其间所夹的细粒层中显示层理。该段岩层透水性强，给水度大，地下水是埋藏较深的潜水，有的深达 100m。这部分潜水直接接受降水和地表水的补给，水量十分丰富。由于地下水补给充沛，径流条件好，水交替强烈，故称为补给—径流带。由于地下水埋深大，其蒸发作用弱，水化学成分的形成以溶滤作用为主，矿化度低，一般小于 1g/L，地下水化学类型为 HCO_3-Ca 型水，潜水动态随气候、水文条件而变化，是良好的供水水源地。

2. 洪积扇中、下部粗细沉积交替过渡带

该带位于洪积扇的中、下部，沉积物由一些砂砾逐渐过渡到细纱、粉砂土，粒度逐渐变细，厚度变小，水力坡度也逐渐变小，形成粗细交替地带。潜水径流条件变差，水位埋藏深度逐渐变浅，富水性降低，在岩性交替地带，地下水因受阻，水面逐步贴近地表，溢出地表形成沼泽或泉。被稳定的粘性土层所覆盖的砂砾层中，埋藏有承压水。承压含水层通道由较厚的单层向平原方向过渡为多层、薄层。由于潜水蒸发排泄增强，水的矿化度增大，一般为 1~3g/L，多为 SO_4·HCO_3-Ca 或 HCO_3·SO_4-Ca 型水。承压水不易受到蒸发的影响，故矿化度不高。含水层的富水性较补给—径流带显著减弱。这一带地下水以浅部潜水溢出和深部储存承压水为特征。

3. 洪积扇边部粘性细土带

该带位于洪积扇的边缘，洪积层逐渐倾没于平原地区。此带在岩性上主要为粘性土及细粉砂，表层大部分是细粒的，表层以下往往是粉砂和粘性土的互层沉积。由于沉积颗粒变得更细，沉积层加厚，透水性和给水性都较弱，地形坡度更为平缓，故径流条件很差，因而也称该带为径流滞缓带。该带毛细水上升高度常能达到地表，潜水蒸发极为强烈，水分以垂直交替为主，矿化度值较高，可超过 3g/L，一般为 Cl·SO_4-Ca 或 SO_4·Cl-Ca 型水。在此带的潜水含水层之下，可能埋藏有丰富的承压水。

综上所述，洪积层的地下水总的分布规律是：从山前到平原，地形坡度由陡变缓，颗粒由粗变细，岩性由砾石、卵石到粘性土，透水性、给水性由强变弱，潜水埋深由大变小，矿化度由低变高。水化学类型由 HCO_3-Ca 型水向 SO_4·HCO_3-Ca 型水和 Cl·SO_4-Ca 型水逐渐过渡。

以上所说的是洪积扇中地下水的一般规律，但在特定的自然地理、地质情况下，洪积扇中地下水的分布会有差异。例如，在我国南部地区，因气候潮湿，降雨量充沛，所以洪积扇中地下水水质的分带性一般不明显；但在我国西北的某些山前地区，由于新构造运动使隔水基底呈现差异断块运动，近山处上升而远山处下降，出现了洪积扇上部的潜水埋藏深度比中部浅得多的特例情况（图 11-3）。

应当指出，山前倾斜平原是一系列冲、洪积扇相互连接构成的，在该地区进行供水水文地质勘察时，首先应在一系列冲、洪积扇中找出最富水的冲洪积扇，然后在选定的冲洪积扇范围内进一步确定其具体富水部位。

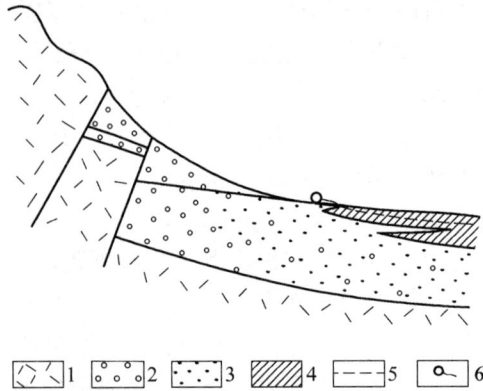

图 11-3　新构造运动造成的洪积扇地下水位异常
1—隔水基岩　2—砾石　3—砂
4—粘性土　5—潜水位　6—泉

11.1.3　黄土层中的地下水

黄土分布于我国甘、陕、晋大部分地区及豫、冀、鲁、宁夏、内蒙等部分地区，新疆、东北地区亦有少量分布，总面积为 632520 平方千米。黄土是一种在第四纪时期形成的，颗粒组成以粉粒（0.075～0.005mm）为主的黄色或褐黄色粉状土，厚度可达百米以上。黄土含有大量的碳酸盐类物质，并具有垂直发育的节理和肉眼可见的大孔隙及植物根孔、虫孔等，是以风力搬运沉积的第四纪堆积物。未经次生扰动，不具层理的称为原生黄土，而由风成以外的其他成因堆积而成，常具有层理的称为次生黄土。

在黄土分布区，发育有黄土塬、梁、峁、碟、陷穴、井、桥等独特地貌景观。黄土塬是黄土高原受现代沟谷切割后保存下来的大型平坦地面。黄土梁是平行沟谷的长条状高地，顶面平坦或微有起伏。黄土峁是孤立的黄土丘，大多数是由黄土梁进一步被切割而成。黄土碟是一种直径数米到数十米，深数米的碟形凹地。黄土碟进一步发展、沉陷，形成深度大于宽度的陷穴。黄土陷穴向下发展，形成深度大于宽度若干倍的陷井。黄土桥是在黄土陷穴区崩塌之后残余的洞顶。

黄土地区地下水的主要补给来源是大气降水的下渗和洪水、河水的入渗补给。地下水类型是裂隙水和孔隙水。含水层中潜水的流向与地形相关，一般是从分布区中央向两侧河谷或深沟排泄。水平径流很微弱，水平方向渗透系数为 0.002～0.003m/d。随着深度的增加，渗透性降低。排泄方式主要是蒸发，其次是泉的溢出。

黄土层中的地下水主要赋存于宽缓的沟谷、塬面的洼地及丘间盆地。黄土塬位置较高，面积较大，切割较弱，有利于降水入渗而不利于迅速排泄，故赋存地下水较丰富。特别是塬面上低洼处，由于汇水条件好，渗入量大，故地下水水位埋深浅，水量丰富。如陕西关中地区黄土塬洼地地下水水位一般埋深 10~20m，单位出水量为 0.4~1.86L/（m·s），水量比周围塬面大5~10倍。黄土梁、峁切割强烈，沟壑纵横，支离破碎，不利于降水入渗与地下水的赋存，地下水主要赋存于丘间盆地之中，其水量较小、水质较差而水位埋深较浅（图 11-4）。黄土层的下部，若沉积有冲、洪积等地层时，这些下伏的岩层常常赋存有水质好的承压水。例如宝鸡市黄土层的底部有一层厚 2~30m 的冲积相砾石层，宝鸡市的供水有一部分取自该含水层。

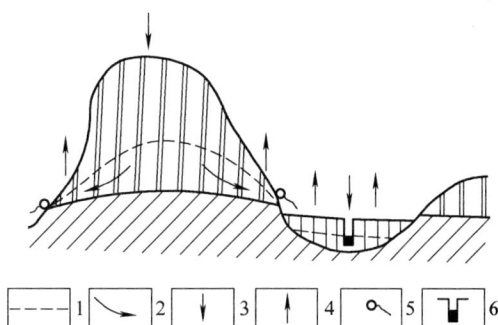

图 11-4　黄土高原地下水示意图
1—潜水位　2—地下水流线　3—降水
4—蒸发　5—泉　6—井

黄土地区降水较稀少，故黄土中可溶盐含量普遍较高，因而地下水矿化度也较高。干旱的黄土地区，地下水矿化度为 3~10g/L，属于硫酸盐—氯化物水；相对潮湿的地区，地下水的矿化度小于 1g/L，属于重碳酸盐水。

总的来说，我国黄土地区，干旱少雨，地下水水量不丰富，地下水水位埋深大，水质较差，这是气候、地貌、岩性综合影响的结果。

11.1.4　滨海沉积层中的地下水

滨海沉积是大陆与海水交互作用的结果。滨海沉积物的岩性主要为细砂、粉细砂、粉质粘土及含有较多有机质的淤泥。滨海沉积层中地下水的化学成分，具有大陆淡水和海洋咸水混合过渡的特征。由内陆向海洋，地下水的矿化度依次递增，地下水化学类型也呈现有规律的变化，咸水层厚度逐渐增厚。咸水与淡水的界面，从剖面上来看是一个起伏的倾斜面（图 11-5）。地下的淡水由内陆向海洋径流，海水在压力作用下由海洋向内陆流动，在某一范围内，海水与淡水形成混合水，并达到相对平衡状态，形成咸水与淡水之间的动平衡界面。

地下水水位发生变化时，这种相对平衡将会发生改变：当淡水水位增

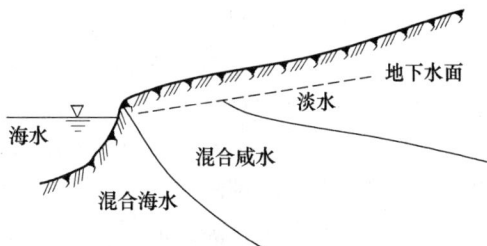

图 11-5　滨海咸淡水关系示意图

大时，这个界面在平面上向海洋方向移动；当淡水水位降低时，则向相反方向移动。因此，在滨海地区开采地下水时，必须要确定淡水层的分布范围和合理的开采方案，否则会引起海水入侵，使水质恶化。例如，上海地区滨海相松散沉积物地层厚达 300m（图 11-6），150m 以上为滨海相和河流三角洲相的粘性土层、砂层，150m 以下是河流相砂砾层和湖相粘土层交替组成。可分为一个潜水含水层和 5 个承压水含水层，且上部由于受到海水的影响地下水水质很差。自东北向西南，下部承压含水层岩性由粗变细，厚度逐渐变小，矿化度从 0.5g/L 升至 2 ~ 5g/L 依次递增。水化学类型由 HCO_3 型转变为 Cl-Na 型。其中第二、三个承压含水层埋深在 75 ~ 150m，含水层厚 20 ~ 30m，水质好，水量大，为该地区地下水主要开采来源。

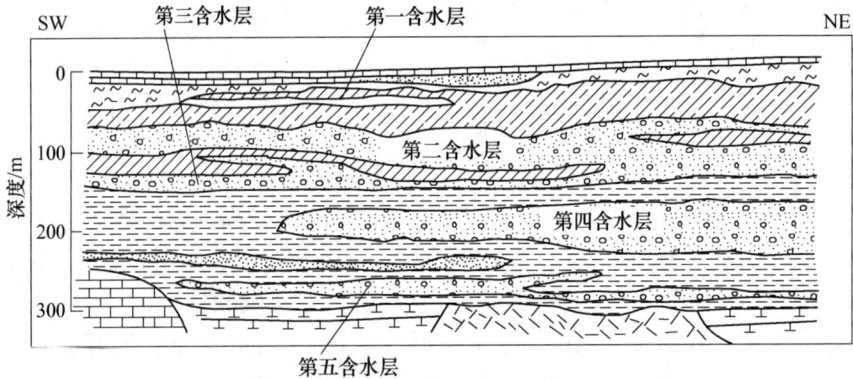

图 11-6　上海地区水文地质剖面图

11.2　裂隙水

坚硬岩石在应力的作用下产生各种裂隙，储存并运移于裂隙中的地下水，与孔隙水相比有一系列不同的特点。裂隙水的埋藏和分布非常不均匀，表现为同一岩层距离很近的井，有时出水量和水质有明显的差别；有时某一方向上离抽水井很远的观测孔水位有明显的降低，而在另一方向上离抽水井很近的观测孔水位却无变化。裂隙水一般并不形成具有统一水力联系、水量分布均匀的含水层，它并不完全受地层层位的控制，而受地质构造的控制非常明显。基岩地区寻找地下水，主要是寻找蓄水构造。在有利的蓄水构造条件下，各种基岩都可以存在相对的富水地段，而在不利的构造条件下，即使是石灰岩地区也不一定富水。

裂隙水按介质中空隙的成因可分为成岩裂隙水、风化裂隙水、构造裂隙水。

11.2.1　成岩裂隙水

沉积岩、岩浆岩和变质岩中均发育有成岩裂隙。若成岩裂隙发育的岩层出露地表时，接受降水补给或地表水的补给，形成裂隙潜水；若夹于两隔水层之间，可以形成承压水。成岩裂隙中水量的大小，决定于岩石的性质、成岩裂隙发育程度和补给条件。沉积岩的成岩裂隙通常多是闭合的，含水意义不大，如在一些细砂岩中，层面虽有龟裂，但多被泥质物充填，含水量少。喷出岩的成岩裂隙发育较好，如硬脆的玄武岩柱状节理发育，多呈张开性，含水量较丰富，水质良好。

在岩浆侵入围岩形成侵入岩的过程中，由于挤压作用、接触变质作用及后期构造变动的影响，在岩浆岩与围岩接触的部位常形成裂隙密集带，该裂隙带常富集地下水，一般水质良好。由于侵入体的透水性一般较差，如果侵入体处于地下水流的下游，它会起到阻拦和富集地下水的作用。如济南市，该市以南的山区为寒武系、奥陶系石灰岩构成的溶隙发育的单斜地层，市区北侧受闪长岩及辉长岩侵入体的阻挡，地下水位抬高，超过上覆第四纪堆积物的表面高程，地下水沿着接触带形成的成岩裂隙上升成泉，造就了著名的泉城，在 $2.6km^2$ 范围内出露106 个泉，其总涌水量最大时达到 $5m^3/s$（图 11-7）。因此，在侵入接触地区寻找地下水时，应首先划分出接触带的范围，查清围岩的性质，并在接触带中寻找裂隙密集带，优先调查具有一定补给来源的近期活动接触带。

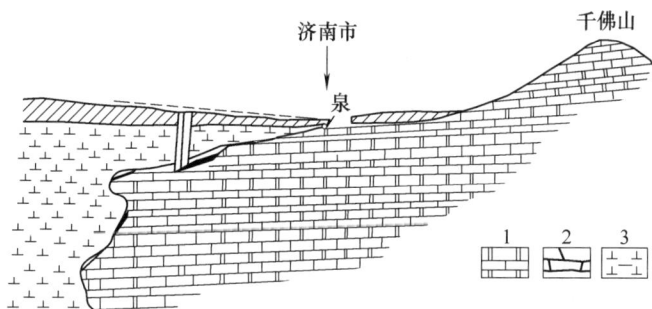

图 11-7　济南水文地质剖面示意图
1—石灰岩　2—石灰岩溶洞　3—闪长岩及辉长岩

岩脉蓄水构造是指侵入体的产状为岩脉时，它与围岩接触带中的裂隙系统所构成的蓄水构造。当围岩是透水性很差的岩层分布区，岩脉本身成岩裂隙发育就可以储存一定量的地下水；而当围岩是透水性较好的岩层时，岩脉本身成岩裂隙不发育，可以起到阻水的作用。因此，在岩脉储水构造区寻找地下水，岩脉被看作是一个标志，具有特殊的意义。

11. 2. 2　风化裂隙水

风化裂隙往往是在成岩裂隙和构造裂隙的基础上发育并不断发展的，它分布较密集、均匀延伸、无定向，构成彼此连通的网状裂隙系，其数量、发育程度随深度的增加而减少。风化裂隙水是以风化裂隙带为含水层，其下未风化的岩石为隔水层，地下水的类型为潜水。如果后期被沉积物覆盖形成了古风化壳，也可赋存承压水。风化裂隙水一般水量不大，但水质较好，矿化度较小，多为重碳酸型水。因其埋藏浅，分布广，故可作为用水量不大的分散供水水源地。

风化裂隙与气候、地形、岩性、地质构造等因素有关。气候干燥、温差大的地区，岩石的热胀冷缩和裂隙水的冻结与融化等物理风化作用强烈，岩石易形成风化裂隙；湿热气候地区以化学风化作用为主，风化裂隙常被一些次生矿物等细颗粒所充填，其导水性反而比下部的半风化带差。

地形对风化裂隙水的富集和分布影响很大。在分水岭地段，由于集水面积小，地形坡度大，故风化裂隙水在此埋深可达几十米，水量小；从分水岭转向坡谷，汇水面积增大，地形坡度变缓，地下水位埋深变浅，在山坡脚下往往只有几米，甚至以泉水的形式出露地表。

风化裂隙水的埋藏与赋存还受岩性和地质构造的影响。硬脆性岩石风化裂隙较多，分布也普遍，岩石中的构造裂隙和成岩裂隙发育的深度和强度也很大，如延安地区的基岩中，地下水就主要富集于河谷一带扭裂隙集中部位的风化壳中。

11. 2. 3　构造裂隙水

构造裂隙常成组有规律地出现，且与褶皱、断层等有一定的组合关系和成因联系，所以构造裂隙水广泛分布于褶皱和断层构造中。构造裂隙的张开宽度、延伸长度、密集程度以及导水性在很大程度上受岩层性质的影响。在坚硬的脆性岩层中，构造裂隙尤其发育，水量丰富，是裂隙水的主要研究对象。脆性岩石如石灰岩、砂岩、片麻岩等，其张开性好、延伸远、导水性好；塑性岩石如页岩、泥岩、千枚岩等，虽然岩石的构造裂隙密度大，但张开性差，延伸不远，导水性差，常构成相对隔水层。随着深度加大，围压增加，地温上升，岩石的塑性加强，裂隙张开性变差，岩层的透水性常常表现出随深度增加而减弱的一般规律性。同一裂隙含水层中，通常背斜轴部较两翼富水，倾斜岩层较平缓岩层富水，断层带附近往往格外富水。

1. 断层构造地区的地下水

断层蓄水构造是以断层破碎带作为含水层，以相对不透水的两盘岩石作为隔水边界，并有适宜的补给条件而构成的蓄水构造。断层含水带中地下水的补给来源，有的来自附近而有的来自远方，也有的来自地下深处。当补给来源较远或较深时，水位和流量就较稳定，气候和地形的影响很小。有些地方地下水具有承压性质，甚至形成自流水。总体上，它有以下几个特点：

1）含水带呈脉状或带状，宽度从数米到数十米乃至数百米不等，含水带沿断层走向延伸，其长度和深度取决于断层规模的大小。

2）断层破碎带（图 11-8）透水性和富水性极不均匀。一条大的断层，某一段是富水的，另一段可能是贫水的或无水的，所以在断层上打井取水，首先应确定断层的富水部位。

3）断层含水带的分布比较局限，但它可以沟通含水丰富的岩层而得到充沛的补给。

就断层的力学性质而言，压性断裂带储水能力很差，往往具有较好的隔水性能。但规模较大的压性断裂，其挤压带两侧常存在一个旁侧裂隙发育带，在挤压带的隔水作用下，此带

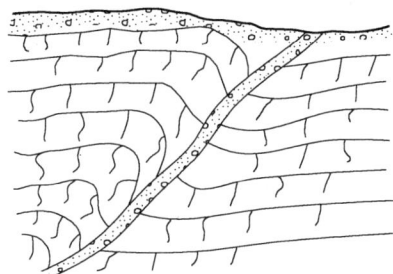

图 11-8　断层破碎带示意图

也可以成为有价值的富水带。压性断裂常使含水性不同的岩层接触，处于地下水补给一侧的含水层，当被压性断裂错断而与隔水层接触时，在接近断裂面的部位会有大量地下水汇集。另外在厚层脆性岩层中，小规模压裂面之间的岩体由于受上下断裂面力偶的作用，其间岩体的张扭性裂隙比较发育，可以构成较好的富水带。

张性断层破碎带中的构造角砾岩结构疏松，空隙率大，节理张开度大，但向两盘岩石中延伸范围不大，规模一般较小。由于破碎带由较为疏松的断层角砾充填，角砾大小不一，呈棱角状，这种结构特点使破碎带有较好的透水性。两盘岩石在破碎带影响下裂隙发育，故容易受到风化剥蚀而成为地形上的沟谷或低地，为地下水补给和储存创造了有利条件，因此，只要补给条件较好时，在断层破碎带及两侧张裂隙密集处都富存地下水（图 11-9）。

扭性断裂破碎带主要为细碎角砾岩或断层泥等，宽度一般不大，但平直、稳定，延伸较远。一般扭性断裂破碎带呈隔水或略具透水性，在透水性较好的岩层中，它是相对隔水的；在透水性弱的岩层中，又可看作是微透水的。当扭性断裂规模较大时，断裂面两侧的脆性岩层将会受到影响，常有平行于断裂面的扭裂隙和张裂隙伴生，有利于地下水的富集。

2. 褶皱构造地区的地下水

大型背斜构造轴部若处于分水岭地区，就不利于地下水的汇集，即使裂隙发育，地下水也是向两翼方向的含水层运移和集聚，而使两翼地下水较丰富。小规模的背斜构造一般不是分水岭，背斜的轴部张裂隙发育，风化作用强烈，可被剥蚀成沟谷或盆地地形，往往形成良好的富水带。例如，河北省涞源县至满城县为

大型背斜，如图 11-10 所示，轴部为变质岩，有花岗岩侵入体，含水较少；而其两翼地下水较丰富。

向斜构造中若分布有透水的岩层或溶洞发育的岩层，在其下又分布有不透水岩层作为隔水边界，而且含水层在地表出露部位有利于接受补给时，则地下水常在向斜的轴部或翼部富集。大型向斜构造的构造形态常与盆地地形一致，且向斜轴部一般为宽阔平地。向斜构造中的含水岩层上覆有隔水层时，就可成为自流盆地，对轴部地下水的富集很有利。当无隔水盖层时，则成为潜水盆地或潜水向斜构造，一般都在轴部富水，若地表排水沟谷发育，容易造成地下水的分散流失。

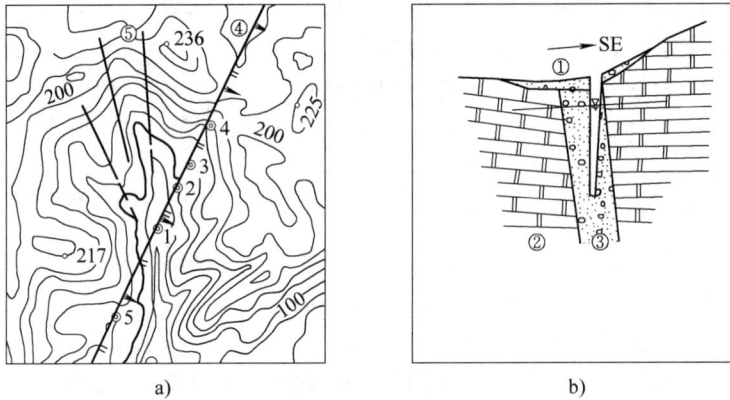

a)　　　　　　　　　　　　b)

图 11-9　张性断裂破碎带富水平面、剖面图

a）平面图　b）剖面图

①—第四系松散层　②—白云岩　③—断层角砾石　④—张性短裂　⑤—岩脉

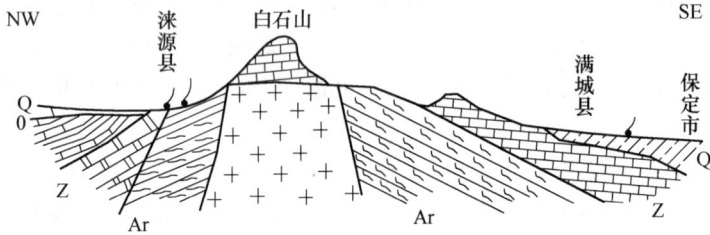

图 11-10　大型背斜剖面示意图

11.3　岩溶水

岩溶作用是指地表水和地下水对地表及地下可溶性岩石（碳酸岩类、石膏等）进行化学溶解作用为主、机械侵蚀作用为辅的溶蚀作用以及与之相伴生的堆积作用的总称。岩溶水是赋存并运动于可溶岩石的溶蚀裂隙和溶洞中的地下水，

也称之为喀斯特水。我国是世界上可溶性岩层分布较为广泛的国家之一，从南到北皆有。岩溶地区地下水资源丰富，是理想的供水水源。另外，岩溶地区常以奇特而壮丽的山水风光而闻名，是宝贵的旅游资源。但在采矿、修建水利工程时，会带来巨大威胁和复杂的工程问题。因此，对岩溶水研究具有十分重要的意义。

岩溶水与孔隙水相比，具有独特的埋藏、分布和运动规律；与裂隙水相比，在演化初期两者没有太大的区别，而处于演化后期的岩溶水系统，在某种程度上带有地表水的特征，溶隙发展形成的管道系统发育，大范围内的汇水可以形成一个完整的地下河系，空间分布极不均匀，流动迅速，排泄集中。因此，岩溶岩体由表及里贯穿有纵横交织、大小不等、分布不均的溶蚀裂隙系统，也有自成独立体系的溶洞系统，两者共存于岩溶体中，形成极其复杂的溶蚀空隙系统。贮存并运移于其中的地下水系统是能够与介质相互作用不断自我演化的动力系统。

11.3.1　岩溶发育的基本条件

岩溶发育两个缺一不可的条件是：①具有溶蚀岩石能力并能在岩石空隙中不断循环的水，它是岩溶形成的动力条件；②具有裂隙发育且能够透水的可溶岩，它是岩溶形成的物质基础。

1. 岩溶形成的物质基础

可溶性岩石的存在是岩溶发育的先决条件，它的成分和结构在很大程度上控制着岩溶的发育程度。岩石的成分和结构不同，其溶解度、溶解速度及溶蚀特点都不同。可溶岩的岩性愈纯，可溶性愈强，岩溶愈发育，溶洞越大，而且集中，如成分均一的石灰岩，它的主要矿物成分是方解石；成分结构不均一的可溶岩，由于非可溶成分的存在，不仅减弱了岩石的溶解速度，而且也降低了岩石的溶解度，因此只发育一些小溶洞。

含有碳酸的水，对石灰岩（化学成分以 $CaCO_3$ 为主）的溶蚀能力比纯水大得多，其化学反应式为

$$CaCO_3 + CO_2 + H_2O \rightarrow Ca(HCO_3)_2 \qquad (11-1)$$

反应所形成的 $Ca(HCO_3)_2$ 溶于水，被水流带走，使裂隙逐渐扩大成为溶洞。

2. 地质构造控制岩溶的发育和分布

地质构造控制着岩溶的空间分布规律，主要表现在两个方面：一是控制岩溶的发育强度和深度；二是控制岩溶的发育方向和部位。通常构造线的方向就是岩溶发育分布的方向。由于地质构造作用，破坏了可溶性岩石的完整性，从而控制了地下水循环条件，增加岩石的渗透性能，扩大了岩石与水的接触，促进岩溶发育。

在断层附近和褶皱部位，为构造裂隙最为发育地段，岩石的透水性好，地下水的循环交替迅速，具有溶蚀能力的水与可溶性岩石接触机会增多，加快了对可

溶岩的溶蚀作用，因此岩溶最为发育。例如，在褶皱轴部的硬脆可溶岩层中，岩层弯曲应力集中，常形成"X"形裂隙，同时轴部往往岩层厚度较大，挤压破碎或层间滑动可使其顶部形成脱开的空隙。由于张性裂隙存在，有利于地下水的活动和储存，促进岩溶的发育，因此地下暗河常是沿褶曲轴部发育。图11-11所示为广西都安县地苏地下暗河，其主流即延向斜轴展布，顺着向斜谷地发育，其支流则沿着横张裂隙发育，平行排列在主流两侧。

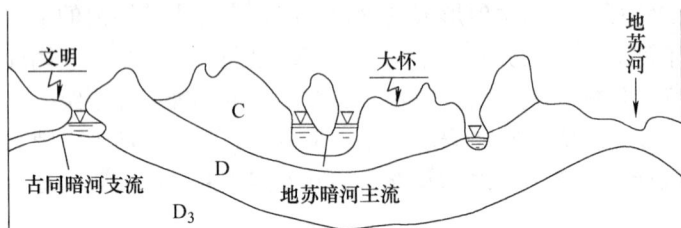

图11-11 地苏暗河主流与地质构成关系示意图

3. 水交替循环是岩溶形成的基本动力条件

地下水在循环交替过程中，不仅作用于可溶岩，而且也改造水本身。在水循环交替过程中，由于各种因素影响，水不断地把侵蚀性CO_2从地表沿岩层裂隙带入地下，水与可溶岩作用，失去CO_2，且带着溶蚀物质流向排泄区。地下水的不断循环对可溶岩也不断溶蚀、冲刷，从而使溶隙逐渐扩大，加宽了水流通道，又为进一步加快水的循环创造了条件，溶蚀作用加强。地下水的交替循环在近地表浅部作用强烈，向深部随着溶隙发育程度减弱，水文网的切割排泄影响也越来越弱，水交替循环作用也变缓，所以岩溶发育随深度的增加而减弱。

4. 地貌及新构造对岩溶发育分布的影响

由于地貌、地质构造、上覆岩层和第四纪沉积物岩性、厚度及水动力条件的差异，可溶岩分布的不同区域或同一石灰岩层的不同地段，岩溶发育深度都不相同。因此，在研究岩溶发育程度和分布规律时，必须把地质历史的发展演变过程和水动力条件结合起来。当地壳有节奏性地上升时，在剖面上可形成数层水平溶洞。由于新构造运动，影响了地表切割程度和深度，导致排泄基准面和分水岭的变化，常常发生地下暗河袭夺现象。侵蚀基准较低的地下河势能较低，吸引较多的水流。随着地下河系的流域不断扩展，当低势主干地下河扩展到与另一侧的地下河相通时，便袭夺后者使之成为低势地下河系的一部分，这就是地下暗河袭夺现象。

总之，岩石的可溶性和透水性、水的侵蚀性和流动性是岩溶发育的基本条件。由于这些条件的控制，而使可溶岩体不同部位岩溶发育程度不同，形成岩溶发育的不均衡性和复杂性。大量资料表明，岩溶发育且岩溶水富集的地段是：

1）岩层中导水的大断裂带、褶曲轴部以及构造复合部位。

2）可溶岩中水流溶蚀能力强的垂直和水平循环交界处，如地下水与地表河流汇合带和可溶岩与非可溶岩接触部位。

11.3.2　岩溶水的特征

岩溶的发育特点，决定了岩溶水有如下特征：富水性在水平和垂直方向具有分带性，岩溶水赋存的极不均一性和水力联系的各向异性，径流、排泄条件十分复杂。

1. 富水性在水平和垂直方向的分带性

从区域来看，岩溶水具有明显的水平和垂直分带规律。在水平方向上，强含水带常沿褶皱轴部、断层破碎带、可溶岩与非可溶岩接触带呈脉状带分布，具有明显方向性。强含水带中的岩溶水，水力联系密切，彼此连通具有大体一致的统一地下水面，水力坡度较平缓。在垂直方向上，岩溶发育具有向深部逐渐减弱的规律，因此表现出较明显的垂直分带现象，通常分为垂直循环带、季节变化带、饱水带和深循环带。垂直循环带又称包气带，位于地表以下至最高岩溶水位之上，是降水向地下垂直渗流地带，水流以垂直运动为主，故主要发育垂向溶洞，常将其形象地称之为竖井、落水洞等。季节变化带是指最高岩溶水位及最低岩溶水位之间的地带，垂直与水平岩溶都发育，旱季此带干枯，丰水期可充满潜水。饱水带位于最低岩溶水位以下，受主要排水河道所控制的饱水带，地下水在此带中水平运动较显著，水循环交替强烈，是开采利用的主要对象。深循环带的地下水的流动方向受地质构造影响，水流运动缓慢，岩溶作用很微弱，通常只发育有微小的溶洞及蜂状溶孔。

因此，在岩溶裸露的峰丛山区，由于地表土层很薄，基岩裸露岩溶发育，大气降水汇集于落水洞或竖井，以灌入方式补给岩溶地下水，有的甚至流经可溶岩分布地区的整条河流被地下岩溶吸入，表现为可溶岩分布的山区，往往地表缺水，农田干旱，饮水困难，呈现出一片干旱景象。

2. 岩溶水赋存的极不均一性

岩溶水通常以渗流和管流两种运动形式分布和埋藏于可溶性岩层中。岩溶含水层富水性强，但由于岩溶发育极不均匀，决定了岩溶水赋存的极不均匀性。岩溶含水层中，不论是在同一水平，还是在同一地段管状溶洞集中径流带，水与周围溶隙间渗流水力联系往往很弱，甚至咫尺之隔，富水性差异达数十倍，有时至数百倍。通常，岩溶发育程度越强烈，富水性越强；岩溶发育程度弱或不发育，则含水很少或不含水。例如，湖南恩口壶天群岩溶含水层，在不同地段的钻孔中，单位涌水量变化从 $0.03 \sim 6.06 L/(m \cdot s)$，差值在 200 倍以上。

3. 水动力特征表现为水力联系的各向异性

在可溶岩体中，由于大溶洞和小溶隙等岩溶现象并存，岩溶富水带中的溶洞之间或溶洞和溶隙之间相互连通，因而岩溶水的水力联系密切，为统一的含水层，具有顺岩溶发育方向水力联系好，为岩溶水运动的主要方向；在另一些方向上，水力联系相对较差，导水能力也很弱；在同一含水层中，往往还存在与上述水流无水力联系的孤立水流。所以，岩溶水的水动力特征表现为各向异性的水力联系。

4. 岩溶水径流和排泄的复杂性

地表岩溶发育地区，降水和地表水可以迅速被吸收，岩溶水由垂直运动转变为水平运动，或是沿管状通道迅速地运动和汇集，或是在小裂隙中渗流。由于两种运动的差异，地下水运动的性质迥然不同，造成岩溶水径流的复杂性。由于岩溶空隙大，水的运动速度快，其动态变化与降水变化过程基本一致，枯水期与洪水期流量可相差100多倍，动态不稳定，呈现大量吸收地表水而形成集中径流的典型的气象动态特点，并在一定条件下，一些无压水流变为有压水流。岩溶水以集中排泄为特点，一般排泄量都很大。有的以暗河形式突然涌出地表转变为明流；有的以泉的形式排泄，泉水涌出地表流量较大，动态稳定，可构成具有供水价值的水资源。

在开发利用岩溶水作为给水水源时，必须注意岩溶发育的特征。另外，岩溶水的水位、水量有明显季节性变化，而且变化幅度较大；一般矿化度较低，多在0.5g/L 以下，属 HCO_3-Ca 型，但易受污染，以岩溶潜水为供水开采层时应注意水源地的保护。

本 章 小 结

【本章内容】

地下水按岩石的空隙性分为孔隙水、裂隙水和岩溶水三种类型。本章主要讲述这三种类型地下水的特点和分布规律。

（1）孔隙水　本节主要讨论第四纪沉积物和部分松散沉积岩中地下水（孔隙水）的分布特征。河谷平原区的地下水水质良好，埋深浅，沿河谷呈条带状分布；洪积扇的松散岩层可分为上部砂砾带，中、下部粗细沉积交替过渡带和边部粘性细土带，其中赋存的地下水有着不同的分布特征；黄土层中的地下水的特点是水质差、水量少、与黄土的分布规律及地形有关。

（2）裂隙水　裂隙水是坚硬岩层中的地下水。本节主要讨论成岩裂隙、风化裂隙和构造裂隙水的分布特征。

（3）岩溶水　岩溶水是存在于可溶性岩石溶洞中的地下水。本节讨论岩溶发育的基本规律和岩溶地下水的特点。

通过对本章的学习，要求学生熟悉松散沉积物中的孔隙水、坚硬岩石中的裂隙水和可溶性岩石中岩溶水的分布特征，尤其是由第四纪松散岩层构成的不同地貌区地下水分布规律。

Chapter 11　Distribution Characteristics of Groundwater in Different Voids

【Chapter content】

Underground water is classified into the pore water, fissure water and karst water according to rock voids. The characteristics and the distribution rules of the three kinds of groundwater are mainly examined in this chapter.

1. Pore water

The distribution characteristics of the groundwater existing in the Quaternary Period loose-rock and parts of sedimentary rocks are mainly illustrated. The groundwater in the valley plain is buried mainly along the river valley belt, in which the water quality is better and the depth from the water-table to the ground-surface shallow, often several meters. The loose strata found in the flood-alluvial fans are usually divided into the upper sand and gravel zone, the middle and middle-down zone of alternate coarse and fine deposits and the clayey fringe, in which the groundwater distribution has the different features. The groundwater in loessal deposits is characterized by the worse quality and less volume, which is related to the distribution patterns and terrain of the loess.

2. Fissure water

Fissure water exists in the formation composed of hard rocks. We principally discuss the distribution features of original fissure-water, weathering fissure-water and structural fissure-water here.

3. Karst water

Karst water, referred to as cavern water, is found in the vugular pore space of limestones. The basic formation rule and the distribution characteristics of the water are principally described.

【General Learning Requirements 】

The distribution characteristics of the water existing in pores, cracks and caverns should be familiar, especially in the different geomorphic areas of the Quaternary Period loose formation.

复 习 题

11-1 地下水按空隙性分哪几类？

11-2 什么是孔隙水？哪些沉积物中的水属于孔隙水？

11-3 黄土地区地下水有哪些特点？在黄土地区哪些地方可以找到比较丰富的地下水？

11-4 平原河谷区的地下水有什么特点？

11-5 洪积物中的地下水有什么特点？

11-6 简述构造裂隙赋存地下水的一般规律。

11-7 简述岩溶发育的基本规律。

11-8 岩溶水的特点有哪些？为什么有的地方岩溶十分发育，但岩溶水却不十分丰富？

第 12 章

地下水资源勘察与评价

12.1 勘察任务与勘察阶段

12.1.1 勘察任务

供水水文地质勘察的目的是为水源地设计、施工和环境保护提供所需的水文地质资料。专业勘察单位将水文地质勘察成果以报告的形式提供给水工程和环境工程专业人员，作为给水设计的依据，所以要求给水和环境工程专业人员不仅要掌握一定的水文地质基础知识，而且还应掌握一些水文地质勘察的方法、手段、设备等，能够阅读和使用水文地质勘察报告。

供水水文地质勘查工作的任务有：

1）查明勘察区水文地质条件，选择水源地。

2）根据不同用水要求，全面评价地下水的量与质。

3）提出取水构筑物选择与布置的技术经济方案。

4）研究地下水的开采动态，以便确定合理的地下水开采量及开采制度。

5）提出水源地环境保护的水文地质依据。

水文地质勘察工作应根据不同用水单位的特点和勘探区的水文地质条件，因地制宜地开展工作。水文地质勘察方法一般包括测绘、物探、钻探、抽水试验和地下水动态观测以及室内试验。此外，遥感技术、数学模型等方法在水文地质勘察中也已成为重要的手段。

12.1.2 勘察阶段

水文地质勘察阶段一般是按设计阶段相应的要求进行划分的，遵循有浅入深、由表及里、循序渐进的原则。通常分为初步勘察和详细勘察两个阶段。

（1）初步勘察阶段 主要任务是查明该地区可利用的水源，初步进行地下水量与水质评价，进行水源地方案比较，确定拟建水源地的位置，为给水工程的初步设计和详勘提供依据。勘察区用图比例尺一般为1:5~1:2.5万，工作精度较低。

（2）详细勘察阶段   主要任务是查明拟建水源地和拟建取水构筑物范围内的水文地质条件，开展试验工作，较为全面地评价地下水资源，提出合理开采方案，为水源地施工图设计提供依据。勘察区用图比例尺较大，一般为1:1万或更大，要求工作精度高。

勘察阶段除应与设计阶段相适应外，尚可根据需水量、现有资料和水文地质条件等实际情况，进行简化与合并。当水文地质条件简单，现有资料较多，水源地已基本确定，少数管井能满足需水要求时，可直接打勘探开采井，进行详勘。

12.1.3   勘察工作步骤

1）勘察单位接到任务后，首先应收集专门性水文地质勘察、综合性水文地质普查以及地质普查、矿产勘察报告中有关水文地质方面的资料；进行勘探区的踏勘工作，以了解勘探区的概况；明确勘探的目的、任务、要求及勘察阶段，写出勘察纲要；组织好勘察工作所需的人力、材料、设备等。

2）根据勘察纲要的要求进行测绘、钻探、抽水试验、地下水动态观测等野外工作。

3）整理勘察资料，编写水文地质勘察报告。

12.2   水文地质勘察方法与工作内容

12.2.1   水文地质测绘

水文地质测绘就是在地表通过对地质、地貌、地下水及其有关的各种现象的观测、综合分析和制图工作，认识勘察区地下水埋藏、分布和形成条件的基本调查方法。它是水文地质勘察的重要手段和基础工作。

12.2.1.1   水文地质测绘的任务

1）查明勘探区气象、水文、地貌的基本特征。

2）确定地下水类型和岩石的含水性质，选择供水含水层，查明供水含水层与其他含水层之间的关系。

3）查明勘探区内水文地质条件及地下水动态的一般特征。

4）评价区内地下水资源概况及其开采条件。

5）初步阐明区域地下水化学特征及其形成条件，调查地下水污染情况。

12.2.1.2　水文地质测绘的内容

1. 地貌、地质调查

地貌是地壳内外地质营力综合作用的产物。它不仅控制地下水的补给和排泄条件，而且还影响地下水的埋藏和分布，特别是第四纪松散沉积物发育的地区，是地下水分布和活动的重要场所，是供水的重要目的层。地貌调查主要包括：地貌的形态、成因类型及各地貌单元间的界限和相互关系；地貌与含水层的分布及地下水的埋藏、补给、径流、排泄的关系；新构造运动的特征、强度及其对地貌和区域水文地质条件的影响。

地质调查是水文地质测绘的基础。由于岩石是地下水赋存、运动的介质，岩性、地质构造控制着岩石的空隙大小、分布，因此地质调查的内容应强调水文地质的观点，其主要内容有：地层的成因类型、时代、层序、产状、厚度及接触关系，不同地层的透水性、富水性及其变化规律；地质构造的类型、产状、裂隙发育特征及富水地段的位置等。

2. 水文、气象调查

降水是水循环的主要环节之一，是地下水主要补给来源。此外，湿度、蒸发量也是影响地下水的活跃因素。应调查地表水的位置、分布范围、水位、水质、流量与动态变化等；收集降水量、蒸发量、气温、湿度等气象资料。

3. 泉、井调查

井、泉分别是地下水的人工、天然露头。泉的调查内容有：泉的出露条件、成因类型和补给来源；泉水水质和动态变化等。水井调查内容有：井的位置、类型，取水层的岩性和厚度，降落漏斗下降速度与幅度，地下水的开采方式、开采量、用途和开采后出现的不良环境地质问题，弄清地下水开采现状；选择有代表性的水井进行简易抽水试验。

12.2.1.3　水文地质测绘方法

水文地质测绘的基本工作，主要是通过野外观测点和观测线路进行填图来完成的，是在比例尺大于或等于测绘比例尺的地形、地质图基础上进行的。测绘的比例尺应与勘察阶段相适应。若没有相应比例尺的地形图，还应同时进行地质测绘。测绘工作一般分为准备工作、野外工作和室内资料整理 3 个阶段。

水文地质测绘工作过程中，要合理布置观测线路，正确选择观测点，以最少的工作量达到最好的测绘效果。确定观测点和观测线路的数量可依据供水水文地质规范（表 12-1）。

目前，遥感技术已在水文地质测绘中得到了应用。我们用遥感影像资料可以绘制一个地区的地貌、土壤、土地利用、植被和水系图等，减少了野外填图工作量，并提高了图件的精度。

表 12-1 水文地质测绘观测点数和路线长度

测绘比例尺	水文地质观测		地质观测点数/（个·km^{-2}）	
	点数/（个·km^{-2}）	线路长/（km·km^{-2}）	松散岩层地区	基岩地区
1:100000	0.10 ~ 0.25	0.50 ~ 1.00	0.10 ~ 0.30	0.25 ~ 0.75
1:50000	0.30 ~ 0.60	1.00 ~ 2.00	0.30 ~ 0.60	0.75 ~ 2.00
1:25000	1.00 ~ 3.00	2.50 ~ 5.00	0.60 ~ 1.80	2.00 ~ 4.50
1:10000	3.00 ~ 8.00	4.50 ~ 7.00	1.80 ~ 3.60	4.50 ~ 9.00

12.2.2 水文地质物探

地球物理勘探的基本原理是通过借助各种物探仪器，对构成地壳的各种岩石的物理性质，包括岩石的电阻率、密度、磁性、弹性波等的测定，间接判断地面以下不同岩石的岩性、地质构造、水文地质现象等。采用物探方法时，被探测体应具备的基本条件有：①与相邻介质对同一物性参数有明显的差异；②有一定的规模（厚度或范围），埋藏不能太深；③所引起的异常值，在干扰情况下尚有足够的显示。

常用的物探方法有：电阻率法、自然电场法、充电法、测井法、重力法、磁法和地震折射法等，其中电阻率法是当前水文地质物探工作中使用最广、效果较好的方法。由于物探成果的精度受各种自然与人为因素的干扰以及成果多解性的限制，常常需要用钻探成果来校核。下面着重介绍电阻率法的原理及其在水源勘察中的应用。

12.2.2.1 电阻率法的原理

导体电阻的计算公式：$R = \rho \dfrac{L}{S}$，式中的 L 是导体的长度，S 是导体的断面面积，ρ 是比例常数，R 称之为该导体的电阻率。电阻率法勘探就是根据岩石电阻率的不同来区分岩石种类的。

岩石的电阻率与岩石的矿物成分、空隙多少、湿度、温度以及富水程度等因素有关。当岩石的空隙中含有一定的水分和盐分时，岩石的导电性能大大增强。地下水的电阻率与水中的矿化度有密切的关系，特别是矿化度不大的情况下，矿化度略有增高，岩石的电阻率则会大大降低；而水中盐分的种类则对电阻率影响不大。所以，岩石的电阻率主要取决于岩石富水程度和地下水中的盐分含量。

测定岩层的电阻率通常使用四极对称装置，如图 12-1 所示。AB 是一对供电电极，MN 是一对测量电极，AB、MN 对称于中心点 O（即测点）。根据电位叠加原理，可推导出岩层电阻率 ρ 的计算公式为

$$\rho = K \frac{\Delta U_{MN}}{I} \tag{12-1}$$

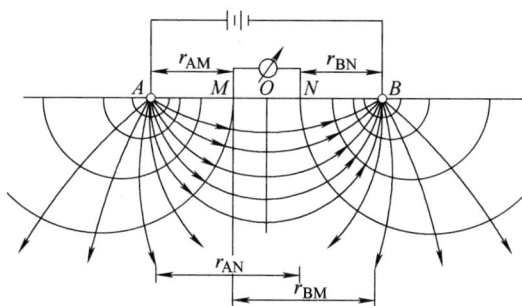

图 12-1　四极对称装置示意图

式中，K 为装置系数，$K = \dfrac{2\pi}{\dfrac{1}{r_{AM}} - \dfrac{1}{r_{BM}} - \dfrac{1}{r_{AN}} + \dfrac{1}{r_{BN}}}$；$r_{AM}$、$r_{BM}$、$r_{AN}$、$r_{BN}$ 分别为 M 点距 A 和 B 电极的距离和 N 点距 A 和 B 电极的距离；ΔU_{MN} 为 MN 电极间的电位差；I 为供电电流。

在实际条件下进行测量时，用实测的数据计算出的电阻率，不是某一岩层的真正电阻率，也不是各岩层电阻率的平均值，而是该电场分布范围内各种岩层电阻率综合影响的结果，称之为视电阻率。

电流密度随深度的增加而减小。所以，用电阻率法勘探时，勘探深度一般只有极距的一半，若下部有高电阻率的岩层时，勘探深度还要减小。若要加大勘探深度，可以通过增大供电电极的方法来实现，即供电电极距离越大，勘探深度越大。

电阻率法在水文地质勘察中可以解决一些问题，包括寻找松散沉积区地下水，断裂破碎带和岩溶发育带的位置与分布范围，圈定富水带，确定地下水水位、流向、渗透速度和水的矿化度，绘出钻孔的地质剖面等。

电阻率法勘探的应用是有一定条件的，即所测的岩层（体）与围岩应有明显的电阻率差别，被测的对象必须具有一定的规模，其电阻率在水平与垂直方向上都要求具有相对的稳定性，没有其他电阻率异常高或低的屏蔽层存在；电测线尽可能选择在地形开阔平坦处。

12.2.2.2　电阻率法在水文地质勘察中的应用

1. 电测深法

电测深法的原理是在地表上同一点，用改变供电电极之间距离的方法来控制不同的勘探深度，由浅入深，研究该点地下介质垂直方向上电阻率的变化。在测区内布置一定的测网，测网由若干测线组成，每一条测线布置若干测点。综合每一条测线的测量结果，通过分析解释，可以得到每一条测线地质剖面资料，综合测区内每条测线的结果，可以得到测区内地下岩层沿水平和垂直方向上的综合资料。

在电测深法工作中，通常采用对称四极装置。岩层的性质将反映到视电阻率值 ρ_s 上。从小到大逐渐改变供电电极之间的距离，可测得一系列不同数值的视电阻率 ρ_s，这些视电阻率值不仅是随着供电电极距离的变化而变化，而且也随不同岩层真电阻率的不同而不同。电极距离短时反映浅部岩层性质，电极距离长时反映深部岩层性质，所以电测深法实质上是在探测某一测点岩层垂直方向上视电阻率的变化情况。

图 12-2 表示地表下有两层不同电阻率的岩层，设第一层厚度为 h_1，电阻率为 ρ_1，第二层电阻率为 ρ_2，厚度很大。当供电电极较小时 $\left(\dfrac{AB}{2} < h_1\right)$，电流绝大多数会在第一层中流动，第二层的影响很小，此时测得的视电阻率值相当于电阻率为 ρ_1 充满半空间的结果，故曲线左支出现 $\rho_s = \rho_1$ 的水平渐近线。当 $\dfrac{AB}{2}$ 逐渐增大，电流的分布深度也增大，ρ_2 的存在开始影响地表电流的分布。若 $\rho_2 > \rho_1$，ρ_2 层就要显示排斥电流流入的作用，使地表电流密度加大，曲线出现上升段。若 $\rho_1 > \rho_2$，ρ_2 层则显示对电流吸引作用，使地表电流密度减小，曲线出现下降

图 12-2　电测深示意图

段。当 $\dfrac{AB}{2}$ 远大于 h_1 时，电流大部分分布于 ρ_2 层，测得的视电阻率值相当于电阻率为 ρ_2 充满半空间的结果，故曲线右支出现 $\rho_s \rightarrow \rho_2$ 的水平渐近线。若取供电电极的一半 $\left(\dfrac{AB}{2}\right)$ 为横坐标，ρ_s 为纵坐标，将测得的不同极距的 ρ_s 值绘在双对数坐标纸上，把所测的点连接起来就得到电测深曲线。

2. 电剖面法

电剖面法的原理与电测深法相同。此种方法是采用固定极距的电极排列，沿测线方向移动装置进行 ρ_s 测量，通过分析对比，了解地下某勘探深度以上沿测线水平方向地层的电性变化，可解决水文地质勘察中的某些问题，如划分不同岩性的陡立接触带、岩脉；追索构造破碎带、地下暗河等。

图 12-3 所示为利用电剖面法追索构造破碎带的走向，确定其倾向，以及估计破碎带宽度的实例。若破碎带两盘岩性相同，ρ_s^A 和 ρ_s^B 两条曲线呈对称状，说明破碎带是近于直立的。图 12-3 所示的 ρ_s^A 和 ρ_s^B 不对称，说明破碎带是倾斜的；由于 ρ_s^A 极小值 $< \rho_s^B$ 极小值，说明断层破碎带向 B 极方向倾斜；从 ρ_s^A 及 ρ_s^B 曲

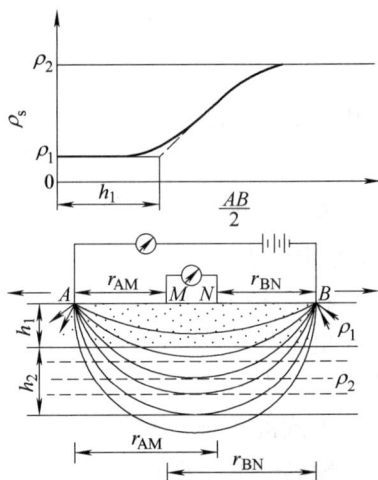

线的极小点的水平距离确定破碎带的宽度。

由于各种装置相对于不均匀体的位置有比较复杂的关系，所以电剖面法主要是定性解释为主。在实际工作中，此种方法常常与电测深法相结合，用来追踪和圈定古河道或冲洪积扇的砂卵石分布范围，寻找基岩裂隙水带或石灰岩岩溶的含水带，查明断层位置，划分淡水和咸水界线，确定松散地层的厚度等。

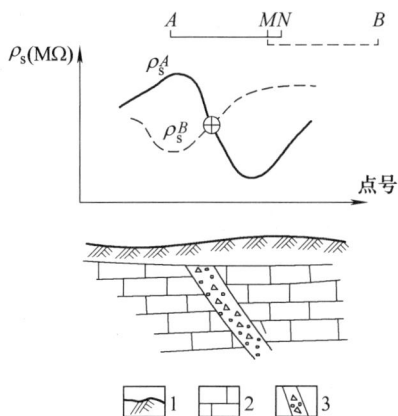

图 12-3　联合剖面法确定倾斜断
层示意图
1—表土　2—灰岩　3—断层破碎带

12.2.3　水文地质钻探

在水文地质勘察前期工作中，水文地质测绘、物探是研究地下水的主要方法。为了进一步揭露地下水，获得深部资料，勘察的后期就必须进行水文地质勘探工作。勘探工作包括山地工作和钻探两大部分。山地工作包括试坑、浅井和探槽等种类。山地工作因勘探深度有限、效率低、成本高，除了在某些特殊情况下，或为了某些专门目的用来揭露浅层地下水外，一般情况下很少使用。

水文地质钻探是直接探明地下水的一种最重要、最可靠的勘探手段，是进行各种水文地质试验的必备工程，具有效率高、勘探深度大等优点，在水文地质勘察中被广泛使用。通过钻探可以直接、准确地了解含水层的埋藏深度、厚度、岩性、分布情况、水位和水质等，是验证测绘和物探成果的一种最主要、最可靠的直接手段，利用钻井进行抽水、注水试验来确定水文地质参数等。下面着重对水文地质钻探进行讨论。

12.2.3.1　水文地质钻探的任务

对于不同的地下水资源调查或同一勘察任务的不同勘察阶段来讲，水文地质钻探具体的任务虽有差别，但其基本的任务有以下几项：

1）揭露水文地质剖面，确定含水层位、厚度、埋藏深度；查明岩性、结构，研究含水地段的地质构造。

2）测定各含水层的地下水水位（初见水位和稳定水位），确定含水层间的水力性质，以及含水层与地表水之间的水力联系。

3）采取岩芯、土样和水样，测定岩石的水理性质和地下水的物理性质、化学成分及气体成分。

4）利用钻孔进行水文地质试验、动态观测和监测，测定水文地质参数和预测其动态变化趋势。

5）利用钻孔作为开采地下水的生产井，即称之为探采结合井。

12.2.3.2 水文地质钻探的技术要求

1. 水文地质钻孔结构设计

水文地质钻孔结构设计就是根据钻探的目的、任务、水文地质条件和现有技术设备条件等，对钻孔的孔径、深度、孔斜和冲洗液等提出的具体设计方案。

（1）钻孔深度 主要取决于含水层底板埋藏深度，原则上应揭穿当地具有供水意义的全部含水层。若含水层厚度很大，应根据勘探目的，结合生产要求和技术条件，来确定钻孔深度。对于勘探开采孔，还要考虑增加沉淀管的深度。孔深误差不大于2‰。

（2）钻孔孔径 钻孔直径的大小，与选用钻探设备、钻探方法、井管类型、抽水方法等有关，此外还要结合地质、水文地质条件的复杂程度来确定。一般的要求是：勘探抽水井的过滤器骨架管的内直径，在松散地层中，应大于200mm；在基岩地层中，应大于100mm。对于探采结合的生产井，应按供水井的要求决定钻孔直径，一般采用的过滤器直径比勘探抽水井大，在中细砂层中常用300mm，砂卵石层中采用350~400mm。

（3）孔斜要求 在现有技术条件下，钻孔在一定深度内产生一定的倾斜是正常的。如果倾斜度过大，会加大设备的磨损和孔内事故，影响设备的安装和正常运转，因此对孔斜必须有严格的要求，一般规定孔深在100m深度内孔斜度不大于1.5°。

2. 钻孔止水

钻孔止水的目的，主要是为了取得分层水位、水量、水质资料，防止不同含水层互相串通，影响地下水资源正确评价和合理利用。止水地段必须选择在岩石比较坚硬、厚度稳定、隔水性能良好、岩性在水平方向上变化较小和孔壁比较整齐的部位，以确保止水质量。止水材料有粘土、水泥等。

3. 冲洗液的要求

为了取得可靠的水文地质资料，在水文地质钻探中原则上应采用清水钻进，少用或不用泥浆钻进（尤其是在细颗粒含水层中），以减少复杂的洗井工作和避免泥浆形成泥皮堵塞孔壁的问题。然而，在实际操作中，考虑到钻孔结构，减少施工程序，防止孔内事故和提高钻探效率，仍广泛采用泥浆钻进。这时要严格控制泥浆的稠度，保证泥浆质量，终孔后采取有效的洗孔措施。

4. 洗井

洗井的目的是将孔壁泥皮、岩粉及充填物冲洗干净，达到含水层的水能畅通地进入孔内。洗井的具体要求是水清砂净，含砂量在粗砂层地区为1/50000以下，中砂层地区为1/20000以下（体积比）。常用的洗井方法有空气压缩机洗井、活塞洗井、活塞和空气压缩机联合洗井、冲孔洗井等。

5. 简易水文地质观测和取样要求

简易水文地质观测是利用勘探孔对钻进的岩层进行水文地质观测和编录工作。其观测项目一般包括：地下水水位、水温、冲洗液消耗量及粘度、涌水和漏水现象；岩芯采取率、钻进速度；在钻进中与水文地质有关的其他现象，如掉钻、卡钻、埋钻、孔壁坍塌、涌砂、气体逸出等。在钻进过程中必须每隔一定间距采取岩芯或岩样，含水层中宜每 2 ~ 3m 取一次，非含水层 每 3 ~ 5m 取一次，对所取的岩心或岩样应加以详细的编录分析，对主要含水层应分别采取水样。

12.2.3.3　水文地质钻孔的布置原则

水文地质钻探是一项费用昂贵、技术复杂的工作。因此，在布置水文地质钻孔之前，必须充分研究勘探区水文地质测绘、物探、简易水文地质观测等资料，在对区域水文地质条件进行预测的基础上，根据勘探目的和任务进行布置，争取做到用最少的工作量、最低的成本、最短的时间，获得高精度的水文地质成果。同时还应考虑以下几项原则：

（1）以线为主，点线结合　水文地质钻孔通常采用勘探线的形式布置，沿地质、水文地质条件变化最大方向布控，通过数条勘探线，就能有效地控制勘探区含水层的分布、埋藏、厚度、岩性以及地下水的补给、径流、排泄条件等，点的布置应考虑满足勘探线宏观控制的要求，具有代表性，对某些必须解决的特殊问题，在勘探线控制不到的地方，可布置个别勘探孔。在详勘阶段，勘探孔的布置还应满足地下水资源评价时不同数学模型的建模要求。

（2）以疏为主，疏密结合　以满足不同勘察阶段对水文地质条件的控制与资源评价精度的要求为原则，合理布置钻孔，禁止将钻孔平均化。原则上以疏为主，但对水文地质条件复杂的，或具有重要水文地质意义的地段，如断层带及其两侧，不同地貌单元及不同含水层的接触带，与地下水有密切联系的较大地表水体附近，岩溶强烈发育以及供水首先开发地段等，均应加密孔距。对一般地段可以酌量减少孔距或加宽线距。

（3）以浅为主，深浅结合　钻孔深度的确定，主要取决于所需了解的含水层埋藏深度。原则上以浅为主、深浅结合的方法进行布孔，既要达到基本控制含水层的埋藏深度，又要减少工作量。

（4）以探为主，探采结合　勘探孔的布置必须是以探为主，但在全面取得勘探成果的同时，尽量做到一孔多用，探采结合。如勘探工作结束后，钻孔还可用作供水、排水以及长期观测等。对这些一孔多用的钻孔，在钻探设计时，必须预先考虑钻孔结构方面的要求。

（5）设计与施工相结合　在不影响取得全部成果质量的前提下，布孔时尽量考虑钻探施工的便利条件（如交通运输、供水供电等）。此外，钻探的原设计方案在实施过程中，是可以随条件的变化而进行增减的。例如，经过一段工作后，发现某一地段水文地质条件变化不大，无需原定工作量也可以查明变化规律时，可适当削减原设计的勘探工作量；反之亦然。

松散层地区勘探线的布置宜按表 12-2 确定。

表 12-2　松散层地区勘探线的布置

类　　型	勘探线的布置
宽度小于 5km 的山间河谷、冲积阶地地区	垂直地下水流向或地貌单元布置。在傍河或在河床下取渗透水时，应结合拟建取水构筑物类型布置垂直和平行河床的勘探线
冲洪积平原地区	垂直地下水流向布置
冲洪积扇地区	沿扇轴布置勘探线，选择富水地段，再在富水地段布置垂直扇轴（或垂直地下水流向）的勘探线
滨海沉积地区	垂直海岸线布置，查明咸水和淡水的分界面，再在分界面上游选择一定距离（按咸水不能入侵到拟建水源地考虑），垂直地下水流向布置勘测线
黄土地区	垂直和沿河谷、黄土洼地布置，平行或垂直黄土塬的长轴布置
沙漠地区	垂直和沿河流、古河道（包括河流消失带）和潜蚀洼地布置，或垂直沙丘覆盖的冲击、湖积含水层中的地下水流向布置
多年冻土地区	垂直河流布置，查明融区类型；并结合地貌横切耐寒或喜水植物生长地段布置，查明冻土与融区分布界线

12.2.4　抽水试验

水文地质抽水试验是利用钻孔或水井测定岩层水文地质参数的基本手段，是对地下水进行定量评价的重要依据。试验种类一般包括抽水试验、渗水试验、注水试验和连通试验，以及地下水的流向及流速测定等。其中，抽水试验最为普遍。

12.2.4.1　抽水试验的任务

抽水试验是用专门的抽水设备在钻孔或水井中，对含水层中的地下水进行有节制的强排，在一定范围内迫使地下水水位下降，使它形成一个抽水降落漏斗，直接观察研究人为渗流场在不同涌水量下的空间分布特点及其不同时间的演变规律。其主要任务有：

1）确定含水层的钻孔涌水量与水位下降之间的关系。

2）计算含水层的水文地质参数。

3）确定降落漏斗的形状、大小及其扩展情况。

4）了解地下水与地表水及其各含水层之间的水力联系。

5）判断含水层的边界条件及隔水层参数等。

12.2.4.2　抽水试验的类型

（1）根据抽水孔的数量以及单孔抽水时有无观测孔分类　按抽水孔的数量及单孔抽水时有无观测孔，抽水试验可划分为：单井、多井和干扰井抽水试验。

1）单井抽水试验。仅在一个钻孔中进行试验工作，作 1~3 次水位降深，可求得钻孔的出水量与水位下降的关系以及含水层的富水性、渗透性。在含水层埋藏深度较大地区和基岩地区，由于钻探施工困难、成本很高，或在初步勘探阶段，常采用单孔抽水试验。

2）多井抽水试验。是在一个钻孔中进行抽水，而在其周围布置一定数量的观测孔的抽水试验。多井抽水试验除了能完成单井试验的任务以外，还可以通过观测孔观测含水层中地下水水位的变化值、漏斗的形状和影响范围，确定各含水层之间以及含水层与地表水之间的水力联系等。

3）干扰井抽水试验。是在影响半径范围内两个或两个以上的钻孔中，首先在各钻孔中先后分别进行单孔抽水试验，并同时观测其他钻孔的水位，然后各钻孔同时进行抽水的一种试验方法。

（2）按地下水流向井运动的基本规律分类　按地下水流向井运动的基本规律，抽水试验可分为稳定流抽水试验和非稳定流抽水试验两种类型。

1）稳定流抽水试验。稳定流抽水试验是指涌水量与水位降深同时达到相对稳定的抽水试验。地下水稳定流运动是相对的，而非稳定运动则是绝对的。由于稳定流抽水试验要求水位和流量同时相对稳定，所以试验具有一定局限性。但其计算公式简单、方便，目前仍被广泛采用。

2）非稳定流抽水试验。非稳定流抽水试验是指试验时涌水量或水位降深值中的一个保持稳定，观测另一个量随时间变化的关系。利用非稳定流抽水试验，除稳定流所能计算的渗透系数等参数外，还能计算储水系数和压力传导系数，并且比稳定流抽水试验获得的参数更准确，更符合实际。

12.2.4.3　抽水试验的技术要求和设备

1. 试验孔的布设

（1）观测孔的平面位置　观测孔的布置应以抽水孔为中心，分别垂直和平行地下水流向排列。如果抽水试验主要为了计算水文地质参数，一般情况下可垂直流向布置一排观测孔；当含水层为均质、等厚、无限边界时，水力坡度较大的地段，可按垂直和平行流向各布置一条观测线；对于非均质且有限边界的含水层，水力坡度较缓的地段，可垂直流向布置两条，平行流向布置一条；对于非均质且有限边界的含水层，水力坡度大的地段，可布置四条（图12-4）。

（2）观测孔的数量、孔距、孔深　观测孔的数量，主要取决于抽水试验的目的和要求，并与采用的计算公式有关。例如，当进行非稳定流抽水试验时，为了采用多种方法计算，或为了研究降落漏斗的特征，观测孔的数量最好能满足多种要求，一般情况下，不少于 2 个。各观测孔间的距离，取决于含水层的透水性、

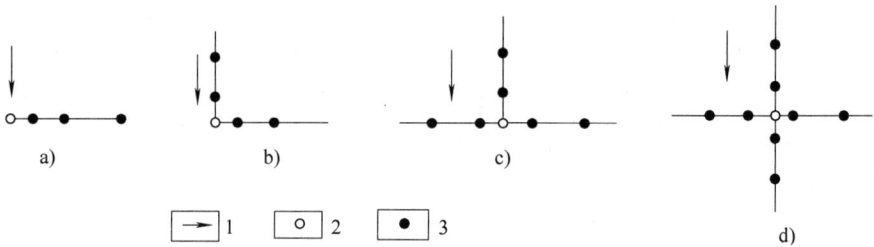

图 12-4　抽水试验观测孔平面布置示意图
a）一排观测孔　b）二排观测孔　c）三排观测孔　d）四排观测孔
1—地下水流向　2—抽水孔　3—观测孔

地下水的类型、有无垂直补给等，并与抽水试验的性质（稳定流、非稳定流）和抽水孔降深等因素有关。

观测孔的深度一般要求深入试验段内 5～10m，在均质含水层中，通常观测孔的深度采用大于最大水位降深 1m 即可。

2. 抽水试验的技术要求

（1）稳定流抽水试验要求

1）水位降深的要求。抽水试验前测定的静止水位与抽水时稳定动水位之间的差值，称为水位降深。为保证抽水试验的质量和计算要求，水位降深次数一般不少于三次，且均匀分布。当采用三次降深进行试验时，最大降深值 s_{max} 的确定主要取决于潜水含水层的厚度或承压水的测压水头，以及预计开采量所对应的动水位值，同时适当考虑抽水设备的能力。其潜水 s_{max} 在含水层厚度的 1/3～1/2 之间，承压水 s_{max} 不得大于承压水头，并应尽量接近生产实际的动水位。三次降深值大致为

$$s_1 \approx \frac{1}{3} s_{max} \qquad s_2 \approx \frac{2}{3} s_{max} \qquad s_3 \approx s_{max}$$

在基岩中抽水，落程应由大到小，以利于再次冲洗含水层中的细颗粒，疏通渗流通道；在松散地层中抽水则应由小到大，以免孔壁坍塌，或抽水过猛时造成过滤器堵塞。

2）抽水试验的稳定延续时间。对于稳定流抽水试验，当出水量与地下水接受的补给量达到平衡时，动水位、出水量都稳定后，其延长的时间称为稳定延续时间。显然稳定延续时间越长，检验其稳定状态越可靠，试验的精度越高。但另一方面，稳定的时间越长，则越不经济。因此，正确地选定稳定延续时间，是保证试验成果质量和降低成本的关键。

如果含水层透水性良好，水量丰富，水位降深比较小时，漏斗曲面稳定得快，可稳定延续 8h；如果含水层补给来源有限，且储存量不多，漏斗曲线稳定得较慢，要求抽水时间适当延长，一般为 16h；岩溶地区抽水时，由于通道、地

面塌陷等变化，使水流受到影响，涌水量时大时小，不易稳定，抽水稳定时间应延长至24h。对于多孔抽水，以最远的观测孔稳定后再延长 2h 为宜。

3）抽水试验中的观测要求。抽水试验前，必须测定初始水位，抽水试验结束后，要求观测恢复水位。前者说明含水层在自然条件下的水位及运动状况，后者表明抽水后含水层中水位恢复的速度和恢复的程度。在抽水试验前，连续观测三次水位相同或4h 内相差不超过2cm 时，可认为是初始水位。观测恢复水位可以对水文地质资料进行校核。当恢复水位上升较快，说明含水层透水性好，富水性强，有较好的补给来源；反之，恢复水位上升的速度较慢，较长时间仍不能恢复到自然水位，说明含水层补给来源有限，裂隙连通性不好，透水性差，富水性弱。

动水位和出水量的观测，宜在抽水开始后第 5min、10min、15min、20min、25min、30min 各观测一次，以后则每隔30min 或 1h 观测 1 次，至抽水试验结束。

恢复水位的观测时间，宜在抽水结束 后第 1min、2min、3min、4min、6min、8min、10min、15min、20min、25min、30min 各观测一次，以后每隔 30min 观测 1 次。

抽水期间，还要观测水温，一般每 2 ~ 4h 观测一次，同时要求观测气温。

（2）非稳定流抽水试验要求

1）水位降深和延续时间的要求。非稳定流抽水，一般要求抽水的流量不变，而水位是随时间改变的一个变量，因而不存在稳定延续时间问题，只需按经济技术要求，合理确定抽水试验总的延续时间。非稳定流抽水时间可根据含水层的导水性、储水能力、观测孔的多少及距抽水孔的距离、选用的计算方法等因素来确定。一般常按 $s—\lg t$ 曲线来判断。当曲线出现拐点后趋近于稳定水平状态时，可结束抽水试验。当不出现拐点而呈直线延伸、动水位不稳定时，抽水延续时间应根据试验的目的适当延长，但也不需要时间太长。根据实践经验，卵石含水层中抽水时间需要 2 ~ 3h；砾石中 4 ~ 6h；含砾粗砂及粗砂中 8 ~ 15h；中细砂 10 ~ 24h；粉细砂 15 ~ 32h。

2）抽水试验中的观测要求。为了绘制 $s—\lg t$ 曲线，抽水试验初期应加密观测，宜在抽水开始后第 1min、2min、3min、4min、6min、8min、10min、15min、20min、25min、30min、40min、50min、60min、80min、100min、120min 各观测一次，以后每隔 30min 观测 1 次。

（3）抽水试验过程中需要注意的问题

1）在松散沉积物潜水含水层中抽水时，由于上部没有连续稳定的隔水层存在，含水层埋藏浅，钻孔中抽出来的水要排至补给半径之外，否则有可能其中一部分水返回孔内，造成涌水量偏大，尤其在抽水层位上部岩层透水性良好时，更应重视排水问题。

2）钻孔抽水层位为潜水含水层时，如遇大雨，抽水应立即停止。在松散含水层中抽水，如果出现涌水量突然减小或变化幅度很大，应分析原因。它一般与孔壁坍塌、过滤器进水受阻或有其他水源渗入有关。

3）使用潜水泵、深井泵抽水时，必须按规定时间观察电流和电压，若电流和电压不稳定，会引起钻孔出水量的增减。

4）抽水试验孔附近有地表水体、井泉或有水溶洞、地下暗河等水文点时，应进行观测，确定抽水层位与它们之间是否存在水力联系。

5）在抽水过程中，必须按时绘制水位、流量与时间的历时曲线，以及流量与水位关系曲线草图，及时分析观测资料是否正确，发现问题及早补救。

3. 抽水试验设备

抽水试验的设备包括：抽水设备、过滤器、测量水位和流量的器具等。

（1）抽水设备　抽水设备的种类较多，在水文地质勘探中进行抽水试验时，应用最多的是空气压缩机、卧式离心泵和立式深井泵。

1）空气压缩机。用空气压缩机抽水的原理是：当压缩空气通过风管经混合器进入地下水中时，在混合器附近的空气与水混合成为水气混合物，因其密度比水小，故沿水管上升溢出孔口。图 12-5 所示为空气压缩机抽水示意图。利用空气压缩机抽水时，需事先根据勘探区水文地质条件，对空气管的沉没比、沉没深度、空气消耗量以及空气压力等进行计算，以便合理地选择空气压缩机的类型。

利用空气压缩机抽水的优点是：设备简单，安装及拆卸方便，不受出水量大小和水位降深的限制，可以抽取含砂的地下水等。其缺点是：动水位波动较大，出水不够均匀，工效低，成本高。

2）卧式离心泵。卧式离心泵抽水的优点：构造简单，体积小，装卸方便，排水量大，出水均匀，调节落程方便，能抽含砂的地下水。其缺点是：吸程小，一般为 $6 \sim 7\text{m}$ 之间，当地下水埋藏较浅和水位降深要求不大时，多使用卧式离心泵。

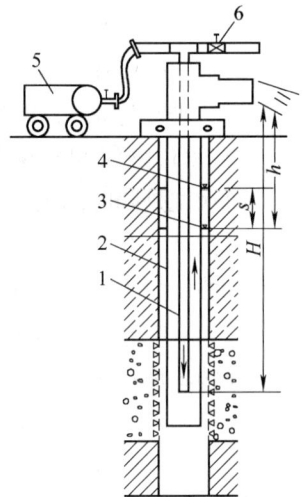

图 12-5　空气压缩机
抽水示意图
1—空气管　2—出水管
3—动水位　4—自然水位
5—空气压缩机　6—阀门

3）立式深井泵。立式深井泵又可分为电动机安装在井口的深井泵和电动机浸没在动水位之下的深水泵两种。

立式深井泵的优点是：扬程大，出水均匀，效率较高。缺点是：费用大，特别是电动机安装在井口的深井泵不易抽吸含泥砂的地下水，安装及拆卸不方便，因此，在深水位地区进行短时间抽水时常用空气压缩机代替。

（2）过滤器　过滤器由金属或非金属管材按一定技术要求和规格加工成进水眼，在管外有垫筋、缠丝、包网及填砾等渗滤层组成。安装过滤器的目的是防止涌砂、孔壁坍塌，形成天然过滤层，增大钻孔出水量，保证抽水试验顺利进行。

过滤器按孔眼形状的不同分为圆形和条形两种。圆形加工容易，广泛使用；条形加工较困难，但孔隙率大，在富水地段及供水水源井中使用较多。

过滤器按结构形式分为钢筋骨架、包网、缠丝、填砾等形式（图 12-6）。

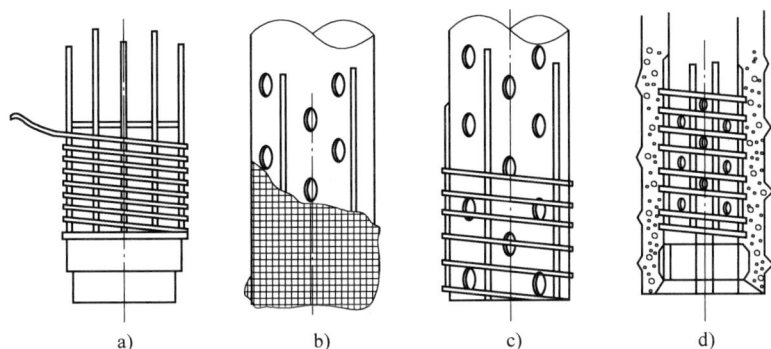

图 12-6　过滤器类型
a) 钢筋骨架　b) 包网　c) 缠丝　d) 填砾

（3）测量器具

1）流量计。测量流量的器具种类较多，应根据测点流量的大小、精度要求等情况来选用。当钻孔出水量很小，精度要求不高时，利用量水桶测量流量是简易可行的。水表的特点是安装简单，使用方便，但要求通过水表的水不允许含有泥砂等杂物，以保证其正常运转。三角堰适用于用其他流量计测量有困难的空气压缩机抽水（图 12-7）。此外，还有梯形堰、矩形堰以及孔板流量计。

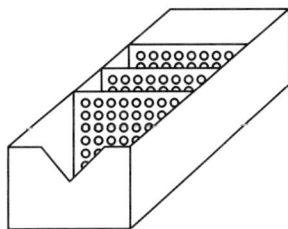

图 12-7　三角堰

2）水位计。测量水位的工具或仪器种类也很多，其中最简易的是测钟，在水位变化不大，水位埋藏深度浅，精度要求不高的条件下采用。电测水位计应用最广，当电极与水面接触时，电极通过水、管壁和导线构成闭合电路，指示电流计就反映出来，此时从孔口至电极前端的长度即水位深度。稳定流抽水试验用手工操作的水位计基本上能满足要求，而对非稳定流抽水试验和恢复水位测量，需要用连续工作的自计水位计才能获得预期效果。

12.2.4.4　抽水试验资料整理

（1）稳定流抽水试验资料整理　在抽水试验过程中，必须及时地对抽水资料进行整理，绘制水位、流量历时曲线，如图 12-8 所示。在观测过程中，将实测的流量、水位、时间及时标出，以便发现问题及时处理。同时还可根据曲线变化趋势，判断稳定时间的起点和稳定延续时间的长短。

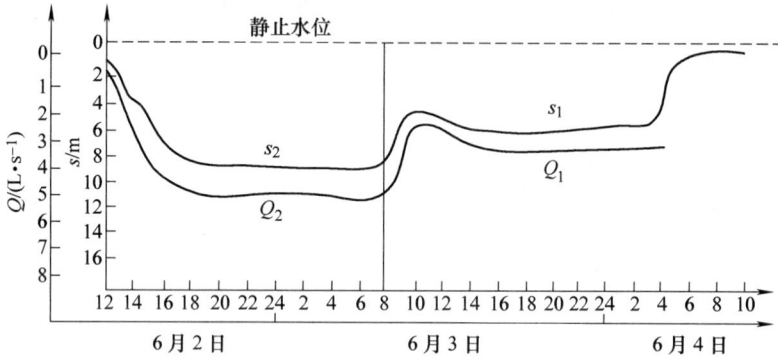

图 12-8　水位、流量历时曲线图

根据抽水试验资料绘制出的涌水量与水位下降的关系曲线，即 $Q = f(s)$ 关系曲线，其目的是为了推算钻孔的最大可能涌水量，以及判断含水层的水力性质，检查抽水试验成果正确与否。如图 12-9 所示，$Q = f(s)$ 曲线常有四种形式。曲线 I 和曲线 II 分别表征为承压水和潜水的流量与水位的关系曲线。若承压含水层富水性很弱，补给条件差，或当抽水水位下降很大的情况下，其 $Q = f(s)$ 关系曲线也可呈抛物线；而若潜水含水层富水性很强，补给充沛，或当水位降深小的情况下，潜水的 $Q = f(s)$ 关系曲

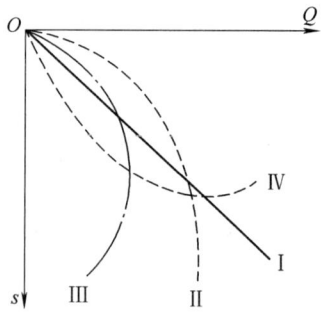

图 12-9　$Q = f(s)$ 关系曲线

线也可能成直线关系。出现曲线 III 的情况表明，地下水没有充足的补给来源，或者是过滤器被堵塞。若出现曲线 IV 的情况，通常说明试验不正常，可能是由于洗井不彻底或测量有错误造成的，这种资料不能使用，必须找出原因或重新进行抽水试验。

抽水试验结束后，应将现场的原始资料进行详细检查、校核，当确认无误后，开始进行室内资料整理工作。其内容包括：绘制抽水试验综合成果图；计算水文地质参数和推求钻孔可能最大涌水量；对主要成果及质量进行评述。

（2）非稳定流抽水试验资料整理　非稳定流抽水试验资料整理包括：绘制水位下降与时间的半对数关系曲线 $s—\lg t$，该曲线是计算水文地质参数的基础；当布置两个以上观测孔时，要求绘制观测孔水位下降与主孔径向距离的对数关系曲

线（s—$\lg r$ 曲线）；绘制水位恢复与时间的关系曲线（s—$\lg\left(1+\dfrac{t_{\text{p}}}{t}\right)$曲线）。由于钻孔水位恢复不受抽水时水位波动的影响，因而测得的数据较精确，计算的参数较可靠。

12.2.5　地下水动态观测

为了掌握地下水随时间及空间的变化规律，仅根据阶段性的勘察工作成果是不够的，必须建立系统的长期观测工作，此项工作在供水水文地质勘察中起着重要的作用。地下水观测的主要任务是查明地下水动态的变化规律，研究地下水均衡及预测它的变化趋势等，为地下水的开发利用提供科学的依据。

12.2.5.1　地下水动态观测网点布设

要正确地布设地下水动态观测网点，对动态观测的频率、观测次数及观测时间作出科学的规定。地下水动态观测点的布置形式和位置，主要取决于地下水资源调查的主要任务，大体与水文地质勘探孔的布置相似，由观测点和观测线组成。观测点是指观测孔、观测井和观测泉。应选择有代表性的点（如泉、井等）作为观测点，一般以新井为宜，最好不要利用生产井作为观测点，以免引起观测值的误差。

12.2.5.2　地下水动态观测内容

地下水动态观测的内容包括：测定地下水的水位、水温、泉的涌水量，并取水样进行分析，在地下水集中开采地区还应观测固定井的流量变化。其观测的时间间隔，取决于任务要求、地下水动态的研究程度以及动态变化趋势。一般是 $5 \sim 10d$ 测量一次水位和水温，每月或一季度取水样分析一次化学成分，每到雨季或外界其他因素发生剧变时应加密观测。

当需要进行地下水均衡计算时，在收集相关的水文、气象资料基础上，如有必要，还需进行降水、补给、蒸发、渗入等水文与气象项目的现场观测。

12.2.5.3　地下水动态观测资料的整理

地下水动态观测资料应及时整理，定期进行分析研究。需要整理的内容如下：

（1）地下水动态曲线图　每一个观测孔（井）都要建立一套技术卡片档案，档案内容包括：该孔的编号、标高、位置、建立时间、任务、孔的结构、深度和规格等，同时按照观测结果及时绘制出完整的动态曲线。通常将每个观测孔（井）所观测记录的水位、水量、化学成分等资料，绘制成地下水动态曲线，及时对这些资料进行分析对比，找出地下水动态的形成特点及变化规律。还要根据观测区水文地质特征和对每个观测孔地下水动态曲线的分析，选择有代表性的观测点，绘制该点的地下水动态综合曲线（图 12-10）。

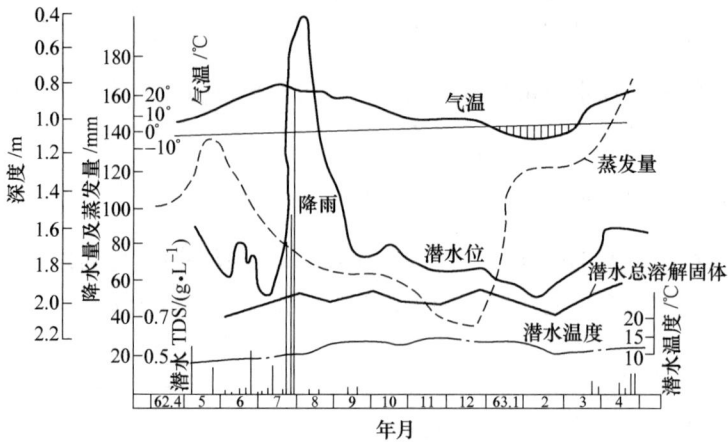

图 12-10　动态观测成果综合图

（2）地下水动态剖面图及平面图　为了查清某地区地下水动态变化规律，必须把区域内各观测点的资料与历史资料联系起来，绘制地下水动态剖面图及平面图。这类图件包括：水文地质剖面图、地下水水位曲线、不同时期的地下水等水位线图（或等水压线图）、主要离子组分含量等值线图等。

当勘察工作结束后，应将地下水动态观测工作移交给生产部门继续进行。

12.3　水文地质勘察成果

在勘探工作基本结束后，必须对大量的资料进行全面审核和综合分析研究，通过分析总结，将勘探区内的水文地质特征用图纸、文字报告等形式表现出来。这些图和文字是供水水源设计的重要依据，也是科学研究的基础资料。供水水文地质勘察报告内容包括：文字报告、各种水文地质图件及各种原始资料。

12.3.1　水文地质勘察报告书

水文地质报告书的编写，必须经过深入分析研究，真实、准确、系统、全面地阐述勘探区水文地质规律。由于勘察的具体目的、任务及勘察区条件的不同，勘察报告的内容、要求也有很大的差别。要尽可能采用图表、照片等辅助方法，丰富报告书内容，减少繁琐的文字说明。一个完整的供水水文地质勘察报告书，一般应包括以下各部分内容：

（1）序言　说明任务的来源及要求，简要评述勘察区以往水文地质工作的程度及地下水开发利用的现状和规划，概述勘察工作的进程以及完成的工作量。

（2）自然地理及地质概况　概述勘察区的地形和地貌条件，气象和水文特征，叙述地层和主要地质构造的分布及特征。本部分应侧重叙述与地下水的形成、补给、径流、排泄条件以及与地下水污染有关的内容。

（3）水文地质条件　主要叙述含水层（带）的空间分布及其水文地质特征，拟采含水层（带）与相邻含水介质及其他水体之间的水力联系状况，地下水的补给、径流、排泄条件及其动态变化规律，地下水的水化学特征、污染现状及其变化规律等。

（4）勘察工作　结合地下水资源评价方法的需要，论述勘察工作的主要内容及其布置，提出本次勘察工作的主要成果，并评述其质量和精度。

（5）地下水资源评价　论述水文地质参数计算的依据，正确计算所需的水文地质参数，概化水文地质条件和建立数学模型。其中水量计算包括：计算地下水的天然补给量和储存量，以及开采条件下的补给增量。根据保护资源、合理开发的原则，提出相应勘察阶段允许开采量，论述其保证程度，并预测其可能的变化趋势。水质评价包括根据任务要求，说明水质的可用性，结合环境水文地质条件，预测开采条件下地下水水质有无遭受污染和引起环境地质问题的可能性，提出保护和改善地下水水质措施。

（6）结论和建议　圈定拟建水源地的地段，给出主要水文地质数据和参数，地下水的允许开采量和水质特征及其计算精度，提出取水构筑物的形式和布局，建议水源地在施工中和投产后应注意的事项，地下水动态观测网点的设置及要求，水源地卫生防护带的设置及要求，并指出本次工作的不足和存在的问题。

12.3.2　水文地质图件

各地区自然条件的多样性，以及编图的方法与目的不同，使得水文地质图件的类型很多，而且随着人类对地下水资源日益增长的需要和科学的不断发展，水文地质图件的内容和形式也不断发展变化，但主要水文地质图件有：①勘察工程平面布置图；②水文地质图；③勘探孔柱状图及抽水试验综合图；④水文、气象资料图表；⑤井（泉）调查表；⑥水质分析成果统计表；⑦颗粒分析成果统计表；⑧地下水动态观测图表。

水文地质图可根据其内容、性质和目的概括为两大类：水文地质要素图和综合水文地质图。水文地质要素图是反映地下水某一方面或某一项特征的图件。常用的有：用来反映潜水面变化情况的等水位线图，反映承压水头变化的等水压线图，反映潜水面到地表距离变化情况的潜水埋藏深度图，反映地下水中含矿物质的多少及变化规律的水化学图，反映不同地下水类型、不同富水性和开采程度、不同水质和埋藏条件的水文地质分区图，以及含水层分布图，含水层和隔水层等厚线图等。综合水文地质图是采用不同花纹、线条、符号及颜色，反映若干项重要水文地质要素以及影响这些水文地质要素的其他因素（如水文、地形、地层、构造等）的图件，包括以下几方面的内容：含水层和隔水层，含水层的富水性，地表水体的分布，与地下水有关的地质现象，地下水的化学成分，控制性水点以及水文地质剖面图、柱状图等。

12.3.3 勘察报告的阅读和分析

为了充分发挥勘察报告在设计和施工中的作用，必须重视对勘察报告的阅读和分析。首先应熟悉勘察报告的主要内容，了解勘察结论和计算指标的可靠程度，需要把勘探区水文地质条件与拟建工程具体情况和要求联系起来进行综合分析。

勘察报告是综合分析和全面阐述地下水形成、分布和运动规律的重要文献，设计人员仅仅会阅读勘察报告的内容和利用结论意见显然是不够的，必须对勘察报告既要认真阅读和充分利用，又要仔细地分析研究。有时，由于勘察工作不够详细，以及勘探方法本身的局限性，或者是人为因素和仪器设备的影响，可能造成勘察成果的失真或精度不高而影响报告的可靠性，常常会影响对一个地区水文地质条件的认识和地下水的开发利用。因此，在编写和使用报告过程中，应注意分析，及时发现问题，并对疑难问题需进一步查清，以免造成损失。在阅读和分析勘察报告时应注意以下几点：

1）首先确认勘察范围是否能满足设计要求，完成的工作量是否满足要求，能否查明勘察区的地质、水文地质条件。

2）对地质条件部分，应当把重点放在地形、地貌、地层及地质构造等对地下水形成的影响上，不要单纯地为研究某些地质问题而研究。

3）报告对水质、水量评价以及结论的部分，涉及地下水资源评价时所选用的公式是否正确，计算中所采用的水文地质参数是否准确，主要参数是否用实际测量和试验方法取得的，地下水的补给条件是否真正查明，有无考虑地下水开采后新出现的水动力平衡问题等。

4）阅读水文地质图部分时，首先熟悉各种图例（花纹、线条、符号）所表示的具体内容，因为在一幅图上反映了若干项水文地质要素，则图上会是花纹、线条及符号等相互交错、重叠出现，尤其平面图更是如此。因此，熟悉各种图例所表示的内容是阅读图件的基础。其次是在图上逐个地弄清单项水文地质要素的分布规律与埋藏条件。最后综合分析各水文地质要素之间的相互关系。

5）其他资料部分，主要是地下水动态观测、抽水试验、钻探、物探资料，检查其工作量、技术要求是否满足勘察规范的要求。例如，地下水动态是否真正反映了地下水随季节变化和人工开采后的变化规律，观测时间是否满足设计要求，抽水钻井的数目、水位下降值是否满足设计要求，钻井的布置能否查明勘探区水文地质条件，钻井的距离能否满足设计井群的要求，钻井的深度是否已经凿穿所需要查明的含水层，在钻探过程中是否对各个含水层分别进行了水位测定、水质分析等。

12.4　地下水资源评价

地下水是储存于地下的一种宝贵的资源，它与大气水、地表水在水文循环过程中相互转化，构成一个联系密切的整体。在相当长一个时期中，由于地下水开采规模小，地下水总能够持续、稳定地满足供水要求，于是错误地认为地下水是"取之不尽，用之不竭"的资源。随着人口的增长与生产力的发展，大量而集中开采地下水，出现了地下水资源枯竭的威胁。这时，人们才逐渐认识到，地下水是一种数量有限、十分珍贵的资源，必须合理地开发利用。地下水资源是指有使用价值的各种地下水量的总称，其内涵包括质与量两个方面。20世纪50~60年代，我国曾广泛使用"储量"的概念，至20世纪70年代中期开始逐渐以地下水资源取代地下水储量的概念，以反映地下水的可恢复性特征。地下水资源评价是指在水质有保证的前提下对地下水作出的定量判断，更全面的认识应该是指在地质环境有保证的前提下对地下水的定量评价。

12.4.1　地下水资源的分类

我国地下水资源分类，在20世纪50~60年代主要采用地下水四大储量（即静储量、动储量、调节储量和开采储量）分类方法。该方法是前苏联学者 H. A 普洛特尼科夫在20世纪40年代提出来的，它的最大缺点是没有明确开采资源的组成，无法提供可靠的开采数据。

表12-3列出了1988年我国制定的国家标准《供水水文地质勘察规范》（GBJ 27—1988）和1995年国家技术监督局发布实施的《地下水资源分类分级标准》（GB/T 15218—1994）两个分类综合表。地下水补给量是指在天然或开采条件下，单位时间内以各种形式进入含水层的水量，它包括地下水流入量，降水渗入量，地表水渗入量，越流补给量和人工补给量。地下水储存量是指储存于含水层内的重力水体积，是由补给量转化而来的，其数量变化取决于补给量和排泄量的关系。地下水允许开采量（可利用资源量）是指具有现实意义的地下水资源，即通过技术经济合理的取水方案，在整个开采期内出水量不会减少，动水位不超过设计要求，水质和水温变化在允许范围内，不影响邻近已建水源的正常开采，不发生危害性的环境地质现象的前提下，单位时间内从水文地质单元或取水地段中能够取得的水量。尚难利用的地下水资源是指具有潜在经济意义的地下水资源，但是在当前的技术经济条件下，由于技术、经济、环境或法规方面出现难以克服的问题和限制，目前难以利用的地下水资源。

表 12-3　地下水资源分类分级表

分　类		分　级				
GBJ 27—1988	GB/T 15218—1994	探明资源量		推断资源量		预测资源量
补给量						
储存量						
允许开采量	可利用资源 （允许开采资源）	A	B	C	D	E
	尚难利用资源			Cd	Dd	Ed

注：A—扩建勘探；B—勘探阶段；C—详查阶段；D—普查阶段；E—区调阶段。

12.4.2　地下水资源的评价内容与原则

12.4.2.1　地下水资源评价的内容

1. 地下水水量评价

应根据地下水资源形成的特点和需水量的要求，确定开采利用地下水的方案及允许开采量，并且要论证地下水资源的补给保证程度。

2. 地下水水质评价

在掌握地下水水质分布规律的基础上，按不同用户对水质的要求，对地下水的物理性质、化学成分进行综合评价，分析论证开采过程中水质、水温的变化趋势，提出卫生保护和水质管理措施。

3. 开采技术条件评价

允许水位降深是合理开发利用地下水资源的重要参数。在计算整个开采过程中，既要计算地下水的开采量，还要评价开采区不同地段地下水水位的最大下降值是否满足允许值要求。

4. 环境效益评价

评价地下水开采后对地区生态、环境的影响，分析由于区域地下水的下降，是否会引发地面沉降、海水或污水入侵等环境地质问题，开采地下水后是否会造成沼泽湿地退化、土地沙化等生态环境问题，提出并论证相应的防护技术措施。

12.4.2.2　地下水资源评价的原则

1. "三水"统一考虑的评价原则

地下水与地表水、大气水是相互联系、互相转化的统一水体，在自然条件下已形成特有的平衡状态，地下水一旦被开发利用，原有的自然平衡状态就会被打破，并形成开采条件下的新平衡，而这种新的平衡会朝着有利于开采方面转化。例如，降低地下水水位，地下水将获得更多的地表水和降水的补给，会减少向地表水和大气的排泄蒸发。但过量的开采又不利于降水的补给，甚至不能得到补给。"三水"统一考虑的原则是：充分利用含水层中的水量，合理夺取外部水的转化量。这里的"合理"是指不干扰国家的水资源规划，不使地表水的用户受到经济损失。

2. 以丰补欠的评价原则

在开采量大、开采时间集中的地区，应考虑雨季补充旱季，丰水年补充枯水年，即以丰补欠的调节平衡方法来进行地下水资源评价。我国地下水的补给量有季节和多年气象周期变化，不同季节和水文年的补给量相差悬殊，尤其是那些以降水补给为主，或有季节性地表水补给的地区更是如此。这时，应充分发掘储存量的调节作用，可扩大地下水的允许开采量。

3. 化害为利的原则

在地下水资源评价中，或多或少会遇到人类活动的影响，如水库、运河、灌渠等地表水利工程，它既可对地下水起人工补给作用，也可起截流阻渗作用。然而，矿山等疏干工程，则与地下水水源地"争水"，其中矿山的疏干水位远低于可供水的允许水位降，影响极大。化害为利的宗旨是一方面通过优化地下水开采的布局及其允许水位降，更多地截取流向矿井的地下水，另一方面重视矿井水回收与利用。

4. 不同目的和不同水文地质条件区别对待的原则

不同供水目的对水量、水温和水质的要求不同，评价时应按不同标准区别对待。不同的水文地质条件其评价的方法与要求也不相同，如补给充足、水交替积极的开放系统，可用稳定流方法；而水交替滞缓的封闭系统，宜用非稳定流方法等。

5. 技术、经济与环境综合考虑的原则

地下水资源评价必须综合考虑技术、经济与环境三个方面，所确定的开采量和开采方案，既要技术可行、经济合理，又要使开采带来的负面影响降到最低限度，实现地下水资源的科学开发利用。

12.4.3　地下水资源补给量计算

1. 降水入渗补给量

在收集多年水文气象资料的基础之上，运用数理统计法推求出多年平均降水入渗系数 α，然后用下式计算降水入渗补给量

$$Q_补 = \frac{\alpha XF}{365} \tag{12-2}$$

式中，$Q_补$ 为降水入渗补给量（m^3/d）；X 为年降水量（m/a）；F 为降水入渗面积（m^2）。

其中降水入渗补给系数 α 的大小与岩性、地层结构、地形坡度、地下水的埋深、植被覆盖、降水量的大小和强度等因素有关，但要注意 α 是随地下水埋

深的变化而发生变化的。

2. 地下径流流入量（侧向补给量）

依据达西定律有：

$$Q_{侧} = KiBM \qquad (12\text{-}3)$$

式中，$Q_{侧}$ 为侧向补给量（m^3/d）；K 为含水层的渗透系数（m/d）；i 为地下水水力坡度；B 为水流宽度（m）；M 为含水层厚度（m）。

3. 地表水渗入补给量

地表水渗漏补给量可根据上下游河流断面的流量差确定，如图 12-11 所示。即

$$Q_{河} = Q_a - Q_b \qquad (12\text{-}4)$$

若 $Q_{河} > 0$，河水渗漏补给地下水；若 $Q_{河} < 0$，地下水补给河水；若 $Q_{河} = 0$，河水与地下水互不补给。

4. 相邻含水层越流补给量

$$Q_{越} = K_1 F_1 \frac{H_1 - h}{M_1} + K_2 F_2 \frac{H_2 - h}{M_2} \qquad (12\text{-}5)$$

图 12-11　河流渗入补
给地下水示意图

式中，$Q_{越}$ 为越流补给量（m^3/d）；K_1、M_1 分别为开采层上部弱透水层的垂直渗透系数（m/d）和厚度（m）；K_2、M_2 分别为开采层下部弱透水层的垂直渗透系数（m/d）和厚度（m）；H_1、II_2 分别为与开采层相邻上、下含水层的水位（m）；F_1、F_2 为越流面积（m^2）；h 为开采含水层的水位或开采漏斗的平均水位（m）。

5. 综合补给量

当地下水各单项补给量不易分别计算，但能测得地下水的各项排泄消耗量和储存量的变化值时，可以根据水量均衡原理求出综合补给量。即

$$Q_{补} = E + Q_y + Q_j + Q_k \pm \Delta W / 365 \qquad (12\text{-}6)$$

式中，$Q_{补}$ 为地下水补给量（m^3/d）；E 为地下水平均蒸发量（m^3/d），可通过蒸发地段上、下游地下水径流量之差值确定；Q_y 为地下水平均溢出量（m^3/d），可通过实测求得；Q_j 为流出计算地段的地下水径流量（m^3/d），可由计算地段下游断面测得；Q_k 为地下水平均开采量（m^3/d）；ΔW 为地下水储存量的年变化值（m^3），通过动态观测求出（当年储存量小于上年者取负值，反之取正值）。

12.4.4　地下水资源储存量计算

1. 容积储存量

$$W_{容积} = \mu V \qquad (12\text{-}7)$$

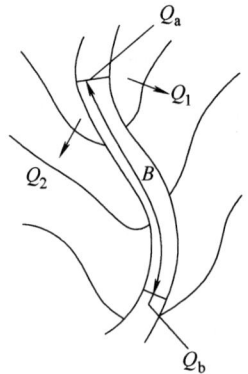

式中，$W_{容积}$ 为潜水或承压含水层的容积储存量（m^3）；μ 为含水层的给水度；V 为含水层的体积（m^3）。

2. 弹性储存量

$$W_{弹} = \mu^* h F \tag{12-8}$$

式中，$W_{弹}$ 为承压含水层的弹性储存量（m^3）；μ^* 为储水系数（释水系数）；h 为承压含水层自顶板算起的压力水头高度（m）；F 为计算区域承压含水层隔水顶板分布面积（m^2）。

12.4.5　地下水资源允许开采量计算

随着水文地质学的发展，水文地质学家引入系统思想与方法、近代数学方法和模型技术等科学技术，用来解决水文地质问题，使各学科之间相互交叉渗透，加之地下水勘察新技术新方法的应用，使得勘探信息越来越丰富，地下水资源评价方法日趋完善和多样化。对地下水资源的评价不单单停留在数量上，还要把数量计算与水资源特性的整体认识相结合，从而有利于减少计算过程中存在的各种人为的随意性，以及数学方法本身存在的不惟一性问题。目前国内外有关地下水允许开采量的评价方法不下十余种，下面简要介绍几种主要的评价方法。

12.4.5.1　解析法

解析法就是应用地下水向井运动的解析公式来计算允许开采量。应用解析法关键在于如何正确处理解析公式建立过程中的严格理想化要求与实际问题复杂而不规则性之间的差异。因此，只有当一个实际问题与其相应的理想化模型相近似时，用解析法求解才可达到既经济又快捷的目的。例如，对于条件比较简单、考虑因素较少的单井水流计算，可采用解析法。

严格地讲，地下水井流运动都属于非稳定流。如果补给充足，开采量小于补给量，能够达到在开采条件下的开采量与补给量的平衡，地下水的动态趋于稳定状态，可以采用裘布依稳定井流公式；对于疏干型水源地，或远离补给区的承压水，或补给条件差的潜水，可采用非稳定流计算方法，如运用泰斯公式、雅柯布公式等进行计算。利用解析法评价允许开采量时，应注意以下问题的处理：

1）根据勘察获得的水文地质资料、需水量要求和技术经济条件，设计出一个拟开采水量和允许的水位降深值，并拟定一个布井方案，或布置几个不同的方案，通过计算对比，选出最佳方案。

2）大多数解析公式的"建模"条件为无限边界，而实际上抽水往往会影响到边界，需要加以处理才符合无限边界的假定。处理边界问题较好的方法是映射法。映射法适合于直线补给边界和直线隔水边界。映射的原理是把边界的影响用一口虚构井来代替，即假定边界不存在，在边界另一边和实际抽水井对称的位置上存在一口流量与实际抽水井完全等同的虚井，此时若为隔水边界虚构井被视为抽水井，若为补给边界虚构井被视为注水井，边界条件的影响就等于这个虚构井的影响（如需要深入了解映射法的原理，可参考地下水动力学等有关书籍）。

3）当水源地的抽水井经映射后，必然成为有若干个井组成的井群形式，所以应当进行井群的干扰计算。干扰计算要根据含水层的性质，抽水时动态特征是稳定状态还是非稳定状态，分别选用相应数学模型的解析解。井群干扰计算后，将其结果与设计的总水量、控制点的降深要求进行比较，看是否符合要求，若不符合，则应改变布井方案，甚至调整水量重新进行计算，直到满足要求为止。

12.4.5.2 数值法

数值法的基本原理是把本来在时间和空间上连续的函数离散化，即用离散化方法将求解非线性的偏微分方程问题，转化为求解线形代数方程问题，摆脱了解析解在求解中的种种严格理想化要求，可以灵活地解决各种非均质含水层结构和复杂不规则边界条件问题。对于水文地质条件复杂的大型水源地，允许开采量的评价往往借助于数值法求解。

在地下水资源评价中常用有限差分法和有限单元法。有关差分法和有限单元法的基本原理在第10章中已论述。有限差分法和有限单元法并无本质区别，只是在网格部分及线性化方法上有所差别。

12.4.5.3 评价允许开采量的其他方法

1. 开采试验法

开采试验法是直接打勘探开采井，按开采条件（包括设计水位降深、开采量、布井方案）进行抽水试验，直接或间接地评价允许开采量，是属于探采结合的方法。它适用于水文地质条件复杂，需水量不大，一时难以查清补给条件，又急于确定允许开采量的地区。试验时间最好在旱季，延续时间一至数月。

按开采试验法进行抽水过程中，以大于或等于需水量的强度抽水，水位达到设计值后，能保持稳定状态，停抽后水位能较快地恢复到原始水位。这种情况说明抽水量小于开采条件下的补给量，以此抽水量作为允许开采量是允许的，如果试验在旱季进行，这样的允许开采量是有保证的。如果按设计开采量抽水，在水位达到设计水位降深后仍不能稳定，停抽后水位不能恢复到原始水位，这说明设计抽水量大于开采条件下的补给量，按需水量开采是没有保证的。此时，可按下列方法评价允许开采量。

设地下水天然渗流场处于稳定状态，而抽水试验为非稳定状态，则任一时段 Δt 的水量均衡关系应为

$$\mu F \Delta s = (Q_{抽} - Q_{补}) \Delta t \tag{12-9}$$

$$Q_{抽} = Q_{补} + \mu F \frac{\Delta s}{\Delta t} \tag{12-10}$$

$$Q_{补} = Q_{抽} - \mu F \frac{\Delta s}{\Delta t} \tag{12-11}$$

式中，μF 为水位升（或降）1m 时单位储存量变化值（m^2）；Δs 为 Δt 时段的水位降深（m）；$Q_{抽}$ 为抽水量（m^3/d）；$Q_{补}$ 为开采条件下的补给量（m^3/d）。

可见，非稳定状态下的抽水量，是由开采条件下的补给量和储存量两部分组成的。如果求出补给量，则可评价允许开采量。求补给量的方法是用抽水比较稳定、水位下降比较均匀的若干时段抽水资料，代入式（12-11），解其联合方程即可。

2. 补偿疏干法

补偿疏干法是要求用始于旱季，跨越旱季与雨季的连续稳定抽水试验资料来计算允许开采量的一种方法。该法适用于季节性调节型水源地，旱季的开采量主要消耗雨季得到的储存量，因此要求具备两个条件：一是借用的储存量必须满足旱季的连续稳定开采；二是雨季补给必须在平衡当时开采的同时，保证能全部补偿借用的储存量，而不是部分补偿。

从图 12-12 水位过程曲线可以看出，在无补给条件下定量抽水，当经过一段时间后，水位开始以等速下降，其下降速度等于出水量与下降漏斗面积的比值，有

$$\frac{s_1 - s_0}{t_1 - t_0} = \frac{Q_1}{\mu F} \qquad (12\text{-}12)$$

式中，t_1、s_1 为旱季抽水的延续时间（d）及其相应的水位降深（m）；t_0、s_0 为水位出现等速下降的初始时刻（d）及其相应的水位降深（m）；Q_1 为旱季稳定抽水量（m^3/d）；μF 为区域水位下降（或回升）1m 时单位储存量变化值（m^2）。

补偿疏干法评价允许开采量的方法是：

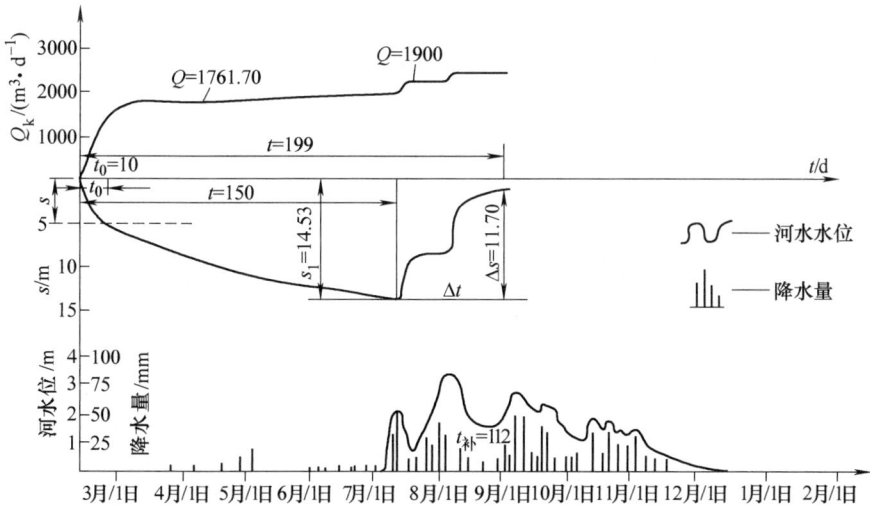

图 12-12　抽水时水位过程曲线

（1）求 μF 值　μF 值为区域下降漏斗的给水面积（单位容积储存量），可根据旱季抽水资料用下式求得，即

$$\mu F = \frac{Q_1(t_1 - t_0)}{s_1 - s_0} \tag{12-13}$$

（2）求雨季补给量　根据雨季抽水试验资料求雨季补偿量，即

$$Q_补 = \mu F \frac{\Delta s}{\Delta t} + Q_2 \tag{12-14}$$

式中，$Q_补$ 为雨季补给量（m^3/d）；Δs 为雨季抽水时，经 Δt 时段后测得的水位回升值（m）；Q_2 为雨季稳定抽水量（m^3/d）。

（3）求允许开采量　如果地下水一年内接受补给时间为 $t_补$，则全年允许开采量为

$$Q_允 = \frac{Q_补 t_补}{365} = \frac{t_补}{365}\left(\mu F \frac{\Delta s}{\Delta t} + Q_2\right) \tag{12-15}$$

当气象周期出现干旱年系列及考虑到勘探精度等因素时，需乘以一个安全修正系数 r，于是

$$Q_允 = \frac{t_补}{365}\left(\mu F \frac{\Delta s}{\Delta t} + Q_2\right)r \tag{12-16}$$

r 值可根据抽水年份的气象条件和勘探精度给出，一般 $r = 0.5 \sim 1$。

（4）求水源地的最大允许水位下降值　按下式计算水源地的最大水位下降值

$$s_{最大} = s_0 + \frac{Q_开 T}{\mu F} \tag{12-17}$$

式中，s_0 为旱季抽水时出现拐点的水位下降值（m）；T 为旱季延续时间（d）。

3. 相关分析法

相关分析法就是根据抽水试验资料或地下水开采资料，用数理统计方法找出抽水量与水位降深之间的相关关系，建立相关程度密切的相关方程，在不改变补给、开采等条件的前提下，外推在设计降深下的允许开采量。该法主要适用于稳定型水源地，但外推范围不能太大。由于相关分析法是建立在数理统计理论基础上，在不改变开采条件的背景下得到的统计规律，因此就可以避开各种复杂的地质问题，同时能考虑各种非确定性随机因素的影响，并随着资料的积累增加，随时修改统计成果。但缺点是不能与开发方案相结合。

（1）直线相关　地下水开采量与水位降深之间的直线相关方程，可参照表12-4 中的方法计算。

（2）曲线相关　当开采量与水位降深之间不是直线关系时，首先将各组观测数据（开采量 Q、水位降深 s）点在直角坐标系中，绘出散点图，然后根据散点图的分布趋势选择适当的函数曲线来拟合观测数据。函数类型确定后，根据抽水资料求函数关系式中的系数（参照表12-4）。

表 12-4　相关分析法中 a、b 系数的确定方法

曲线类型	曲线方程式	均衡误差法	最小二乘法
直线		$q = \dfrac{\sum Q}{\sum s}$	$q = \dfrac{\sum Qs}{\sum s^2}$
抛物线	$s = aQ + bQ^2$ $s_0 = \dfrac{s}{Q}$	$a = \dfrac{s_1 Q_2^2 - s_2 Q_1^2}{Q_1 Q_2^2 - Q_2 Q_1^2}$ $b = \dfrac{s_1 Q_2 - s_2 Q_1}{Q_2 Q_1^2 - Q_1 Q_2^2}$	$a = \dfrac{\sum s_0 - b \sum Q}{N}$ $b = \dfrac{N \sum s - \sum s_0 \sum Q}{N \sum Q^2 - (\sum Q)^2}$
指数曲线	$Q = a^b \sqrt{s}$	$\lg a = \lg Q_1 - \dfrac{1}{b} \lg s_1$ $b = \dfrac{\lg s_2 - \lg s_1}{\lg Q_2 - \lg Q_1}$	$\lg a = \dfrac{\sum \lg Q - b \sum \lg s}{N}$ $b = \dfrac{N \sum \lg Q \lg s - \sum \lg Q \sum \lg s}{N \sum (\lg s)^2 - (\sum \lg s)^2}$
对数曲线	$Q = a + b \lg s$	$a = Q_1 - b \lg s_1$ $b = \dfrac{Q_2 - Q_1}{\lg s_2 - \lg s_1}$	$a = \dfrac{\sum Q - b \sum \lg s}{N}$ $b = \dfrac{N \sum Q \lg s - \sum Q \sum \lg s}{N \sum (\lg s)^2 - (\sum \lg s)^2}$

注：Q 为设计水位降深下相应的出水量；q 为单位出水量；s 为设计水位降深值（m）；a、b 为系数。

相关系数为

$$r = \frac{\sum_{i=1}^{n}(s_i - \bar{s})(Q_i - \bar{Q})}{\sqrt{\sum_{i=1}^{n}(s_i - \bar{s})^2 \sum_{i=1}^{n}(Q_i - \bar{Q})^2}} \tag{12-18}$$

式中，$\bar{Q}$ 为开采量的平均值，$\bar{Q} = \dfrac{1}{n}\sum_{i=1}^{n} Q_i$；$\bar{s}$ 为开采降深的平均值，$\bar{s} = \dfrac{1}{n}\sum_{i=1}^{n} s_i$。

对于城市供水水文地质勘察，要求相关系数 $r > 0.80$。当相关程度符合要求时，把设计水位降深值代入相应的回归方程，直接计算设计开采量。

本 章 小 结

【本章内容】

主要叙述了供水水文地质勘察和地下水资源评价。

（1）勘察任务与勘察阶段　供水水文地质勘察一般包括水文地质测绘、物探、钻探、抽水试验和地下水动态观测以及室内试验，是在地质普查基础上进行的。通常分为初步勘察和详细勘察两个阶段。

（2）水文地质勘察方法与工作内容　供水水文地质测绘是一种综合性的野外调查工作，它的任务是查明自然地理条件、地貌、地质及水文地质条件等。本节水文地质测绘主要讲解了方法、要求、内容，以及不同勘探区水文地质测绘的特点。水文地质物探的基本原理是依据不同含水岩石之间存在着物理性质上的差异，借助各种物探仪器探明这些差异，进而分析判断岩性、地质构造及其含水性能。其中着重介绍地球物理勘探方法中电阻率法的原理及在水源勘察中的应用。在水文地质勘察前期，测绘、物探是研究地下水的主要方法；而到了后期，为了进一步揭露地下水，获得深部资料，就必须进行水文地质勘探工作。水文地质钻探是用钻机向地下钻进，以了解地面以下岩层的顺序、含水层厚度、岩性、水位等，并为抽水试验作准备。就有关水文地质钻探的任务、技术要求和钻孔的布置原则作了介绍。抽水试验是水文地质勘察的重要工作内容，是对地下水进行定量评价的重要依据。试验种类一般包括抽水试验、渗水试验、注水试验、连通试验等。本节介绍了抽水试验的任务、类型、技术要求、设备和试验资料的整理。其中技术要求包括：抽水试验孔、观测孔的平面布置，观测孔的数量、孔距、孔深，水位降深的要求、延续时间等。抽水试验的设备包括：抽水设备、过滤器、测量水位和流量的器具等。地下水动态观测就是在勘探区内甚至到区外，选定一些动态观测点，然后对这些点定期进行水位、水量、水温等观测。要求至少进行一个水文年资料的观测。此处介绍了影响地下水动态的因素和地下水动态观测工作的组织。

（3）水文地质勘察成果　在野外勘探工作结束后，须对获得的大量资料进行综合分析研究，最后以图纸、文字报告等形式表现出来，这些图和文字是供水水源设计的重要依据。本节首先介绍了水文地质勘察报告书的内容和水文地质图件的类型，然后讲解了勘察报告的阅读和分析方法。

（4）地下水资源评价　首先介绍了地下水资源的概念，然后是地下水资源的分类，地下水资源评价的内容、原则，补给量和储存量的计算。地下水资源允许开采量的计算方法很多，本节介绍了开采试验法、补偿疏干法、相关分析法，另外还简单介绍一下解析法和数值法。

【学习基本要求】

通过本章学习，要求熟悉水文地质钻探技术要求和钻孔的布置原则，抽水试验的技术要求及试验资料的整理；能够阅读和分析水文地质勘察报告；掌握地下水资源允许开采量的计算方法，如何合理开采地下水资源，如何避免破坏环境和生态平衡。了解水文地质勘察阶段的划分，测绘、物探的原理和方法，地下水动态观测的内容。

Chapter 12　Prospecting and Assessment of Groundwater Resources

【Chapter Content】

The hydrogeological prospecting and the assessment of groundwater resources are chiefly explained here.

1. Tasks and phases of hydrogeological prospecting

The reconnaissance for water-supply, which is carried after the greneral investigation, comprises the survey, geophysical exploration, drilling, pumping test, observations of groundwater behaviors and indoor experiments. It is categorized into the two stages, *i. e.* the preliminary prospecting and the detail prospecting.

2. Methods and contents of hydrogeologic exploration

A hydrologie prospecting belongs to the comprehensive field investigation work. The assignment is to ascertain the physical geography, landforms, geological and hydrogeological conditions. The methods, demands and contens relative to it are interpreted and the characteristics of the different exploration regions are noted.

The basic principle of hydrogeological physical exploration is to analyze and judge the rock properties, geologic structure and water-bearing degrees in accordance with the differences of physical natures between different moisture strata by using various kinds of geophysical exploration instruments, in which the resistivity methods, as one of the geophysical exploration ways, and its application of water sources prospecting are emphasized here.

During the reconnaissance, both the survey and the geophysical prospecting are chiefly used in the earlier stage, and the hydrogeologic drilling becomes the first one in the later period. The purposes of the drilling is to uncover the water-bearing strata and know the sequences of rocks, the thickness of aquifers, the rock natures and water-table, all of which are the foundation of the trial pumping. The tasks, technical demands and the arrangement principles of the drilling are narrated in this section.

The hydrogeological test is a very important work and the basis for the quantitative evaluation of groundwater resources. It is generally classified as the trial pumping, infiltration test and recharge test and so on. For pumping tests, the assignments, types, technologies, equipments and data processing are focused here, in which the technical requirements involves the layouts of pumping holes and obsevvation (*i. e.* the location, space and depth of the holes *etc.*) the depression degree of water-levels, and the pumping *etc.*. The installations of pumping test contain the pumping devices, screens and the appliances of measuring the water-table and discharge.

For the groundwater dynamic observation, the influence factors on the groundwater behaviors and the tasks of the observation are introduced in this section. Some points located in the insides (even the outsides) of the prospecting region are selected to observe the fluctuation processes, where the water level, the quality and the temperature are regularly monitored for one hydrological year at least.

3. Achievements of hydrogeological prospecting for water-supply

After finishing the field exploration work, an amount of materials obtained must be comprehensively analyzed and researched. The results should be shown in the forms of charts and reports that are the important materials to aquatic environmental protection and water-supply design. This section firstly introduces the main contents of hydrogeologic prospecting reports and the categories of the hydrogeologic diagrams, and then the methods for reading and analyzing the report are explained.

4. Assessment of the groundwater resources

It is illustrated that what is the groundwater resources and how they are classified. The items and principles of the evaluation and the calculations of the recharge quantity, loss quantity, and storage volume are discussed. There are several means of estimating the permissible pumping quantity of the groundwater, involving the methods of extracting-test, compensating-pumping, and correlation analysis, analytical and numerical methods.

【General Learning Requirements】

Understanding the different stages and their tasks of hydrogeological prospeting, and the principles and methods of the physical exploration; knowing the drilling specifications of the hydrogeology and the layout principles of the drill holes; mastering the technologic requirements of pumping tests and the material arrangements; having the capability to read and analyze the reports of the hydrogeological prospecting; and familiarizing the computation methods of the permissible pumping quantity of groundwater.

复 习 题

12-1　供水水文地质勘察的任务是什么？

12-2　水文地质勘察可划分哪几个阶段？在什么情况下可简化或合并勘察阶段？

12-3　水文地质勘探孔的布置原则有哪些？

12-4　抽水试验有哪几种类型？稳定流与非稳定流抽水试验有何不同？

12-5　水文地质图件主要包括哪些？

12-6　通过查阅相关资料，阐述地下水资源分类方法，你认为哪种方法更好？

12-7　简述地下水补给量和储存量的计算方法。

12-8　列表归纳允许开采量的计算方法，并阐述各种方法的特点。

12-9　水文地质勘察报告的内容有哪些？阅读和使用勘察报告时应注意哪些问题？

12-10　某潜水含水层厚 20m，采用空气压缩机进行抽水试验，经过三次稳定降深，其抽水结果为：$s_1 = 2.4m$　$Q_1 = 2565m^3/d$　稳定延续 8h

$s_2 = 3.5m$　$Q_2 = 3045m^3/d$　稳定延续 8h

$s_3 = 4.4m$　$Q_3 = 3568m^3/d$　稳定延续 16h

根据以上抽水资料，确定水位降深 10m 时的流量是多少。

第 13 章

地下水污染与防治

13.1 概述

地下水不仅是水资源的一个组成部分，而且也是环境系统的主要因子。随着工农业发展、人口增长和人类大量开发利用地下水资源，出现了地下水位持续下降和水质恶化，以及由此诱发的一系列地质生态和环境负效应，特别是地下水的污染，不仅造成了严重的经济损失，而且影响着人类生存的空间，因此必须对有限的地下水资源实施保护。

13.1.1 地下水与环境

我们很容易理解地表水系。降水形成地表径流，汇入细小的支流，逐级汇入较大的支流，最后流入干流，形成地表水系。地下水不像地表水系那样可以直接观察到。其实，地下水的储存与分布也具有系统性，且具有可调节性和可恢复性，是一个统一的整体，只有正确地认识到地下水资源的系统性，科学评价与规划，才能合理地利用地下水资源，避免地下水资源开发利用的盲目性。

地下水与大气水、地表水共同构成水循环系统，地下水与其赋存的介质共同构成力学平衡系统。同时，地下水是处于一个动平衡状态的渗流场。人类活动对地下水的影响是通过三个方面发生的：过量开采地下水，过量补充地下水和污染地下水。

过量开采地下水，造成地下水位下降，破坏了地下水原有的平衡系统和水文循环系统，会引起一系列严重的后果。如绪论中所述，地下水水位迅速下降，不仅会造成泉水与河水的干涸，大量的浅井报废，使开采地下水的能耗增大，甚至使地下水资源枯竭，而且会引起地面下沉、海水入侵和地下水水质发生变化。地下水位下降对于生态环境的影响，主要表现为会使沼泽湿地环境恶化，以沼泽湿地为栖息地的动物将逐渐地消亡，在干旱半干旱地区会导致植物衰退，造成土地沙化，同时，依靠植物为生的动物也随之衰减。从事物的另一方面来讲，过量补充地下水也会引起环境问题，主要表现为：①过量补充地下水使水位上升，使孔隙水压力增大，有效应力降低，往往导致斜坡岩土体失稳，引起滑坡与崩塌；②水库蓄水引起地下水位抬生，可诱发地震等环境地质灾害，例如我国新丰江水库修建后曾引发 6.1 级地震，造成数人死亡，数千间房屋破坏，水库边坡崩塌、滑坡并出现大裂缝；③过量补充地下水使地下水位上升，会引起土地盐渍化。人为污染对地下水资源的破坏更加严重。因此，地下水与我们人类生存的环境密切相关。本章重点讨论地下水污染的特点与防治。

13.1.2　地下水污染及其特点

1. 地下水污染的定义

关于地下水污染的含义，至今国内外仍无统一的定义。概括起来大约有以下几种观点。美国的米勒（D. W. Miller）认为："污染"是指由于人类活动的结果使天然水水质变到其适用性遭到破坏的程度。德国的梅思斯（G. Martthess）认为：受到人类活动污染的地下水，是由人类活动直接或间接引起总溶解固体及总悬浮固体含量超过国内或国际上制定的饮用水和工业用水标准的最大允许浓度的地下水；不受人类活动影响的天然地下水，也可能含有超过标准的组分，在这种情况下，也可根据其某些组分超过天然变化值的现象而定为污染。法国的 J. J. 弗里德（J. J. Fried）则认为：污染是指地下水的物理、化学和生物特性的改变，从而限制或阻碍地下水在各方面的利用。

上述各种观点的分歧主要体现在两个方面：一是污染标准问题，二是污染原因问题。在人类活动的影响下，地下水某些组分浓度的变化总是存在由小到大的量变过程，而把浓度变化超过标准值以后才定为污染，这是不科学的，况且标准也是人为确定的。在天然地质环境及人类活动影响下，地下水中的某些组分都可能产生相对富集和相对贫化，都可能产生不合格的水质。如果把这两种形成原因都称为"地下水污染"在科学上是不严密的，从地下水资源保护的角度来看，也是不可取的。自然条件下形成的地下水水质超过我们人类使用的标准，那是不可预防的，而人类活动造成的地下水水质变化是可以预防的。《中华人民共和国水污染防治法》中有关"水污染"的含义为：水污染是指水体因某种物质的介入，而导致其物理、化学、生物或者放射性等方面特性的改变，从而影响水的有效利用，危害人体健康或者破坏生态环境，造成水质恶化的现象。

综上所述，可以给出地下水污染的定义为：凡是在人类活动影响下，地下水水质变化朝着恶化方向发展的现象统称为地下水污染。

2. 地下水污染特点

地下水污染的特点是由地下水储存特征所决定的。地下水一般上部有一定厚度的包气带土层作天然屏障,地面污染物在进入地下水之前,必须首先经过包气带土层的过滤,而且直接储存于多孔介质中的地下水运动是缓慢的。由于上述特点,使得地下水污染有如下特性:

(1)隐蔽性 由于污染是发生在地表以下的孔隙介质之中,常常是地下水已遭到相当程度的污染而从表面上很难识别,一般仍然表现为无色、无味,况且饮用了受有害或有毒组分污染的地下水,对人体的影响也只是慢性的长期效应,不易察觉。而地表水则不同,从颜色及气味或动植物死亡现象中可以鉴别出来。

(2)难以逆转性 由于地下水流速缓慢,一旦遭到污染就很难恢复,如果等待天然地下径流将污染物带走,则需要相当长的时间。而且作为储存地下水的孔隙介质对很多污染物都具有吸附作用,清除污染物是非常复杂困难的,即使切断了污染物来源后,靠含水层本身的自然净化,少则需要几十年,多则甚至需要上百年的时间。

(3)延缓性 由于污染物在下渗过程中不断受到各种阻碍,如截留、吸附和分解等,进入地下水的污染物数量随之减少,在垂向上会延缓潜水含水层的污染。对于承压含水层,则由于上部的隔水顶板存在,污染物向下运移的速度会更加缓慢,地下水是在孔隙介质的微孔中进行缓慢的渗透,因此地下水污染向附近的运移、扩散也是相当缓慢的。

13.1.3 地下水污染源与污染途径

地下水污染源可分为人为污染源和天然污染源两大类。人为污染源主要包括生活污水和工业废水,生活垃圾和各种工业废物,农业生产中所使用的化肥、农药等,它们通过地表水或降水淋滤污染地下水。天然污染源是指在地下水开采过程中使海水、含盐高和水质差的地下水进入含水层。

地下水污染途径是指污染物从污染源地进入到地下水中所经过的路径。除了少部分气体、液体污染物可以直接通过岩石空隙进入地下水外,大部分污染物都是随着补给地下水的水源而进入地下水中的。因此,地下水的污染途径与地下水的补给来源有密切关系,可分为以下主要四种。

1. 通过包气带渗入

(1)连续渗入 这种途径是污染液从各种具体的污染源地不断地通过包气带向地下水面渗漏。该途径的具体污染源地种类很多,如废水坑(池)、沉淀池、蒸发池、蓄污洼地、化粪池、排污沟渠、管道的渗漏段、输油管和储油罐损坏漏失处、石油井中的油溢流到地面的地段等(图13-1)。污染液在到达地下水面以前要经过包气带下渗,由于地层有过滤吸附自净能力,可以使污染物浓度发生变化,特别是当包气带岩层的组成颗粒较细且厚度较大时,可以使污染液中许多污染物在到达地下水面以前其含量大为降低,甚至全部消除,只有那些迁移性强的物质才能到达地下水面而污染地下水。

（2）断续渗入　如堆放在地表的工业废物及城市垃圾，被大气降水淋滤，一部分污染物通过包气带下渗污染地下水。这种情况只发生在降雨时，而非降雨期则无，故属断续渗入地下（图13-2）。这种途径的具体污染源地主要有：垃圾填坑、地面废物堆、化工原料和石油产品堆放场、饲养场、盐场、尾矿坝、污灌的农田、施用大量化肥农药的农田等。

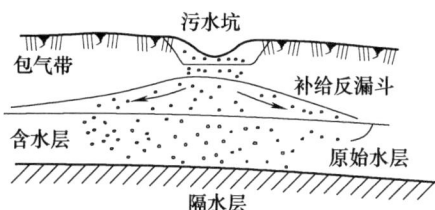

图 13-1　连续污染途径示意图

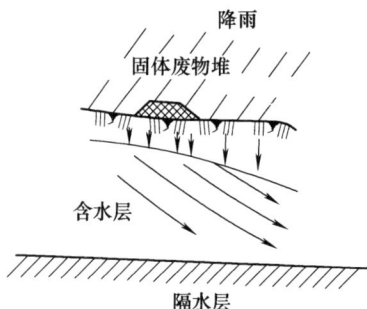

图 13-2　间歇污染途径示意

综上所述可知，无论哪种方式通过包气带渗入污染地下水，地下水的污染程度主要受污染物的种类和性质、包气带岩层厚度和岩性的控制。

2. 由集中通道直接注入

利用井、孔、坑道或岩溶通道将废水直接排入到地下岩石裂隙或土壤孔隙中，是废液废水地下处理的一种方法（图13-3）。注入地下的污水，由于岩层具有过滤、扩散、离子交换、吸附、沉淀等净化作用，使污染物的浓度降低，乃至完全净化。但是，这种地下处理法使用不当会带来直接的和潜在的环境问题，其污染范围开始只限于通道附近，之后逐渐扩散蔓延。如果地下水流速很小，则扩散很慢，地下水流速较大时，则向下游可以延伸很远的距离，造成地下水的大片污染。

3. 由地表侧向渗入

许多城镇的生活污水和工业废水都排入河流。若未经处理的污水排放过多，特别是难以消除的化学污染物太多，超过了河水天然自净容量，则使地表水体污染。污染了的地表水又成为地下水的污染源。在沿海地区，布置在滨海的钻孔，由于大量开采地下水，水位下降幅度较大，降落漏斗扩展到海岸线时，也会产生海水入侵，咸水可渗入到淡水层引起污染（图13-4）。

地表水侧向渗入污染的特征是：污染影响带仅限于地表水体的附近呈带状或环状分布。污染程度取决于地表的污染程度、沿岸岩层的地质结构、水动力条件以及水源地距岸边的距离，水源地距离岸边愈远，污染的影响愈弱。

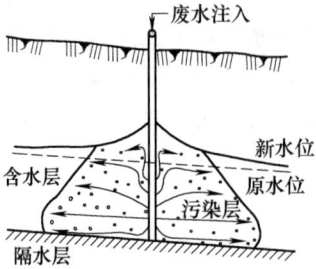

图 13-3　由污水井直接注入

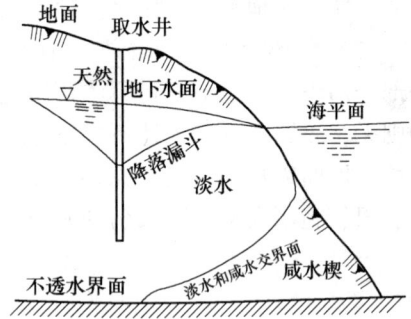

图 13-4　沿海地区地下淡水和咸水的关系

4. 含水层之间的垂直越流

开采封闭较好的承压含水层时，顶板之上如果有被污染了的潜水，则对承压水来说是一个潜在的污染源。它可能由于开采承压水时水位下降，与潜水形成较大的水头差，潜水可通过弱透水的隔水顶板直接流入承压含水层中，也可以通过止水不严的套管与孔壁的间隙向下渗入承压含水层，还可以经由未封死的废弃钻孔流入（图13-5）。

开采潜水或浅层承压水时，若深部承压含水层中存在咸水，那么咸水同样可以通过上述途径向上越

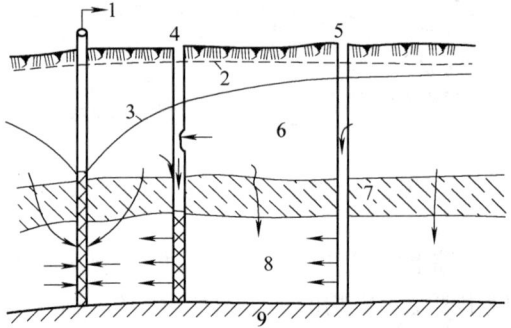

图 13-5　被污染的潜水含水层向承压
含水层越流示意图
1—承压抽水井　2—潜水位　3—承压水动水位
4—未封闭好的钻井　5—废弃钻井
6—污染的潜水含水层　7—弱透水层
8—承压含水层　9—隔水层

流污染潜水或浅层承压水。这种情况往往由于勘探石油、煤田或其他矿产时，打了一些勘探孔，打完后的钻孔未经严格封孔处理，则破坏了深部咸水层，导致浅水层的污染。

13.2　地下水污染防治

地下水污染防治包括两个方面：一方面是防止和保护天然优质地下水资源不受污染；另一方面是修复已经受到污染的地下水。

13.2.1　预防地下水污染的措施

预防性技术措施是指那些有助于防止地下水水质恶化现象产生的各种措施，

包括减少污染物的产生和防止污染物渗入等。

1）在制定城市发展规划，特别是制定工业布局时，必须考虑城市环境污染和保护地下水水质不受污染。因此，对于那些容易造成地下水水质污染的工厂，尽可能布置在水源地下游较远的地方，或者采用管道排污。新建水源地时，也必须考虑地下水的环境条件，如把水源地选择在城市上游或地下水的补给区，或从地层岩性结构上看防污染条件较好的地方。总之，必须在城市建设的总体规划中考虑地下水源环境保护问题，必须建立防治污染和维护生态环境的指标体系，要把环保工作与经济发展同步规划、同步实施，做到经济、社会和环境协调发展。

2）污水排放是造成水体污染的主要原因。为减少和防止地下水的污染，降低排污量是关键。应从资源与能源的综合利用入手，通过企业管理、技术改造、"三废"资源化、征收排污费等可行措施，尽可能把污染物控制在生产过程中。尽量采用无排或少排工艺，做到一水多用，串级使用，闭路循环，污水回用，以达到最大限度压缩排污量。污水最后排放必须达到环境部门要求的标准。

3）兴建配套的环境工程，大力开展污水处理和利用。大量污水未经处理便排入环境，是当前造成环境污染，特别是水源污染的主要污染源。因此积极开展污水处理和利用是治理地下水质恶化的治本措施。同时，处理后的污水，又可根据其质量用于不同目的供水，如饮用水源、冷却降温水源、农业灌溉或阻止海水入侵的地下水屏障的水源等，增加水资源的总量。完善下水管道系统，注意其封闭性。

4）选择合适的地点作为厂矿处理废水废渣的场所，最好将这种场所放在城市和水源地下游且厚粘土层区域，离地表水体较远处；废水废渣排放池的坑底不应低于地下水位。向地下深部岩层中处理难净化的高毒性污水时，必须选择合适条件的地点，否则会带来严重后果。

5）生产过程中漏失废液和污水较多的工厂，应建立各种防渗幕，防止各种污水渗入地下水中，并在地下建立层状排水设施将漏失污水汇集排除。如果隔水层埋藏不深，可以用环状隔水墙和幕将整个工厂范围与周围洁净水隔离开来，并设置排水设备，排除渗入的污水和大气降水。

6）当取水层位上下或附近有劣质水层或水体分布时（特别是滨海水源地），应当注意由于开采地下水所引起的水质恶化问题。根据咸水与淡水接触锋面的移动情况，及时调整开采方案，以防止海水入侵和水质恶化。

7）污水灌溉农田时应注意当地条件，只有在包含带土层渗透性较差和厚度较大的地区才允许用污水灌溉，并应严防污水渠道的渗漏，严格控制污灌定额和农药化肥的施用量。

8）在矿床开采过程中，应注意尾矿堆放地点的水文地质条件。对毒性较大的矿床，在尾矿堆放地可以设置防渗装置，以防对地下水的污染。

9）当污水已经渗入含水层中形成一个污水中心，但还没有运移弥散到水源地时，为了限制污染物质的弥散迁移，可以采用堵塞或截流措施。堵塞措施就是在地下水污染中心与水源地之间的地方设置防渗墙或防渗幕，通常它们都应穿过整个含水层直达隔水层之上才能起到堵塞作用。截流装置是在污水区与水源地之间设置排水设备，通过抽水而形成下降漏斗，以防止污水向水源地流动。

10）建立地下水水质监测网点，查明地下水污染状况，掌握地下水污染的变化趋势，确保措施采取及时。

11）防治地下水污染已纳入法制轨道，应严格执行水污染防治法及其他法规。

13.2.2 建立水源地卫生防护制度

1. 卫生防护带的划分

根据1986年国家颁布的《生活饮用水卫生标准》（GB 5749—1985）和2001年卫生部发布的《生活饮用水水质卫生规范》规定，生活饮用水水源必须设置卫生防护带。通常设置的三带包括：第一带为戒严带，该带是指取水构筑物附近的范围，要求水井周围30m范围内，不得设置厕所、渗水坑、粪坑和垃圾堆等污染源，并建立卫生检查制度；第二带为限制带，范围较大，要求在单井或井群影响半径范围内，不得使用工业废水或生活污水灌溉和施用持久性或剧毒的农药，不得修建渗水厕所、渗水坑、堆放废渣或铺设污水管道，并且不得从事破坏深层土层活动；第三带为监视带，应经常进行流行病学的观察，以便及时采取防治措施。

2. 卫生防护带半径的计算

潜水含水层保护半径可按下式计算

$$R = \sqrt{\frac{Q}{\pi W}\left[1 - \exp\left(-\frac{tW}{Mn_e}\right)\right]} \tag{13-1}$$

式中，R 为防护带半径（m）；Q 为井的出水量（m³/a）；M 为含水层厚度（m）；t 为迟后时间（a）；n_e 为有效孔隙度；W 为地下水垂直补给量（m³/a）。

迟后时间是指污染物由开采区降落漏斗范围内某一点运移至抽水井所需的时间，戒严带的迟后时间可考虑为60d。据一些研究表明，沙门氏杆菌在地下水中的存活时间为44~50d。为安全起见，将其乘以1.5~2.0的安全系数，便可取60d。这样长的时间已足以破坏一般的病原菌，使其丧失病原性。限制带的迟后时间一般取10a。这样，一旦在此带内发现化学污染，也有足够的时间来采取防治措施。

上述防护带的划分，戒严带主要考虑防止病原菌的污染，属于卫生防护，而对于病毒污染可能是无效的，因为有些病毒的存活时间长于60d。另一方面，它只考虑到了病原菌的水平迁移，因而只适用于污染物从水平方向补给含水层的条件，对于通过包气带来自地面的污染则未注意到。所以，迟后60d的时间应是病原菌垂直迁移时间和水平迁移时间的总和。

13.2.3　污染地下水的修复技术

污染地下水的修复是指对被污染的地下水采取物理、化学与生物学技术，使存在于水中的污染物质浓度减少或毒性降低或完全无害化的一个受控或自发的过程。就原理来讲，污染地下水的修复与处理是一致的，两个名词的区别在于修复几乎专指对已被污染的地下水和土壤中有毒有害污染物的原位处理，旨在使这些地方恢复"清洁"。污染物在地表以下岩土空隙中会以四种不同的形式存在：自由状态、气态、溶解于空隙水中、吸附于岩土固相表面，且不同形式之间存在着相互转化与平衡关系。

地下水污染后的修复措施，应针对引起地下水污染的主要原因、污染途径、状况、范围、性质和使用要求，通过经济技术比较来确定。如果污染轻微，可以利用岩土层的自净能力达到净化目的。否则，应采用修复技术对其进行治理。下面介绍修复污染地下水的主要技术。

13.2.3.1　传统修复技术

1. 技术原理

通过布置一系列合理的抽水井，最大限度地抽取污染地下水，有效控制污染羽流的运移，然后在地面对污染水进行处理或处置。这种泵-抽取处理技术也可称之为水力截获技术。该方法适用于大面积的含水层，投资相对较小，是一种传统的异位修复方法。

这种方法实际操作时，布设井位要考虑到应合理覆盖污染区域，水井的抽水速率应该大于污染物在地下水中的扩散速率，如果条件允许，应该进行现场试验，实际测定水泵的出水流量、持续时间，以及计算控制污染带迁移所需的水力参数等。当被污染的地下水中有害物质浓度不高时，最简单经济的处理方式是将抽出的被污染地下水在适当地段进行农田灌溉。由于土壤是一个天然的过滤器，利用被污染的地下水进行灌溉，靠土壤对污染物的吸附净化作用而达到最经济处理地下水的目的。大量抽取被污染的地下水进行灌溉，还可以促使被污染地下水的循环而加快净化速度。但必须注意土壤的净化能力、污染水体内有害物质浓度、灌溉方式和灌溉制度等，以防土壤产生毒化而带来相反效果。当被污染的地下水中有害物质浓度较高时，就需要在专门的装置中进行处理。如果水文地质条件允许的话，被处理过的地下水可以重新注入含水层内，或者排放到附近的地表水体中。应当指出，此种方法更适用于对溶解于地下水中污染物种类的去除，因为泵抽取出来的水中污染物可以得到高效率的去除，但却不能保证吸附于岩土固体表面的污染物得到有效去除。

2. 设计原理

取一个均质、各向同性、等厚度的含水层来研究。含水层的厚度为 M，在区域内地下水的渗透流速为 v，流向与 x 轴平行，指向 x 轴负方向。设所有抽水井为完整井，均布置在 y 轴上。若布置的是井群，则应设计出优选的最大井距，并在这种布局下保证所有被污染的地下水均能被汲取出来。井距被确定之后还需研究每个截获带的特点，可以从研究一眼井着手，然后再扩展到有多眼井的井群及整个含水层。全部推导过程都建立在复变函数理论基础上。

（1）设置一个净化抽水井的工作范围 为使理论分析工作简化又有普遍性，可假定净化抽水井位于直角坐标系的原点（图 13-6），截获带边界以外的水体看作不再流向井内，边界上流线的水力方程可写为

$$Y = \pm \frac{Q}{2Mv} - \frac{Q}{2\pi Mv}\arctan\frac{y}{x} \tag{13-2}$$

式中，M 为含水层厚度（m）；Q 为井的抽水量（m³/s）；v 为研究范围内地下水的天然渗透流速（m/s）。

在式（13-2）中，惟一的参数是比值 Q/Mv。图 13-6 表示参数取 5 个不同值时相对应的曲线形状。对于每个具体的曲线来说，在曲线范围内的所有水分子将流入井内。

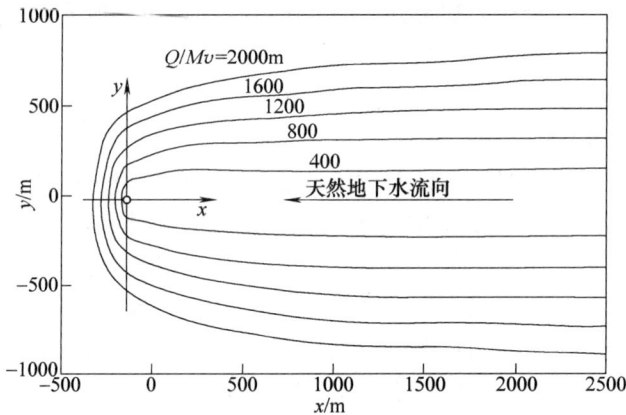

图 13-6 单井抽水时不同 Q/Mv 值所对应的截获带曲线

（2）设置两个净化抽水井的工作范围 为简化起见，可将两眼净化抽水井置于 y 轴上，距原点距离均为 d，假设每眼井抽水量恒定。用复变函数可将地下水在含水层中的天然渗透流速同抽水时向井的流速综合一起用 W 表示，则

$$W = V_z + \frac{Q}{2\pi M}[\ln(Z - id) + \ln(Z + id)] + C \tag{13-3}$$

式中，Z 为复变量，$Z = x + iy$，$i = \sqrt{-1}$。

当两井井距过大时，必定会有被污染的地下水从两井之间流过，因此需求出最佳井距。为了确定曲线滞留点的位置，可设 W 方程式的导数为零，则解出方程的根为

$$Z = \frac{1}{2}\left(-\frac{Q}{\pi Mv} \pm \sqrt{[Q^2/(\pi Mv)^2] - 4d^2} \right) \tag{13-4}$$

当两井的距离 $2d$ 大于 $Q/\pi Mv$ 时，方程将给出两个虚根，每组解都表示了曲线滞留点的位置，均位于净化抽水井的后面，其坐标为

$$\left(-\frac{Q}{2\pi Mv}, \frac{1}{2}\sqrt{4d^2 - [Q^2/(\pi Mv)^2]} \right)$$

及　　　　　　　　$$\left(-\frac{Q}{2\pi Mv}, -\frac{1}{2}\sqrt{4d^2 - [Q^2/(\pi Mv)^2]} \right)$$

当 $2d$ 远大于 $Q/\pi Mv$ 时，两个滞留点的坐标为

$$[-(Q/2\pi Mv), d] \quad \text{及} \quad [-(Q/2\pi Mv), -d]$$

这实际上是与假设相违背的。因 $2d > Q/\pi Mv$ 时污染水就可以由两井之间流过。最优条件应是 $2d = Q/\pi Mv$，如图 13-7 所示。通过滞留点的流线方程为

$$Y + \frac{Q}{2\pi Mv}\left(\arctan\frac{y-d}{x} + \arctan\frac{y+d}{x} \right) = \pm\frac{Q}{Mv} \tag{13-5}$$

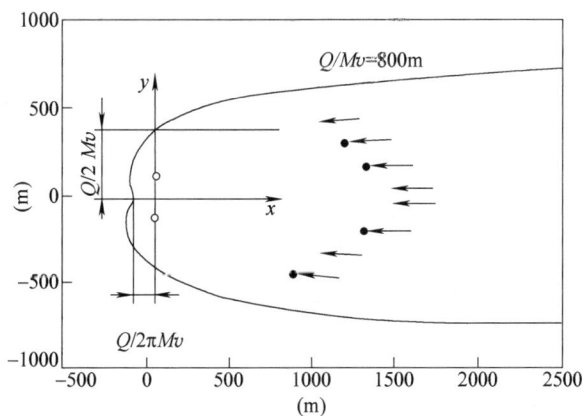

图 13-7　两眼井抽水时截获带最佳位置图

（3）设置三眼净化抽水井的工作范围　三眼井可按图 13-8 所示进行布置，其中一眼布置在坐标原点上，另两眼在 y 轴上，距原点的距离均为 d，三眼井连一直线并与天然地下水流垂直。通过滞留点的流线方程为

$$Y + \frac{Q}{2\pi Mv}\left(\arctan\frac{y}{x} + \arctan\frac{y-d}{x} + \arctan\frac{y+d}{x} \right) = \pm\frac{3Q}{2Mv} \tag{13-6}$$

最佳井距应为

$$d = 0.378Q/Mv \tag{13-7}$$

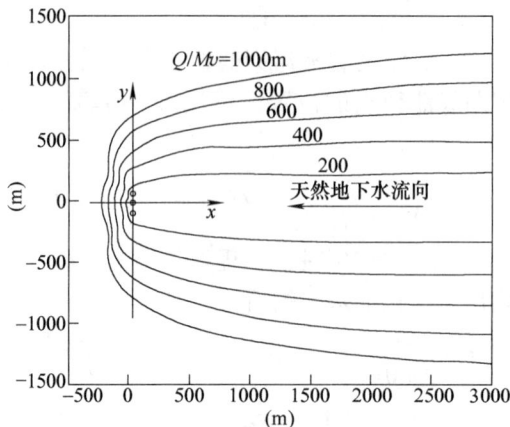

图 13-8　三眼井抽水时不同 Q/Mv 值所对应的截获带曲线

（4）多个净化抽水井　当净化抽水井为四眼或四眼以上时，其滞留点上的流线方程为

$$y + \frac{Q}{2\pi Mv}\left(\arctan\frac{y-y_1}{x} + \arctan\frac{y-y_2}{x} + \cdots + \arctan\frac{y-y_n}{x}\right) = \pm\frac{nQ}{2Mv}$$

$$(13\text{-}8)$$

式中，y_1、y_2、$y_3\cdots y_n$ 为净化抽水井 1、2、3$\cdots n$ 在 y 轴上的位置。

当所有的净化抽水井排成一线且与地下水天然流向垂直时，相邻两井的距离应按下式计算。即

$$d = 1.2Q/\pi Mv \tag{13-9}$$

3. 曲线的实际应用

净化抽水的整个费用应是净化程度的函数。当最大允许污染物浓度确定之后，整个净化过程的设计主要取决于：①花费应当最小；②净化后地下水中某些化学成分的最大含量不能超过规定指数；③抽水井的运转过程应尽可能地短。为同时满足这三个条件，制定的净化标准应是现实可行的，被污染的地下水体只有在某个浓度等值线内才能划归净化抽水井的截获带内。假设地下水的流向、流速，含水层的污染带，某些化学物质的分布状况已查清，另外还需假设在净化含水层前污染源已被排除。

按下列步骤进行水力截获修复技术的设计：

1）准备一张与前述系列曲线同比例的地图，在地图上标出和勾画出地下水的流向和化学物质最大允许浓度等值线。

2）把经过加工的地图叠置在单井抽水时不同 Q/Mv 值所对应的截获带边界曲线图上，确保两张图的地下水流向一致，移动浓度等值线，使闭合的等值线全部包括在某一标准曲线范围内，找出该标准曲线的 Q/Mv 值。

3）根据 Q/Mv 值计算出 Q 值。

4）如果一眼井的抽水量能达到上述计算的 Q 值，说明设计一眼井就可以满足净化抽水的要求，井的位置正好是曲线上井点在地图上的投影。

5）如果一眼净化抽水井不能满足要求，则在两眼净化抽水井的标准曲线系列上重复上述步骤来确定抽水量及井位，依次可类推到三、四眼井及更多的净化抽水井。当设计两眼以上抽水井时，由于干扰作用，井位除了按同比例尺地图及标准曲线重叠确定外，还应按公式 $2d = Q/\pi Mv$（两眼净化抽水井）和 $d = 1.2Q/\pi Mv$（两眼以上井群）来验证。

6）确定注入井的位置：如果抽出的被污染地下水在处理后要重新注入含水层，仍可按上述步骤1）、2）进行。只是绘有化学物质最大允许浓度等值线的地图上，地下水流向应同标准曲线上的天然地下水流向保持平行，但方向相反。注水井选在等值线范围以外，靠近地下水天然流向的上游方向，这样就可以确保最大允许浓度等值线范围内所有被污染地下水都会由抽水井排出。

13.2.3.2　气体抽提技术

气体抽提技术是利用真空泵和井，在受污染区域诱导产生气流，将有机污染物蒸气，或者将被吸附的、溶解状态的或者自由相的污染物转变为气相，抽提到地面，然后再进行收集和处理的技术（图13-9）。这种修复技术的基础是污染物质具有挥发特性，且适用于地层均匀、透水性较好的情况。气提技术在美国已经成为修复受加油站污染的地下水和土层的"标准"技术。

在气体抽提技术的实际操作过程中，孔隙中的气体流动，使含水层中的污染物质不断挥发，并随着气流迁移至抽提井。气流可有正压或负压诱导产生。气体的流动受岩性、孔隙率、地层的渗透性、地下水埋深、对流导管的布置等因素的影响。

13.2.3.3　空气吹脱修复

空气吹脱修复技术是指在一定压力条件下，将压缩空气注入受污染区域，将溶解在地下水中的挥发性化合物、吸附在土壤颗粒表面上的化合物以及阻塞在土壤空隙中的化合物驱赶出来的修复技术（图13-10）。空气吹脱包括现场空气吹脱、挥发性有机物的挥发和有机物的好氧生物降解三个过程。前两个过程进行得比较快，而后一个生物降解过程进行得比较缓慢。

在实际工作过程中，空气通道在地下水中的分布，大体上呈现伞状形态。根据不同的地层结构，或者以气泡或者以气流的形式扩散。影响吹脱效果最主要的地质条件是地层岩土的均质性。比较密实的土层会导致空气积累，阻断空气通道；高度松散的土壤也会导致空气短流，吹脱不能均匀进行。空气吹脱技术与抽提技术相结合，可以得到比单独一种技术更好的效果。

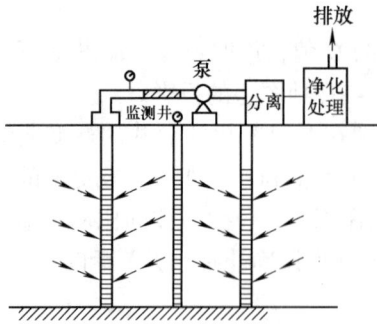

图 13-9　气体抽提系统图

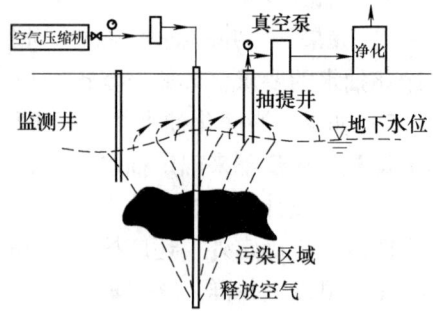

图 13-10　空气吹脱修复技术示意图

空气吹脱的设计包括以下内容：

（1）注入井的布设和井深　空气注入井的位置应该包围整个污染物区域，或者在其扩散流动方向进行阻截。由于注入井的深度影响空气注入所需要的压力和流量，原则上应该是比污染物所处最深处再深 $30\sim60cm$，但是其实际的深度受土壤结构等因素影响，一般不超过地下水水位以下 $9\sim16m$ 的深度。

（2）空气注入所需要的压力和流量　注入空气的压力必须克服注入点地下水的静态压力和土壤毛细管的压力，才能够形成气流通道，但不是压力越高，空气流量越大，吹脱效果就越好。所以，为了增加空气流量或者扩展吹脱半径范围而增高压力时需要倍加小心，尤其是在开始阶段，空气通道还没有形成，过高的压力容易导致短路。此时，需要逐渐提高压力，循序渐进。注入空气流量的范围一般在 $28\sim42.5m^3/min$。

（3）注入井的构造　注入井的构造与深度有关。与浅层吹脱井相比，深层吹脱井的构造更加复杂一些。空气注入井可以采用聚氯乙烯管材经加工而成。注入井的直径一般为 $0.3\sim0.6m$ 比较经济。但是，在深度比较大时，小口径的井所需要的压力会比较高。

（4）注入方式和技术设备选择　空气在连续注入方式下，工作比较稳定；而在间歇注入方式下，地下水位升降比较明显，可以强化传质效果，从而提高空气吹脱效果。但应当注意间歇脉冲式的操作方式也可能导致井周围的土壤产生筛选分层现象，使比较细的土壤沉积在下层，导致阻塞现象。一般当压力小于 $12\sim15kPa$ 时，可以选择鼓风机，而压力比较高时，应该选择空气压缩机。此外，还需选择真空抽气机、管道及连接件、空气过滤器、压力测量和控制仪表、流量计、空气干燥设备等。

13.2.3.4　生物修复

生物修复是一门新兴的学科，是指利用生物的生命代谢活动减少存于环境中有毒物质的浓度或使其完全无害化，从而使污染了的环境能够部分或完全恢复到初始状态的过程。从环境修复的类型可知，生物修复因体现更多优点而成为环境修复中最活跃的生长点。生物修复技术可分为地面生物处理和原位生物修复两类。地面生物处理是将受污染的土壤挖掘出来，在地面建造的处理设施内进行生物处理，主要有地面堆肥和泥浆生物反应器等。原位生物修复是指在基本不破坏土壤和地下水自然环境的条件下，对受污染的环境对象不作搬运或输送，而在原场所进行生物修复。原位生物修复又分为原位工程生物修复和原位自然生物修复。

（1）原位工程生物修复 对于不同类型的受污染地下水，应该采取不同的生物修复技术形式。对于包气带，一般采用生物曝气，即通过钻井鼓入空气，输送氧气，通过地面渗透，输送微生物所需要的营养。在共降解情况下，可以在注入空气的同时注入甲烷作为第一基质，促进共降解过程。此时的包气带生物曝气类似于抽提和吹脱，但是目的不同。前者的目的主要是提供分子氧，因此所需要的气量要小得多，以尽量避免污染物的挥发，免去不必要的地面处理步骤。一般的压力范围在 $3 \sim 10\text{kPa}$，空气流量在 $30 \sim 90\text{L/min}$。地面渗流还可以提供微生物所需要的湿度水分。

对于受污染的地下水（图13-11），一方面通过钻井向地下含水层注入空气以提供氧气，利用回收井抽取地下水，进行循环；另一方面通过渗透，提供微生物所需的各种营养。从水井抽取地下水，还可以控制污染带的迁移。另外还有一种工艺，是利用曝气井和抽提井的组合，在注入空气的同时，在另一侧抽提蒸气和空气，加快循环。

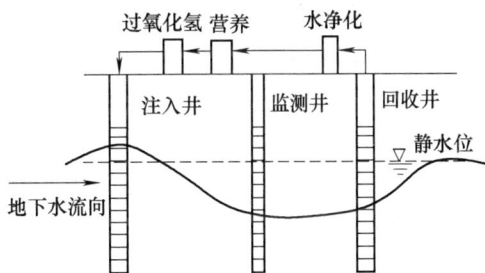

图 13-11 原位生物修复系统

生物修复技术也可以只在特定的活性区实施，作为阻截手段。设置活性带一般是垂直于地下水流向，且位于污染带的下游，空气和微生物营养直接注入活性带，这是一种被动的方法，但是非常有效。

生物修复技术设计的主要内容是将电子受体（分子态氧 O_2）、微生物营养和活性微生物本身有效地输送至受污染的目标区域。生物修复需要进行的时间可以根据总的需氧量和氧的输送速率来粗略地估算。这是因为生物修复受许多因素的影响，例如氧是否能够及时输送至受污染区域，是否能够被微生物及时利用等等。

（2）地下水的自然生物修复 自然生物修复是利用土壤和地下水中原土著微生物降解土壤和地下水中污染物的过程，所以，自然生物修复可被视为自然环境的自我修复过程。但是自然生物修复并不是不采取任何措施，同样需要计划详细的方案。在实施中，需要画定一条零号线。在零号线上，生物降解的速率等于污染物流动扩散的速率。随着生物修复的不断进行，零号线将不断收缩。因此，零号线的迁移是评定自然生物修复过程的参照标志。

从外围到核心，依次存在着好氧生物反应、以硝酸盐为主的兼氧生物反应和厌氧微生物反应、利用三价铁离子作为电子受体的微生物反应等。随着 Eh 的降低，硫酸盐开始被作为电子受体得到利用，通常是在污染区域核心，甲烷细菌比较活跃（图13-12）。

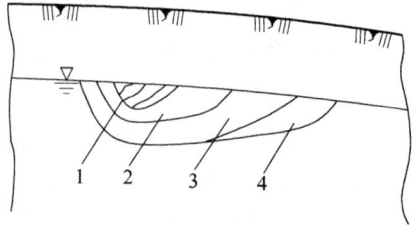

图 13-12　自然生物修复过程
1—污染源　2—厌氧区
3—好氧区　4—已修复区

综上所述，生物修复是一项复杂的系统工程，需要多学科的合作，因此，为确保该技术能有效地处理被污染的地下水环境，需进行详细的工程设计，主要包括：

1）收集场地的信息。收集的信息包括：污染物的种类、分布、浓度和时间，地层的孔隙度、渗透率，受污染场地的地理、地质和气象条件，污染前后污染场地的微生物的种类、分布、数量和活性等，以及有关的管理法规。根据相应的法规确立修复目标。另外，向有关部门咨询是否有与本场地相类似的处理经验。

2）选择处理方案。根据场地的各种信息，列出可行的技术方案，并进行分析论证，确定最佳技术方案。

3）可处理性试验。确定修复方案后，进行可处理性试验，获取污染物毒性、营养和溶解氧等有关限制性因素资料，为工程的设计和实施提供基本参数。

4）修复效果评价。在可行性研究的基础上，对所选方案进行技术经济评价。评价的指标有：原生污染物去除率、次生污染物增加率以及污染物毒性增加率。另外，经济效果评价包括修复的一次性基建投资与服役期的运行成本。

5）生物修复工程设计。通过试验和分析论证，认为生物修复技术经济是合理的、技术是可行的，下一步就可以进行生物修复工程的具体设计。设计包括处理井位、井深、设备、营养物或其他电子受体等内容。

13.2.3.5　可渗透反应墙技术

可渗透反应墙是在污染区域下游设置具有渗透性的障碍墙，当被污染的地下水流经此障碍墙时，污染物被截留并得到处理，地下水得到了净化，至少可以降低下游受污染的程度。

可渗透性反应墙由反应单元和隔水漏斗两部分组成（图13-13），其中反应单元用来放置反应介质。当污染的地下水流经反应单元时，污染物与反应介质接触得到处理。可渗透性反应墙可安装成连续性反应单元（图13-13a）和隔水漏斗—导水门系统（图 13-13b）。在隔水漏斗—导水门系统中，反应单元为反应墙的一部分，隔水漏斗嵌入隔水层中，以防止污染的地下水通过渗流进入下游未污染区。隔水漏斗是由封闭的片桩或泥浆墙组成，用来引导或汇集地下水，使其流向渗透性反应单元，这种结构有时能更好地截获羽状体。例如，当污染物分布不规则时，隔水漏斗—导水门系统能更好地将进入反应单元的污染物浓度均质化。根据不同的水文地质条件，隔水漏斗可选用不同的形状。另外，也可以在反应单元中布设两个或两个以上反应单元，将其应用于污染物浓度较大的地方，而这种连续装填的反应介质可确保污染物被彻底降解。

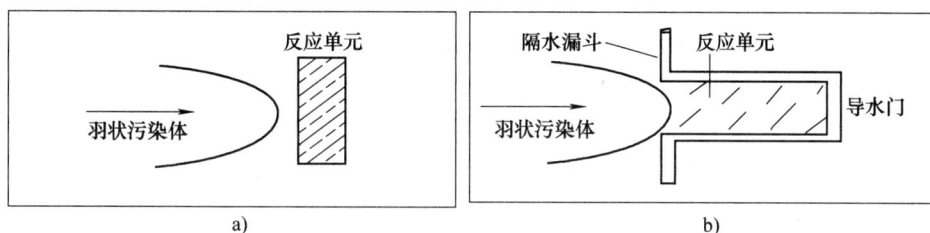

图 13-13　反应墙的布置形式

由此可见，可渗透反应墙技术相当于将泵抽＋处理系统的反应处理部分直接放入了地下。由于地下水流动速度缓慢，污染物在反应单元中的停留时间较长，可以达到几个星期甚至更长，处理效率大大提高，在某些情况下可达到 100%。然而，若受污染的区域位置较深的话，可渗透反应墙施工难度就会加大，且成本增高，此时可以考虑选用其他修复技术。

13.2.3.6　人工补给技术

人工补给（或回灌）是指借助某些工程设施，人为地将地表水通过渠系、坑塘、井，或用压力注入，把地表水补充到地下含水层中。在过量开采地下水的地区，由于地下水位区域性持续下降，同样会造成地下水质的恶化。这主要是由于自然界中水动力和水化学的平衡状态被破坏，从而使污水直接或间接地流入并污染含水层所致。在含水层逐渐被疏干的过程中，含水层由原来的封闭环境变为相对开放的环境，随之出现地下水中的矿化度、硬度及铁、锰离子含量不断增高，pH 值降低等现象。这时若采用人工回灌的办法，就可大大加快被污染地下水的稀释和净化的过程，改善地下水水质，而且具有水力阻拦污水入渗、调节水温、保持取水构筑物出水能力、防止地面沉降及预防地震等效应。可见，地下水人工补给不仅是调节和控制地下水量的重要手段，也是治理地下水污染的有效措施。

（1）地下水人工补给的基本条件

1）水文地质条件。一个地区能否进行人工补给，首先要取决于有无合适的水文地质条件。含水层的容积、透水性、埋藏深度、储水性能、排泄条件等都直接影响地下水人工补给的效果。如果一个含水层可利用的容积不大，或补给的水很快就流失或排入附近河道沟谷中，这样的含水层不适合进行人工补给。

2）可靠的补给来源。在大多数情况下补给地下的水是来自河水或水库水，如在水质或水量上不能满足要求时，也可以利用汇集的大气降水，经过处理达标的某些污水也可以作为补给水。选择补给水源时，一定要保证水质与水量，补给水的化学成分对补给效率和补给后的含水层水质都将产生重要影响。

3）显著的经济效益。在制定地下水补给方案时，必须要与其他解决水资源问题的工程方案相比较，判断在经济上的可行性。不仅要考虑增加单位水量的投资，还应考虑工程运转后水的成本对比，以及综合受益情况和对环境产生的影响。

（2）地下水人工补给的方法　地下水人工补给的方法有直接法和间接法两大类。

1）地表入渗补给法。主要是利用河床、水渠、渠道、天然洼地或农田灌溉等来蓄集地表水，借助地表水和地下水之间的天然水头差，使之自然渗漏补给含水层。此种方法的优点是：可因地制宜，以简单的工程设施和较少的投资获得较大的入渗补给量，比较容易管理和便于清淤，故能经常保持较高渗透率。但该方法也有一些缺点，如占地面积较大，受地质、地形条件的限制，补给水在干旱地区蒸发损失较大，管理不善可能造成附近土地盐渍化、沼泽化或危害工程建筑基础。

2）井内灌注补给法。该方法是将补给水通过钻孔、管井直接注入含水层。为提高补给效率，除采用天然注入外，也常采用加压注入。此种方法的主要优点是：不受地形条件限制，也不受包气带岩层厚度及岩性的影响，可向指定含水层集中回灌，补给量与气候条件无关，水量浪费少。但该方法需要一定规模的输配水及加压设施，故工程投资及运营管理费用较高。井内灌注补给法因占地小，主要用于城市内或工业区的回灌，特别适合于补给承压含水层或埋藏较深的潜水含水层。

3）诱导补给法。该方法是一种间接的地下水人工补给方法，即在河流或其他地表水体附近开凿抽水井，抽取地下水的同时，使地表水体与地下水间的水位差不断加大，导致地表水体大量渗入补给含水层。这种方法的效果除了与地层的透水性密切相关外，还同抽水井与地表水体间的距离有关，距离愈远诱导补给量愈大。但为了保证天然的净化作用，抽水井应与地表水体保持一定的距离，而且水源井一般位于区域地下水流下游一侧比较有利。

本 章 小 结

【本章内容】

人类过量开发地下水资源，出现了一系列地质生态和环境负效应，因此必须对有限的地下水资源实行保护。本章主要叙述地下水的污染以及污染地下水的修复。

（1）概述 地下水是生态环境系统的重要子系统。地下水污染具有隐蔽性、延缓性和难以逆转性的特点，因而重要的是对地下水污染的预防。本节介绍了地下水污染的定义、污染源和污染途径等。

（2）地下水污染防治 本节讲解了地下水污染的预防原则和技术措施，卫生防护带的划分和防护带半径的计算，污染地下水的修复。对污染地下水进行修复的主要技术有：传统修复技术、气体抽提技术、空气吹脱修复、原位工程生物修复、地下水的自然生物修复技术，另外还有可渗透反应墙技术和人工补给技术。

【学习基本要求】

通过本章学习，要求理解地下水在整个生态环境系统中的重要性，了解地下水污染的定义、特点、途径以及预防原则和技术措施，理解气体抽提技术、空气吹脱修复、原位工程生物修复、地下水自然生物修复等修复方法的基本原理。

Chapter 13 Groundwater Pollution and Control

【Chapter Content】

A series of negative effects on the geoecological environment have occurred because the anthropogenic activities excessively exploit groundwater resources and, therefore, it is necessary to protect the limited resources. From this point, it is the groundwater pollution control and remediation that are main contents in this chapter.

1. Introduction

It should be recognized that the groundwater system is one of the important subsystems of the ecoenvironmental system. Its pollution is characterized by the concealment, postponement, and uneasy reversal attributes. So it is the most important to take measures to prevent the pollution. Some basic concepts, sources and paths on groundwater pollution are interpreted.

2. Prevention and control of groundwater pollution

This section discusses the three topics related to groundwater pollutions: (1) the preventative principles and technical measures, (2) the division of sanitary protection zone and the estimation of the zonal radius and (3) the remediation methods and technologies in which the traditional methods (i. e. pump-and-treat or hydraulic interception) and some new techniques (including gas-extracting-processing, the air-blowing, the in-situ bioremediation, the natural bioremediation, the permeable reactive barrier and the artificial recharge) are described.

【**General Learning Requirements**】

By studying and reading this chapter, the importance of groundwater in the whole ecoenvironmental system need to be clarified, the basic concepts, the prevention principles and the technical measures concerned with the groundwater pollution understood, and the remediation principles comprehended.

复 习 题

13-1 为什么说地下水与人类生存的环境密切相关?

13-2 地下水污染的定义是什么? 地下水污染的特征是什么?

13-3 简述地下水污染的途径。

13-4 预防地下水污染的措施有哪些?

13-5 气体抽提与空气吹脱技术有何区别?

13-6 列表说明污染地下水的6种修复技术的优缺点与适用条件。

附　　录

附录 A　海森概率格纸的横坐标分格表

P（%）	由中值（50%）起的水平距离	P（%）	由中值（50%）起的水平距离
0.01	3.720	7	1.476
0.02	3.540	8	1.405
0.03	3.432	9	1.341
0.04	3.353	10	1.282
0.05	3.290	11	1.227
0.06	3.239	12	1.175
0.07	3.195	13	1.126
0.08	3.156	14	1.080
0.09	3.122	15	1.036
0.10	3.090	16	0.994
0.15	2.967	17	0.954
0.2	2.878	18	0.915
0.3	2.748	19	0.878
0.4	2.652	20	0.842
0.5	2.576	22	0.774
0.6	2.512	24	0.706
0.7	2.457	26	0.643
0.8	2.409	28	0.583
0.9	2.366	30	0.524
1.0	2.326	32	0.468
1.2	2.257	34	0.412
1.4	2.197	36	0.358
1.6	2.144	38	0.305
1.8	2.097	40	0.253
2	2.053	42	0.202
3	1.881	44	0.151
4	1.751	46	0.100
5	1.645	48	0.050
6	1.555	50	0.000

海森概率格纸

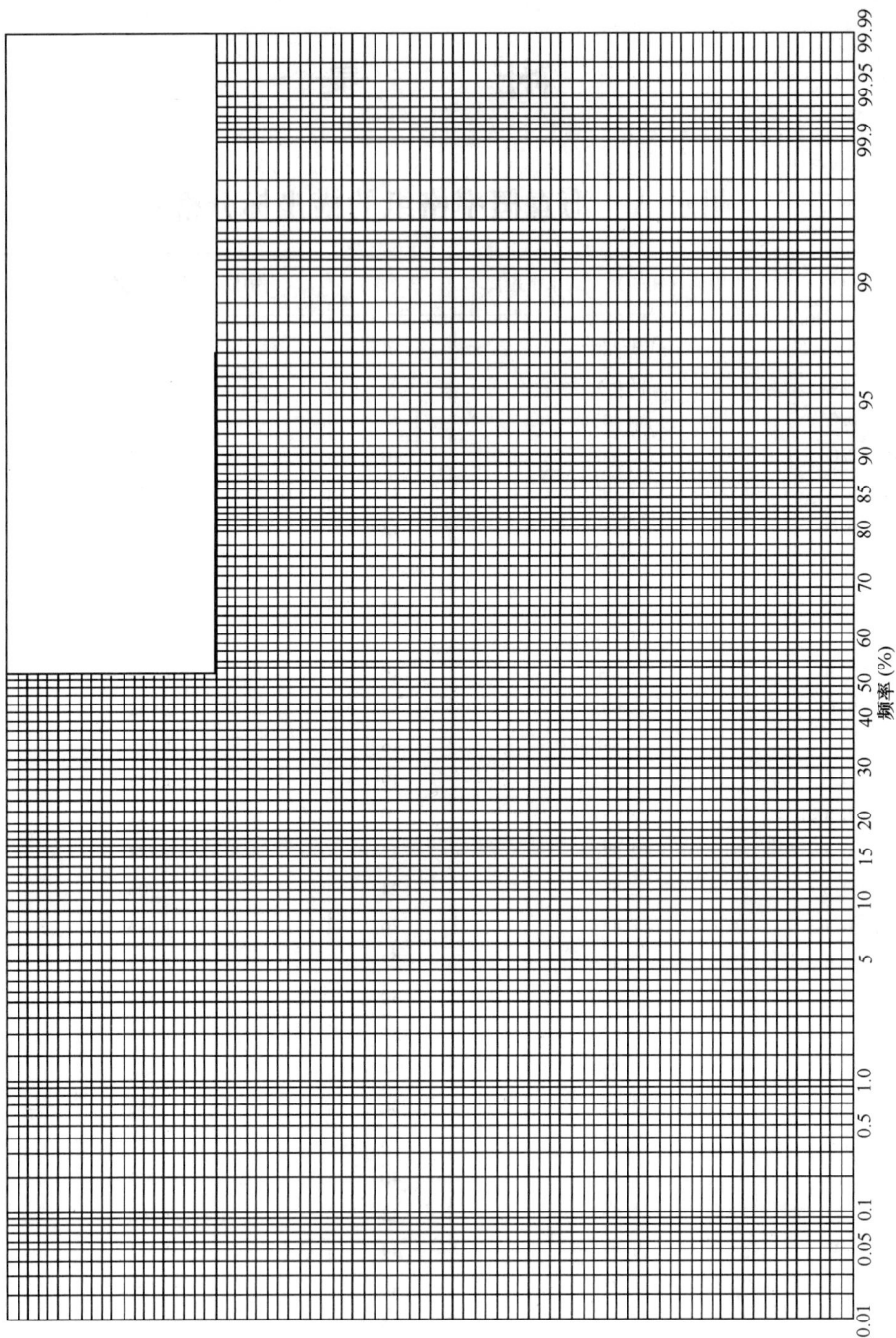

频率 (%)

附录 B　皮尔逊Ⅲ型频率曲线离均系数 $\varPhi_p$ 值表

C_s	P (%)													
	0.01	0.1	1	3	5	10	25	50	75	90	95	97	99	99.9
0.00	3.72	3.09	2.33	1.88	1.65	1.28	0.67	−0.00	−0.67	−1.28	−1.65	−1.88	−2.33	−3.09
0.05	3.73	3.16	2.36	1.90	1.65	1.28	0.66	−0.01	−0.68	−1.28	−1.63	−1.86	−2.29	−3.02
0.10	3.94	3.23	2.40	1.92	1.67	1.29	0.66	−0.02	−0.68	−1.27	−1.62	−1.84	−2.25	−2.95
0.15	4.05	3.31	2.44	1.94	1.68	1.30	0.66	−0.02	−0.68	−1.26	−1.60	−1.82	−2.22	−2.88
0.20	4.16	3.38	2.47	1.96	1.70	1.30	0.65	−0.03	−0.69	−1.26	−1.59	−1.79	−2.18	−2.81
0.25	4.27	3.45	2.50	1.98	1.71	1.30	0.64	−0.04	−0.70	−1.25	−1.56	−1.77	−2.14	−2.74
0.30	4.38	3.52	2.54	2.00	1.72	1.31	0.64	−0.05	−0.70	−1.25	−1.56	−1.75	−2.10	−2.67
0.35	4.50	3.59	2.58	2.02	1.73	1.32	0.64	−0.06	−0.70	−1.24	−1.53	−1.72	−2.06	−2.60
0.40	4.61	3.66	2.62	2.04	1.75	1.32	0.63	−0.07	−0.71	−1.23	−1.52	−1.71	−2.03	−2.53
0.45	4.72	3.74	2.64	2.06	1.76	1.32	0.62	−0.08	−0.71	−1.22	1.51	−1.68	−2.00	−2.47
0.50	4.83	3.81	2.69	2.08	1.77	1.32	0.62	−0.08	−0.71	−1.22	−1.49	−1.66	−1.96	−2.40
0.55	4.94	3.88	2.72	2.10	1.79	1.33	0.62	−0.09	−0.72	−1.21	−1.47	−1.64	−1.92	−2.33
0.60	5.05	3.96	2.76	2.12	1.80	1.33	0.61	−0.10	−0.72	−1.20	−1.46	−1.61	−1.88	−2.27
0.65	5.16	4.03	2.79	2.14	1.81	1.33	0.60	−0.11	−0.72	−1.19	−1.44	−1.59	−1.84	−2.20
0.70	5.28	4.10	2.82	2.15	1.82	1.33	0.59	−0.12	−0.72	−1.18	−1.42	−1.57	−1.81	−2.14
0.75	5.39	4.17	2.86	2.17	1.83	1.34	0.58	−0.12	−0.72	−1.18	−1.41	−1.54	−1.77	−2.08
0.80	5.50	4.24	2.89	2.19	1.84	1.34	0.58	−0.13	−0.73	−1.17	−1.39	−1.52	−1.73	−2.02
0.85	5.62	4.31	2.92	2.20	1.85	1.34	0.58	−0.14	−0.73	−1.16	−1.37	−1.49	−1.70	−1.96
0.90	5.73	4.39	2.96	2.22	1.86	1.34	0.57	−0.15	−0.73	−1.15	−1.35	−1.47	−1.66	−1.90
0.95	5.84	4.46	2.99	2.24	1.87	1.34	0.56	−0.16	−0.73	−1.14	−1.34	−1.45	−1.62	−1.84
1.00	5.96	4.53	3.02	2.25	1.88	1.34	0.55	−0.16	−0.73	−1.13	−1.32	−1.42	−1.59	−1.79
1.05	6.07	4.60	3.06	2.27	1.89	1.34	0.54	−0.17	−0.74	−1.12	−1.30	−1.40	−1.55	−1.73
1.10	6.19	4.67	3.09	2.28	1.89	1.34	0.54	−0.18	−0.74	−1.11	−1.28	−1.37	−1.52	−1.68
1.15	6.30	4.74	3.12	2.30	1.90	1.34	0.53	−0.19	−0.74	−1.10	−1.26	−1.35	−1.48	−1.63
1.20	6.41	4.82	3.15	2.31	1.91	1.34	0.52	−0.20	−0.74	−1.09	−1.25	−1.33	−1.45	−1.58
1.25	6.53	4.89	3.18	2.33	1.92	1.34	0.52	−0.20	−0.74	−1.08	−1.22	−1.30	−1.42	−1.53
1.30	6.64	4.96	3.21	2.34	1.93	1.34	0.51	−0.21	−0.74	−1.06	−1.21	−1.28	−1.38	−1.48
1.35	6.75	5.03	3.24	2.36	1.93	1.34	0.50	−0.22	−0.74	−1.05	−1.19	−1.26	−1.35	−1.44
1.40	6.87	5.10	3.27	2.37	1.94	1.34	0.49	−0.23	−0.73	−1.04	−1.17	−1.23	−1.32	−1.39
1.45	6.98	5.16	3.30	2.38	1.95	1.34	0.48	−0.23	−0.73	−1.03	−1.15	−1.21	−1.29	−1.35

（续）

C_s	P（%）													
	0.01	0.1	1	3	5	10	25	50	75	90	95	97	99	99.9
1.50	7.09	5.23	3.33	2.40	1.95	1.33	0.47	-0.24	-0.73	-1.02	-1.13	-1.19	-1.26	-1.31
1.55	7.21	5.30	3.36	2.41	1.96	1.33	0.46	-0.25	-0.73	-1.01	-1.11	-1.16	-1.23	-1.28
1.60	7.32	5.37	3.39	2.42	1.96	1.33	0.46	-0.25	-0.73	-0.99	-1.09	-1.14	-1.20	-1.24
1.65	7.43	5.44	3.42	2.43	1.97	1.33	0.45	-0.26	-0.72	-0.98	-1.08	-1.12	-1.17	-1.20
1.70	7.54	5.51	3.44	2.44	1.97	1.32	0.44	-0.27	-0.72	-0.97	-1.06	-1.10	-1.14	-1.17
1.75	7.66	5.58	3.47	2.46	1.98	1.32	0.43	-0.28	-0.72	-0.96	-1.04	-1.07	-1.11	-1.14
1.80	7.77	5.64	3.50	2.47	1.98	1.32	0.42	-0.28	-0.72	-0.95	-1.02	-1.05	-1.09	-1.11
1.85	7.88	5.71	3.53	2.48	1.99	1.31	0.41	-0.29	-0.72	-0.93	-1.00	-1.03	-1.06	-1.08
1.90	7.99	5.78	3.55	2.49	1.99	1.31	0.40	-0.29	-0.72	-0.92	-0.98	-1.01	-1.04	-1.05
1.95	8.10	5.84	3.58	2.50	1.99	1.31	0.40	-0.30	-0.72	-0.91	-0.97	-0.99	-1.01	-1.02
2.00	8.21	5.91	3.61	2.51	2.00	1.30	0.39	-0.31	-0.71	-0.90	-0.95	-0.97	-0.99	-1.00
2.05	8.32	5.97	3.63	2.52	2.00	1.30	0.38	-0.32	-0.71	-0.89	-0.94	-0.95	-0.96	-0.97
2.10	8.43	6.04	3.66	2.53	2.01	1.29	0.37	-0.32	-0.70	-0.88	-0.93	-0.93	-0.94	-0.95
2.15	8.54	6.10	3.68	2.54	2.01	1.28	0.36	-0.32	-0.70	-0.86	-0.92	-0.92	-0.92	-0.93
2.20	8.64	6.16	3.71	2.55	2.01	1.28	0.35	-0.33	-0.69	-0.85	-0.90	-0.90	-0.90	-0.91
2.25	8.75	6.23	3.72	2.56	2.01	1.27	0.34	-0.34	-0.68	-0.83	-0.88	-0.88	-0.89	-0.89
2.30	8.86	6.30	3.75	2.56	2.01	1.27	0.33	-0.34	-0.68	-0.82	-0.86	-0.86	-0.87	-0.87
2.35	8.97	6.36	3.78	2.56	2.01	1.26	0.32	-0.34	-0.67	-0.81	-0.84	-0.84	-0.85	-0.85
2.40	9.07	6.42	3.80	2.57	2.01	1.25	0.31	-0.35	-0.66	-0.79	-0.82	-0.82	-0.83	-0.83
2.45	9.18	6.48	3.81	2.58	2.01	1.25	0.30	-0.36	-0.66	-0.78	-0.80	-0.80	-0.82	-0.82
2.50	9.28	6.55	3.85	2.58	2.01	1.24	0.29	-0.36	-0.65	-0.77	-0.79	-0.79	-0.80	-0.80
2.55	9.39	6.60	3.85	2.58	2.01	1.23	0.28	-0.36	-0.65	-0.75	-0.78	-0.78	-0.78	-0.78
2.60	9.50	6.67	3.87	2.59	2.01	1.23	0.27	-0.37	-0.64	-0.74	-0.76	-0.76	-0.77	-0.77
2.65	9.60	6.73	3.89	2.59	2.02	1.22	0.26	-0.37	-0.64	-0.73	-0.75	-0.75	-0.75	-0.75
2.70	9.70	6.79	3.91	2.60	2.02	1.21	0.25	-0.38	-0.63	-0.72	-0.73	-0.73	-0.74	-0.74
2.75	9.82	6.85	3.93	2.61	2.02	1.21	0.24	-0.38	-0.63	-0.71	-0.72	-0.72	-0.72	-0.73
2.80	9.93	6.92	3.95	2.61	2.02	1.20	0.23	-0.38	-0.62	-0.70	-0.71	-0.71	-0.71	-0.71
2.85	10.02	6.97	3.97	2.62	2.02	1.20	0.22	-0.39	-0.62	-0.69	-0.70	-0.70	-0.70	-0.70
2.90	10.11	7.03	3.99	2.62	2.02	1.19	0.21	-0.39	-0.61	-0.67	-0.68	-0.68	-0.69	-0.69
2.95	10.23	7.09	4.00	2.62	2.02	1.18	0.20	-0.40	-0.61	-0.66	-0.67	-0.67	-0.68	-0.68
3.00	10.34	7.15	4.02	2.63	2.02	1.18	0.19	-0.40	-0.60	-0.65	-0.66	-0.66	-0.67	-0.67

（续）

C_s	P（%）													
	0.01	0.1	1	3	5	10	25	50	75	90	95	97	99	99.9
3.10	10.56	7.26	4.08	2.64	2.00	1.16	0.17	-0.40	-0.60	-0.64	-0.64	-0.65	-0.65	-0.65
3.20	10.77	7.38	4.12	2.65	1.99	1.14	0.15	-0.40	-0.58	-0.62	-0.61	-0.61	-0.61	-0.61
3.30	10.97	7.49	4.15	2.65	1.99	1.12	0.14	-0.40	-0.58	-0.60	-0.61	-0.61	-0.61	-0.61
3.40	11.17	7.60	4.18	2.65	1.98	1.11	0.12	-0.41	-0.57	-0.59	-0.59	-0.59	-0.59	-0.59
3.50	11.37	7.72	4.22	2.65	1.97	1.09	0.10	-0.41	-0.55	-0.57	-0.57	-0.57	-0.57	-0.57
3.60	11.57	7.83	4.25	2.66	1.96	1.08	0.09	-0.41	-0.54	-0.56	-0.57	-0.57	-0.57	-0.57
3.70	11.77	7.94	4.28	2.66	1.95	1.06	0.07	-0.42	-0.53	-0.54	-0.54	-0.54	-0.54	-0.54
3.80	11.97	8.05	4.31	2.66	1.94	1.04	0.06	-0.42	-0.52	-0.53	-0.53	-0.53	-0.53	-0.53
3.90	12.16	8.15	4.24	2.66	1.93	1.02	0.04	-0.41	-0.51	-0.51	-0.51	-0.51	-0.51	-0.51
4.00	12.36	8.25	4.37	2.66	1.92	1.00	0.02	-0.41	-0.50	-0.50	-0.50	-0.50	-0.50	-0.50
4.10	12.55	8.35	4.39	2.66	1.91	0.98	0.00	-0.41	-0.48	-0.49	-0.49	-0.49	-0.49	-0.49
4.20	12.74	8.45	4.41	2.65	1.90	0.96	-0.02	-0.41	-0.47	-0.48	-0.48	-0.48	-0.48	-0.48
4.30	12.93	8.55	4.44	2.65	1.88	0.94	-0.03	-0.41	-0.46	-0.47	-0.47	-0.47	-0.47	-0.48
4.40	13.12	8.65	4.46	2.65	1.87	0.92	-0.04	-0.40	-0.45	-0.46	-0.46	-0.46	-0.46	-0.46
4.50	13.30	8.75	4.48	2.64	1.85	0.90	-0.05	-0.40	-0.44	-0.44	-0.44	-0.44	-0.44	-0.44
4.60	13.49	8.85	4.50	2.63	1.84	0.88	-0.06	-0.40	-0.44	-0.44	-0.44	-0.44	-0.44	-0.44
4.70	13.67	8.95	4.52	2.62	1.82	0.86	-0.07	-0.39	-0.43	-0.43	-0.43	-0.43	-0.43	-0.43
4.80	13.85	9.04	4.54	2.61	1.80	0.84	-0.08	-0.39	-0.42	-0.42	-0.42	-0.42	-0.42	-0.42
4.90	14.04	9.18	4.55	2.60	1.78	0.82	-0.10	-0.38	-0.41	-0.41	-0.41	-0.41	-0.41	-0.41
5.00	14.22	9.22	4.57	2.60	1.77	0.80	-0.11	-0.38	-0.40	-0.40	-0.40	-0.40	-0.40	-0.40
5.10	14.40	9.31	4.58	2.59	1.75	0.78	-0.12	-0.37	-0.39	-0.39	-0.39	-0.39	-0.39	-0.39
5.20	14.57	9.40	4.59	2.58	1.73	0.76	-0.13	-0.37	-0.39	-0.39	-0.39	-0.39	-0.39	-0.39
5.30	14.75	9.49	4.60	2.57	1.72	0.74	-0.14	-0.36	-0.38	-0.38	-0.38	-0.38	-0.38	-0.38
5.40	14.92	9.57	4.62	2.56	1.70	0.72	-0.14	-0.36	-0.37	-0.37	-0.37	-0.37	-0.37	-0.37
5.50	15.10	9.66	4.63	2.55	1.68	0.70	-0.15	-0.35	-0.36	-0.36	-0.36	-0.36	-0.36	-0.36
5.60	15.27	9.74	4.64	2.53	1.66	0.67	-0.16	-0.35	-0.36	-0.36	-0.36	-0.36	-0.36	-0.36
5.70	15.45	9.82	4.65	2.52	1.65	0.65	-0.17	-0.34	-0.35	-0.35	-0.35	-0.35	-0.35	-0.35
5.80	15.62	9.91	4.68	2.51	1.63	0.63	-0.18	-0.34	-0.35	-0.35	-0.35	-0.35	-0.35	-0.35
5.90	15.78	9.99	4.68	2.49	1.61	0.61	-0.18	-0.33	-0.34	-0.34	-0.34	-0.34	-0.34	-0.34
6.00	15.94	10.07	4.68	2.48	1.59	0.59	-0.19	-0.33	-0.33	-0.33	-0.33	-0.33	-0.33	-0.33
6.10	16.11	10.15	4.69	2.46	1.57	0.57	-0.19	-0.33	-0.33	-0.33	-0.33	-0.33	-0.33	-0.33
6.20	16.28	10.22	4.70	2.45	1.55	0.55	-0.20	-0.32	-0.32	-0.32	-0.32	-0.32	-0.32	-0.32
6.30	16.45	10.30	4.70	2.43	1.53	0.53	-0.20	-0.32	-0.32	-0.32	-0.32	-0.32	-0.32	-0.32
6.40	16.61	10.38	4.71	2.41	1.51	0.51	-0.21	-0.31	-0.31	-0.31	-0.31	-0.31	-0.31	-0.31

附录 C 皮尔逊Ⅲ型频率曲线三点法 S 与 C_s 关系表

（一）$P = 1 \sim 50 \sim 99\%$

S	0	1	2	3	4	5	6	7	8	9
0.0	0.000	0.026	0.051	0.077	0.103	0.128	0.154	0.180	0.206	0.232
0.1	0.258	0.284	0.310	0.336	0.362	0.387	0.413	0.439	0.465	0.491
0.2	0.517	0.544	0.570	0.596	0.622	0.648	0.674	0.700	0.726	0.753
0.3	0.780	0.807	0.833	0.860	0.887	0.913	0.940	0.967	0.994	1.021
0.4	1.048	1.075	1.103	1.131	1.159	1.187	1.216	1.244	1.273	1.302
0.5	1.331	1.360	1.389	1.419	1.449	1.479	1.510	1.541	1.572	1.604
0.6	1.636	1.668	1.702	1.735	1.770	1.805	1.841	1.877	1.914	1.951
0.7	1.989	2.029	2.069	2.110	2.153	2.198	2.243	2.289	2.338	2.388
0.8	2.440	2.495	2.551	2.611	2.673	2.739	2.809	2.882	2.958	3.042
0.9	3.132	3.227	3.334	3.449	3.583	3.740	3.913	4.136	4.432	4.883

（二）$P = 3 \sim 50 \sim 97\%$

S	0	1	2	3	4	5	6	7	8	9
0.0	0.000	0.032	0.064	0.095	0.127	0.159	0.191	0.223	0.255	0.287
0.1	0.319	0.351	0.383	0.414	0.446	0.478	0.510	0.541	0.573	0.605
0.2	0.637	0.668	0.699	0.731	0.763	0.794	0.826	0.858	0.889	0.921
0.3	0.952	0.983	1.015	1.046	1.077	1.109	1.141	1.174	1.206	1.238
0.4	1.270	1.301	1.333	1.366	1.398	1.430	1.461	1.493	1.526	1.560
0.5	1.593	1.626	1.658	1.691	1.725	1.770	1.794	1.829	1.863	1.898
0.6	1.933	1.969	2.005	2.041	2.078	2.116	2.154	2.193	2.233	2.274
0.7	2.315	2.357	2.400	2.444	2.490	2.535	2.580	2.630	2.683	2.736
0.8	2.789	2.844	2.901	2.959	3.023	3.093	3.160	3.233	3.312	3.393
0.9	3.482	3.579	3.688	3.805	3.930	4.081	4.258	4.470	4.764	5.228

（三）$P = 5 \sim 50 \sim 95\%$

S	0	1	2	3	4	5	6	7	8	9
0.0	0.000	0.036	0.073	0.109	0.146	0.182	0.218	0.254	0.291	0.327
0.1	0.364	0.400	0.437	0.473	0.509	0.545	0.581	0.617	0.651	0.687
0.2	0.723	0.760	0.796	0.831	0.866	0.901	0.936	0.972	1.007	1.042
0.3	1.076	1.111	1.146	1.182	1.217	1.252	1.287	1.322	1.356	1.390
0.4	1.425	1.460	1.494	1.529	1.563	1.597	1.632	1.667	1.702	1.737
0.5	1.773	1.809	1.844	1.879	1.915	1.950	1.986	2.022	2.058	2.095
0.6	2.133	2.171	2.209	2.247	2.285	2.324	2.367	2.408	2.448	2.487
0.7	2.529	2.572	2.615	2.662	2.710	2.757	2.805	2.855	2.906	2.955
0.8	3.009	3.069	3.127	3.184	3.248	3.317	3.385	3.457	3.536	3.621
0.9	3.714	3.809	3.909	4.023	4.153	4.306	4.474	4.695	4.974	5.402

（四）$P = 10 \sim 50 \sim 90\%$ （续）

S	0	1	2	3	4	5	6	7	8	9
0.0	0.000	0.046	0.092	0.139	0.187	0.234	0.281	0.327	0.373	0.419
0.1	0.456	0.511	0.557	0.602	0.647	0.692	0.737	0.784	0.829	0.872
0.2	0.916	0.961	1.005	1.048	1.089	1.131	1.175	1.218	1.261	1.303
0.3	1.345	1.385	1.426	1.467	1.508	1.548	1.588	1.628	1.668	1.708
0.4	1.748	1.788	1.827	1.866	1.905	1.943	1.981	2.019	2.056	2.094
0.5	2.133	2.173	2.212	2.250	2.288	2.327	2.367	2.407	2.447	2.487
0.6	2.526	2.563	2.603	2.645	2.689	2.731	2.773	2.816	2.858	2.901
0.7	2.944	2.989	3.033	3.086	3.133	3.177	3.226	3.279	3.331	3.384
0.8	3.438	3.491	3.552	3.617	3.685	3.752	3.821	3.890	3.966	4.051
0.9	4.140	4.235	4.344	4.452	4.587	4.734	4.891	5.131	5.374	5.791

（五）$P = 2 \sim 20 \sim 70\%$

S	0	1	2	3	4	5	6	7	8	9
0.0	0.291	0.342	0.394	0.446	0.497	0.552	0.607	0.662	0.717	0.774
0.1	0.831	0.887	0.944	1.001	1.060	1.119	1.181	1.241	1.299	1.359
0.2	1.420	1.483	1.543	1.601	1.663	1.724	1.784	1.846	1.907	1.966
0.3	2.029	2.089	2.150	2.211	2.273	2.334	2.394	2.454	2.514	2.576
0.4	2.635	2.694	2.754	2.814	2.874	2.934	2.994	3.056	3.118	3.179
0.5	3.239	3.299	3.360	3.421	3.485	3.548	3.610	3.675	3.739	3.803
0.6	3.868	3.934	4.000	4.069	4.137	4.207	4.279	4.349	4.419	4.494
0.7	4.572	4.649	4.727	4.808	4.891	4.975	5.059	5.148	6.379	5.335
0.8	5.434	5.538	5.646	5.751	5.868	5.982	6.103	6.236	8.947	6.531
0.9	6.693	6.861	7.051	7.241	7.476	7.746	8.063	8.414	5.374	9.757

（六）$P = 2 \sim 30 \sim 80\%$

S	0	1	2	3	4	5	6	7	8	9
0.0	-0.230	-0.191	-0.150	-0.110	-0.069	-0.028	0.014	0.056	0.099	0.142
0.1	0.185	0.229	0.273	0.318	0.363	0.408	0.455	0.501	0.547	0.593
0.2	0.640	0.687	0.736	0.785	0.834	0.882	0.932	0.983	1.033	1.083
0.3	1.133	1.182	1.233	1.285	1.336	1.386	1.437	1.489	1.540	1.591
0.4	1.643	1.695	1.748	1.802	1.852	1.903	1.957	2.010	2.061	2.113
0.5	2.167	2.220	2.272	2.325	2.379	2.433	2.486	2.540	2.594	2.649
0.6	2.703	2.758	2.814	2.872	2.930	2.988	3.046	3.105	3.166	3.227
0.7	3.288	3.351	3.414	3.477	3.544	3.613	3.681	3.751	3.824	3.902
0.8	3.982	4.062	4.144	4.230	4.322	4.415	4.517	4.618	4.728	4.849
0.9	4.978	5.108	5.261	5.419	5.599	5.821	6.048	6.345	6.747	7.376

附录 D 皮尔逊Ⅲ型频率曲线模比系数 K_p 值表

$$C_s = 2C_v$$

$P(\%)$ \ C_v	0.01	0.10	0.20	0.33	0.50	1.00	2.00	5.00	10.00	20.00	50.00	75.00	90.00	95.00	99.00	$P(\%)$ \ C_s
0.05	1.20	1.16	1.15	1.14	1.13	1.12	1.11	1.08	1.06	1.04	1.00	0.97	0.94	0.92	0.89	0.10
0.10	1.42	1.34	1.31	1.29	1.27	1.25	1.21	1.17	1.13	1.08	1.00	0.93	0.87	0.84	0.78	0.20
0.15	1.67	1.54	1.48	1.46	1.43	1.38	1.33	1.26	1.20	1.12	0.99	0.90	0.81	0.77	0.69	0.30
0.20	1.92	1.73	1.67	1.63	1.59	1.52	1.45	1.35	1.26	1.16	0.99	0.86	0.75	0.70	0.59	0.40
0.22	2.04	1.82	1.75	1.70	1.66	1.58	1.50	1.39	1.29	1.18	0.98	0.84	0.73	0.67	0.56	0.44
0.24	2.16	1.91	1.83	1.77	1.73	1.64	1.55	1.43	1.32	1.19	0.98	0.83	0.71	0.64	0.53	0.48
0.25	2.22	1.96	1.87	1.81	1.77	1.67	1.58	1.45	1.33	1.20	0.98	0.82	0.70	0.63	0.52	0.50
0.26	2.28	2.01	1.91	1.85	1.80	1.70	1.60	1.46	1.34	1.21	0.98	0.82	0.69	0.62	0.50	0.52
0.28	2.40	2.10	2.00	1.93	1.87	1.76	1.66	1.50	1.37	1.22	0.97	0.79	0.66	0.59	0.47	0.56
0.30	2.52	2.19	2.08	2.01	1.94	1.83	1.71	1.54	1.40	1.24	0.97	0.78	0.64	0.56	0.44	0.60
0.35	2.86	2.44	2.31	2.22	2.13	2.00	1.84	1.64	1.47	1.28	0.96	0.75	0.59	0.51	0.37	0.70
0.40	3.20	2.70	2.54	2.42	2.32	2.16	1.98	1.74	1.54	1.31	0.95	0.71	0.53	0.45	0.30	0.80
0.45	3.59	2.98	2.80	2.65	2.53	2.33	2.13	1.84	1.60	1.35	0.93	0.67	0.48	0.40	0.26	0.90
0.50	3.98	3.27	3.05	2.88	2.74	2.51	2.27	1.94	1.67	1.38	0.92	0.64	0.44	0.34	0.21	1.00
0.55	4.42	3.58	3.32	3.12	2.97	2.70	2.42	2.04	1.74	1.41	0.90	0.59	0.40	0.30	0.16	1.10
0.60	4.86	3.89	3.59	3.37	3.20	2.89	2.57	2.15	1.80	1.44	0.89	0.56	0.35	0.26	0.13	1.20
0.65	5.33	4.22	3.89	3.64	3.44	3.09	2.74	2.25	1.87	1.47	0.87	0.52	0.31	0.22	0.10	1.30
0.70	5.81	4.56	4.19	3.91	3.68	3.29	2.90	2.36	1.94	1.50	0.85	0.49	0.27	0.18	0.08	1.40
0.75	6.33	4.93	4.52	4.19	3.93	3.50	3.06	2.46	2.00	1.52	0.82	0.45	0.24	0.15	0.06	1.50
0.80	6.85	5.30	4.84	4.47	4.19	3.71	3.22	2.57	2.06	1.54	0.80	0.42	0.21	0.12	0.04	1.60
0.90	7.98	6.08	5.51	5.07	4.74	4.15	3.56	2.78	2.19	1.58	0.75	0.35	0.15	0.08	0.02	1.80

$$C_s = 3C_v$$

（续）

$P(\%)$ \ C_V	0.01	0.10	0.20	0.33	0.50	1.00	2.00	5.00	10.00	20.00	50.00	75.00	90.00	95.00	99.00	$P(\%)$ \ C_s
0.20	2.02	1.79	1.72	1.67	1.63	1.55	1.47	1.36	1.27	1.16	0.98	0.86	0.76	0.71	0.62	0.60
0.25	2.35	2.05	1.95	1.88	1.82	1.72	1.61	1.46	1.34	1.20	0.97	0.82	0.71	0.65	0.56	0.75
0.30	2.72	2.32	2.19	2.10	2.02	1.89	1.75	1.56	1.40	1.23	0.96	0.78	0.66	0.60	0.50	0.90
0.35	3.12	2.61	2.46	2.33	2.24	2.07	1.90	1.66	1.47	1.26	0.94	0.74	0.61	0.55	0.46	1.05
0.40	3.56	2.92	2.73	2.58	2.46	2.26	2.05	1.76	1.54	1.29	0.92	0.70	0.57	0.50	0.42	1.20
0.42	3.75	3.06	2.85	2.69	2.56	2.34	2.11	1.81	1.56	1.31	0.91	0.69	0.55	0.49	0.41	1.26
0.44	3.94	3.19	2.97	2.80	2.65	2.42	2.17	1.85	1.59	1.32	0.91	0.67	0.54	0.47	0.40	1.32
0.45	4.04	3.26	3.03	2.85	2.70	2.46	2.21	1.87	1.60	1.32	0.90	0.67	0.53	0.47	0.39	1.35
0.46	4.14	3.33	3.09	2.90	2.75	2.50	2.24	1.89	1.61	1.33	0.90	0.66	0.52	0.46	0.39	1.38
0.48	4.34	3.47	3.21	3.01	2.85	2.58	2.31	1.93	1.65	1.34	0.89	0.65	0.51	0.45	0.38	1.44
0.50	4.56	3.62	3.34	3.12	2.96	2.67	2.37	1.98	1.67	1.35	0.88	0.64	0.49	0.44	0.37	1.50
0.52	4.76	3.76	3.46	3.24	3.06	2.75	2.44	2.02	1.69	1.36	0.87	0.62	0.48	0.42	0.36	1.56
0.54	4.98	3.91	3.60	3.36	3.16	2.84	2.51	2.06	1.72	1.36	0.86	0.61	0.47	0.41	0.36	1.62
0.55	5.09	3.99	3.66	3.42	3.21	2.88	2.54	2.08	1.73	1.36	0.86	0.60	0.46	0.41	0.36	1.65
0.56	5.20	4.07	3.73	3.48	3.27	2.93	2.57	2.10	1.74	1.37	0.85	0.59	0.46	0.40	0.35	1.68
0.58	5.43	4.23	3.86	3.59	3.38	3.01	2.64	2.14	1.77	1.38	0.84	0.58	0.45	0.40	0.35	1.74
0.60	5.66	4.38	4.01	3.71	3.49	3.10	2.71	2.19	1.79	1.38	0.83	0.57	0.44	0.39	0.35	1.80
0.65	6.26	4.81	4.36	4.03	3.77	3.33	2.88	2.29	1.85	1.40	0.80	0.53	0.41	0.37	0.34	1.95
0.70	6.90	5.23	4.73	4.35	4.06	3.56	3.05	2.40	1.90	1.41	0.78	0.50	0.39	0.36	0.34	2.10
0.75	7.57	5.68	5.12	4.69	4.36	3.80	3.24	2.50	1.96	1.42	0.76	0.48	0.38	0.35	0.34	2.25
0.80	8.26	6.14	5.50	5.04	4.66	4.05	3.42	2.61	2.01	1.43	0.72	0.46	0.36	0.34	0.34	2.40

$$C_s = 3.5 C_v \qquad \text{(续)}$$

P(%) \ C_v	0.01	0.10	0.20	0.33	0.50	1.00	2.00	5.00	10.00	20.00	50.00	75.00	90.00	95.00	99.00	P(%) \ C_s
0.20	2.06	1.82	1.74	1.69	1.64	1.56	1.48	1.36	1.27	1.16	0.98	0.86	0.76	0.72	0.64	0.70
0.25	2.42	2.09	1.99	1.91	1.85	1.74	1.62	1.46	1.34	1.19	0.96	0.82	0.71	0.66	0.58	0.88
0.30	2.82	2.38	2.24	2.14	2.06	1.92	1.77	1.57	1.40	1.22	0.95	0.78	0.67	0.61	0.53	1.05
0.35	3.26	2.70	2.52	2.39	2.29	2.11	1.92	1.67	1.47	1.26	0.93	0.74	0.62	0.57	0.50	1.23
0.40	3.75	3.04	2.82	2.66	2.53	2.31	2.08	1.78	1.53	1.28	0.91	0.71	0.58	0.53	0.47	1.40
0.42	3.95	3.18	2.95	2.77	2.63	2.39	2.15	1.82	1.56	1.29	0.90	0.69	0.57	0.52	0.46	1.47
0.44	4.16	3.33	3.08	2.88	2.73	2.48	2.21	1.86	1.59	1.30	0.89	0.68	0.56	0.51	0.46	1.54
0.45	4.27	3.40	3.14	2.94	2.79	2.52	2.25	1.88	1.60	1.31	0.89	0.67	0.55	0.50	0.45	1.58
0.46	4.37	3.48	3.21	3.00	2.84	2.56	2.28	1.90	1.61	1.31	0.88	0.66	0.54	0.50	0.45	1.61
0.48	4.60	3.63	3.35	3.12	2.94	2.65	2.35	1.95	1.64	1.32	0.87	0.65	0.53	0.49	0.45	1.68
0.50	4.82	3.78	3.48	3.24	3.06	2.74	2.42	1.99	1.66	1.32	0.86	0.64	0.52	0.48	0.44	1.75
0.52	5.06	3.95	3.62	3.36	3.16	2.83	2.48	2.03	1.69	1.33	0.85	0.63	0.51	0.47	0.44	1.82
0.54	5.30	4.11	3.76	3.48	3.28	2.91	2.55	2.07	1.71	1.34	0.84	0.61	0.50	0.47	0.44	1.89
0.55	5.41	4.20	3.83	3.55	3.24	2.96	2.58	2.10	1.72	1.34	0.84	0.60	0.50	0.46	0.44	1.93
0.56	5.55	4.28	3.91	3.61	3.39	3.01	2.62	2.12	1.73	1.35	0.83	0.60	0.49	0.46	0.43	1.96
0.58	5.80	4.45	4.05	3.74	3.51	3.10	2.69	2.16	1.75	1.35	0.82	0.58	0.48	0.46	0.43	2.03
0.60	6.06	4.62	4.20	3.87	3.62	3.20	2.76	2.20	1.77	1.35	0.81	0.57	0.48	0.45	0.43	2.10
0.65	6.73	5.08	4.58	4.22	3.92	3.44	2.94	2.30	1.83	1.36	0.78	0.55	0.46	0.44	0.43	2.28
0.70	7.43	5.54	4.98	4.56	4.23	3.68	3.12	2.41	1.88	1.37	0.75	0.53	0.45	0.44	0.43	2.45
0.75	8.16	6.02	5.38	4.92	4.55	3.92	3.30	2.51	1.92	1.37	0.72	0.50	0.44	0.43	0.43	2.63
0.80	8.94	6.53	5.81	5.29	4.87	4.18	3.49	2.61	1.97	1.37	0.70	0.49	0.44	0.43	0.43	2.80

$$C_s = 4C_v \qquad \text{(续)}$$

C_v \ $P(\%)$	0.01	0.10	0.20	0.33	0.50	1.00	2.00	5.00	10.00	20.00	50.00	75.00	90.00	95.00	99.00	$P(\%)$ \ C_s
0.20	2.10	1.85	1.77	1.71	1.66	1.58	1.49	1.37	1.27	1.16	0.97	0.85	0.77	0.72	0.65	0.80
0.25	2.49	2.13	2.02	1.94	1.87	1.76	1.64	1.47	1.34	1.19	0.96	0.82	0.72	0.67	0.60	1.00
0.30	2.92	2.44	2.30	2.18	2.10	1.94	1.79	1.57	1.40	1.22	0.94	0.78	0.68	0.63	0.56	1.20
0.35	3.40	2.78	2.60	2.45	2.34	2.14	1.95	1.68	1.47	1.25	0.92	0.74	0.64	0.59	0.54	1.40
0.40	3.92	3.15	2.92	2.74	2.60	2.36	2.11	1.78	1.53	1.27	0.90	0.71	0.60	0.56	0.52	1.60
0.42	4.15	3.30	3.05	2.86	2.70	2.44	2.18	1.83	1.56	1.28	0.89	0.70	0.59	0.55	0.52	1.68
0.44	4.38	3.46	3.19	2.98	2.81	2.53	2.25	1.87	1.58	1.29	0.88	0.68	0.58	0.55	0.51	1.76
0.45	4.49	3.54	3.25	3.03	2.87	2.58	2.28	1.89	1.59	1.29	0.87	0.68	0.58	0.54	0.51	1.80
0.46	4.62	3.62	3.32	3.10	2.92	2.62	2.32	1.91	1.61	1.29	0.87	0.67	0.57	0.54	0.51	1.84
0.48	4.86	3.79	3.47	3.22	3.04	2.71	2.39	1.96	1.63	1.30	0.86	0.66	0.56	0.53	0.51	1.92
0.50	5.10	3.96	3.61	3.35	3.15	2.80	2.45	2.00	1.65	1.31	0.84	0.64	0.55	0.53	0.50	2.00
0.52	5.36	4.12	3.76	3.48	3.27	2.90	2.52	2.04	1.67	1.31	0.83	0.63	0.55	0.52	0.50	2.08
0.54	5.62	4.30	3.91	3.61	3.38	2.99	2.59	2.08	1.69	1.31	0.82	0.62	0.54	0.52	0.50	2.16
0.55	5.76	4.39	3.99	3.68	3.44	3.03	2.63	2.10	1.70	1.31	0.82	0.62	0.54	0.52	0.50	2.20
0.56	5.90	4.48	4.06	3.75	3.50	3.09	2.66	2.12	1.71	1.31	0.81	0.61	0.53	0.51	0.50	2.24
0.58	6.18	4.67	4.22	3.89	3.62	3.19	2.74	2.16	1.74	1.32	0.80	0.60	0.53	0.51	0.50	2.32
0.60	6.45	4.85	4.38	4.03	3.75	3.29	2.81	2.21	1.76	1.32	0.79	0.59	0.52	0.51	0.50	2.40
0.65	7.18	5.34	4.78	4.38	4.07	3.53	2.99	2.31	1.80	1.32	0.76	0.57	0.51	0.50	0.50	2.60
0.70	7.95	5.84	5.21	4.75	4.39	3.78	3.18	2.41	1.85	1.32	73.00	0.55	0.51	0.50	0.50	2.80
0.75	8.76	6.36	5.65	5.13	4.72	4.03	3.36	2.50	1.88	1.32	0.71	0.54	0.51	0.50	0.50	3.00
0.80	9.62	6.90	6.11	5.53	5.06	4.30	3.55	2.60	1.91	1.30	0.68	0.53	0.50	0.50	0.50	3.20

参考文献

[1] 黄锡荃. 水文学 [M]. 北京：高等教育出版社，2003.

[2] 武汉大学 叶守泽，河海大学 詹道江. 工程水文学 [M]. 3 版. 北京：中国水利水电出版社，2005.

[3] 芮孝芳. 水文学原理 [M]. 北京：中国水利水电出版社，2004.

[4] 顾慰祖. 水文学基础 [M]. 北京：水利电力出版社，1984.

[5] 陈家琦，王浩，杨小柳. 水资源学 [M]. 北京：科学出版社，2002.

[6] 迟宝明，卢文喜，肖长来，等. 水资源概论 [M]. 长春：吉林大学出版社，2006.

[7] 世界气象组织，联合国科教文组织. 水资源评价-国家能力评估手册 [M]. 李世明，张海敏，朱庆平，等译. 郑州：黄河水利出版社，2001.

[8] 车伍，李俊奇. 城市雨水利用技术语管理 [M]. 北京：中国建筑工业出版社，2006.

[9] 陈家琦. 陈家琦水文与水资源文选 [M]. 北京：中国水利水电出版社2003.

[10] 马学尼，黄廷林. 水文学 [M]. 3 版. 北京：中国建筑工业出版社，1998.

[11] 黄廷林，马学尼. 水文学 [M]. 4 版. 北京：中国建筑工业出版社，2006.

[12] 北京市市政工程设计研究总院. 给水排水设计手册：第五册 [M]. 2 版. 北京：中国建筑工业出版社，2004.

[13] 魏永霞，王丽学. 工程水文学 [M]. 北京：中国水利水电出版社，2005.

[14] 宋星原，等. 工程水文学题库及题解 [M]. 北京：中国水利水电出版社，2003.

[15] 陈元芳. 水文与水资源工程专业毕业设计指南 [M]. 北京：中国水利水电出版社，2000.

[16] 林平一. 小汇水面积暴雨径流计算法（增订本）[M]. 北京：水利电力出版社，1958.

[17] 雏文生. 水文学 [M]. 北京：中国建筑工业出版社，2001.

[18] 王燕生. 工程水文学 [M]. 北京：水利电力出版社，1992.

[19] 叶守泽. 水文水利计算 [M]. 北京：水利电力出版社，1992.

[20] 廖松，王燕生，王路. 工程水文学 [M]. 北京：清华大学出版社，1991.

[21] 吴明远，詹道江，叶守泽. 工程水文学 [M]. 北京：水利电力出版社，1987.

[22] R. K. 林斯雷，等. 工程水文学 [M]. 刘光文，等译. 北京：水利出版社，1981.

[23] 蒋金珠. 工程水文及水利计算 [M]. 北京：水利电力出版社，1991.

[24] 贾仰文，王浩，倪广恒，等. 分布式流域水文模型原理与实践 [M]. 北京：中国水利水电出版社，2005.

[25] 程子峰，徐富春. 环境数据统计分析基础 [M]. 北京：化学工业出版社，2006.

[26] 陈静生. 河流水质原理及中国河流水质 [M]. 北京：科学出版社，2006.

[27]　中华人民共和国水利部. 水利水电工程水文计算规范 SL278-2002 [M]. 北京：中国水利水电出版社，2002.

[28]　岑国平. 资料的选样与统计方法 http：//www. studa. net/shuili/060217/09541414. html. 2006.

[29]　章至洁，韩宝平，张月华. 水文地质学基础 [M]. 徐州：中国矿业大学出版社，2004.

[30]　潘懋，李铁锋. 环境地质学（修订版）[M]. 北京：高等教育出版社，2003.

[31]　万力，曹文炳，胡伏生，等. 生态水文地质学 [M]. 北京：地质出版社，2005.

[32]　曹剑峰，等. 专门水文地质学 [M]. 3 版. 北京：科学出版社，2006.

[33]　李绪谦. 环境水化学 [M]. 长春：吉林科学技术出版社，2001.

[34]　沈照理，朱宛华，钟佐鑫. 水文地球化学基础 [M]. 北京：地质出版社，1999.

[35]　张永波，等. 水工环研究的现状与趋势 [M]. 北京：地质出版社，2001.

[36]　叶俊林，黄定华，张俊霞. 地质学概论 [M]. 北京：地质出版社，1996.

[37]　宋春青，张振春. 地质学基础 [M]. 3 版. 北京：高等教育出版社，1996.

[38]　曹伯勋. 地貌学与第四纪地质学 [M]. 武汉：中国地质大学出版社，1995.

[39]　章至洁，韩宝平，张月华. 水文地质学基础 [M]. 徐州：中国矿业大学出版社，2004.

[40]　张永波，时红，王玉和. 地下水环境保护与污染控制 [M]. 北京：中国环境科学出版社，2003.

[41]　王德明. 普通水文地质学 [M]. 北京：地质出版社，1986.

[42]　王大纯，张人权，史毅红. 水文地质学基础 [M]. 北京：地质出版社，1995.

[43]　王凯雄. 水化学 [M]. 北京：化学工业出社，2001.

[44]　王大纯. 水文地质学基础 [M]. 北京：地质出版社，2001.

[45]　刘兆昌. 供水水文地质 [M]. 北京：中国建筑工业出版社，2005.

[46]　宋春青. 地质学基础 [M]. 北京：高等教育出版社，2002.

[47]　李广贺. 水资源利用与保护 [M]. 北京：中国建筑工业出版社，2003.

[48]　国家冶金工业局. GB 50027—2001 供水水文地质勘察规范 [M]. 北京：中国计划出版社，2001.

[49]　董志勇. 环境水力学 [M]. 北京：科学出版社，2006.

[50]　李同斌，邹立芝. 地下水动力学 [M]. 长春：吉林大学出版社，1995.

[51]　金为芝，史文仪. 供水水文地质 [M]. 上海：同济大学出版社，1989.

[52]　薛禹群. 地下水动力学 [M]. 北京：地质出版社，2001.

[53]　努纳. 水文地质学引论 [M]. 邓东升，等译. 合肥：中国科学技术大学出版社，2005.

[54]　长春地质学院. 水文地质工程地质物探教程 [M]. 北京：地质出版社，1980.

[55]　Н. И. 普洛特尼科夫，C. 克拉耶夫斯基. 环境保护的水文地质问题 [M]. 汪东云，译. 北京：地质出版社，1988.

[56]　杜恒俭，陈华慧，曹伯勋. 地貌学及第四纪地质学 [M]. 北京：地质出版社，

1981.

［57］　杨成田. 专门水文地质学 ［M］. 北京：地质出版社，1981.

［58］　孔宪立，石振明. 工程地质学 ［M］. 北京：中国建筑工业出版社，2005.

［59］　陈玉成. 污染环境生物修复工程 ［M］. 北京：化学工业出版社，2003.

［60］　周怀东，彭文启. 水污染与环境修复 ［M］. 北京：中国建筑工业出版社，2005.

［61］　伦世仪. 环境生物工程 ［M］. 北京：中国建筑工业出版社，2002.

［62］　郑正. 环境工程学 ［M］. 北京：科学出版社，2004.

［63］　孙铁珩，周启星，李培军. 污染生态学 ［M］. 北京：科学出版社，2004.

信息反馈表

尊敬的老师：

您好！感谢您对机械工业出版社的支持和厚爱！为了进一步提高我社教材的出版质量，更好地为我国高等教育发展服务，欢迎您对我社的教材多提宝贵意见和建议。另外，如果您在教学中选用了《水文学与水文地质学》（杨维、张戈、张平编），欢迎您提出修改建议和意见。索取课件的授课教师，请填写下面的信息，发送邮件即可。

一、基本信息

姓名：_____ 性别：_____ 职称：_____ 职务：_____

邮编：_____ 地址：_____

学校：_____

任教课程：_____ 电话：___ - _____ (H) _____ (O)

电子邮件：_____ 手机：_____

二、您对本书的意见和建议

（欢迎您指出本书的疏误之处）

三、您对我们的其他意见和建议

请与我们联系：

100037　北京百万庄大街 22 号

机械工业出版社·高等教育分社　刘　涛　收

Tel：010 - 8837 9542（O），6899 4030（Fax）

E - mail：ltao929@163.com

http：//www.cmpedu.com（机械工业出版社·教育服务网）

http：//www.cmpbook.com（机械工业出版社·门户网）

http：//www.golden-book.com（中国科技金书网·机械工业出版社旗下网上书店）